普通高等教育“十三五”规划教材

现代机械工程图学解题指导

（第2版）

主　编　刘　虹
副主编　黄笑梅　屈新怀
参　编　孟冠军　刘　炀　吕　堃
主　审　董国耀

机械工业出版社

本书根据国内工程图学教育发展的需求，将机械制图和计算机绘图及三维实体造型有机结合，有助于广大工科学子提高空间分析能力和创新能力。本书内容结合了作者多年的教学实践经验，并贯彻了现行的国家标准。全书共11章，内容包括点、直线和平面的投影，立体、截交线和相贯线，组合体，轴测图，机件常用的表达方法，标准件和常用件，零件图，装配图，计算机绘图基础，Inventor三维实体造型方法，考题范例和试卷分析等。

本书与刘炀主编、机械工业出版社出版的《现代机械工程图学》（第2版）教材相配套，既可作为高等工科院校及自学考试的学生学习工程图学课程的重要辅助教材，又可作为教师及工程技术人员的参考书。

图书在版编目（CIP）数据

现代机械工程图学解题指导/刘虹主编. —2版. —北京：机械工业出版社，2017.12（2019.6重印）

普通高等教育“十三五”规划教材

ISBN 978-7-111-58456-8

Ⅰ.①现… Ⅱ.①刘… Ⅲ.①机械制图-高等学校-题解 Ⅳ.①TH126-44

中国版本图书馆CIP数据核字（2017）第276668号

机械工业出版社（北京市百万庄大街22号 邮政编码100037）

策划编辑：舒 恬 责任编辑：舒 恬 章承林 任正一

责任校对：潘 蕊 封面设计：张 静

责任印制：孙 炜

北京玥实印刷有限公司印刷

2019年6月第2版第2次印刷

184mm×260mm · 17.75印张 · 426千字

标准书号：ISBN 978-7-111-58456-8

定价：39.80元

前言
PREFACE

“工程图学”是工科院校学生必须掌握的一门技术基础课，是一门立体形象思维很强的课程，要不断地由物画图、由图想物，其主要任务是解决平面图样（二维）与空间实体（三维）相互转换的问题。我们在教学中常听到学生抱怨：“课能听懂，书也能看懂，但见到题目就无从下手”。为解决同学们的这一难题，使之尽快学好这门课程，掌握读图、绘图的方法，我们结合多年的教学实践经验，编写了本书。本书针对学生经常遇到的困难，从培养学生解决问题能力和创新能力角度出发，将各章节的知识点、重点和难点进行梳理；根据课程特点讲述如何学好本课程，学习中应注意哪些问题，如何避免在学习上走弯路，并教会学生解题的具体方法。书中提供的解题方法尽量贴近学生的思维方式，力求总结出一套符合学生思维方式的解题技巧，通过大量的题解图例，使学生大大提高解题能力。本书作为指导高等学校工科各专业学生学习工程图学课程的重要辅助教材的同时也可帮助教师归纳课程重点和解题思路，拓展与本课程紧密相关的学科知识，是教师教学的有效参考书。

本书的编写原则是博采众长，由浅入深，由易到难，全面考虑工科各专业应掌握的工程图学的知识和要求，尽量覆盖所有的知识点。本书将机械制图和计算机绘图有机结合，紧跟学科发展需要，在编写中引用现行的制图国家标准，特别是将三维实体造型技术引入书中，使学生在学习中尽快掌握计算机绘图的知识，提高计算机绘图水平，同时三维实体造型技术的引入还有利于培养学生的空间想象力和创新思维能力。

本书由刘虹任主编，黄笑梅和屈新怀任副主编。全书共11章，前10章中每章分为四部分，即内容要点、解题要领、习题与解答和自测题；第11章为考题范例和试卷分析。本书由刘虹（第3章3.3节，第8章）、刘炀（第3章3.1节、3.2节、3.4节）黄笑梅（第5章，第7章）、屈新怀（第4章，第6章）、吕堃（第1章，第11章）、孟冠军（第2章，

第 9 章，第 10 章）六人合作撰写，由北京理工大学董国耀教授担任主审。书中所选例题部分为作者自行设计，部分选自各类教材，有些是首次与读者见面。例题的求解方法是作者根据多年的教学经验，尽量贴近学生的思考方式而给出的，书中还为读者提供了大量立体图，为培养学生的解题能力抛砖引玉。

本书在撰写及成书过程中，得到了机械工业出版社、合肥工业大学教材科及合肥工业大学工程图学系的大力支持和帮助，对此深表感谢。本书在撰写过程中，参考了一些同类书籍（具体书目作为参考文献列于书后），在此向相关作者表示感谢。

由于编者水平有限，书中缺点和错误在所难免，有些问题尚需深入探讨，敬请读者批评指正。

编　者

目录 CONTENTS

第 1 章

点、直线和平面的投影

1.1 内容要点

本章基于正投影的原理，从三面投影体系的建立开始，论述了空间几何元素点、直线、平面的投影及有关投影的几个重要性质、定理；讨论了点、直线、平面之间的相对位置及其在投影图上的反映。

知识结构图：

- 点、直线和平面
  - 投影
    - 点、直线、平面在第一分角中各种位置的投影特性
    - 求直线、平面的倾角，线段的实长，平面图形的实形
  - 相对位置
    - 直线上点的投影特性
    - 在平面上取点和直线的方法
    - 平行、相交、交叉两直线的投影特性及直角投影定理
    - 直线、平面与特殊位置面平行、相交、垂直的投影作法
    - 直线、平面与一般位置面平行、相交、垂直的投影作法

本章习题围绕上述内容设置，主要包括：

（1）求一般位置直线的实长和倾角，以及平面图形的实形。

（2）在已知直线上取点的作图法（直线上的点的投影具有从属性和定比性）。

（3）在已知平面上取点和直线的作图法（利用点和直线在平面上的几何条件作图）。

（4）求直线与平面相交的交点、两平面相交的交线的投影并判别其可见性。

（5）直线与平面平行、平面与平面平行的基本作图法。

（6）直线与平面垂直、平面与平面垂直的基本作图法（利用直角投影定理及直线与平面垂直的几何条件）。

（7）点、直线、平面之间的定位问题及度量问题。

1.2 解题要领

在解答本章习题时，应从题给条件及要求出发，根据投影的基本理论、性质、定理，充

分运用平面几何、立体几何知识，分析题给条件的几何要素在空间的位置，几何要素之间的相对位置关系以及它们在投影图上的反映，确定解题方法及步骤。解题时要求题目理解准确，理论运用熟练，解题思路清晰，作图步骤清楚。

在学习本章内容时，既要注重理论知识的学习，又要注重空间想象力的培养。一般来说，我们研究的对象与生活周围常见的模型有关，在学习初期，要注意利用生活空间中的一些常见模型（如墙面、地面可看作投影面）来思考问题，以此来训练和提高自己的空间想象、空间分析和空间构思能力。其次，对书本上已经归纳的投影规律、定理等要认真地领会，并结合平面几何、立体几何知识，通过着重研究各种图例，达到能够灵活运用这些投影规律和定理的能力。在学习过程中还应养成良好的作图习惯，要勤作图、作好图。

1.3 习题与解答

1.3.1 点的投影

1-1 第一分角点 A 与 H 面的距离等于其与 V 面的距离，并已知 a'，试画出点 A 的其他两面投影（图 1-1a）。

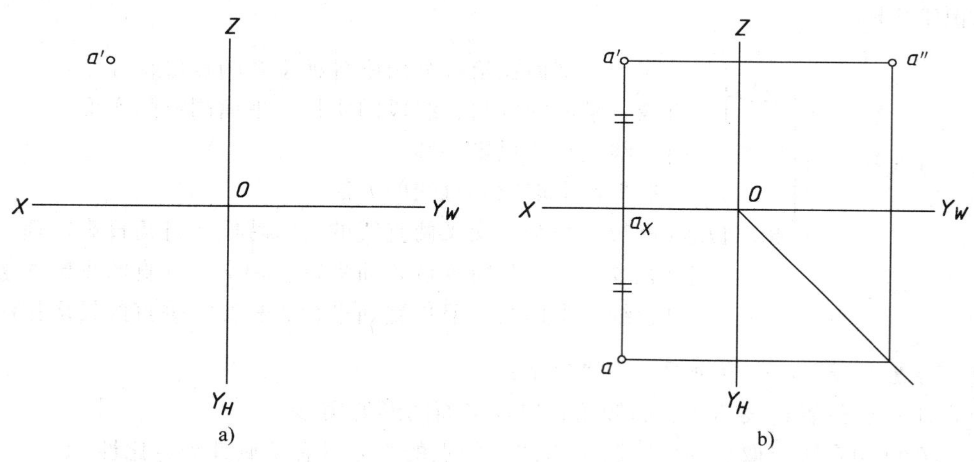

图 1-1

【解题分析】

点 A 在第Ⅰ分角的角平分面上，故其 Z 坐标值等于 Y 坐标值，据此可求出 a 和 a''。

【作图步骤】

（1）由 a'作 OX 轴的垂线，垂足为 a_X，并延长。

（2）在该延长线上量取 $aa_X=a'a_X$，得 a。

（3）利用 45°辅助线作出 a''，作图结果如图 1-1b 所示。

1-2 指出图 1-2 中的错误，并改正。

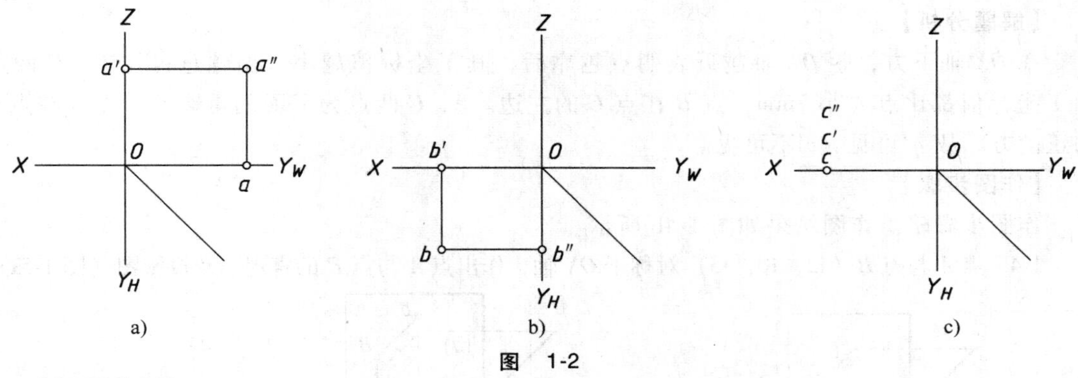

a) b) c)

图 1-2

【解题分析】

由 a'、a''可知，空间点 A 在 W 面上，a 应同时在 Y 轴及 H 面上，所以 a 应在 Y_H 轴上。空间点 B 在 H 面上，b''应同时在 Y 轴及 W 面上，所以 b''应在 Y_W 轴上。由 c、c'可知，空间点 C 在 X 轴上，故 c''应画在原点处。

【作图步骤】

作图步骤略。作图结果分别如图 1-3a、b、c 所示。

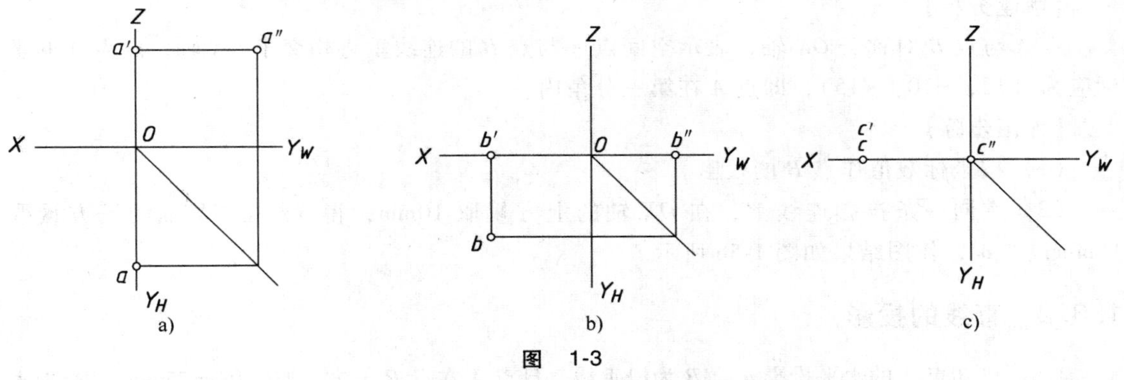

a) b) c)

图 1-3

1-3 点 B 在点 A 之左 10mm、之上 15mm、之后 7mm，点 C 在点 A 的正后方且距点 A 7mm，求作 B、C 两点的三面投影，重影点需判别可见性（图 1-4a）。

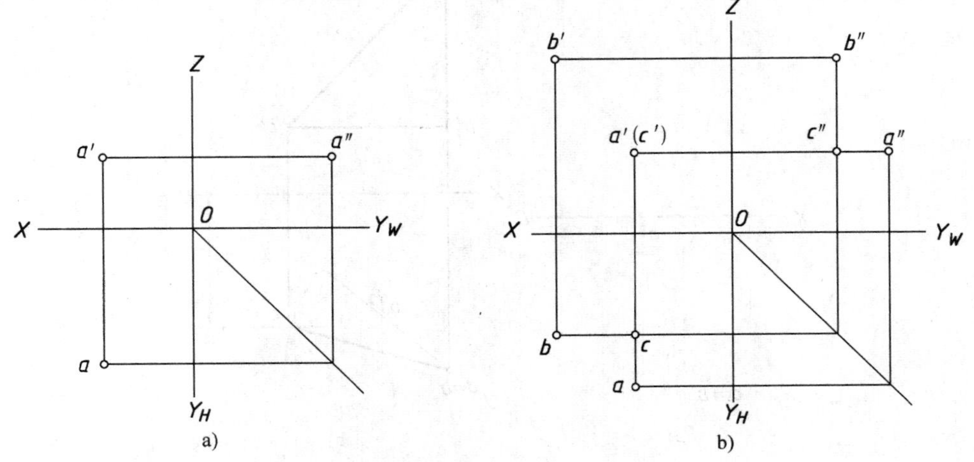

a) b)

图 1-4

【解题分析】

在 OX 轴下方，距 OX 轴越近表明点越靠后，其 Y 坐标值越小。据题意可知 B、C 两点的 Y 坐标值都比点 A 小 7mm，点 B 在点 C 的左边。A、C 两点为 V 面的重影点，点 A 在点 C 的正前方，故 a' 可见，c' 不可见。

【作图步骤】

作图步骤略。作图结果如图 1-4b 所示。

1-4　点 A 与点 B（12，10，15）对称于 OX 轴，作出点 A 与点 B 的直观图及投影图（图 1-5a）。

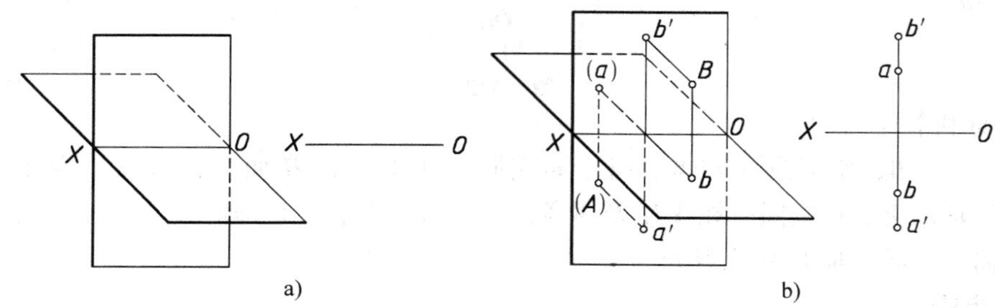

图　1-5

【解题分析】

点 A 与点 B 对称于 OX 轴，表示空间点 A 与点 B 的连线垂直相交于 OX 轴，故点 A 的坐标应为（12，−10，−15），即点 A 在第三分角内。

【作图步骤】

（1）按坐标数值作点 B 的投影。

（2）在同一条投影连线上，在 OX 轴的上方量取 10mm，得 a，在 OX 轴的下方量取 15mm，得 a'，作图结果如图 1-5b 所示。

1.3.2　直线的投影

1-5　已知点 A 的水平投影 a，AB 为铅垂线，且点 A 在点 B 上方，$AB=BC=25$mm，BC 为水平线，点 C 距 V 面为 20mm，距 H 面为 10mm，试完成 AB、BC、AC 的两面投影（图 1-6a）。

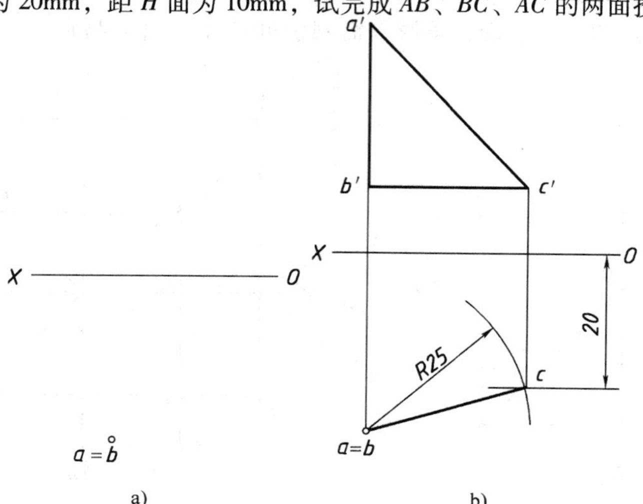

图　1-6

【解题分析】

因为 BC 为水平线，所以其水平投影 $bc=25$mm，正面投影 $b'c'$平行于 OX 轴，又知 c、c'距 OX 轴分别为 20mm、10mm，这样可先求出点 C 的两面投影，再求出 b'。因为 AB 是铅垂线，所以 $a'b'=25$mm，由此求出 a'，如图 1-6b 所示。

【作图步骤】

（1）以 a 为圆心、25mm 为半径画弧，由 OX 轴向下量取 20mm，交所画弧线于点 c。

（2）由 c 作投影连线，并在该线上从 OX 轴向上量取 10mm，得 c'。

（3）过 c'作 $c'b'$平行于 OX 轴，得 b'。

（4）由 b'竖直向上量取 25mm，得点 a'。

1-6 在已知直线 AB 上求一点 $M(m',m)$，使其将 AB 分成 1∶3 的两段，再求一点 $N(n',n)$，使 $AN=25$mm（图 1-7a）。

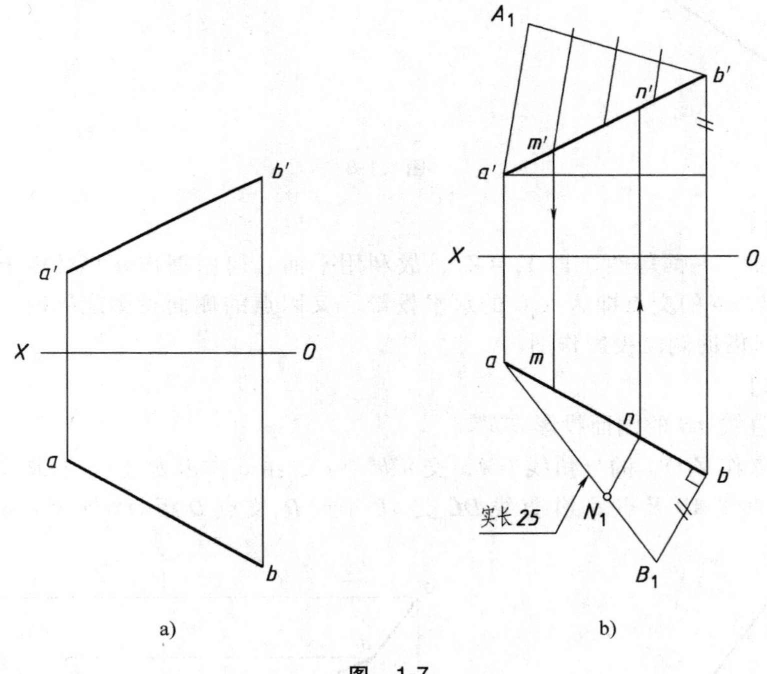

a)　　b)

图 1-7

【解题分析】

点 M 将 AB 分为 1∶3 的两段，可先把 AB 四等分，即可求得点 M；AB 上的点 N 是确定 $AN=25$mm 的一点，因此，先要利用直角三角形法求出 AB 的实长才能确定 N。

【作图步骤】

（1）由 b'任引一条斜线，将其四等分，端点 A_1 与 a'相连，由第三点作 A_1a'的平行线，得 m'，再作出 m。

（2）在水平投影上作直角三角形，求得 $AB=aB_1$，量取 $aN_1=25$mm，作出 N_1，返回投影上得 n、n'，如图 1-7b 所示。

1-7 已知直线 AB 的两面投影，求 AB 上与 H 面、V 面等距的点 C 的两面投影（图 1-8a）。

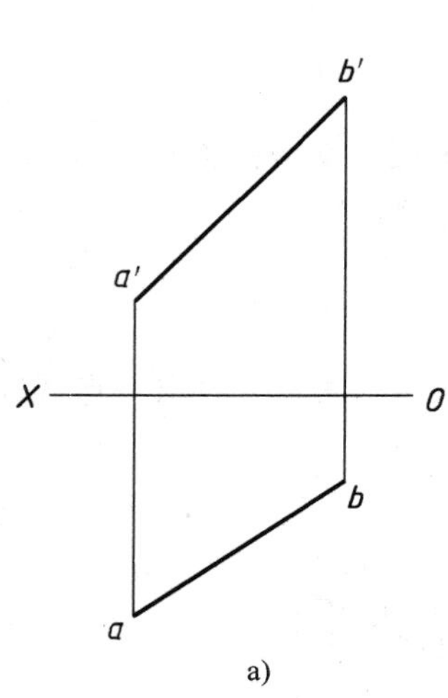

a)

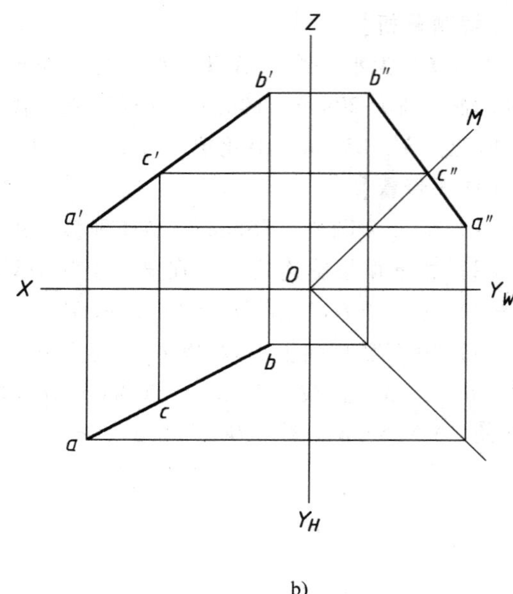

b)

图 1-8

【解题分析】

点 C 与 H 面、V 面等距，即 $Y_C=Z_C$，故利用平面几何原理作 $a'b'$对称于 OX 轴的直线 a_1b_1，则 a_1b_1 与 ab 的交点即为点 C 的水平投影。又因点的侧面投影能同时反映其 Y、Z 两坐标，故也可以借助侧面投影作图。

【作图步骤】

（1）求出直线 AB 的侧面投影 $a''b''$。

（2）过原点作 ZOY_W 的分角线 OM，交 $a''b''$于 c''，由 c''作出 c'及 c，如图 1-8b 所示。

1-8　已知直线 AB 及点 C，作直线 DC 交 AB 于点 D，交点 D 距 OX 轴 30mm（图 1-9a）。

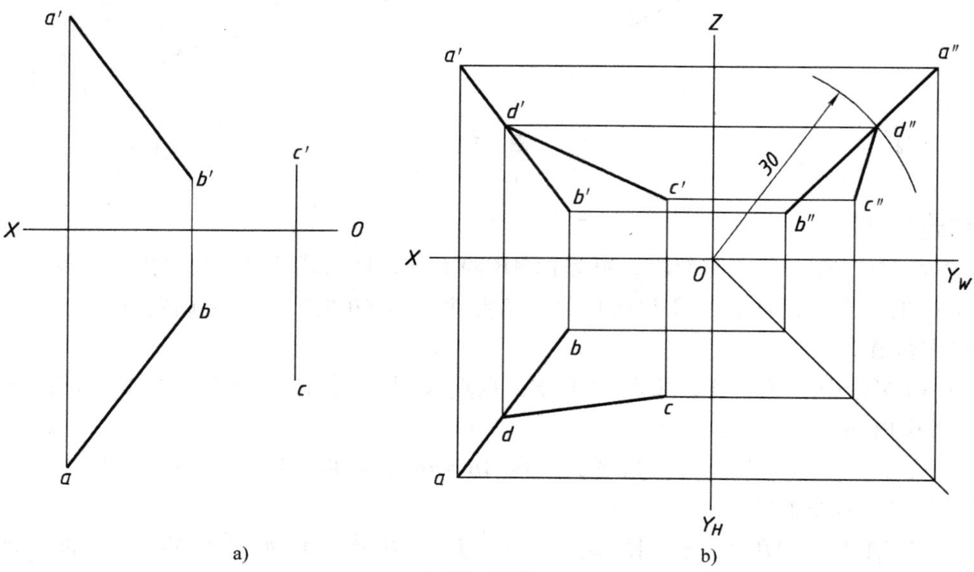

a)　　b)

图 1-9

【解题分析】

本题作图要点是在直线 AB 上确定距 OX 轴为 30mm 的点 D，由于 X 轴在侧面投影中积聚为一点 O，因此空间一点与 OX 轴的距离可以在侧面投影中反映出来。

【作图步骤】

（1）求出直线 AB 及点 C 的侧面投影 $a''b''$、c''。

（2）以 O 为圆心、30mm 为半径画弧交 $a''b''$ 于 d''，由 d'' 作出 d' 及 d。

（3）连接 cd、$c'd'$、$c''d''$ 即为所求，如图 1-9b 所示。

1-9　求直线 AB 的 α 角、直线 CD 的 β 角（图 1-10a）。

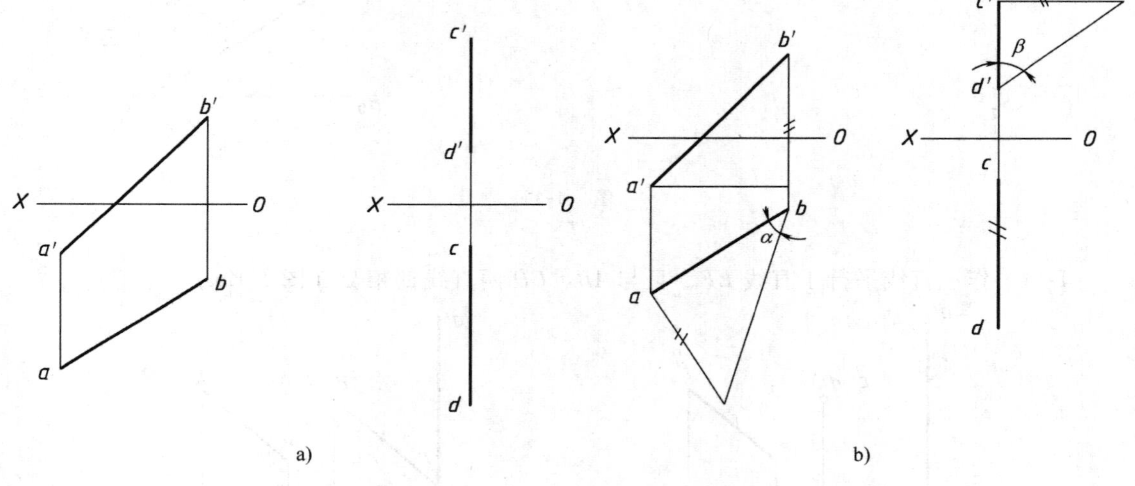

图　1-10

【解题分析】

求 AB 的 α 角，需用 AB 的水平投影和 A、B 两点的 Z 坐标差组成直角三角形（Z 坐标差不受线段端点在 OX 轴上或下的位置影响），水平投影长和斜边的夹角即为 α；求 CD 的 β 角，需用 CD 的正面投影长和 C、D 两点的 Y 坐标差组成直角三角形，这里的 Y 坐标差就等于 cd，正面投影长和斜边的夹角即为所求的 β 角。

【作图步骤】

作图步骤略。作图结果如图 1-10b 所示。

1-10　已知直线 AB 的实长等于 38mm，其 $\beta=30°$，且已知 AB 的部分投影（图 1-11a），试补全直线 AB 的两面投影。

【解题分析】

由直线 AB 的部分正面投影和 β 角可组成直角三角形，利用 AB 的实长可求 A、B 的两点的 Y 坐标差，由此可作出 b 和 b' 点。

【作图步骤】

作图步骤略。作图结果如图 1-11b 所示。

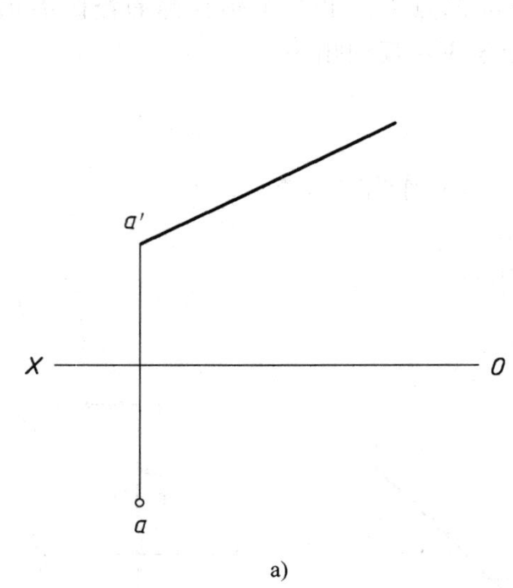

a)

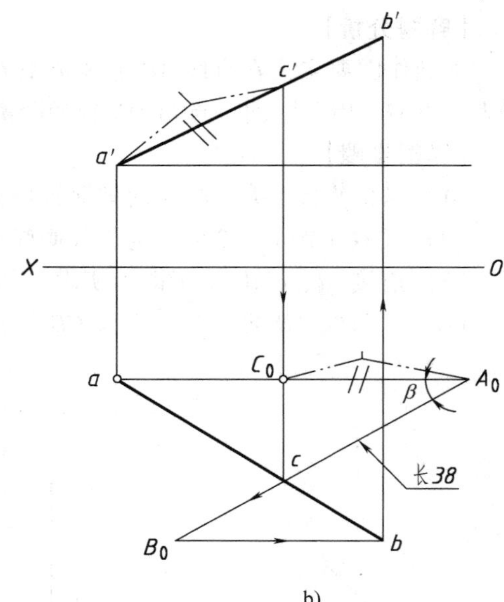

b)

图　1-11

1-11　作一直线平行于直线 EF，且与 AB、CD 两直线都相交（图 1-12a）。

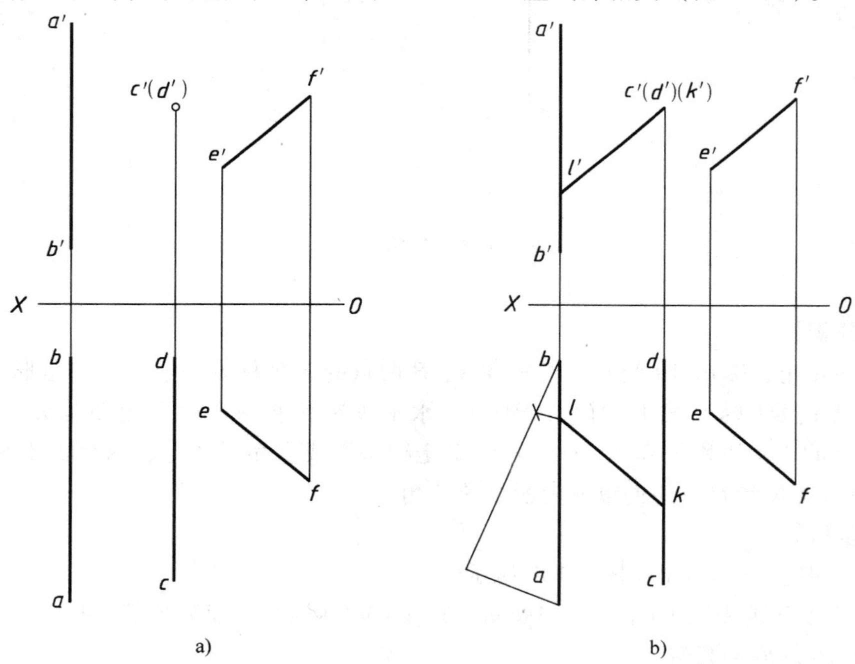

a)　　　b)

图　1-12

【解题分析】

所给直线 EF 为一般位置直线，直线 CD 为正垂线，因此，在正面投影中作过 $c'(d')$ 且与 $e'f'$ 平行的线段即得直线 KL 的正面投影 $k'l'$；直线 AB 是侧平线，要确定其上的点 L 的水

平投影 l，则要用点分线段成比例的特性，引比例线段求得。

【作图步骤】

作图步骤略。作图结果如图 1-12b 所示。

1-12 作直线 MN 与直线 EF 正交，且与 AB、CD 两直线都相交（图 1-13a）。

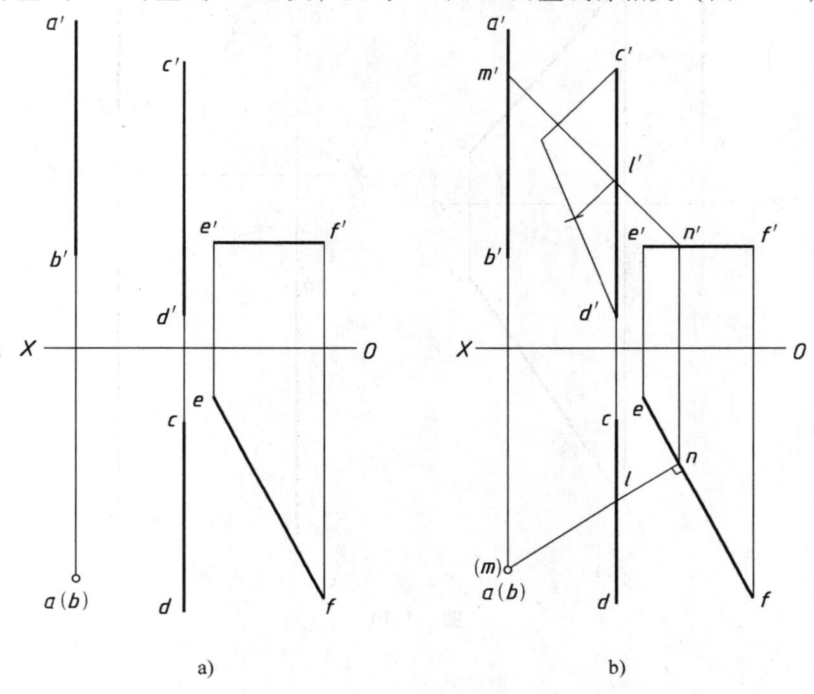

a)　　　b)

图 1-13

【解题分析】

直线 MN 与 EF 正交，且 EF 为水平线，由直角投影定理可知其水平投影上成直角，而 AB 为铅垂线，交线 MN 的水平投影 mn 必过 a（b），由此可先作出水平投影。

【作图步骤】

过 $a(b)$ 作 mn 垂直于 ef，垂足为 n；过 n 引投影连线交 $e'f'$ 于 n'；再确定 MN 与 CD 的交点 L 的正面投影 l'；连接 n'、l' 并延长至 $a'b'$ 得 m'。作图结果如图 1-13b 所示。

1-13 作两交叉直线的公垂线 EF，分别与 AB、CD 交于 E、F，并标出 AB、CD 间的真实距离（图 1-14）。

【解题分析】

图 1-14a 中直线 AB 为铅垂线，与其垂直的直线必定是水平线；CD 为一般位置直线，但与之垂直的水平线可以在水平投影中表现为直角。图 1-14b 中 CD 为侧平线，与侧平线垂直的直线必定是侧垂线，而 AB 又是正垂线，EF 的正面投影必过 $a'(b')$。

【作图步骤】

在图 1-14a 中，过 $a(b)$ 作 cd 的垂线交 cd 于 f，由 f 引投影连线交 $c'd'$ 于 f'，过 f' 作 OX 轴的平行线交 $a'b'$ 于 e'，即得 EF 的两面投影，作图结果如图 1-15a 所示。在图 1-14b 中，过 $a'(b')$ 作 OX 轴的平行线交 $c'd'$ 于 f'，在 cd 上确定 f（利用点分线段成比例的特性作图），过

f 作 OX 轴的平行线交 ab 于 e，作图结果如图 1-15b 所示。

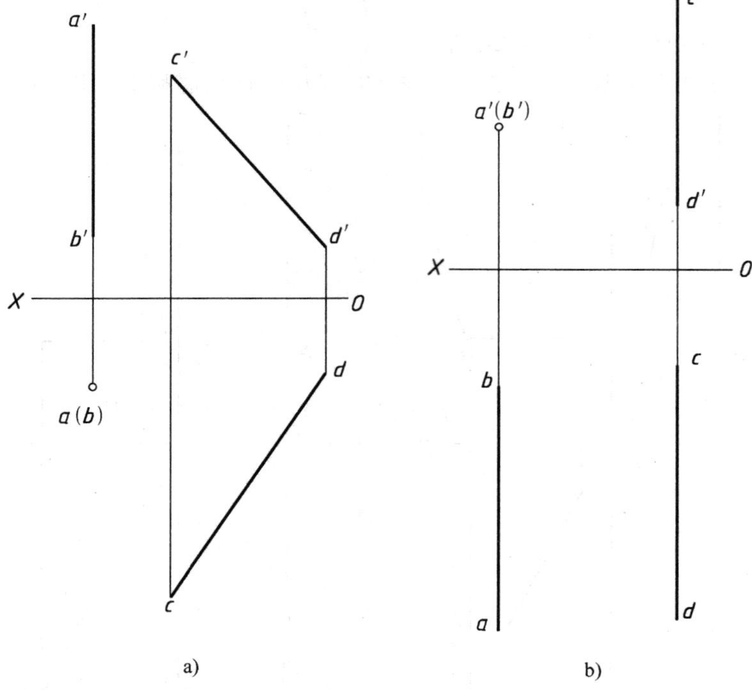

a)　　b)

图　1-14

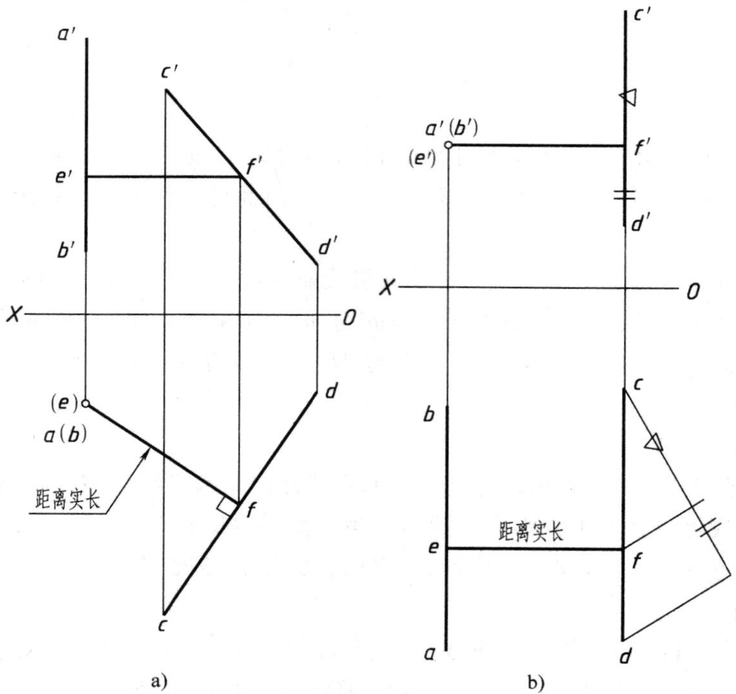

a)　　b)

图　1-15

1-14 作直线 MN 的两面投影，其 α 角等于30°，点 N 在直线 AB 上（图1-16a）。

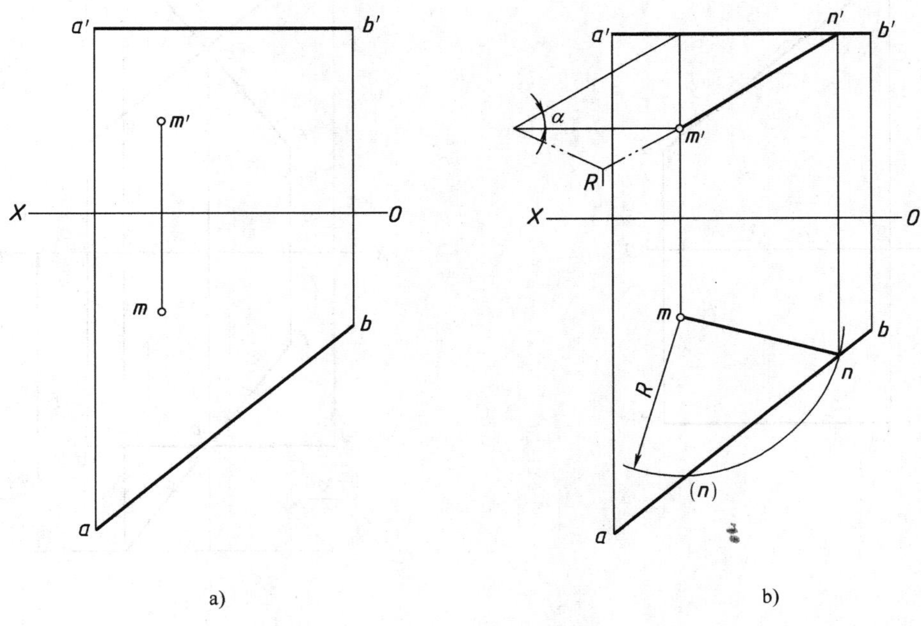

图 1-16

【解题分析】

点 N 在水平线 AB 上，从正面投影可看出，MN 两端点的 Z 坐标差无论点 N 在 AB 的哪一处都是一样的。以该坐标差为一直角边，它和 α 角构成一直角三角形，另一直角边即为要求的 MN 的水平投影。

【作图步骤】

（1）由 m' 引 $a'b'$ 的垂线，以此垂线为一直角边，它和 α 角构成直角三角形。

（2）以另一直角边的长为半径、以 m 为圆心作圆弧交 ab 于 n，由 n 引投影连线交 $a'b'$ 于 n'，作图结果如图1-16b所示。

1-15 作直线 CD 的垂直平分线 EF，点 E 距 V 面40mm，$EF=CD$ 且同时也被 CD 平分（图1-17a）。

【解题分析】

CD 为正平线，EF 的正面投影必在 CD 正面投影的垂直平分线上；点 E 距 V 面40mm，则点 E 到 CD 中点 O 的 Y 坐标差是一定的，由于 $EF=CD$，且同时也被 CD 平分，则 $OE=OC$。由 OE 的 Y 坐标差和实长构造直角三角形，即可求得 OE 的正面投影。

【作图步骤】

（1）作 $c'd'$ 的中垂线得 o'，并在 cd 上定出 o。

（2）过 o 引 cd 垂线并在其上截取到 OX 轴为40mm的一点，以 o 到此点距离为一直角边，$o'c'$ 长为斜边作一直角三角形，则另一直角边为 $o'e'$，由 e' 得出 e。

（3）由 $OE=OF$ 定出 f 和 f'，如图1-17b所示。

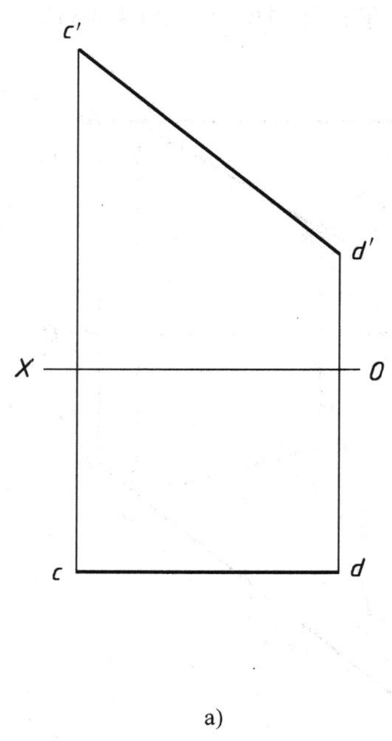

a)

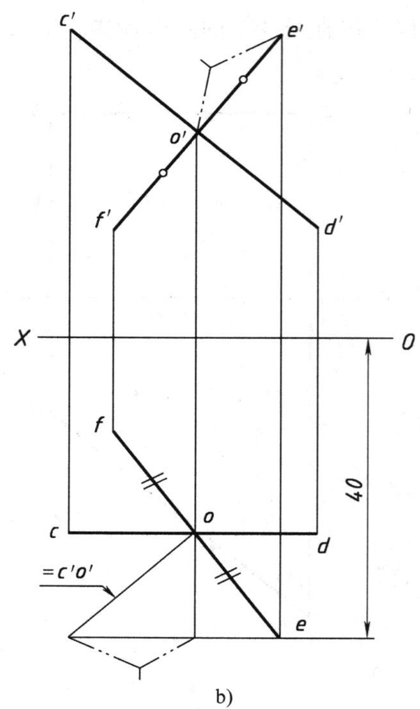

b)

图 1-17

1.3.3 平面的投影

1-16 完成等腰直角三角形△*ABC* 的两面投影。已知 *AC* 为斜边，顶点 *B* 在直线 *NC* 上（图 1-18a）。

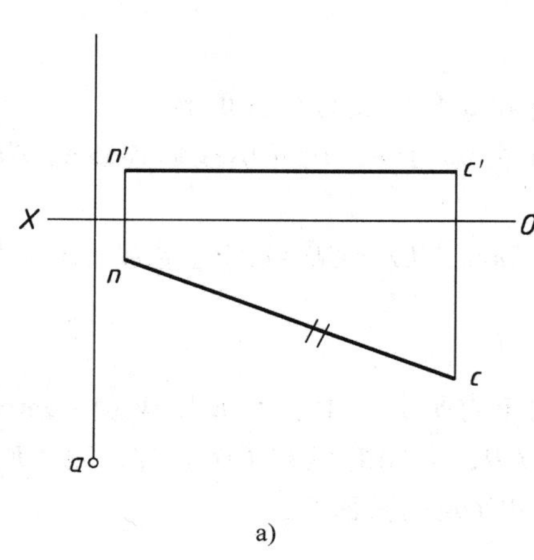

a)

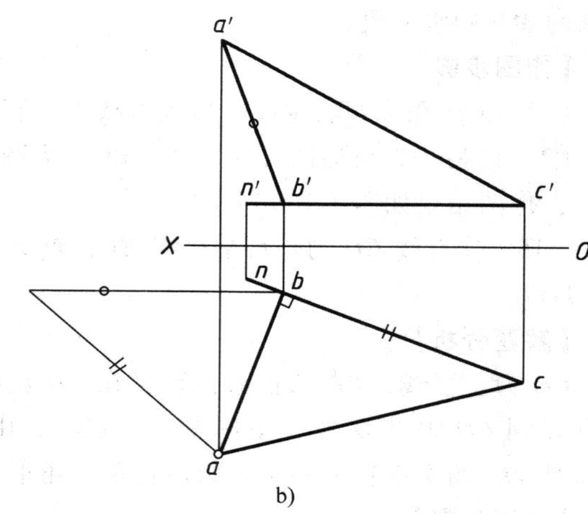

b)

图 1-18

【解题分析】

△*ABC* 是等腰直角三角形，*AB* 垂直且等于 *BC*。点 *B* 在 *NC* 上，*BC* 是水平线，水平投

影 $ab \perp bc$ 且 $bc = BC$，再利用直角三角形法作出 a'。

【作图步骤】

（1）由 a 作 ab 垂直于 cn，垂足为 b，在 $c'n'$上定出 b'。

（2）以 AB 的 Y 坐标差为直角边及 AB 的实长（等于 bc）为斜边作直角三角形，则另一直角边为 $a'b'$长，如图 1-18b 所示。

1-17　求作等边三角形△ABC，使 BC 边在直线 EF 上（图 1-19a）。

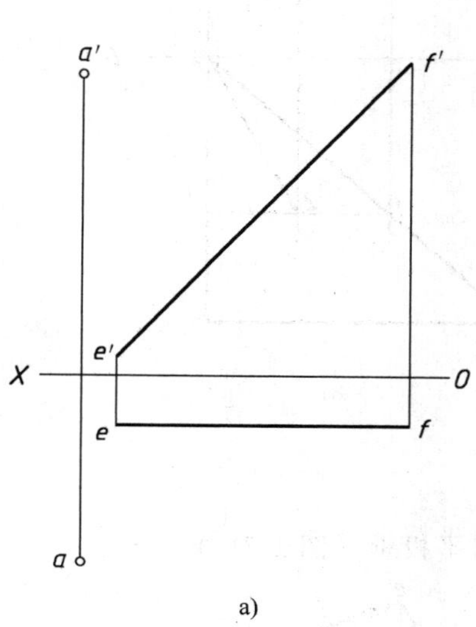

a)

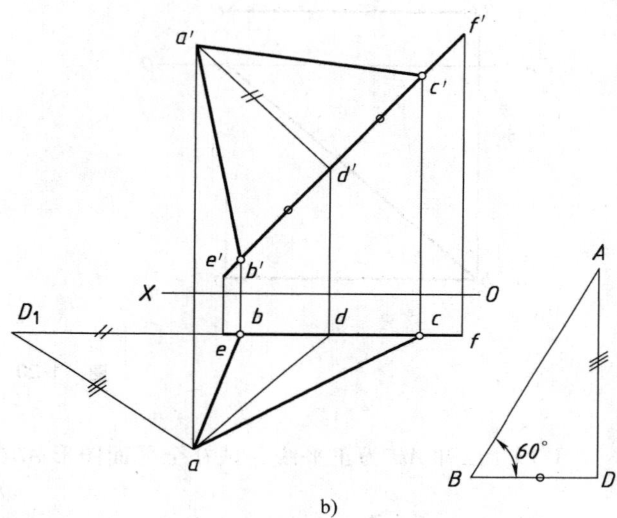

b)

图　1-19

【解题分析】

等边三角形的高垂直且平分底边。图中 EF 为正平线，BC 又在 EF 上，则 BC 边的高 AD 在 V 面上的投影 $a'd'$垂直于 $e'f'$。因此先作出高 AD 并求出其实长，再由 AD 的实长作出该等边三角形的实形，得实长 BC。

【作图步骤】

（1）由 a'引垂线交 $e'f'$于 d'，同时得 d。以 ad 坐标差和 $a'd'$为直角边作直角三角形，求得 AD 的实长 aD_1。

（2）以 AD 实长为直角边作一角为 60°的直角三角形△ADB，斜边为等边三角形的边长，另一直角边为边长 BC 的一半，如图 1-19b 所示。

1-18　补全平面图形的水平投影（图 1-20a）。

【解题分析】

该平面图形为五边形，由题可知其中 A、B、C 三点的两面投影，所以该五边形平面已确定，又知属于这个平面的另外两个顶点的正面投影，所以只要根据点在平面上的几何条件作图，就可求出这两点的水平投影，从而完成平面图形的水平投影。

【作图步骤】

作图步骤略。作图结果如图 1-20b 所示。

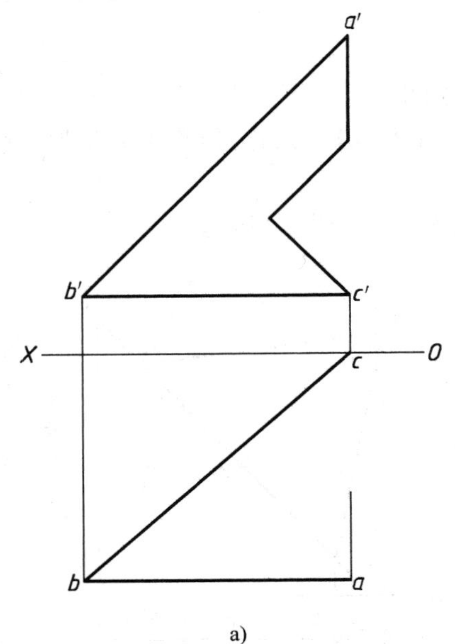

a)

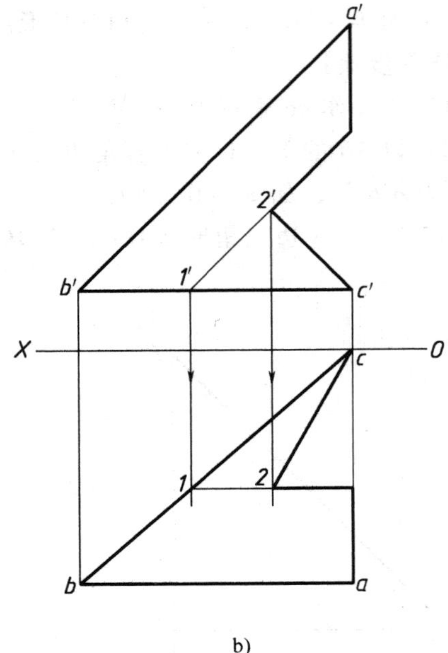

b)

图 1-20

1-19 已知 AB 为正平线，试补全平面图形 $ABCDE$ 的水平投影（图 1-21a）。

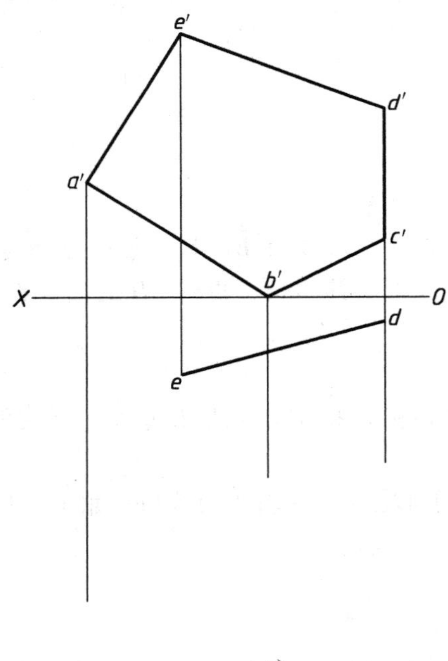

a)

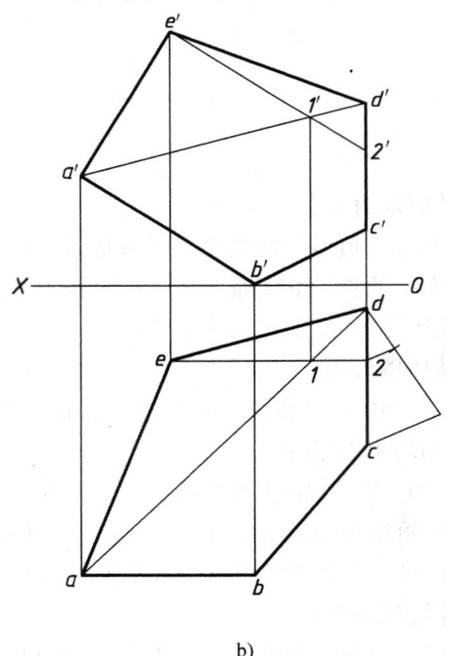

b)

图 1-21

【解题分析】

该题的关键是如何把握 AB 是正平线这个条件。虽然 AB 的水平投影无法直接作出，但在该平面内，过点 E 同样可作出与 AB 平行的正平线。

【作图步骤】

（1）过 e'引 $e'2'$平行于 $a'b'$交 $c'd'$于 $2'$，过 e 作 $e2$ 平行于 OX 轴，用点分线段成定比的特性作出 c。

（2）由 $a'd'$、$e'2'$的交点 $1'$求出 1，连接 $d1$ 并延长求出 a，由于 AB 是正平线，则 ab 平行于 OX，根据 b'求出 b，连接 $abcd$，完成水平投影，作图结果如图 1-21b 所示。

1-20　在△ABC 平面内取一点 M，使其距 H 面 16mm，距 V 面 28mm（图 1-22a）。

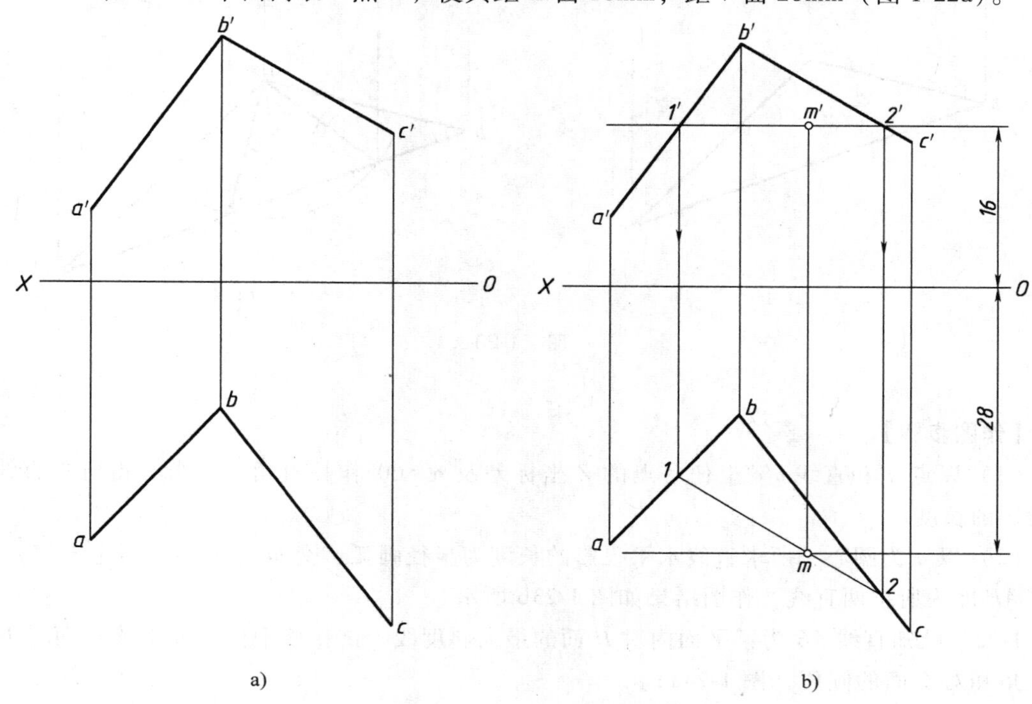

图　1-22

【解题分析】

点 M 在距 H 面 16mm 且在△ABC 平面内的一条水平线上，同时点 M 满足距 V 面 28mm，可先作出水平线，然后在此线上找一距 V 面 28mm 的点即可。

【作图步骤】

（1）距 OX 轴上方 16mm 引平行 OX 轴的线交 $a'b'$于 $1'$，$b'c'$于 $2'$。

（2）距 OX 轴下方 28mm 引平行 OX 轴的线交 12 与 m。在 $1'2'$上由 m 定出 m'，如图1-22b 所示。

1-21　过△ABC 的顶点 A，作属于该平面的两直线，此两直线与 H 面都成 60°角（图 1-23a）。

【解题分析】

作属于△ABC 的直线需过 A 点及 ABC 平面上的另一点，据题意，该点可在 BC 边上取。因为 BC 边是水平线，其上任一点距点 A 的 Z 坐标差是定值，可利用该坐标差及 α 角构成直角三角形，另一直角边就是所求直线水平投影的长度。

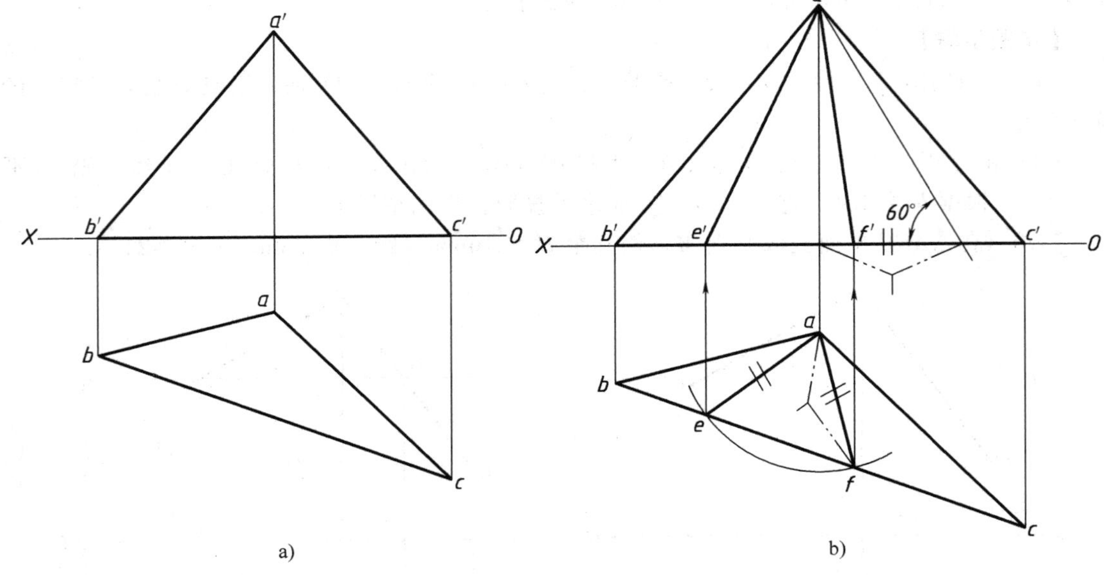

图 1-23

【作图步骤】

（1）以点 a'和直线 $b'c'$上任一点的 Z 坐标差及 $\alpha=60°$作一直角三角形，得所求直线水平投影的长度。

（2）以 a 为圆心、所求直线水平投影的长度为半径画弧，交 bc 于 e、f，再定出 e'、f'。AE、AF 即为所求两直线，作图结果如图 1-23b 所示。

1-22 已知直线 AB 为某平面内对 H 面的最大斜度线，试作该平面，并求该平面对 H 面的倾角和对 V 面的倾角（图 1-24a）。

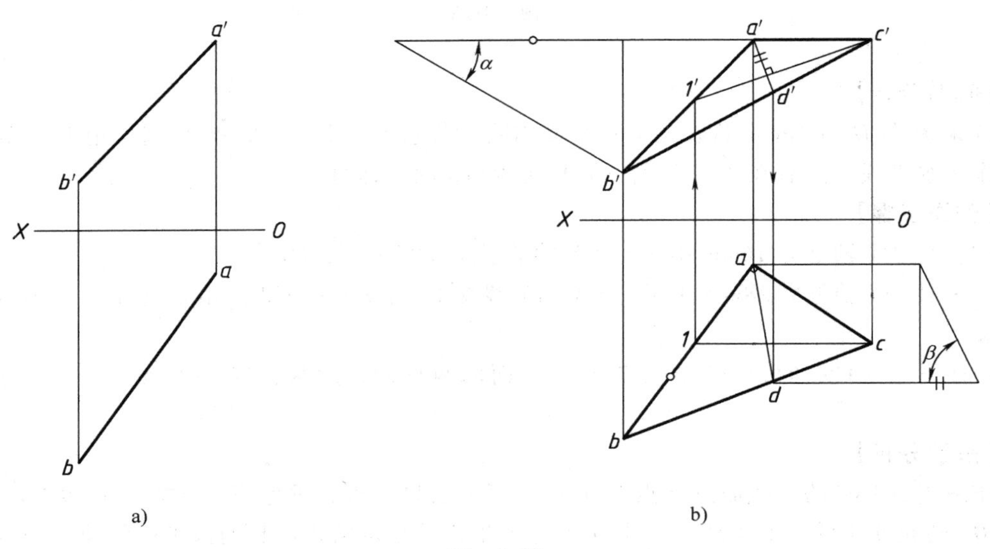

图 1-24

【解题分析】

AB 是对 H 面的最大斜度线，由最大斜度线的概念可知：AB 与 H 面的夹角就是 α；并且 AB 和垂直相交于 AB 的水平线可构成平面，再找出该平面上对 V 面的最大斜度线，从而求出该平面对 V 面的倾角 β。

【作图步骤】

（1）过点 A 作水平线 AC，且使 $AC \perp AB$，则 ABC 构成一平面，即为所求平面。

（2）过点 C 作正平线 CⅠ，再作 $AD \perp C$Ⅰ。

（3）求出 AB 与 H 面的夹角 α，AD 与 V 面的夹角 β。作图结果如图 1-24b 所示。

1-23　已知△ABC 平面与 H 面夹角 $\alpha=30°$，AB 边平行于 H 面，试通过求最大斜度线的方法作出 c'（图 1-25a）。

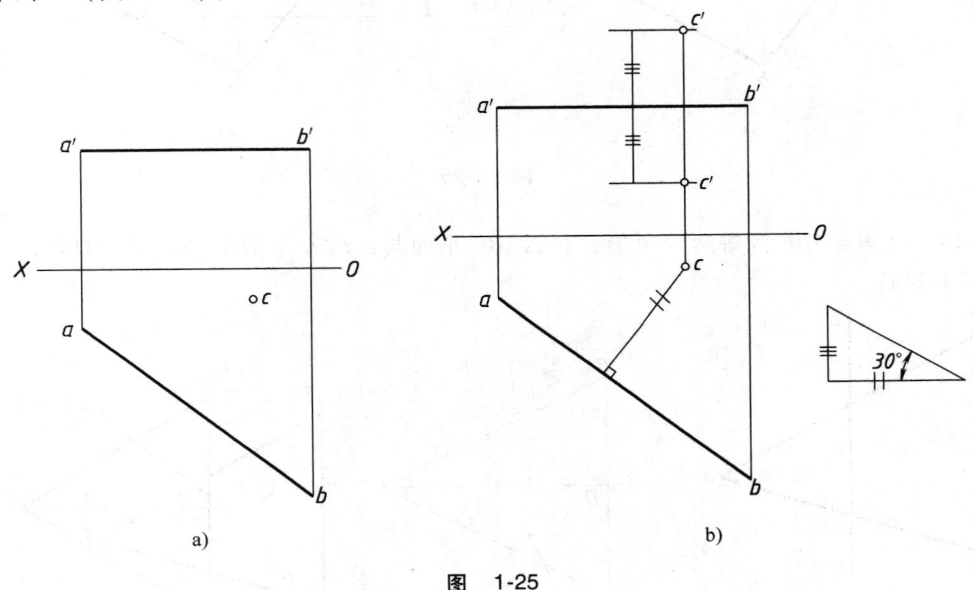

图　1-25

【解题分析】

由于 AB 是水平线，过点 C 作 AB 的垂线，该垂线就是 ABC 平面对 H 面的最大斜度线。

【作图步骤】

过 c 作 ab 的垂线，以垂线的长度及 α 角作一直角三角形；以另一直角边的长度为 Z 坐标差从 $a'b'$ 向上或向下量得 c'（两解），作图结果如图 1-25b 所示。

1-24　已知直线 MN 与△ABC 平面交于点 N，且点 N 距 V 面 24mm，补全 MN 的两面投影（图 1-26a）。

【解题分析】

该题所给的平面 ABC 是一般位置面，点 N 是 MN 与平面的交点，既在线上又在面上，可利用属于面上的点的投影特性及点 N 距 V 面 24mm 投影作图。

【作图步骤】

先作出距 V 面 24mm 且属于 ABC 平面的辅助线；利用已知的 $m'n'$ 部分投影，再在该线上定出 n'，作出 n，连接 mn，作图结果如图 1-26b 所示。

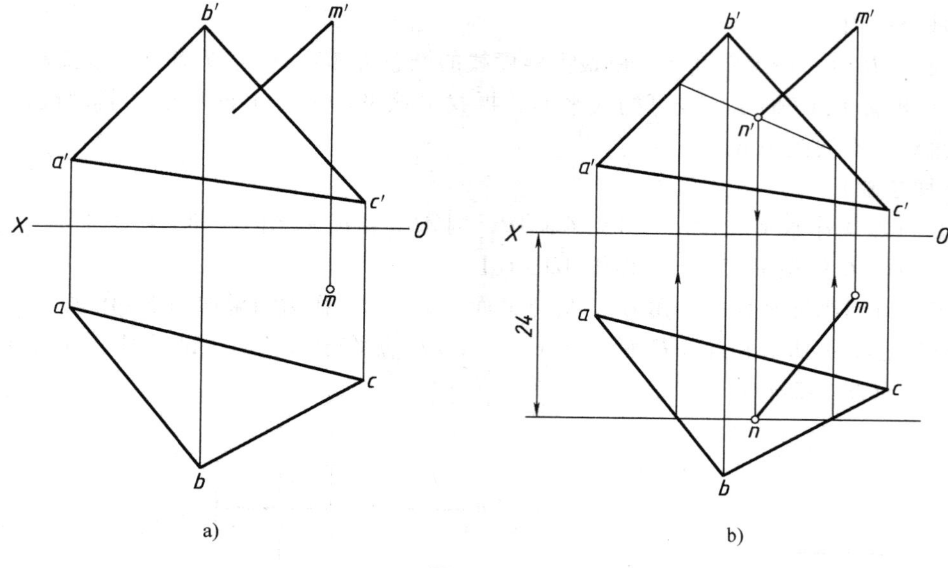

图 1-26

1-25 已知△*ABC*为等边三角形，且△*ABC*平面与△*EFG*平面平行，求△*ABC*的两面投影（图1-27a）。

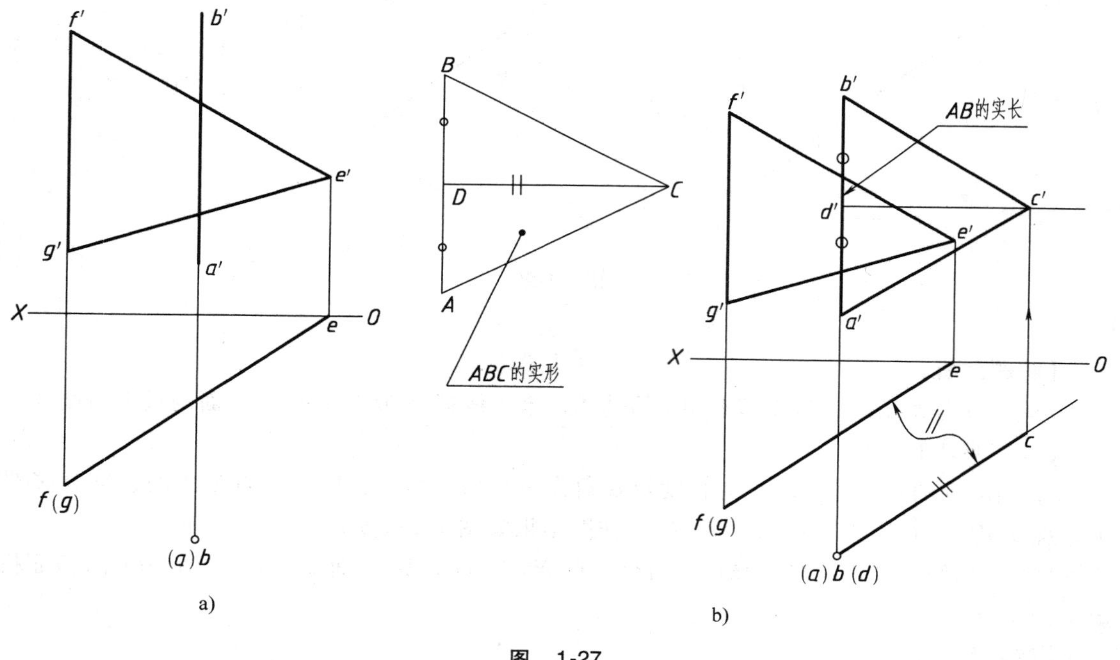

图 1-27

【解题分析】

因为等边三角形△*ABC*的边*AB*为铅垂线，所以由$AB=a'b'$为已知条件可作出*ABC*的实形。因为*AB*上的高*CD*垂直于*AB*，所以*CD*应为水平线，即$cd=CD$，又因为*ABC*平面平行于铅垂面*EFG*，所以$abc\parallel efg$，这样可求出*c*；由d'为$a'b'$的中点，且$c'd'\parallel OX$，可求出

$c'd'$。

【作图步骤】

（1）以 $a'b'(=AB)$ 为边长作出等边三角形△ABC 的实形，并作 AB 的高 CD。

（2）在 AB 上定出其中点 D 的两投影 d 和 d'。过 $(a)b(d)$ 作直线平行于 $ef(g)$，在该直线上量得 $cd=CD$，得 c。

（3）由 d' 作 $c'd' /\!/ OX$ 轴，交点 C 的投影连线于 c'，连接 $a'c'$ 和 $b'c'$，作图结果如图 1-27b所示。

1-26　求△ABC 与△DEF 的交线 KL，并判别可见性（图 1-28a）。

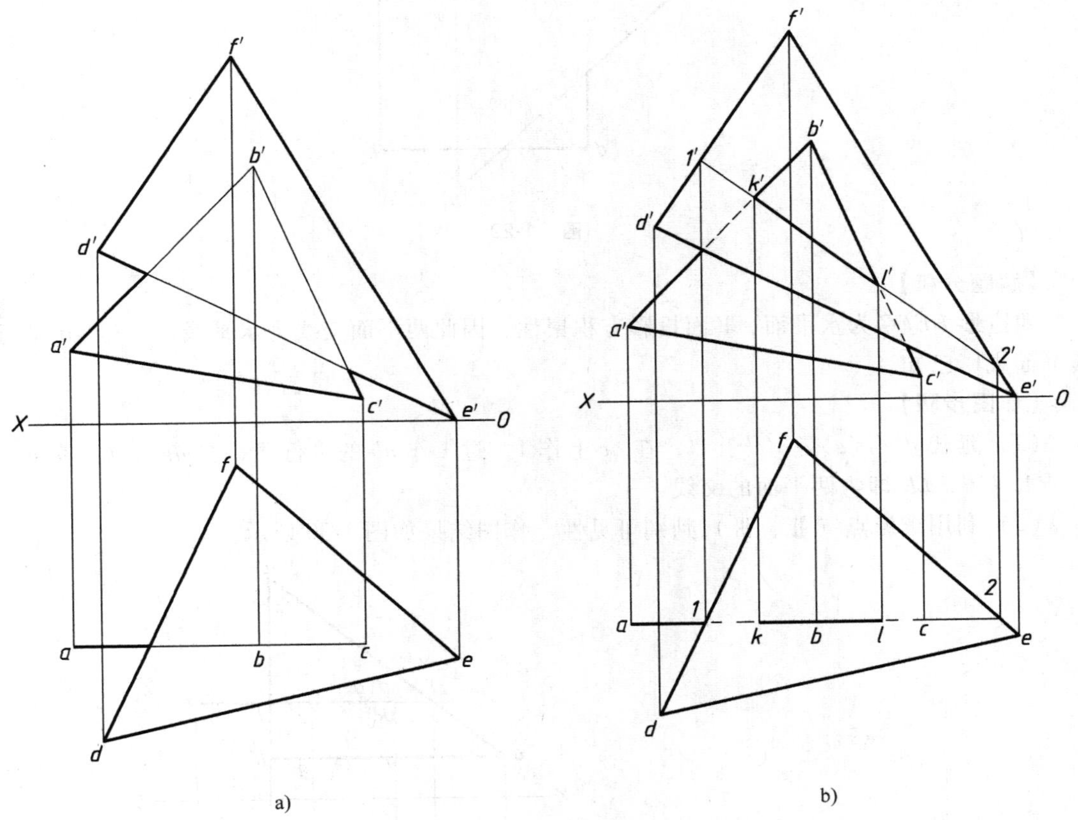

图　1-28

【解题分析】

由于正平面 ABC 的水平投影 abc 有积聚性，故交线的水平投影一定在 abc 上，交线的正面投影可利用在一般面上取线的方法求出。

【作图步骤】

（1）由正平面的水平投影 abc 定出与一般面交线的水平投影 12。

（2）在一般面上定出 $1'2'$，两面共有部分为 $k'l'$、kl。

（3）再判别可见性，如图 1-28b 所示。

1-27　求△ABC 与□$DEFG$ 的交线 KL，并判别可见性（图 1-29）。

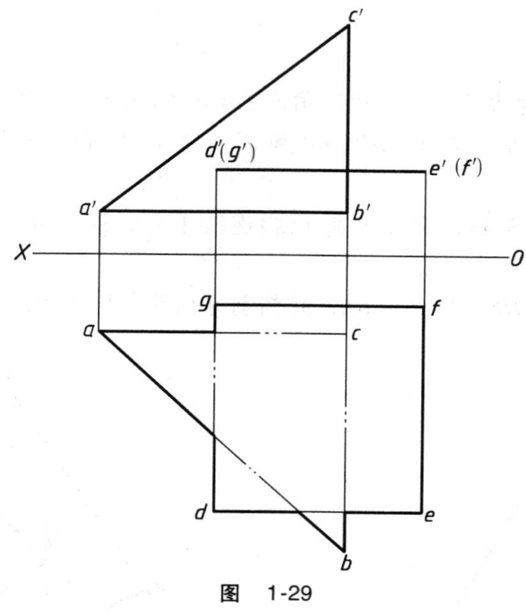

图 1-29

【解题分析】

四边形 $DEFG$ 为水平面，V 面投影有积聚性，因此两平面交线为水平线，且与 AB 平行，其 V 面投影已知。

【作图步骤】

（1）延长 $d'e'f'g'$交 $a'c'$于 1′，在 ac 上作 1，过 1 作 ab 的平行线，交 dg 于 k，交 bc 于 l。求出 $k'l'$，LK 即为两平面的交线。

（2）利用重影点（Ⅱ、Ⅲ）判别可见性。作图结果如图 1-30 所示。

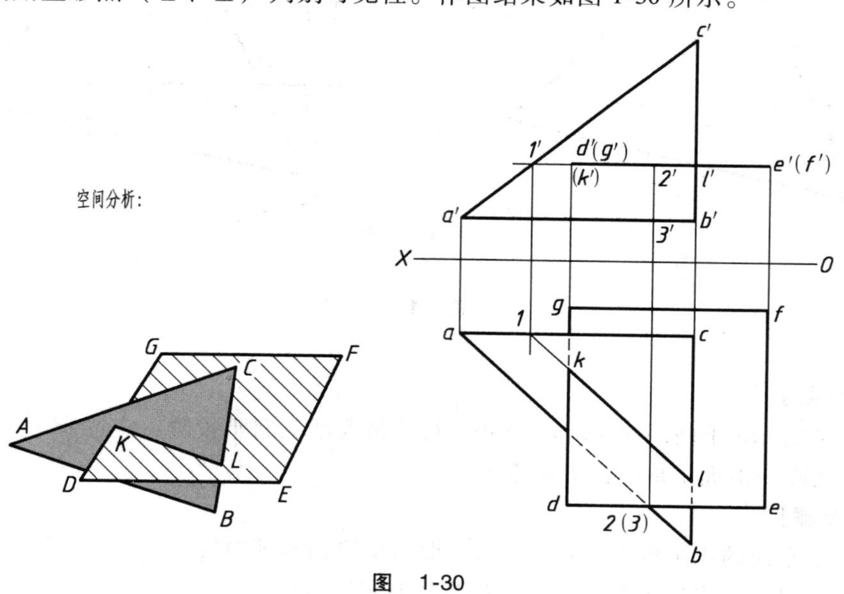

图 1-30

1-28　求直线与平面的交点 K，并判别可见性（图 1-31）。

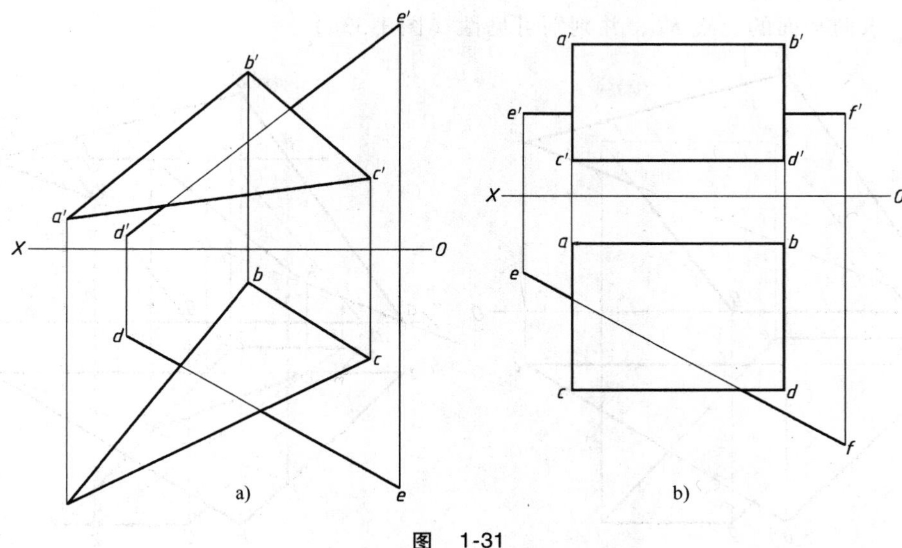

图 1-31

【解题分析】

题中所给直线与平面均为一般位置线和平面。先过一般线作一辅助平面 P，求出平面 P 与已知平面的交线ⅠⅡ，ⅠⅡ与已知直线的交点 K，即为所求。P 为把直线某投影作为积聚性投影的特殊面。

【作图步骤】

作图步骤略。作图结果如图 1-32 所示。

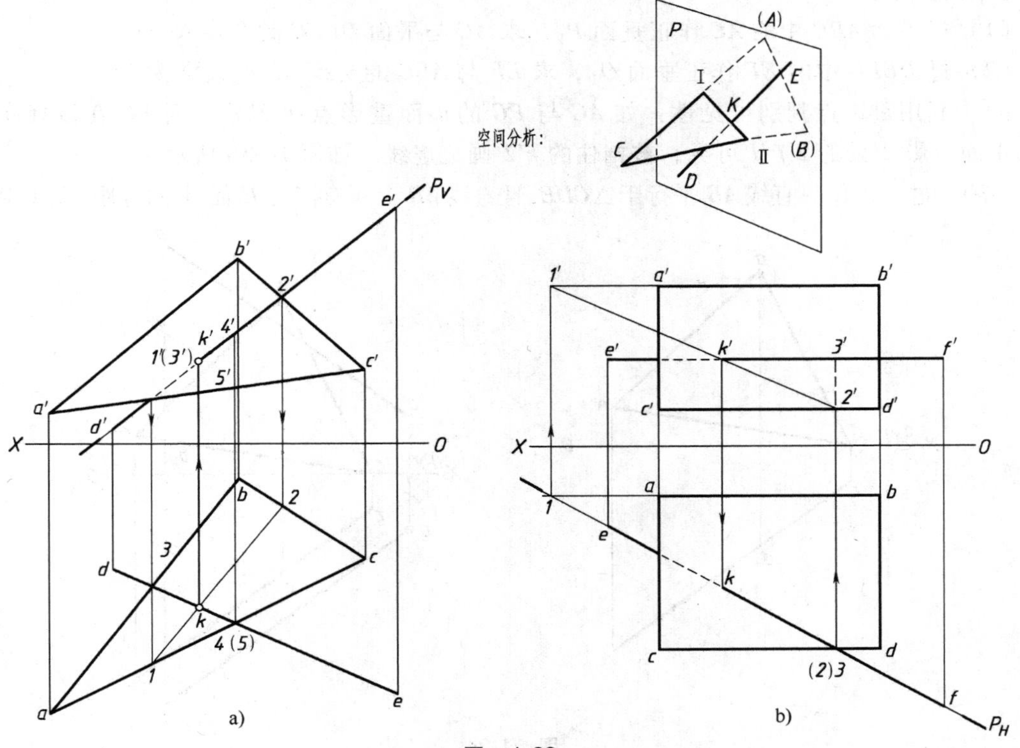

图 1-32

1-29　求两平面的交线 KL，并判别可见性（图 1-33a）。

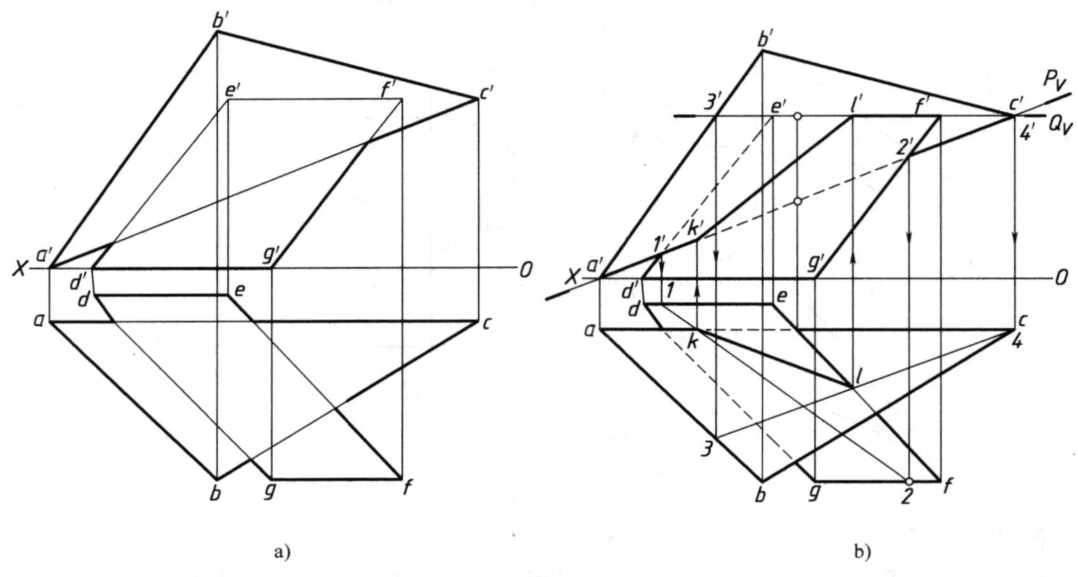

图　1-33

【解题分析】

本题所给两平面均为一般位置面。利用一平面上两直线（尽可能是投影重叠部分的直线）与另一平面产生两交点来求其交线。利用重影点判别可见性。

【作图步骤】

（1）过平面 ABC 中的 AC 作正垂面 P_V，求 AC 与平面 $DEFG$ 的交点 K。

（2）过 $DEFG$ 中的 EF 作正垂面 Q_V，求 EF 与 ABC 的交点 L，交线即为 KL。

（3）利用重影点判别可见性：如 AC 与 FG 的正面重影点在 $2'$处，而 FG 在该处在前，因此正面投影 $2'$处的 $2'f'l'$可见，被挡住的 $k'2'$画成虚线，如图 1-33b 所示。

1-30　过点 A 作一直线 AB 平行于△CDE，且直线 AB 上所有点与 H 面、V 面等距（图 1-34a）。

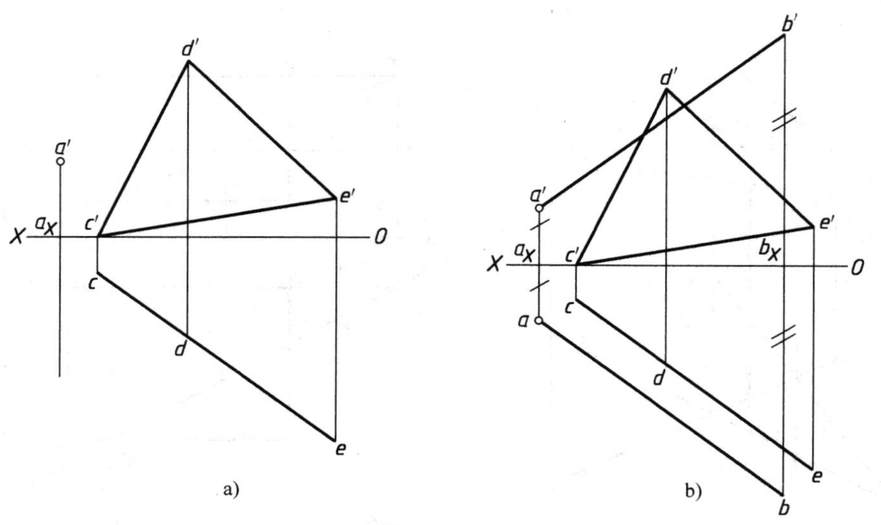

图　1-34

【解题分析】

CDE 为铅垂面，AB 平行于 CDE，故 ab//cde。点 A 与点 B 的 Y 坐标等于 Z 坐标。

【作图步骤】

(1) 在 $a'a_X$ 的延长线上量取 $a'a_X = aa_X$。

(2) 过 a 作 ab//cde。

(3) 作 $bb' \perp OX$，交 OX 于 b_X，量取 $b'b_X = bb_X$，求出 b'，连接 a'b'完成作图，作图结果如图 1-34b 所示。

1-31 已知直线 MN=30mm，点 N 在点 M 之后，且直线 MN 与△ABC 平行，试完成直线 MN 和△ABC 的两面投影（图 1-35a）。

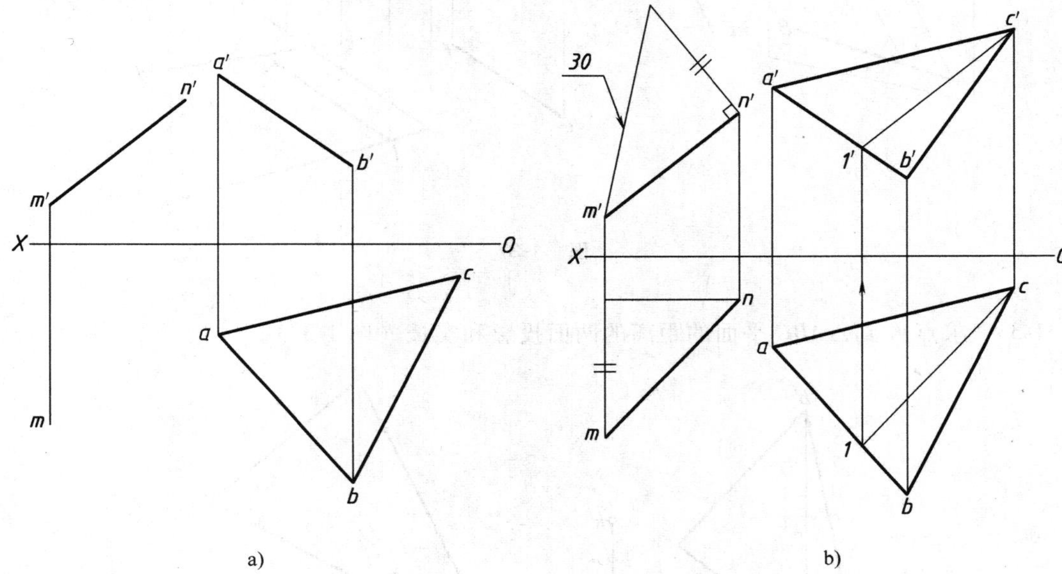

图 1-35

【解题分析】

因为直线 MN 的实长、m'n'投影已知，可利用直角三角形法求出水平投影 mn；再根据直线与平面平行的几何条件，利用点 A、点 B 的两面投影及 c 作出 c'。

【作图步骤】

作图步骤略。作图结果如图 1-35b 所示。

1-32 作直线 KL,使其与已知直线 AB、CD 均相交，与直线 EF 平行（图 1-36）。

【解题分析】

如空间分析图所示：包含已知直线 AB 作一平面平行于直线 EF，求出直线 CD 与

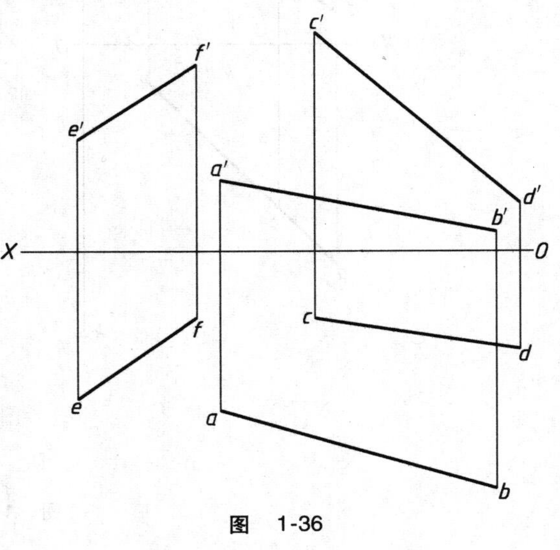

图 1-36

该平面的交点 K，过点 K 作 $KL//EF$ 交 AB 于点 L，KL 即为所求。

【作图步骤】

作图步骤略。作图结果如图 1-37 所示。

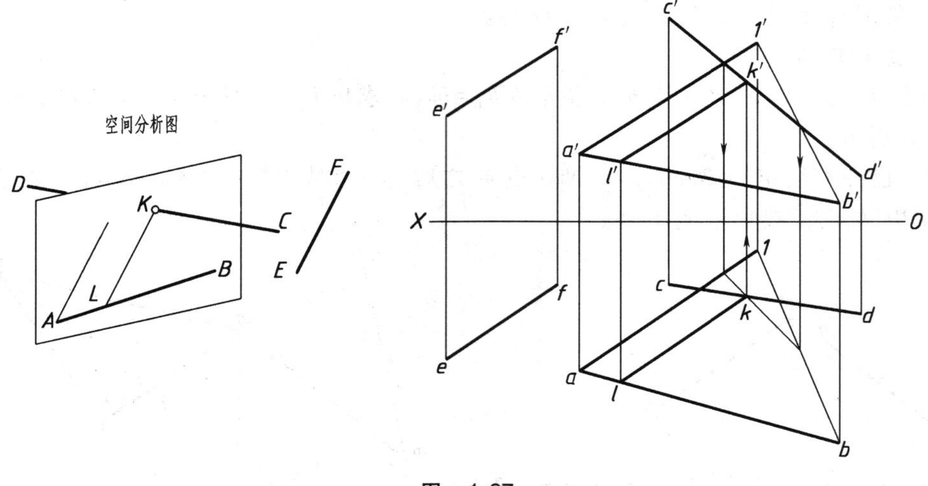

图 1-37

1-33 求点 K 到 $\triangle ABC$ 平面的距离的两面投影和实长（图 1-38）。

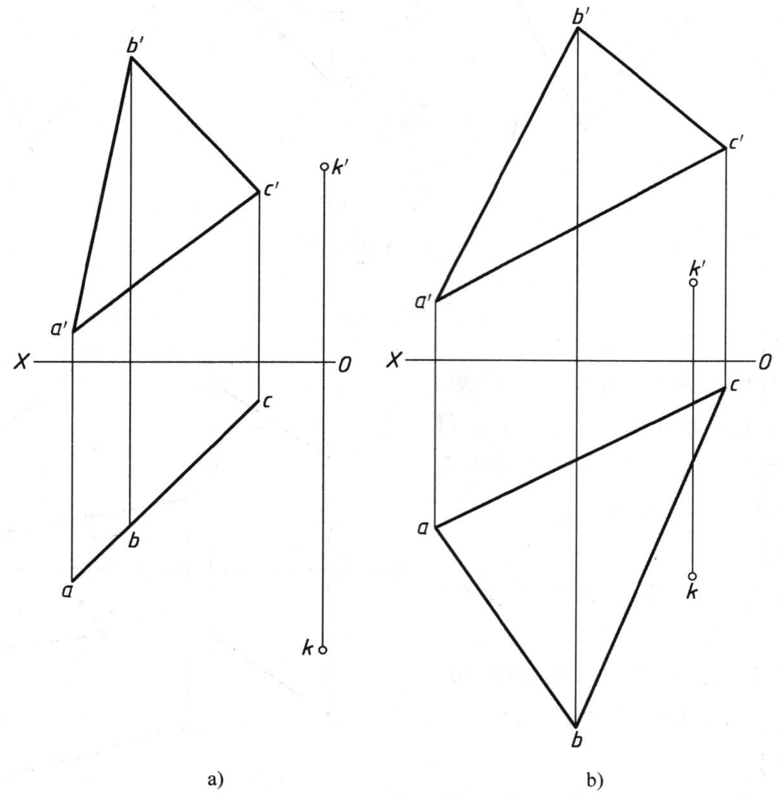

图 1-38

【解题分析】

该题所给平面分为铅垂面和一般面两种情况。在图1-38a中，由点K向铅垂面引垂线，该垂线一定为水平线，水平投影反映直角，垂足D的水平投影d在abc上，距离实长$KD=kd$。在图1-38b中，所给平面为一般面，根据直线与平面垂直的定理作出垂线（一般线），求得垂足（一般线与一般面相交），再求实长。

【作图步骤】

在图1-38a中，由水平投影k作abc的垂线，得d。由正面投影$k'd'//Ox$，得$k'd'$。kd为距离实长，如图1-39a所示。

在图1-38b中，先在平面内作出正平线、水平线，过k'引线垂直于正平线的正面投影，过k引线垂直于水平线的水平投影，即得垂线。再求该垂线与一般面的交点D，最后求出KD的实长。具体作法如图1-39b所示。

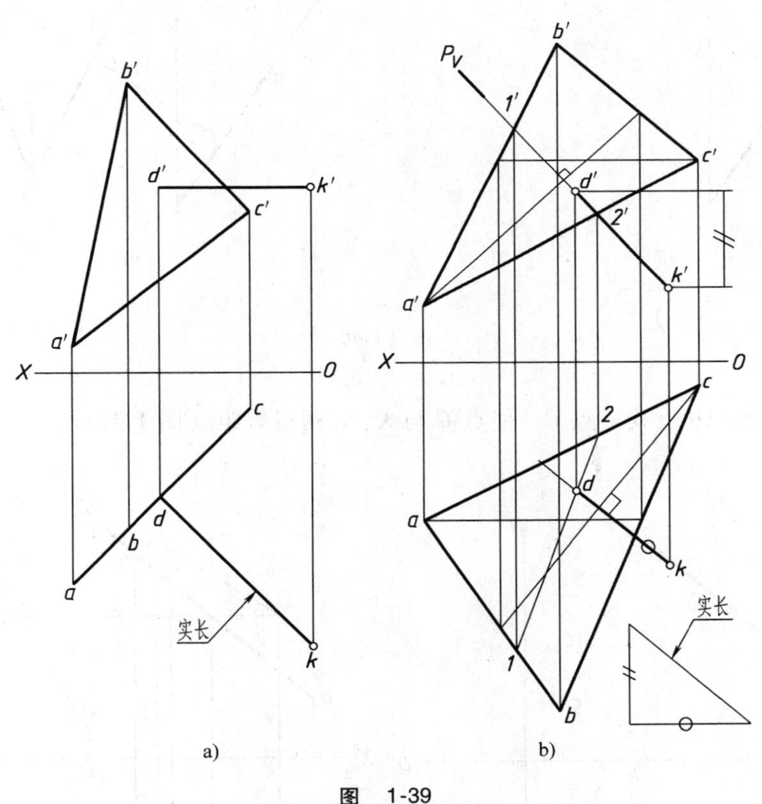

图　1-39

1-34　已知平面ABC垂直于平面EFG，补画EFG的水平投影（图1-40a）。

【解题分析】

如果能在EFG平面内作一条与ABC平面垂直的直线，则两平面垂直的关系确定。由于ABC为铅垂面，所以垂直于ABC平面的直线必为水平线。

【作图步骤】

（1）过点G作一水平线GⅠ，水平投影$g1$垂直于平面ABC的水平投影abc。

（2）连接f 1 并延长交点 E 的投影连线于 e，连接 efg，即为所求。作图结果如图 1-40b 所示。

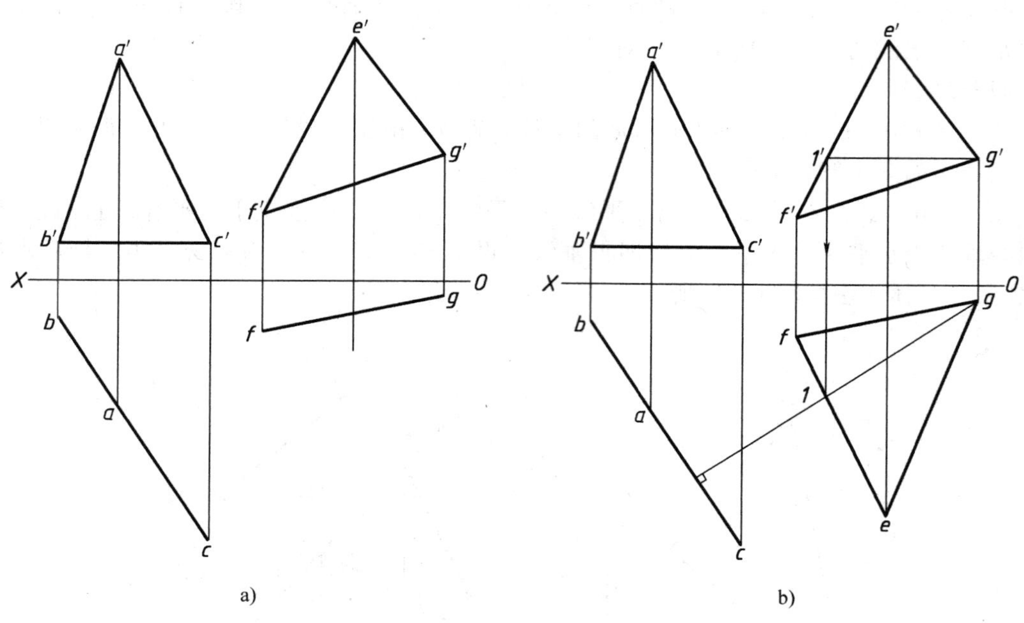

a)　　　　b)

图　1-40

1-35　在直线 AB 上找一点 C，使点 C 与 K、L 两点等距（图 1-41a）。

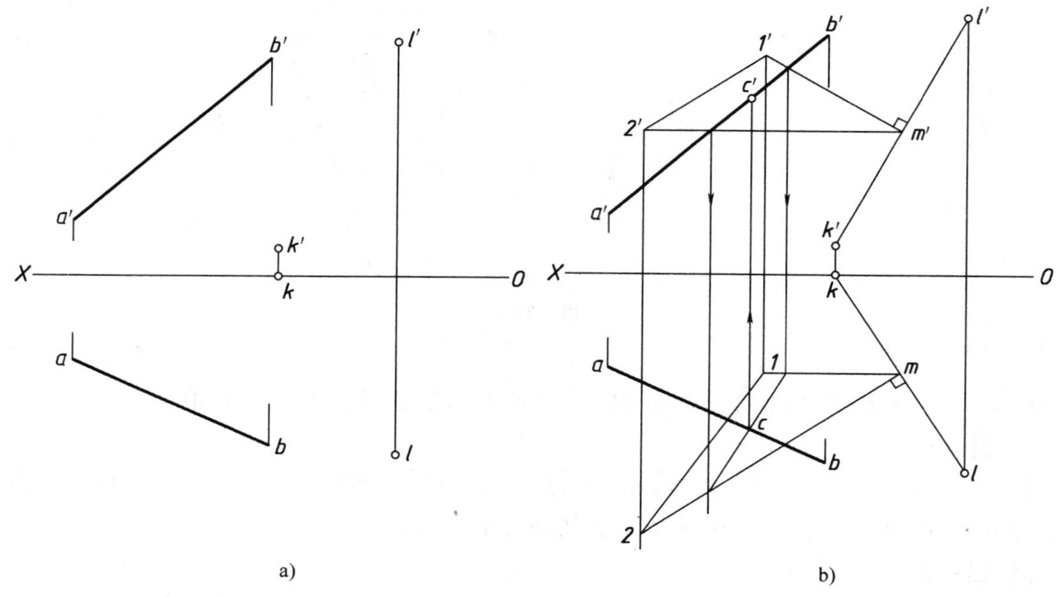

a)　　　　b)

图　1-41

【解题分析】

与 K、L 两点距离相等的点的轨迹为 KL 的中垂面，该中垂面与直线 AB 的交点就是所求的点 C。

【作图步骤】

（1）连接 KL 并作 KL 的中点 M。

（2）过点 M 作平面 M Ⅰ Ⅱ 垂直于 KL。

（3）求 M Ⅰ Ⅱ 与 AB 的交点 C。作图结果如图 1-41b 所示。

1-36　过点 A 作一直线与平面 $CDEF$ 平行，并与直线 MN 垂直（图 1-42）。

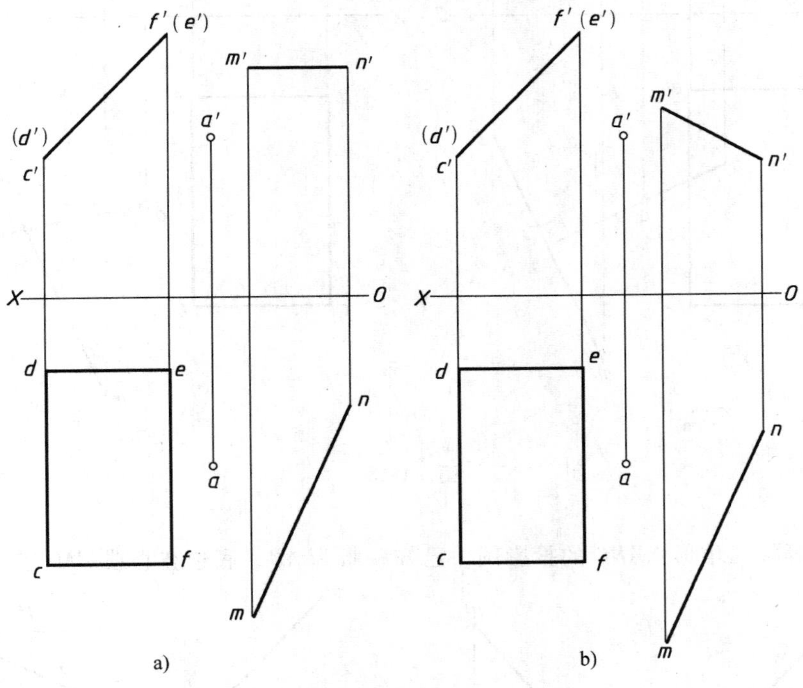

图　1-42

【解题分析】

该题中平面 $CDEF$ 是正垂面，所求直线的正面投影应平行于 $c'd'e'f'$。而直线 MN 给出了两种情况，一种为水平线（图 1-42a），一种为一般线（图 1-42b）。第一种情况较为简单，第二种情况则需过点 A 作 MN 的垂面，然后在该垂面内过点 A 作直线平行于正垂面 $CDEF$。

【作图步骤】

第一种情况略，结果如图 1-43a 所示。

第二种情况：

（1）过点 A 作直线 MN 的垂面。

（2）过 a' 作 $a'b' /\!/ c'd'e'f'$，并在第一步所作的垂面内作出 AB 的水平投影 ab 即可，如图 1-43b 所示。

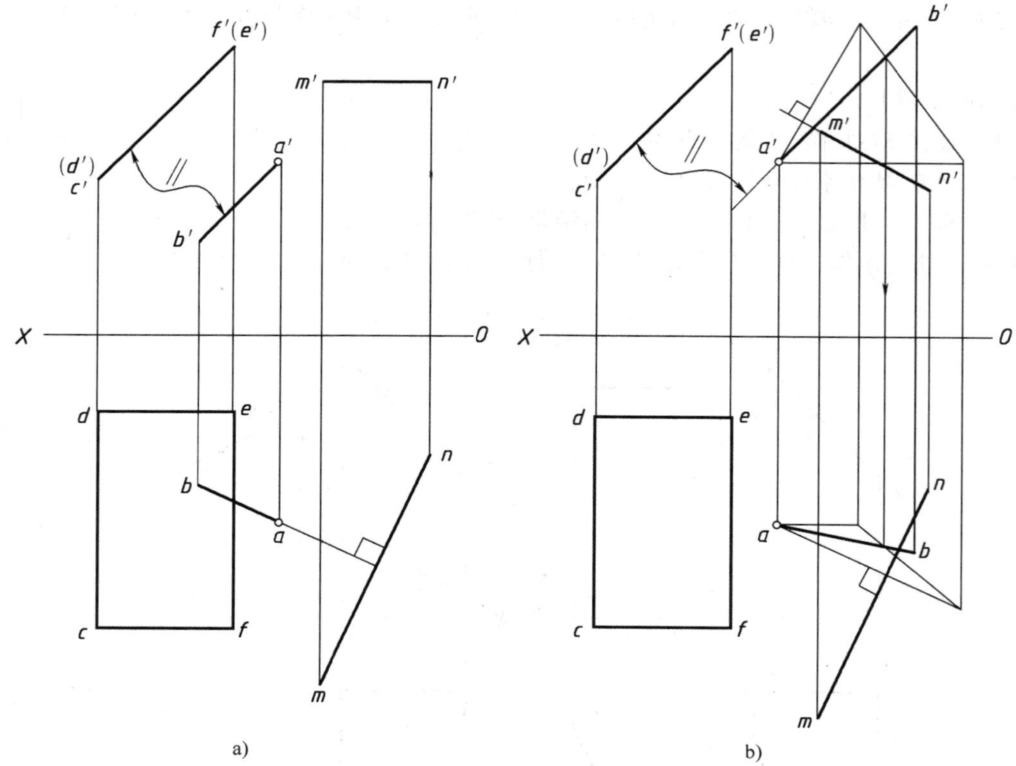

图 1-43

1-37 作等腰三角形△*ABC*的投影图，已知一腰为*AB*，底边在直线*BM*上（图1-44a）。

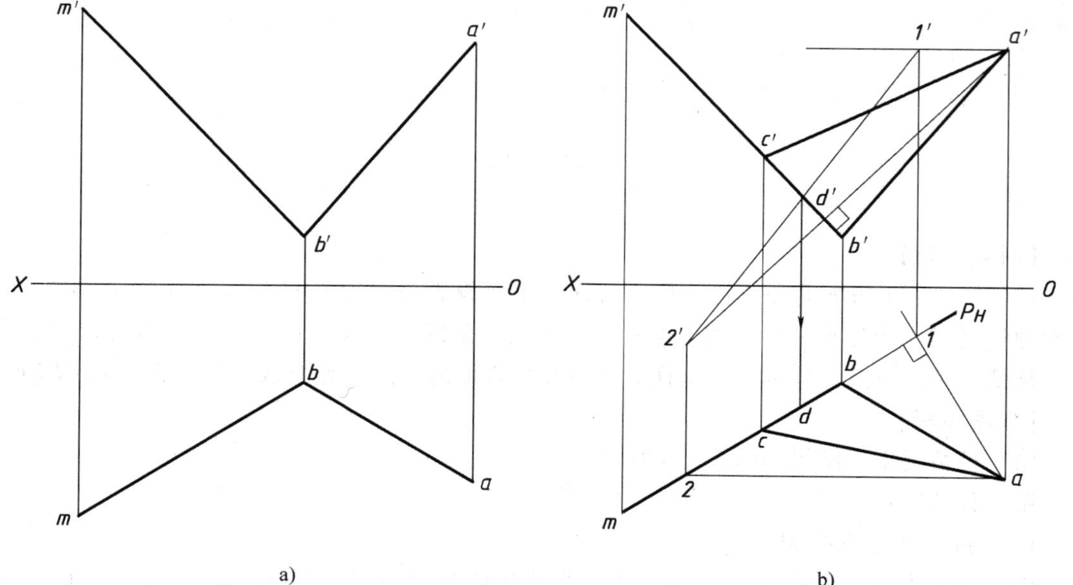

图 1-44

【解题分析】

等腰三角形△ABC 底边 BC 的高 AD 垂直平分 BC。因此，过顶点 A 作底边的垂面 AⅠⅡ，求出该垂面与底边的交点 D（垂足）的两面投影。根据点在线上点分线段成定比的性质，即可求出点 C。

【作图步骤】

（1）过顶点 A 作直线 BM 的垂面AⅠⅡ。

（2）求垂面 AⅠⅡ与 BM 的交点得垂足 D。

（3）由于点 D 平分底边，则可确定底边的另一端点 C。作图结果如图 1-44b 所示。

1-38　已知 BC 是等腰三角形△ABC 的底边，高 AD 为 45mm，完成 ABC 的水平投影（图 1-45）。

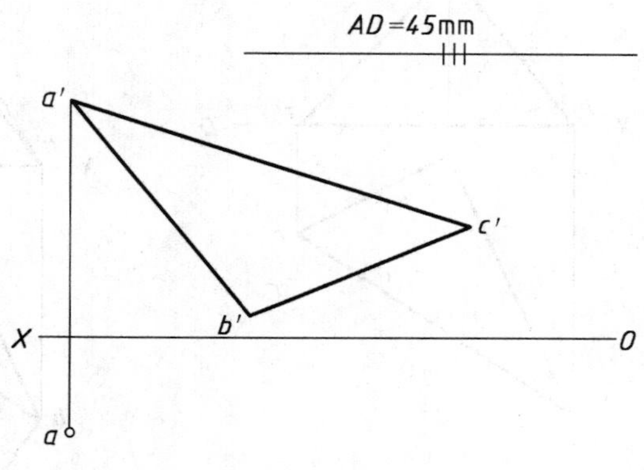

图　1-45

【解题分析】

由已知条件可先求得点 D 的两面投影。据等腰三角形的高 AD 垂直于底边 BC 可知 BC 位于 AD 的垂面上，作出该垂面 DⅠⅡ，因 b'c'已知，所以可在该垂面上取线 bc。

【作图步骤】

（1）作 b'c'的中点得 d'，连接 a'd'，利用直角三角形法求出 ad。

（2）作 AD 的垂面 DⅠⅡ，则 BC 属于 DⅠⅡ。

（3）延长 b'c'交 1'2'于 3'，在水平投影 12 上作出 3，连接 d3 并延长交 b'、c'的投影连线于 b、c。作图结果如图 1-46 所示。

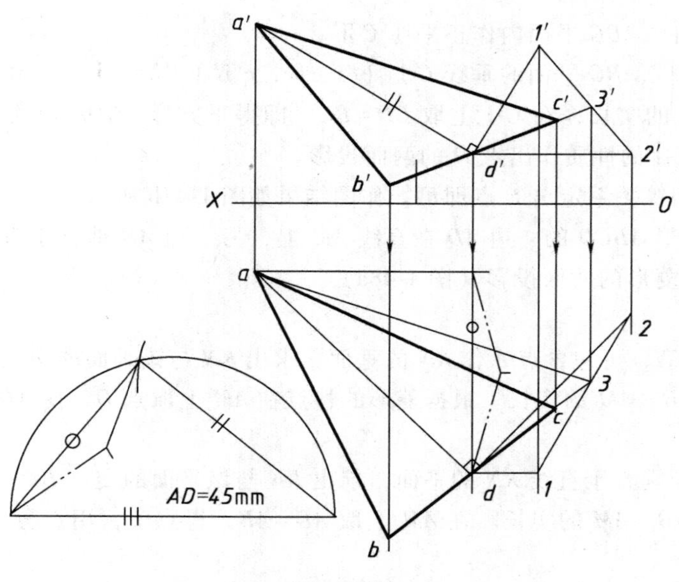

图　1-46

1-39　以水平线 BC 为边作一正方形 $BCDE$，使之垂直于△ABC（图1-47a）。

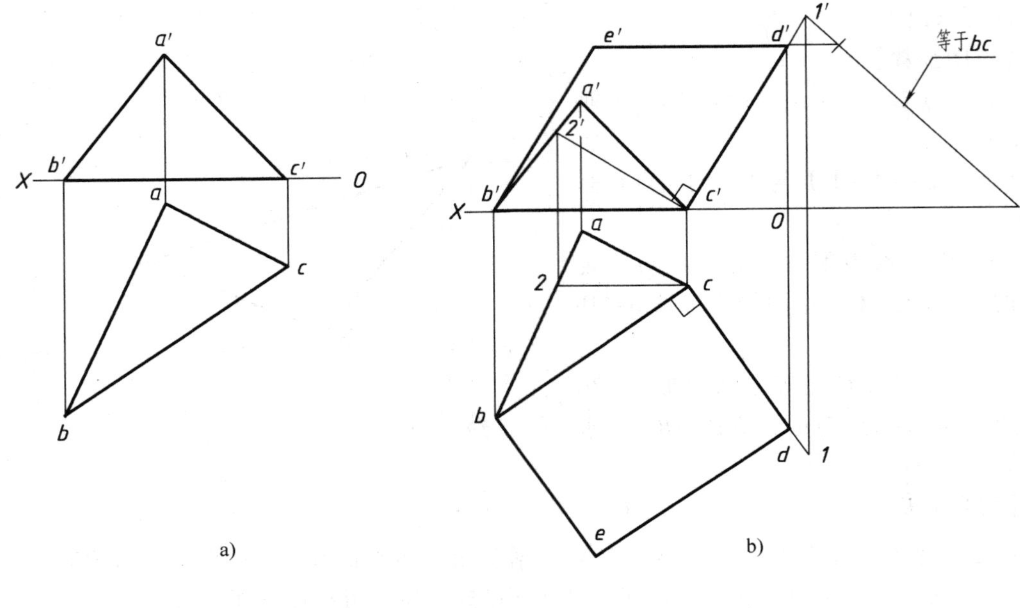

图　1-47

【解题分析】

与△ABC 垂直的平面必包含一条与 ABC 平面垂直的线段，根据正方形的特点，过点 B 或点 C 引△ABC 的垂线，并在这条垂线上确定其长度等于 BC（即 bc）得正方形第二条边。

【作图步骤】

（1）过点 C 在△ABC 平面内作正平线 CⅡ。

（2）过点 C 引△ABC 平面的垂线 CⅠ（$c1\perp bc$，$c'1'\perp c'2'$，Ⅰ为垂线上任一点）。

（3）求出 CⅠ的实长，在 CⅠ上取 $CD=BC$，即得正方形 $BCDE$ 中的一端点 D，据直线上的点分线段成定比的性质作出点 D 的两面投影。

（4）由平行相等关系定出 E 点即可。作图结果如图1-47b所示。

1-40　已知菱形 $ABCD$ 的一边 AD 在直线 AM 上，另一边 AB 垂直于直线 KN，点 B 在直线 KN 上，完成该菱形的两面投影（图1-48a）。

【解题分析】

由已知 $AB\perp KN$，可包含点 A 作 KN 的垂面，求出 KN 与该垂面的交点即为点 B。再用直角三角形法求出 AB、AM 的实长。根据菱形的特点在 AM 上取点 D，使 $AD=AB$。

【作图步骤】

（1）过点 A 作垂直于直线 KN 的平面，求出 KN 与该平面的交点 B。

（2）求直线 AB、AM 的实长。在 AM 上取 $AD=AB$，得点 D，用点分线段成定比的性质作出其两面投影。

（3）由平行相等关系作出点 C 的两面投影。作图结果如图1-48b所示。

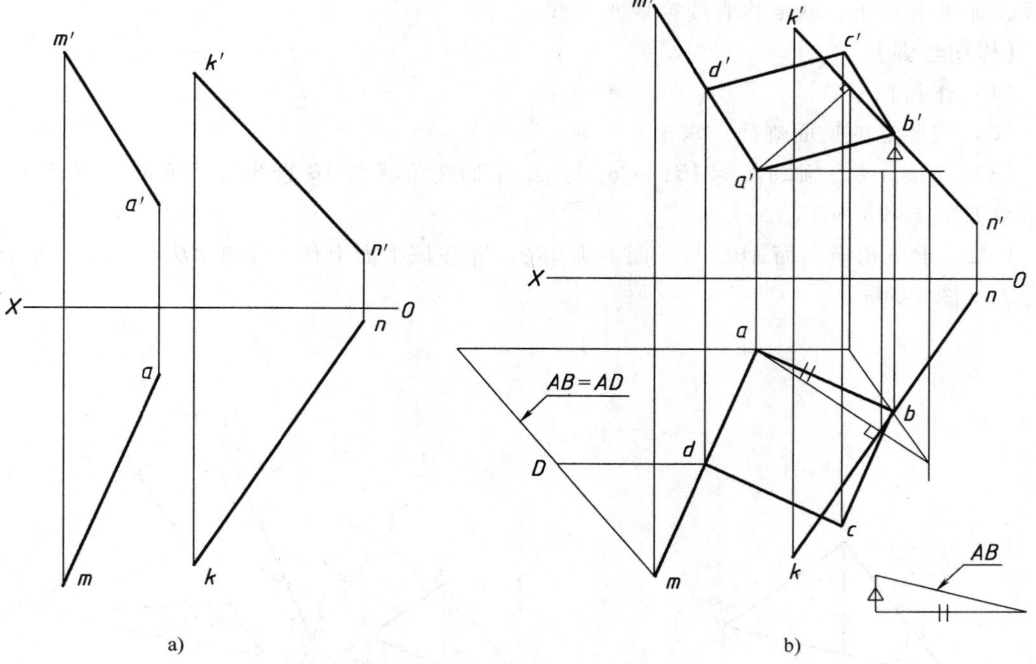

图 1-48

1.3.4 换面法

换面法可以求解直线、平面图形的实长和实形，以及解决一些角度、距离的度量问题。换面时要注意每次只能换一个投影面，对于多次换面时要注意对不同的投影面，如 *V* 面和 *H* 面要交替进行换面。换面法的关键是选择新的投影面，也就是合理确定新轴的位置，必须保证新投影面与保留投影面垂直且是有利于解题的位置。

1-41 采用换面法求 *AB* 的实长及对 *V* 面的夹角 β（图 1-49a）。

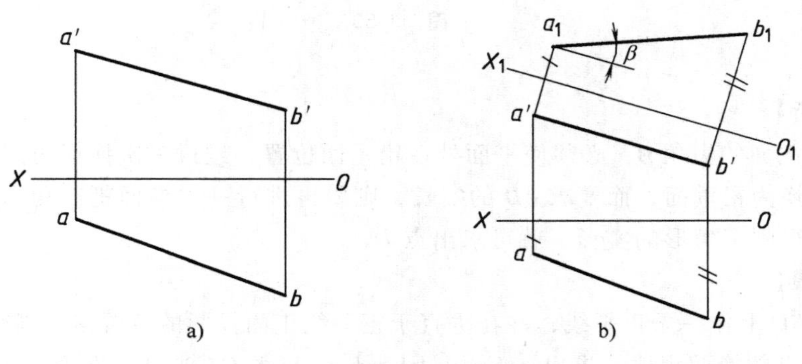

图 1-49

【解题分析】

要求一般位置直线的实长及其对投影面的夹角，需将直线通过一次换面变为投影面的平行线，如果求 β 角，就要将直线换成水平线。

【作图步骤】

（1）作新轴 O_1X_1。

（2）按照点的换面规律，求出 a_1、b_1。

（3）连接 a_1b_1，则 $a_1b_1=AB$，a_1b_1 与 O_1X_1 的夹角就是 AB 直线与 V 面的夹角 β 角。作图结果如图 1-49b 所示。

1-42　求三角形平面 ABC 与 V 面的夹角 β，并在该平面上作一条线 $AD=30\text{mm}$，并交 BC 于点 D（图 1-50a）。

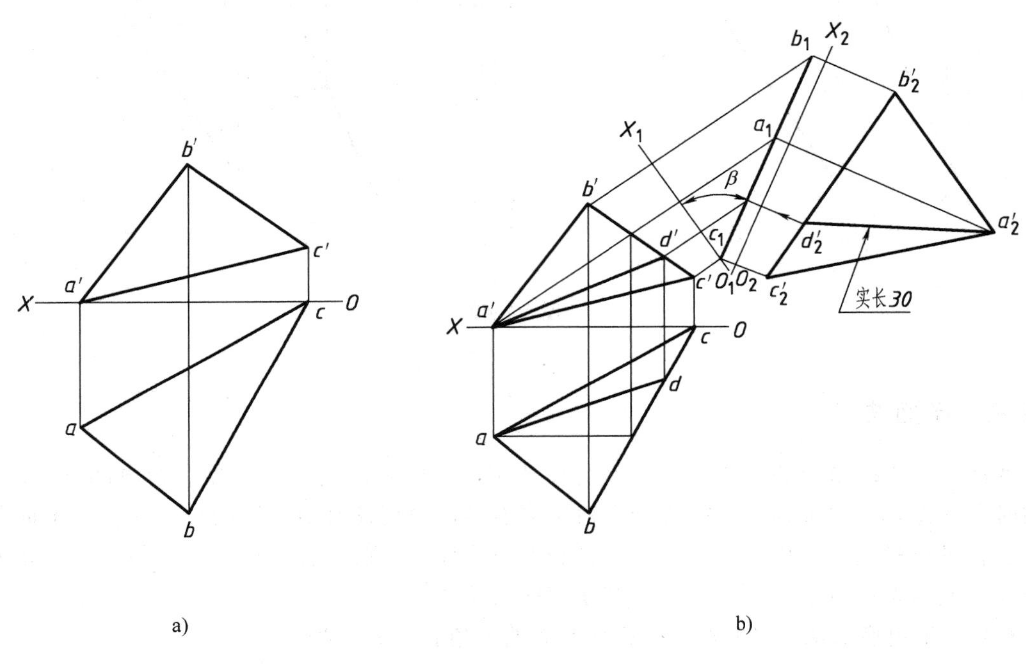

图　1-50

【解题分析】

求平面与 V 面的夹角 β，必须使平面处在铅垂面位置，经过一次换面可以把一般位置的三角形平面变换为铅垂面，而要求 AD 的实长，则要再进行一次换面把三角形平面变为投影面的平行面，得到三角形的实形，就可求出点 D。

【作图步骤】

（1）在 ABC 上作一条正平线，并在垂直于正平线正面投影的位置定出新轴 O_1X_1。

（2）按照点的换面规律，求出 $a_1b_1c_1$，则 $a_1b_1c_1$ 与 X_1O_1 轴的夹角即为 β 角。

（3）再次换面，以 X_2O_2 为新轴，X_2O_2 平行于 $a_1b_1c_1$，得到 $a'_2b'_2c'_2$，即为 ABC 的实形，在其上取 $a'_2d'_2=30\text{mm}$，d'_2 在 $b'_2c'_2$ 上，换面返回即可求得 AD。作图结果如图 1-50b 所示。

1-43　求两平行线 AB、CD 之间的距离实长（图 1-51a）。

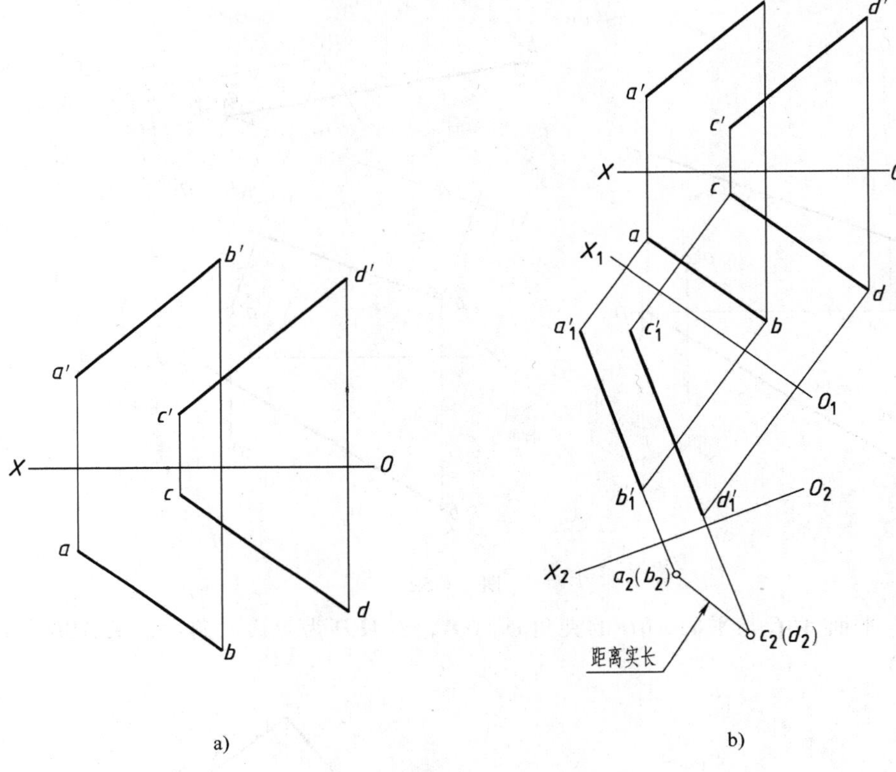

a)　　b)

图 1-51

【解题分析】

两平行线处于投影面垂直线位置可反映两平行线之间的距离实长，通过换面把 AB 和 CD 换成投影面垂直线即可求解。

【作图步骤】

（1）确定 X_1O_1 轴，把 AB、CD 换成投影面平行线，得到 $a_1'b_1'$ 和 $c_1'd_1'$。

（2）确定 X_2O_2 轴，把 AB、CD 换成投影面垂直线，得到 a_2b_2 和 c_2d_2。连接 a_2b_2 和 c_2d_2 即为距离实长。作图结果如图 1-51b 所示。

1-44　已知点 A 距离直线 BC 为 15mm，求点 A 的水平投影（图 1-52a）。

【解题分析】

依题意可知，点 A 是在以 BC 为轴线、半径为 15mm 的圆柱面上，通过换面把 BC 换成投影面垂直线即可求解。

【作图步骤】

（1）确定 X_1O_1 轴，第一次换面把 BC 换成投影面平行线，得到 b_1c_1。

（2）确定 X_2O_2 轴，第二次换面把 BC 换成投影面垂直线，得到 $b_2'c_2'$。

（3）以 $b_2'c_2'$为圆心、15mm 为半径画圆，再根据换面作图规则可求出 a_2'点，换面返回即可求出点 A 的水平投影。作图结果如图 1-52b 所示。

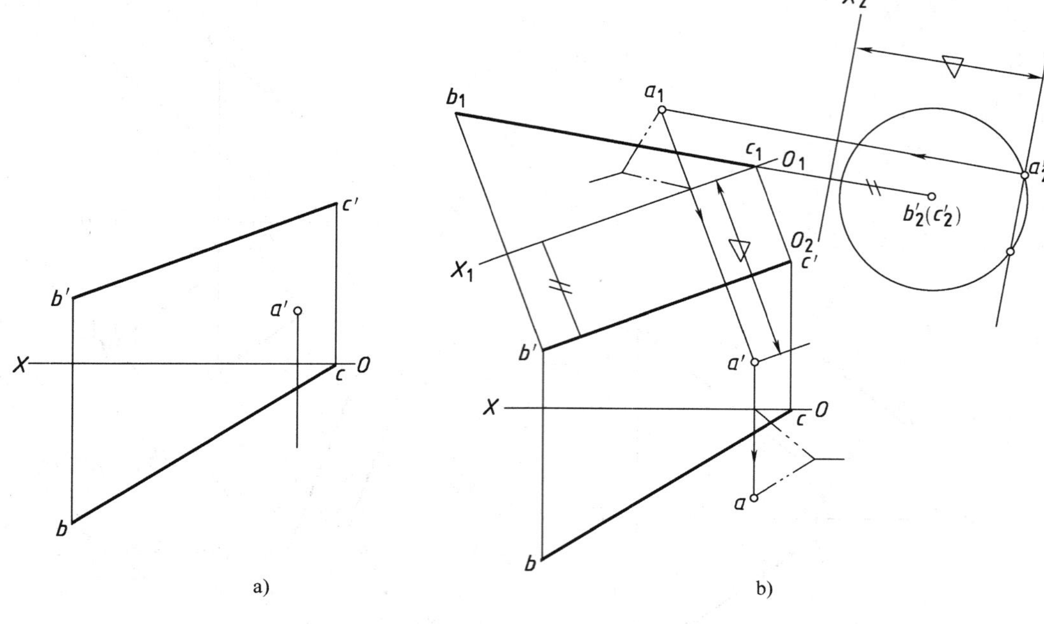

图 1-52

1-45 平面 *ABC* 与平面 *ABD* 的夹角 $\phi=60°$，△*ABD* 为等边三角形，求 *ABD* 的两面投影（图 1-53a）。

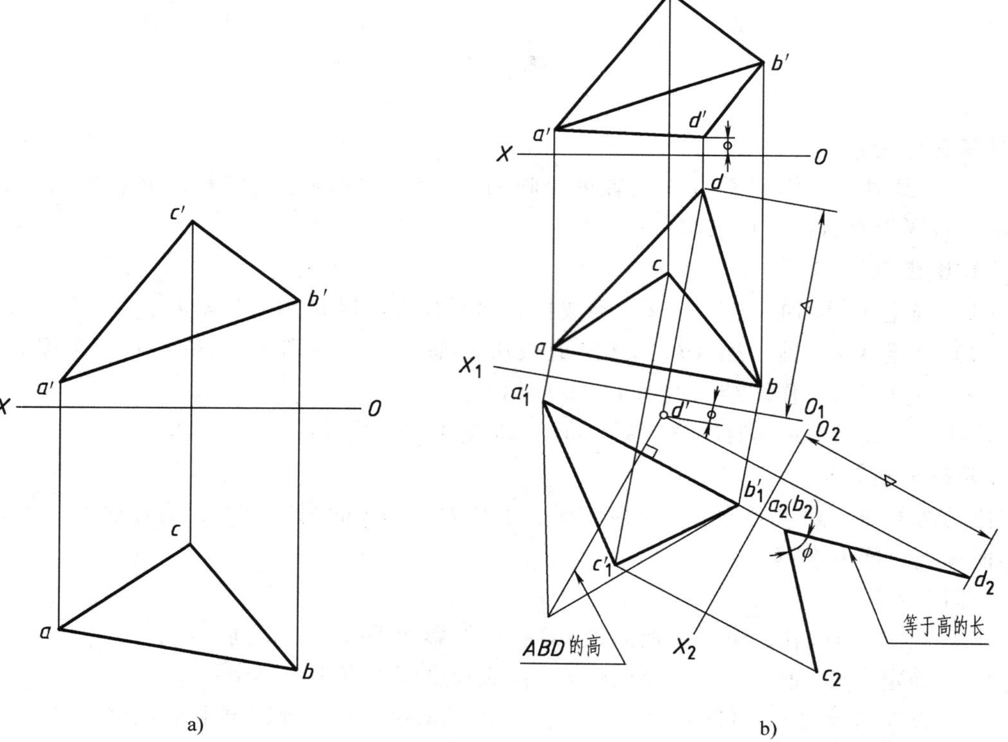

图 1-53

【解题分析】

两平面的交线 AB 如果换成投影面的垂直线，则两平面同时变换为同一投影面的垂直面，此时以 AB 为边长的等边三角形平面，其积聚投影长也反映该等边三角形的高的长。

【作图步骤】

（1）确定 X_1O_1 轴，第一次换面把 AB 换成投影面平行线，得到 $a_1'b_1'$ 和 c_1'。

（2）确定 X_2O_2 轴，第二次换面把 AB 换成投影面垂直线，得到 a_2b_2 和 c_2。

（3）由夹角 $\phi=60°$ 得到 ABD 的积聚投影，在其上截取长度等于等边三角形的高的一段，得到 d_2，然后换面返回即可求解。作图结果如图 1-53b 所示。

1-46　在直线 MN 上作出与两平行线 AB、CD 等距离的点 K（图 1-54a）。

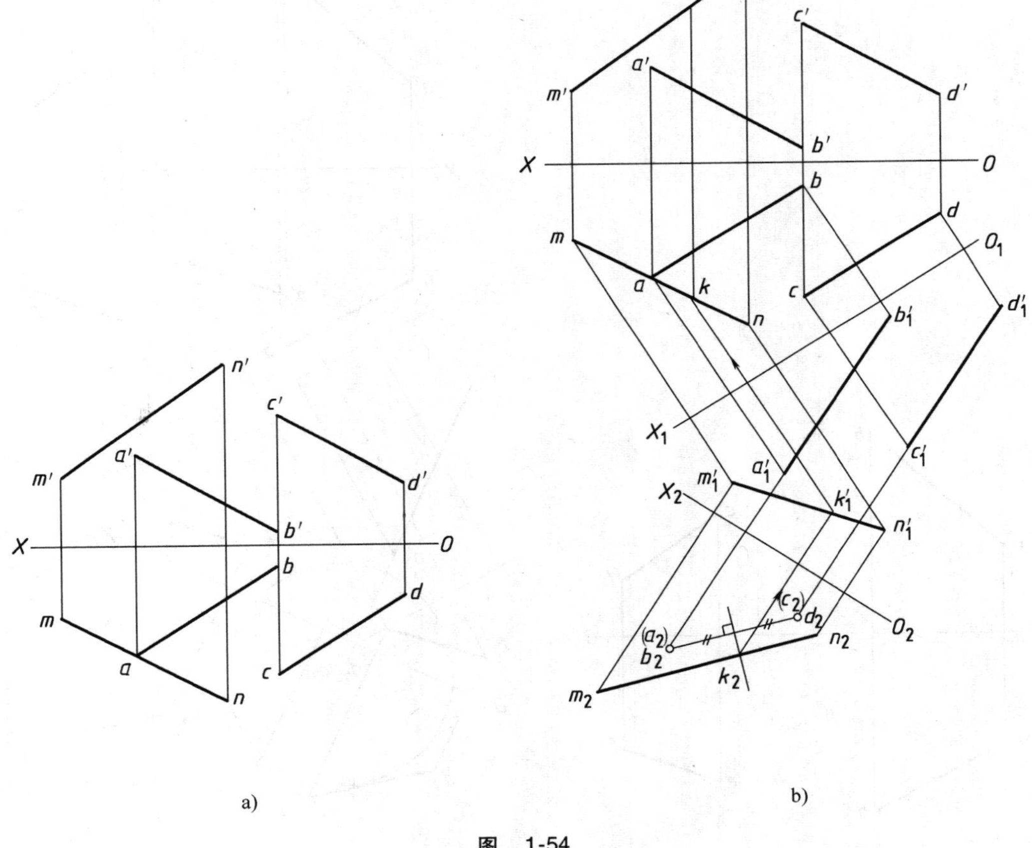

图　1-54

【解题分析】

与两平行线等距离的点的轨迹是两平行线之间垂直连线的中垂面，将两平行线换面变成投影面垂直线，则该中垂面就积聚为一直线，与 MN 的交点就是所求的 K 点。

【作图步骤】

（1）确定 X_1O_1 轴，第一次换面把 AB、CD 换成投影面平行线，得到 $a'_1b'_1$ 和 $c'_1d'_1$ 以及 $m'_1n'_1$。

（2）确定 X_2O_2 轴，第二次换面把 AB、CD 换成投影面垂直线，得到 a_2b_2 和 c_2d_2 以及 m_2n_2。

（3）作 $a_2b_2c_2d_2$ 的中垂线，交 m_2n_2 于 k_2，换面返回即可求解。作图结果如图 1-54b 所示。

1-47 两交叉直线 AB、CD 相距 10mm，CD 平行已知直线 EF，求 CD 的投影（图 1-55a）。

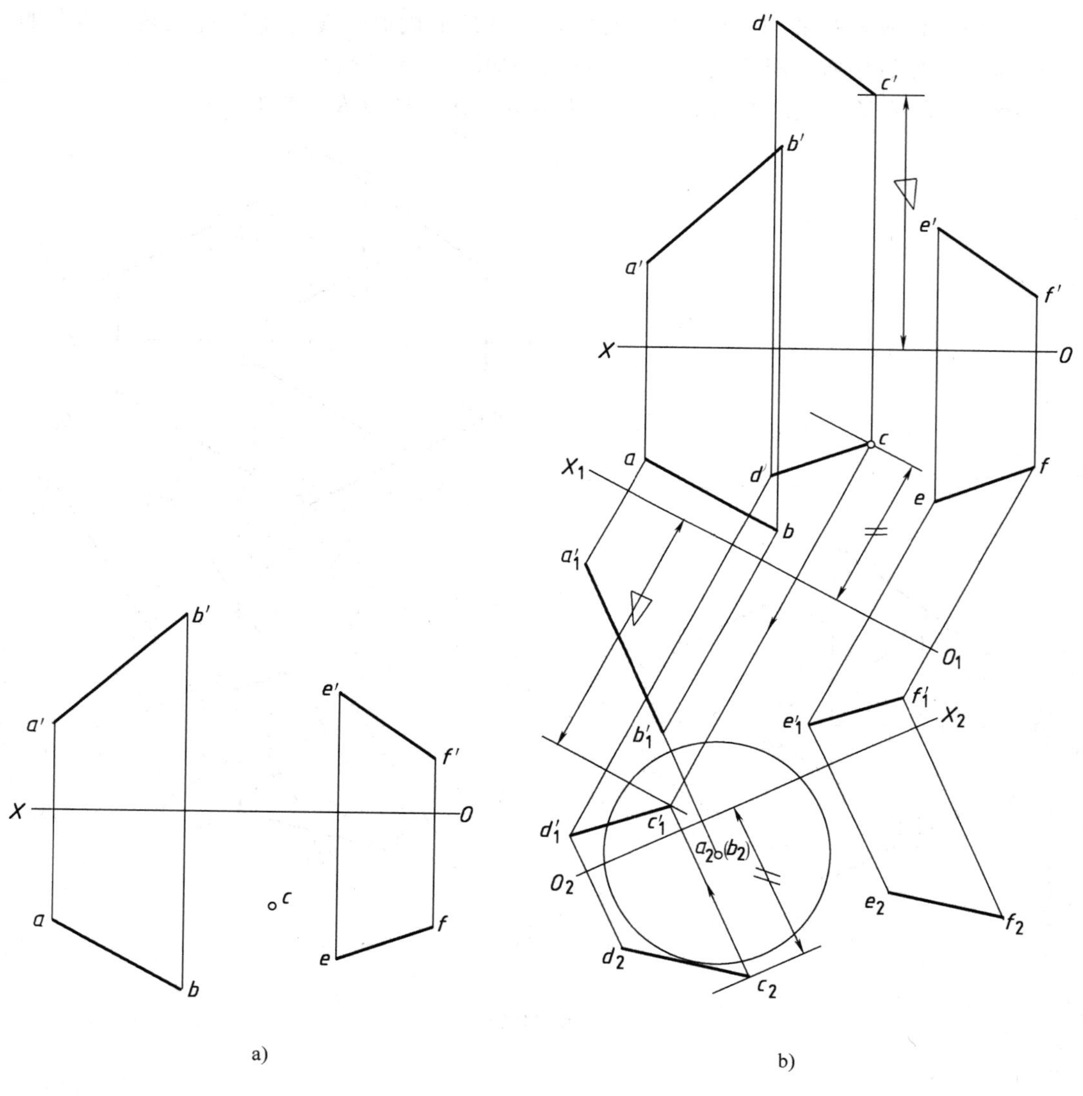

图 1-55

【解题分析】

当直线 AB 的投影积聚为点时，则距离 AB 10mm 的直线为以 AB 的积聚性投影为圆心，半径为 10mm 的圆的切线集合，同时 CD 平行 EF，即可得到该切线，即为所求。

【作图步骤】

（1）确定 X_1O_1 轴，第一次换面把 AB 换成投影面平行线，得到 $a_1'b_1'$ 和 $e_1'f_1'$。

（2）确定 X_2O_2 轴，第二次换面把 AB 换成投影面垂直线，得到 a_2b_2 和 e_2f_2。

（3）以 a_2b_2 为圆心、10mm 为半径画圆，然后作该圆的切线 c_2d_2，且 c_2d_2 平行 e_2f_2，换面返回即可求出 CD 的投影。作图结果如图 1-55b 所示。

1-48　已知直线 AB 和 CD 到直线 MN 的距离相等，求直线 AB 的正面投影（图 1-56a）。

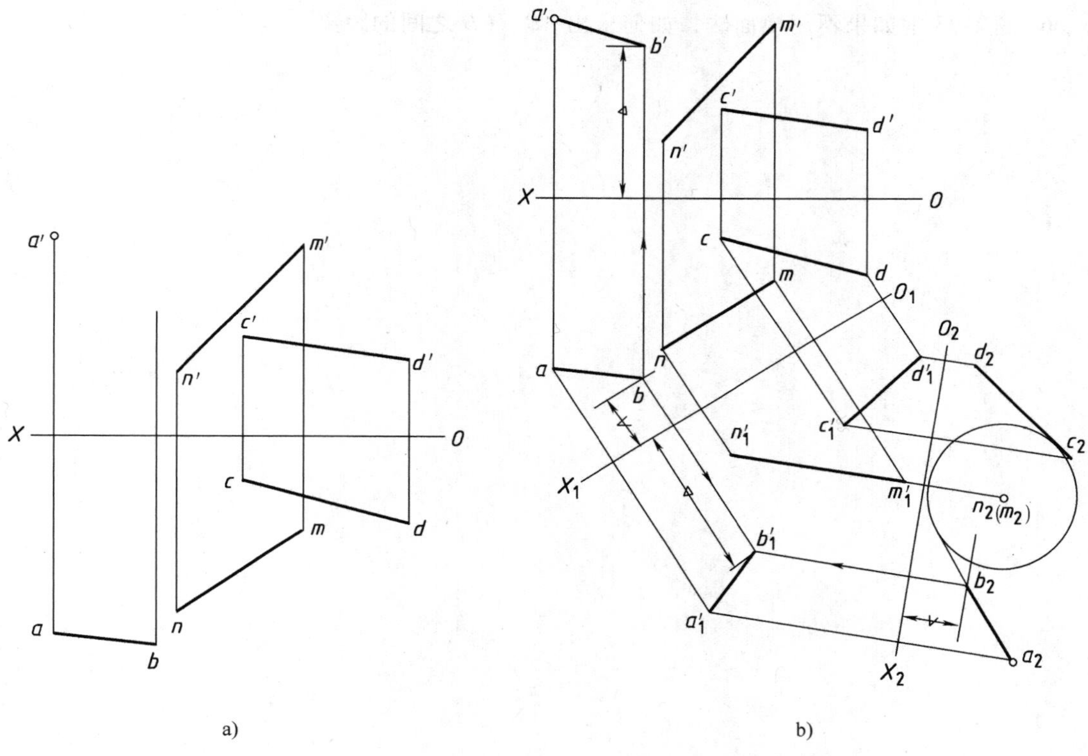

图　1-56

【解题分析】

如果以 MN 为轴线作一个圆柱面，则与圆柱面相切的直线到 MN 的距离均相等，本题可以把 MN 换面成投影面垂直线，再以 MN 的投影积聚点为圆心画圆，且与 CD 的投影相切，并作 AB 的投影使之也与该圆相切即可求解。

【作图步骤】

（1）确定 X_1O_1 轴，第一次换面把 MN 换成投影面平行线，得到 $m_1'n_1'$ 以及 $c_1'd_1'$ 和 a_1'。

（2）确定 X_2O_2 轴，第二次换面把 MN 换成投影面垂直线，得到 m_2n_2 以及 c_2d_2 和 a_2。

（3）以 $n_2(m_2)$ 为圆心画圆，使该圆与 c_2d_2 相切，再过 a_2 作圆的切线，同时根据 B 点的换面规则即可求解。作图结果如图 1-56b 所示。

1.4 自测题

1. 分别以侧平线、正垂线为例，说明投影面平行线和垂直线的投影特性。
2. 包含一般位置直线能否作出投影面平行面、垂直面和一般位置平面？
3. 如何判断两个平面相交后的可见性？
4. 什么是直角投影定理？如何求两平行平面之间的距离？
5. 如何判断点、直线是否属于某一平面？
6. 题 1-43 中如果不用换面法，如何求出 AB、CD 之间的距离？

第2章

立体、截交线和相贯线

2.1 内容要点

由若干个表面所围成的空间实体称为立体。基本立体分为平面立体和曲面立体两大类。本章主要阐述基本立体及基本立体之间相对位置交线关系的表达和识读方法。各种基本立体的表达、基本立体表面上取点及两基本立体的交线求解方法和作图，是本章的重点。

(1) 用投影图表达立体。

(2) 根据立体的投影图，在立体表面上取点、取线的方法。

(3) 直线与立体相交，交点——贯穿点的求法。

(4) 平面与立体相交，交线——截交线的求法。

(5) 立体和立体相交，交线——相贯线的求法。

重点介绍如何利用立体表面的积聚性投影、辅助面法（三面共点法）等常用的作图方法，求出属于截交线、相贯线上的点，进而求出截交线、相贯线的对应投影。同时阐述了立体表面上的点在三个投影图中可见性的判断等。

本章所述立体主要指工程中常用的棱柱、棱锥等平面立体以及圆柱、圆锥、圆球、圆环等回转体。

2.2 解题要领

1. 立体的投影

应能根据所给的立体投影图，判断为何种立体，再依据三面投影图的基本性质补画出其他投影图。

2. 立体表面取点取线

取点：若立体某些表面在某一投影面的投影具有积聚性，如圆柱面或棱柱面，可以利用投影的积聚性直接在立体表面上取点。若没有积聚性，可以通过在立体表面上取辅助作图线，然后在所取的辅助线上取点。根据点在线上、点的投影在线的同面投影上的性质，求出点的三面投影。由于所取的点属于立体表面上的一条线，因此，所取的点一定是立体表面上的点。为方便作图起见，这些用于找点的辅助作图线一般应为直线或圆。

取线：首先在立体表面上取点（线段的端点或线段通过的点），应特别注意那些属于所取线段并处在立体表面某些特殊位置的点，然后连线。连线时要分清所连的线是直线还是曲线，如是曲线，应按顺序光滑地连接所取各点。

可见性判断：点的三面投影求出后要注意判断可见性，不可见的投影点应加括号表示。

平面立体表面的点在判断可见性时，若点所在的平面的投影可见，点的投影也可见；若点所在平面的投影积聚成直线，点的投影也可见。

曲面立体表面的点在判断可见性时，则根据点相对于转向轮廓线的位置判断。当点在转向轮廓线的上方、前方、左方时，点的投影可见；当点在转向轮廓线的下方、后方、右方时，点的投影不可见。

可见性标注时，不可见的点的投影应用括号括起来，不可见的线的投影则用虚线绘制。

3. 截交线

平面与立体表面的交线称为截交线。截交线上的所有点均为立体表面和截平面所共有，因此求截交线的方法可归结为求平面与立体表面的共有点。截交线上的所有特殊点，应尽可能求出。

（1）当截平面垂直于某一投影面时，截交线在该投影面上的投影必定属于截平面的积聚性投影，截交线的另外两面投影，可利用立体表面取点的方法，求出属于截交线上的一系列点，然后连成折线或光滑曲线。同时判别可见性，可见与不可见的分界点是截交线上的特殊点，必须求出。

（2）当立体某些表面的某一投影具有积聚性时，截平面与其相交所得截交线在该投影面上的投影属于该立体表面的积聚性投影，另外两面投影可利用在立体表面取点或平面上取点的方法，求出属于截交线上的一系列点，然后连成折线或曲线。同样应注意区分可见性。

（3）若截平面与立体表面的投影均无积聚性，则可以选用一定数量的辅助截平面，利用三面共点的原理求得一系列共有点，然后连线。

4. 相贯线

两立体表面相交所得交线称为相贯线。相贯线上的所有点均为两立体表面上的共有点，相贯线为两立体表面的共有线，相贯线的求法仍然是找出共有点。特别是注意要找出相贯线上的所有特殊点。

（1）当相交两立体中至少有一个立体某些表面的投影具有积聚性时，则相贯线的一个投影是已知的，就在此积聚性投影上，另外两面投影可利用表面取点法，求出属于相贯线上的若干个点，然后依次光滑连线。注意区分可见性，可见与不可见的分界点是特殊点必须求出。

（2）若相交两立体表面的投影都没有积聚性时，可以采用辅助面法，利用三面共点的原理求出若干个共有点。常用的辅助面有平面和圆球面两种。若所选的辅助面为平面，则辅助平面截两立体所得的交线均应为圆、直线或其投影为圆、直线。辅助平面与两立体表面相交所得的两条截交线的交点即为相贯线上的点；若相交两立体为回转体，且两回转体轴线相交，也可以采用圆球面作为辅助面。在求得一系列共有点后，依次光滑连线，并区分可见性。

5. 截交线、相贯线的作图步骤

（1）分析相交的平面或立体所处的空间位置。

（2）确定求共有点的方法。

（3）求共有点，尽可能求出所有的特殊点，然后再求出若干个一般点。

（4）确定交线的性质并连线。如是直线，则直接连接线段两端点；如是曲线，则依序光滑连接各共有点。

（5）判断可见性，若交线所在的相交两表面均可见，则交线可见，反之交线不可见。

（6）整理平面或立体的边界线或轮廓线。穿入立体内部的边界线或轮廓线不存在，因此不应画出；被遮住的边界线、轮廓线为不可见，应画成虚线；可见的边界线、轮廓线用粗实线画出。

2.3 习题与解答

2.3.1 立体的投影及表面取点、取线

2-1 已知三棱锥的 *V*、*H* 两面投影，求其水平投影，并判断各棱线、棱面的空间位置（图 2-1a）。

SA 是____线；*SB* 是____线；*SC* 是____线；*AB* 是____线；*BC* 是____线；*AC* 是____线；平面 *ABC* 是____面；平面 *SAB* 是____面；平面 *SBC* 是____面；平面 *SCA* 是____面。

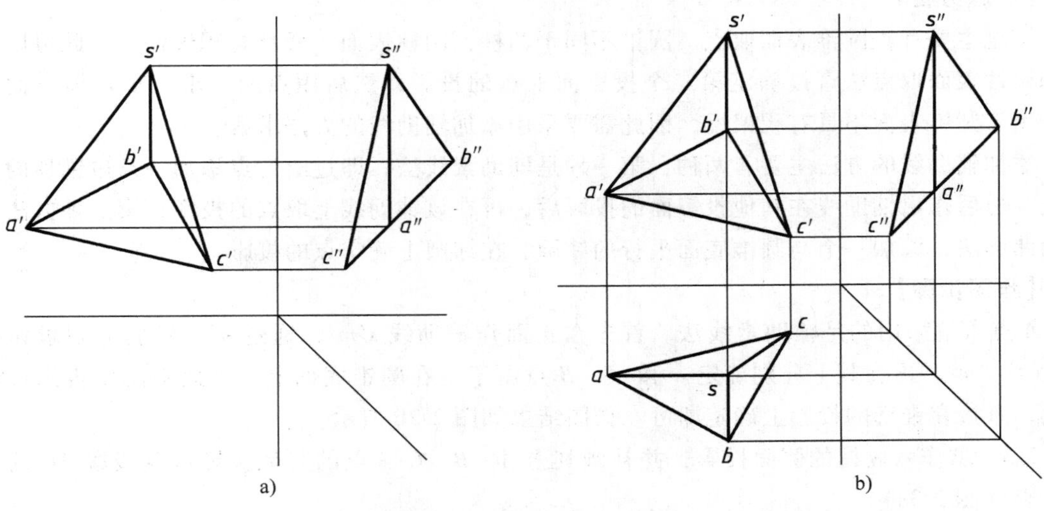

图 2-1

【解题分析】

由四个顶点的两面投影可以求得它们的第三面投影，依次连线得棱线、棱面的水平投影，完成三棱锥的水平投影。

【作图步骤】

作图过程略。三棱锥的水平投影如图 2-1b 所示。

SA 是正平线；*SB* 是侧平线；*SC* 是一般位置直线；*AB* 是一般位置直线；*BC* 是一般位置

直线；AC 是一般位置直线；平面 ABC 是一般位置平面；平面 SAB 是一般位置平面；平面 SBC 是一般位置平面；平面 SCA 是一般位置平面。

2-2　补全圆锥表面上点的投影（图 2-2a）。

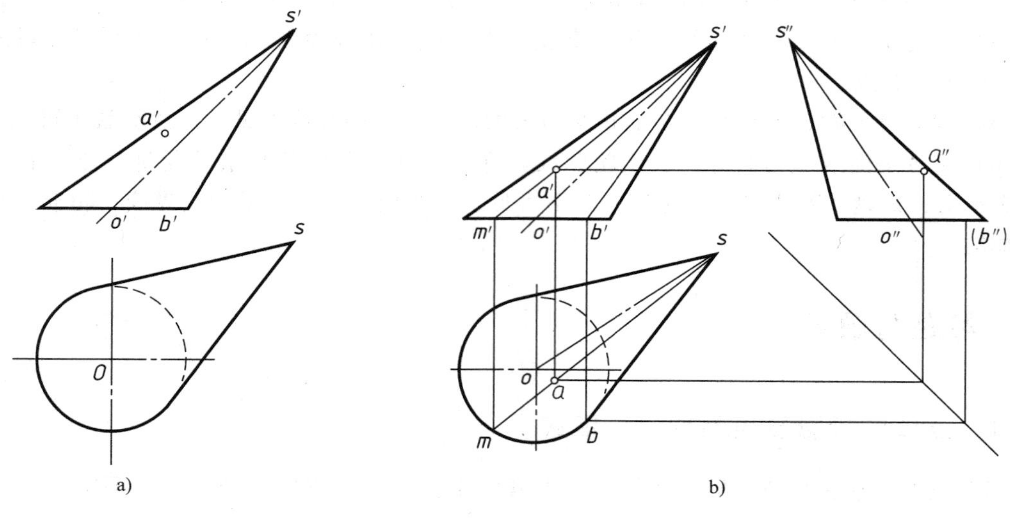

图　2-2

【解题分析】

该题主要考查圆锥表面取点。圆锥不同于圆柱，圆柱表面一般具有积聚性，因此可以根据积聚性表面取点法直接确定第二个投影面上点的投影，然后用点的二求三求作第三面投影。由于圆锥表面不具有积聚性，因此需要采用添加辅助线的方法求解。

添加辅助线的方法主要有两种：第一种是辅助素线法，即过给定点添加一条过锥顶的辅助线，然后作出辅助线在其他投影面的投影后，再在该辅助线上取点的投影；第二种方法是辅助纬圆法，添加一个与圆锥底面平行的纬圆，在纬圆上确定点的投影。

【作图步骤】

A 点求解采用的是辅助素线法。首先在正面作辅助线 $s'm'$，通过 a'，然后分别求作出 sm 以及 $s''m''$，再在其上分别确定 a 和 a''。B 点由于是在圆锥底面上，因此不需要再添加辅助线，直接在锥底的投影上确定即可。作图结果如图 2-2b 所示。

2-3　求作六棱柱的侧面投影，并补画其上 A、B、C 三点的其他投影以及线段 AC 的其他投影（图 2-3a）。

【解题分析】

该棱柱为正六棱柱，上、下两底面为水平面，六个棱面中前后两个为正平面，其余四个为铅垂面，且前后左右对称，点 A 在最左边的棱线上，点 B 在最后面的棱面上，点 C 在右前棱面上，AC 线是一条落在三个不同棱面上的折线。

【作图步骤】

作图步骤略。作图结果如图 2-3b 所示。

2-4　求作五棱锥的侧面投影，并补画其上 A、B、C 三点的其他投影（图 2-4a）。

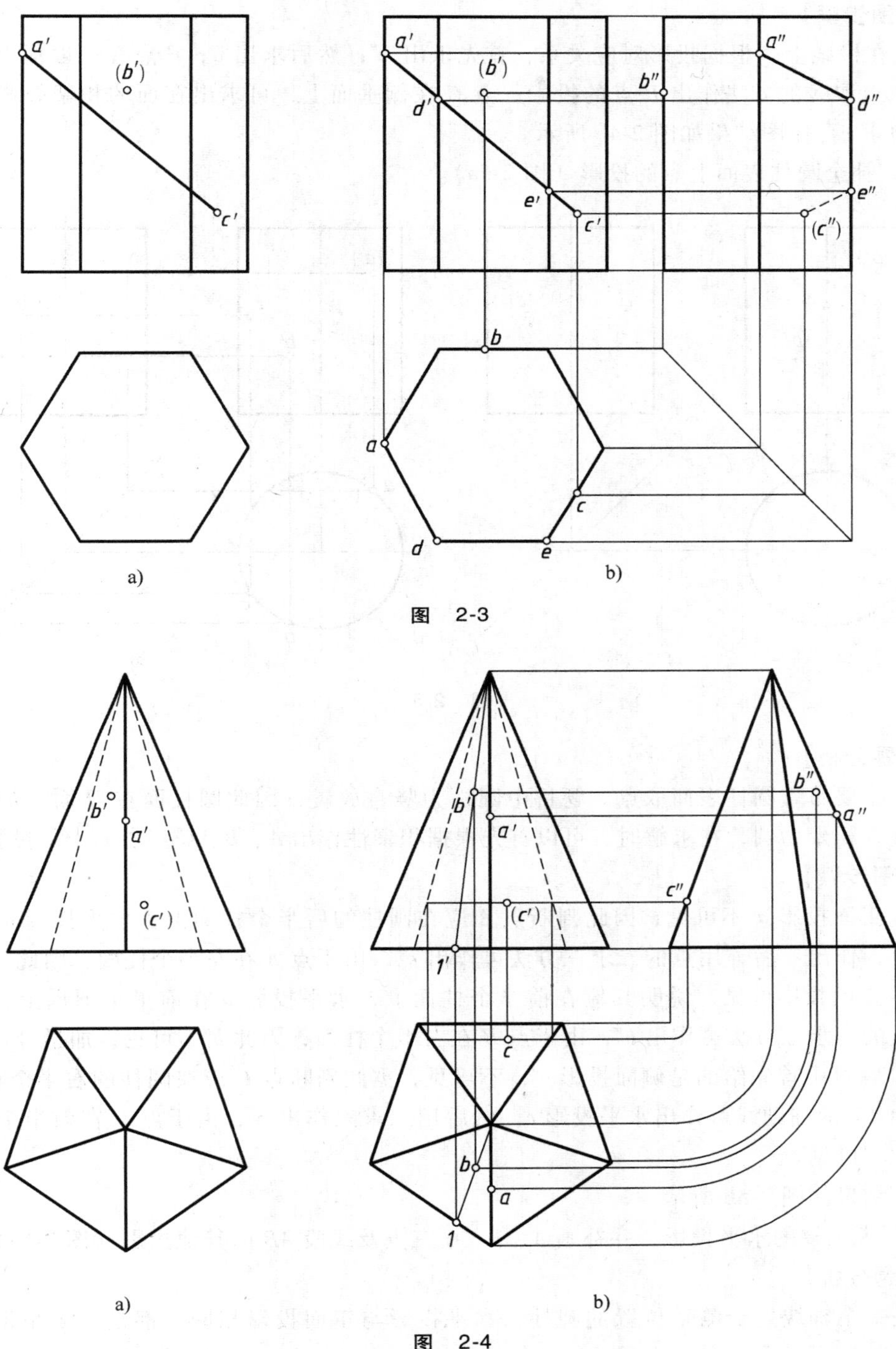

图 2-3

图 2-4

【解题分析】

根据投影对应关系作出五棱锥的侧面投影，点 A 在最前面的棱线上，利用线上取点的方法作出点 A 的其他投影；点 B 在左前方的棱面上，点 C 在最后面的棱面上（该棱面为侧垂面），利用面上取点的方法作出 B、C 两点的其他投影。

【作图步骤】

A 点在棱线上，根据投影对应关系，首先求出 a''，然后求出 a；B 点在一般面上，按一般面上取点取线的方法作出 B 点的投影；点 C 在侧垂面上，可求出在面的积聚投影上的投影 c''，再求 c。作图结果如图 2-4b 所示。

2-5 补全圆柱表面上点的投影（图 2-5a）。

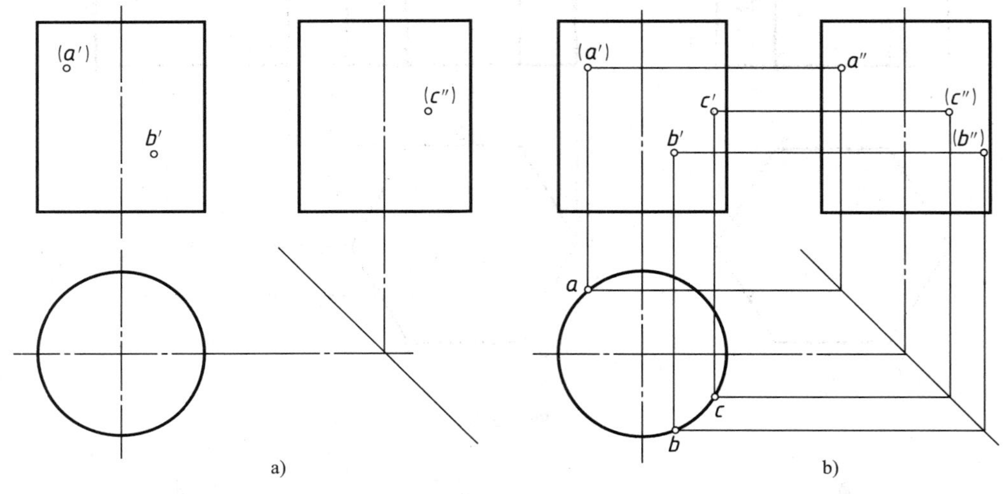

图 2-5

【解题分析】

该题主要考查圆柱表面取点。题目中圆柱为竖直放置，因此圆柱面在 H 面上的投影具有积聚性，积聚为圆，在求解时，可以首先根据积聚性作出 A、B、C 三点的水平投影。

【作图步骤】

点 A 正面投影 a'不可见，因此判断点 A 应在圆柱的后半个柱面上，水平投影 a 在后半个圆周上，作出 a 后，用点的二求三方法可作出 a''，由于点 A 在左半个柱面，因此 a''可见。

点 B 正面投影可见，说明其应在前半个柱面上，水平投影 b 在前半个圆周上，作出 b 后，用点的二求三方法可作出 b''，由于点 B 在右半个柱面，因此 b''不可见，加括号。

点 C 题目中首先给的是侧面投影 c''，不可见，据此判断点 C 应在圆柱的右半个柱面上，通过添加 45°的辅助线可作出水平投影 c，然后用二求三作出 c'，由于点 C 在前半个圆柱面上，因此 c'可见。

作图结果如图 2-5b 所示。

2-6 求圆柱的水平投影，并补画 A、B、C 三点及线段 AB 的其他投影（图 2-6a）。

【解题分析】

这是一个轴线处于侧垂位置的圆柱，水平投影与正面投影相同，都是一个矩形。点 A 在最上方的轮廓线上，点 C 在最前边的轮廓线上，而点 B 位于前下方的圆柱面上。

【作图步骤】

A、C 两点的求法相同，首先求出它们的侧面投影 a''、c''，再根据投影对应关系求出 a、c；点 B 必须先求出侧面投影 b''，再由投影对应关系求出 b，b 不可见；AC 线在圆柱面上，侧面投影积聚在圆上；水平投影与轴线倾斜，是一条椭圆弧，可在 $a'c'$上任取若干点，求出

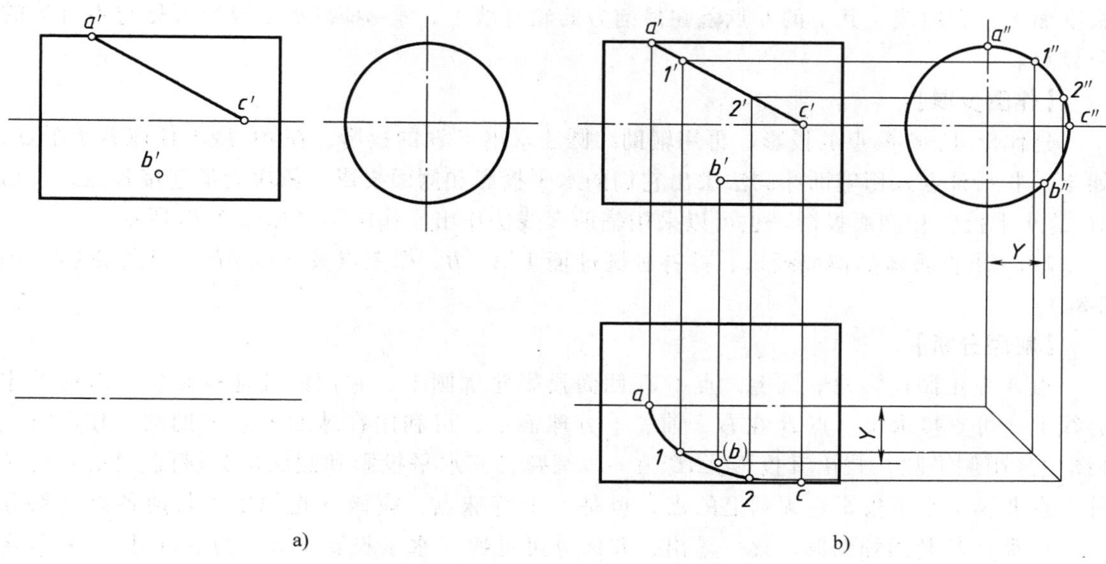

a)　　　　　　　　　　　　b)

图　2-6

这些点在水平投影面上的对应投影，依次光滑连接各点求出椭圆弧的水平投影。作图结果如图 2-6b 所示。

2-7　求圆锥的水平投影，并补画圆锥面上 *A*、*B*、*C* 三点及线段 *AC* 的其他投影（图 2-7a）。

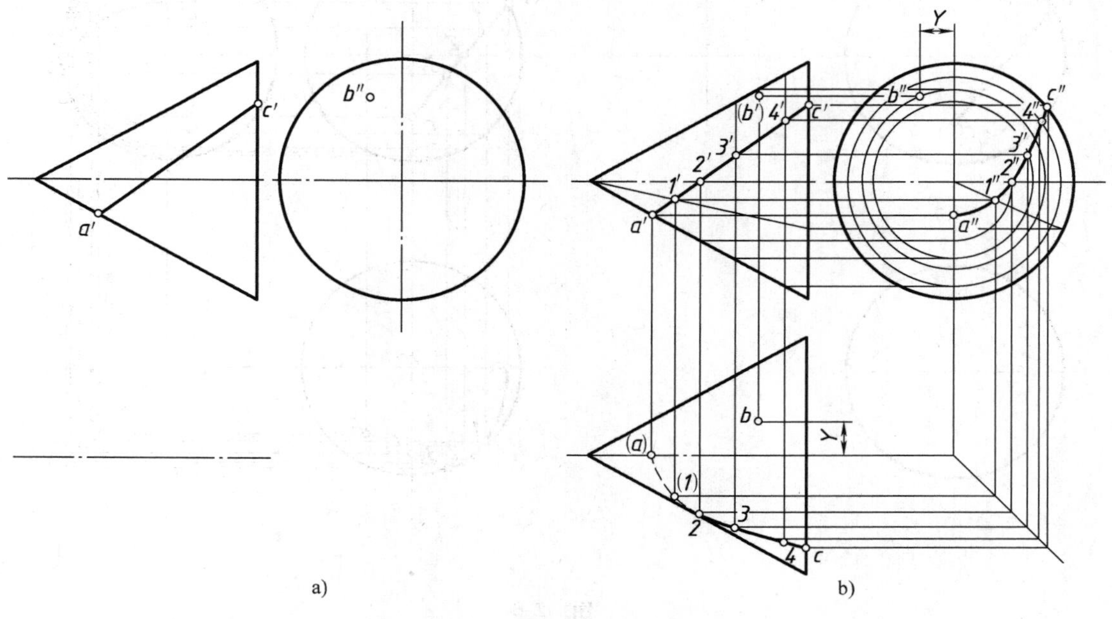

a)　　　　　　　　　　　　b)

图　2-7

【解题分析】

所给圆锥体的轴线垂直于侧面投影面，水平投影与正面投影相同，都是三角形。点 *A* 在最下方的轮廓线上，点 *B* 在后上方的圆锥面上，点 *C* 在底圆的前上方的圆周上。*AC* 线在圆锥面上，为曲线，其上的Ⅱ点落在最前方的轮廓线上，是 *AC* 线水平投影可见与不可见的分界点。

【作图步骤】

先作出 *A*、*C* 两点的投影，再用辅助纬圆法求出点 *B* 的投影，在 *AC* 线上任取若干个点，如Ⅰ、Ⅱ、Ⅲ点，用辅助纬圆法求出它们的水平投影和侧面投影，依次光滑连接各点，求出 *AC* 的水平投影和侧面投影。也可以采用辅助素线法作出。作图结果如图 2-7b 所示。

2-8　求作圆球的侧面投影，并补画圆球面上 *A*、*B*、*C* 三点及线段 *AB* 的其他投影（图 2-8a）。

【解题分析】

点 *A* 在正面投影轮廓圆上，点 *C* 在侧面投影轮廓圆上，它们的其他投影位于对应的中心线上，可直接求出。点 *B* 在右、前、上方球面上，可利用在球面上取辅助圆的作图方法（图中采用侧平圆）找出其投影。*AC* 为一段圆弧，其水平投影和侧面均为椭圆。除点 *A*、*C* 外，点Ⅱ属于水平投影轮廓圆上的点，也是一个特殊点，应该首先找出。其他各点（如点Ⅰ、点Ⅲ）都利用辅助圆法逐一求出，并区分可见性（水平投影中 23*c* 为不可见），光滑连接即可。

【作图步骤】

作图步骤略。作图结果如图 2-8b 所示。

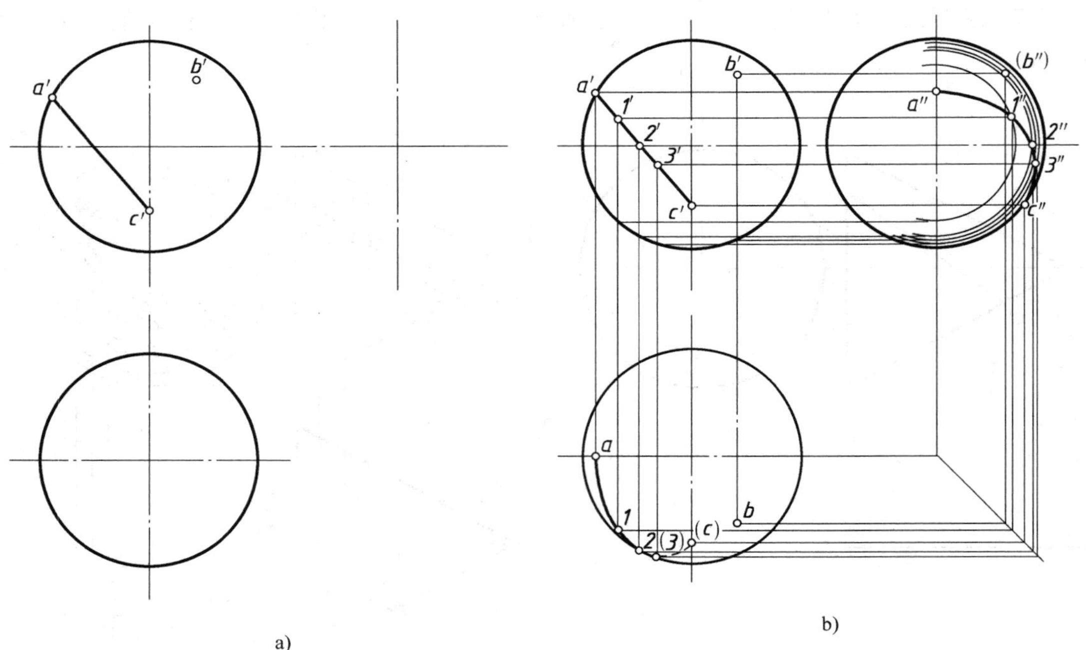

a)　　b)

图　2-8

2.3.2　平面与立体表面相交，求截交线的投影

2-9　补画四棱锥被截切后的正面投影，并补全水平投影（图 2-9a）。

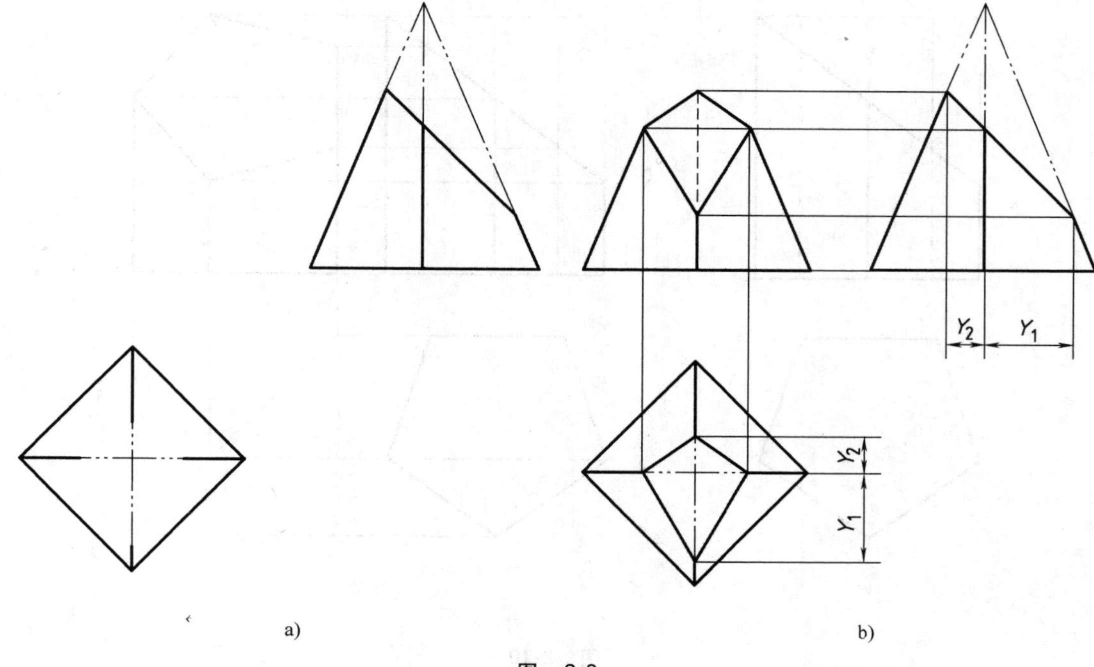

图 2-9

【解题分析】

这是一个正四棱锥被一侧垂面截切，先补画出四棱锥的正面投影，再找出截平面与四条棱线的交点，依次连接各交点的同面投影，即完成截交线的水平投影和正面投影。

【作图步骤】

作图步骤略。作图结果如图 2-9b 所示。

2-10　补画被正垂面截切后的五棱柱的侧面投影（图 2-10a）。

【解题分析】

五棱柱的所有棱面全部被一正垂面截切到，因五个棱面全部为铅垂面，其水平投影具有积聚性，因此水平投影已知，不需要补线。根据正面投影可以直接求出五条棱线与截平面的交点的侧面投影，然后依次连接成截交线，最后补齐棱线、棱面的侧面投影（不可见部分用虚线表示）。

【作图步骤】

作图步骤略。作图结果如图 2-10b 所示。

2-11　补画三棱锥切割后的侧面投影，并画全水平投影（图 2-11a）。

【解题分析】

三棱锥被两个平面截切，所以有两条截交线。一个截平面为水平面，平行于三棱锥的底平面；另一个截平面为正垂面。两个截平面的交线是一条正垂线，该正垂线的两端点就是两条截交线的分界点。

【作图步骤】

水平截平面与三棱锥表面的三条截交线分别与底面三角形的三条边平行，因此可在正面投影定出水平截平面与三棱锥的棱边交点的投影 3′、4′，对应到水平投影面上得 3、4。过

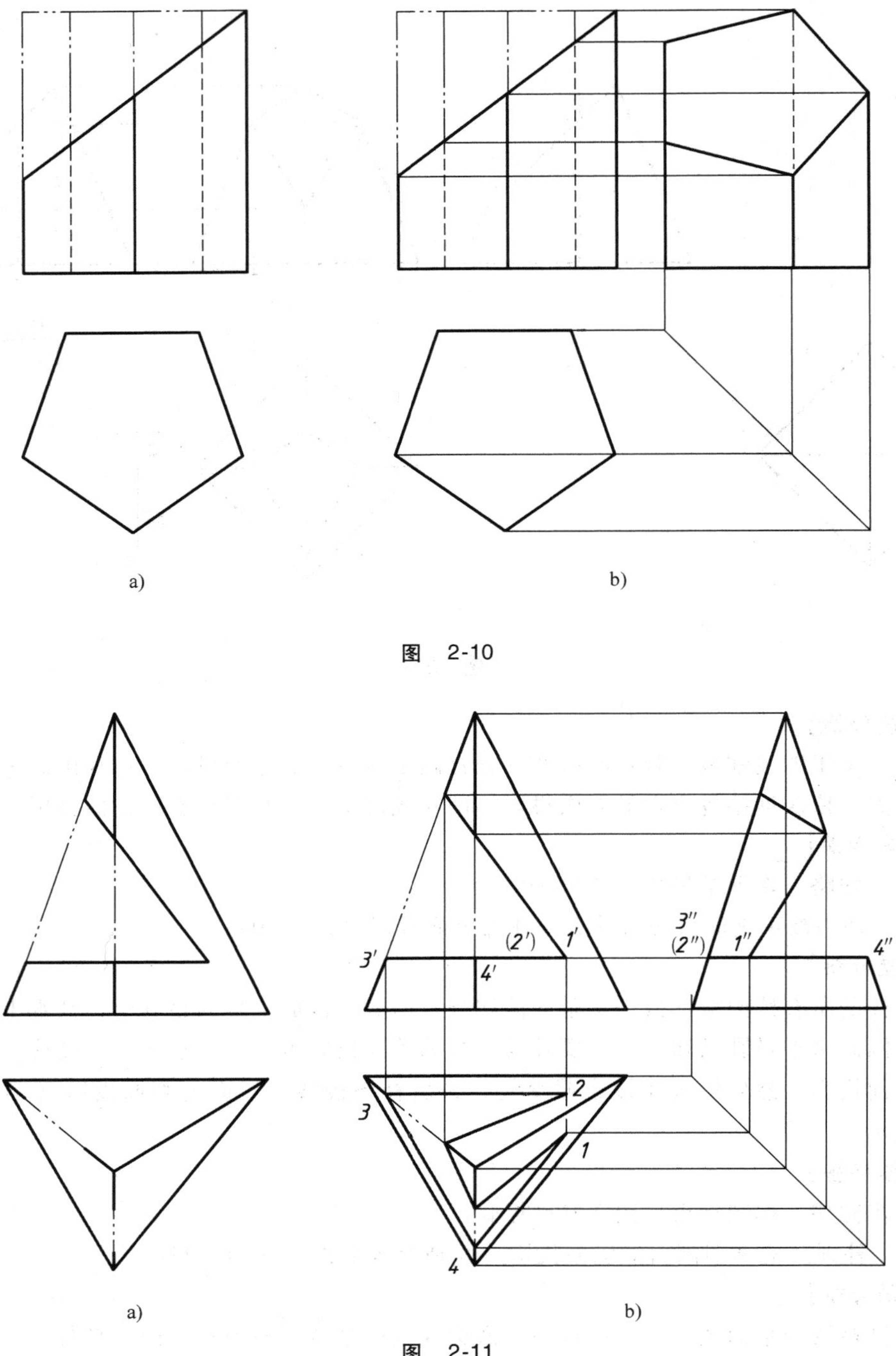

图 2-10

图 2-11

3、4 分别作三条底边的平行线，并与两截平面交线的水平投影交于 1、2。用同样的方法求作正垂面与三棱锥交线的水平投影（只需画到 1、2 处）。再根据投影对应关系求出它们的侧面投影。检查，区分可见性（两截平面的交线的水平投影 12 不可见），加深即可。作图结果如图 2-11b 所示。

2-12　补画六棱柱切割后的正面投影，并画全水平投影（图 2-12a）。

【解题分析】

六棱柱用一个正平面和一个侧垂面截切，水平投影中侧垂面与六棱柱的截交线的投影落在棱面的积聚性投影中，而正平面的水平投影积聚为一条水平方向的直线。补画完水平投影后，再根据投影对应关系补画出正面投影。

【作图步骤】

先作正平面与六棱柱截切的水平投影，并补画正面投影；再画侧垂面与六棱柱截切的正面投影。注意补齐两截平面的交线和两条不可见棱线（图中用虚线表示）。作图结果如图 2-12b所示。

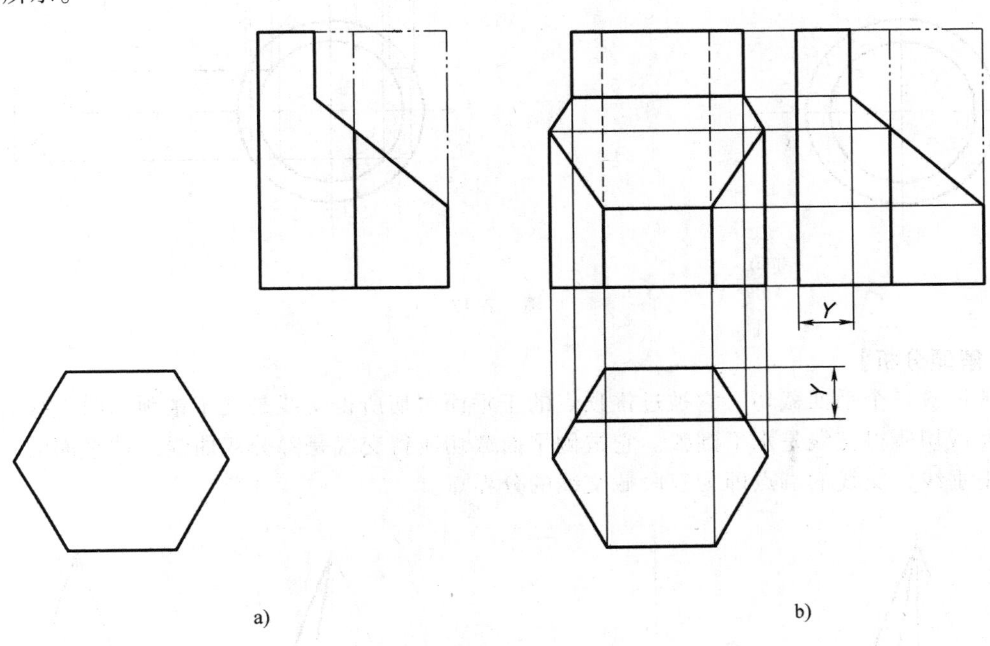

图　2-12

2-13　补画圆柱筒切割后的正面投影，并画全水平投影（图 2-13a）。

【解题分析】

圆柱被两平面截切，一个为正平面，另一个为侧垂面。正平面与外圆柱面相交，所得交线为两条平行于轴线的线段，与圆柱顶圆相交于一侧垂线；侧垂面与外圆柱面相交，所得交线为一段椭圆弧。两截平面的交线是侧垂线。内圆柱面切割可同理分析。

【作图步骤】

正平面与外圆柱面相交，所得交线的水平投影积聚在一段线上，可直接求出，再由投影对应关系作出正面投影；侧垂面与外圆柱面相交，所得交线的水平投影积聚在圆上，根据投影对应关系，求出椭圆上若干个点的正面投影，然后依次光滑连接各点，画出它们的正面投影；内圆柱面截交线求法相同。最后完善正面投影中的转向轮廓线。作图结果如图 2-13b 所示。

2-14　补画圆锥切割后的侧面投影，并画全水平投影（图 2-14a）。

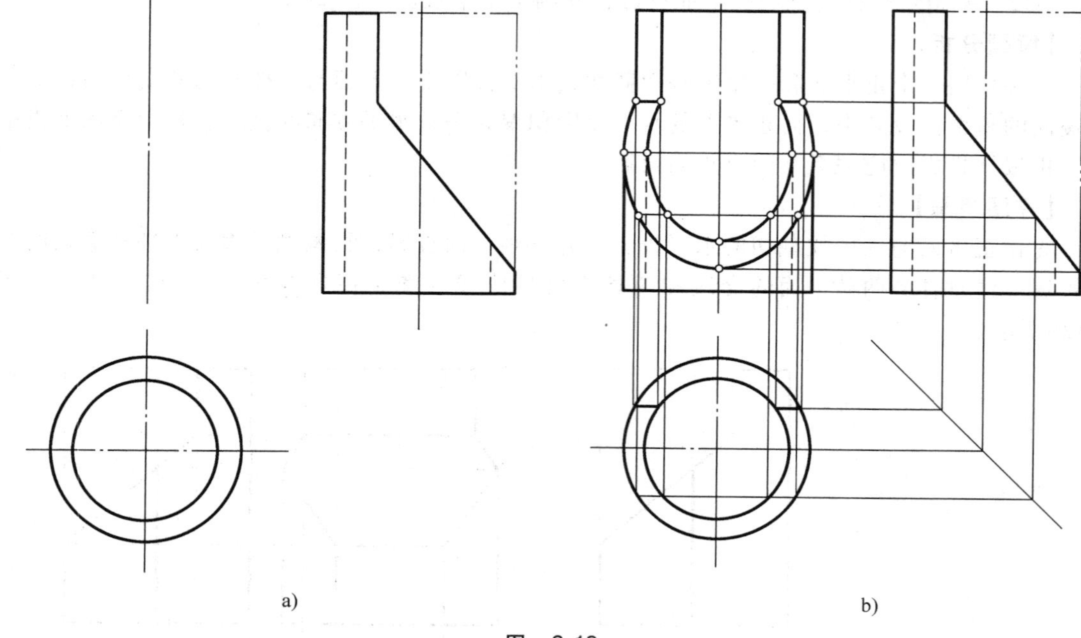

图 2-13

【解题分析】

圆锥被三个平面截切。它被过锥顶点的正垂面截切所得交线是交于锥顶的两直线。它被水平面截切所得交线是水平圆弧。它被侧平面截切所得交线是部分双曲线。截平面的交线是两条正垂线，交线的端点即为三段截交线的分界点。

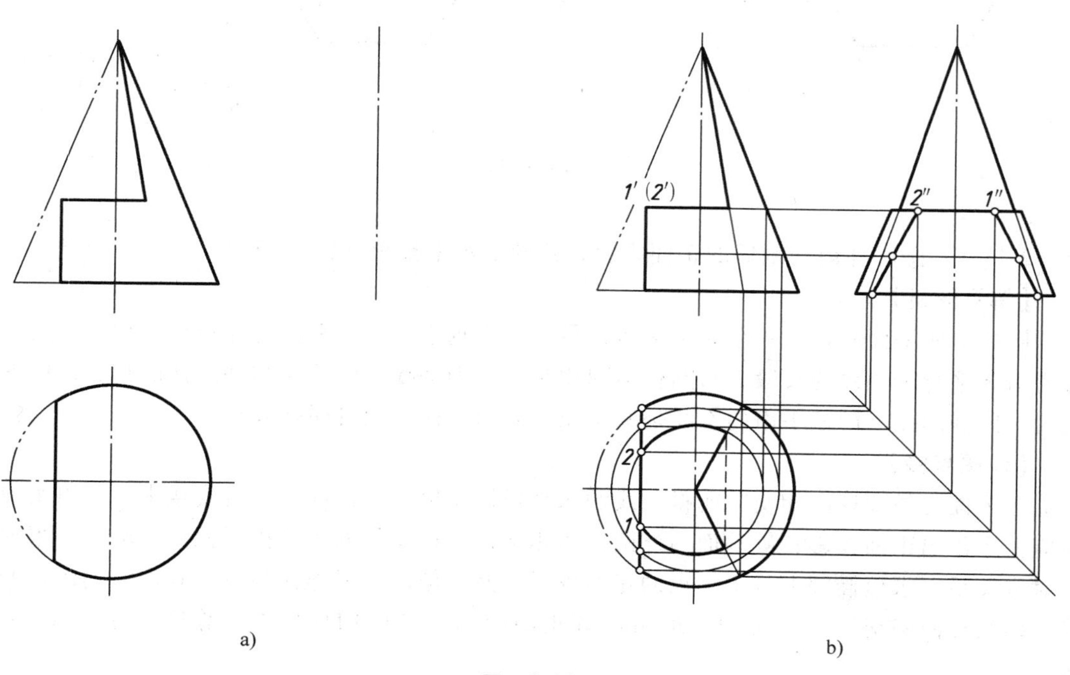

图 2-14

【作图步骤】

首先画出圆锥的侧面投影，再求过锥顶点的截平面与圆锥面的截交线，作水平面与圆锥面的交线圆。根据水平投影和正面投影定出截交线的分界点和两截平面的交线，交线的水平投影不可见，用虚线表示，同时在侧面投影中补画出来。最后，求出侧平面与圆锥体的截交线，其水平投影为直线段，可直接画出，侧面投影为双曲线。与水平面截切圆锥面所得截交线圆的分界点Ⅰ、Ⅱ是双曲线上一对特殊点，可由水平投影求出，并在侧面投影图中找出它们的对应投影，双曲线上其他各点可用辅助纬圆法求出，求出足够的点后，依次光滑连线，最后完善轮廓线。作图结果如图 2-14b 所示。

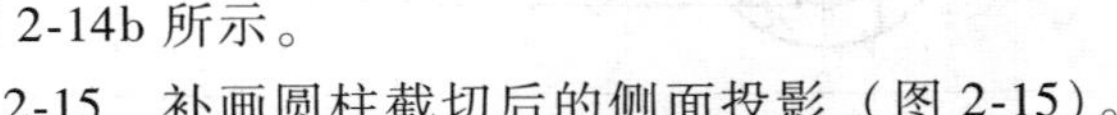

2-15　补画圆柱截切后的侧面投影（图 2-15）。

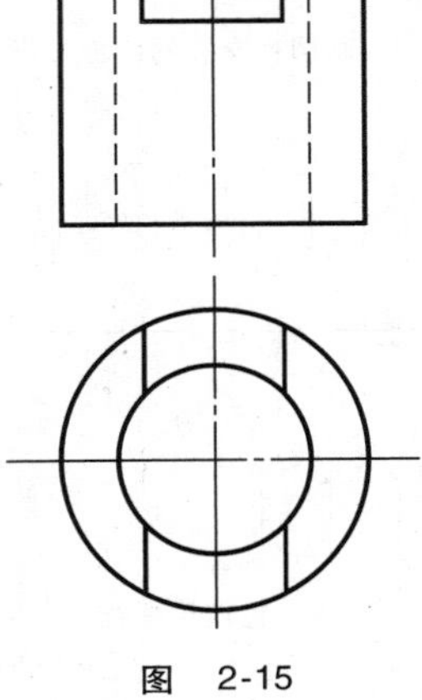

图　2-15

【解题分析】

本题中圆柱筒被三个平面截切，分别是一个水平面和两个侧平面。水平面截切后得到的截交线为圆形的一部分，该部分的截交线在侧面的投影积聚为直线；侧平面截切后得到的截交线为矩形，该矩形在侧面反映实形。

【作图步骤】

作图步骤见表 2-1。

表　2-1

步骤	三面投影
画基本形体的侧面投影	
画中间挖槽的侧面投影	

（续）

步骤	三面投影
画圆柱穿孔的侧面投影	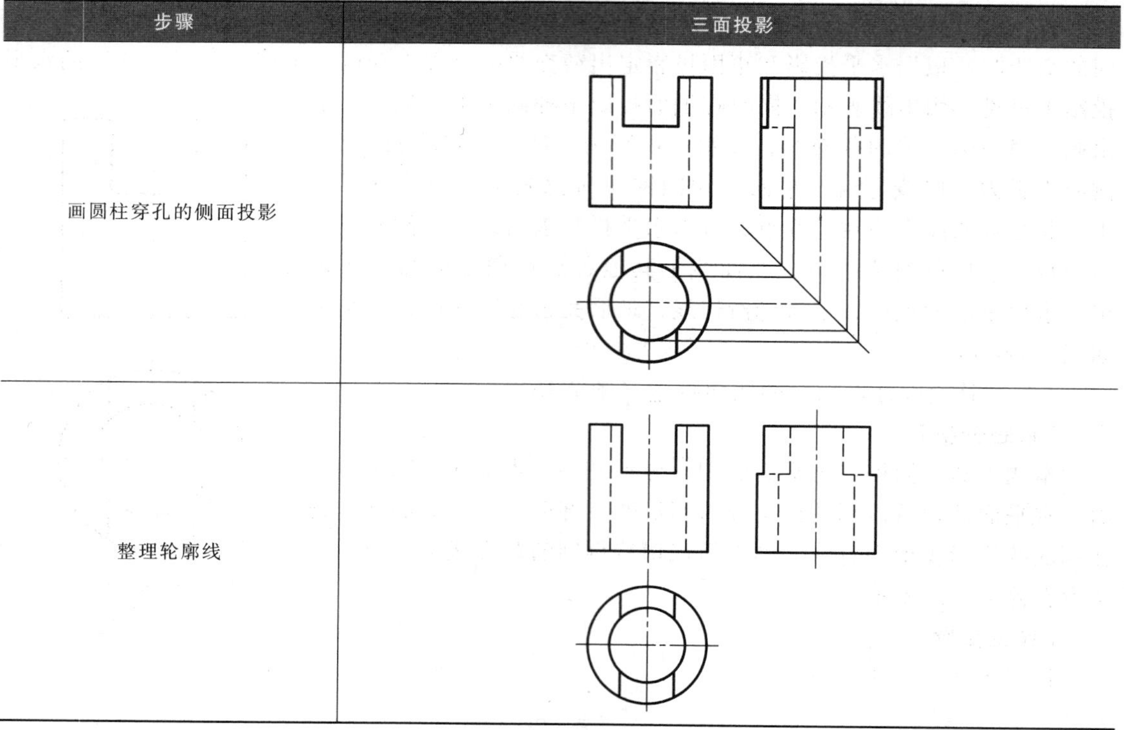
整理轮廓线	

2-16　补画圆球切割后的侧面投影，并画全水平投影（图 2-16a）。

【解题分析】

圆球被四个平面截切，分别是正垂面、侧平面、水平面和侧平面，所得截交线都是圆，

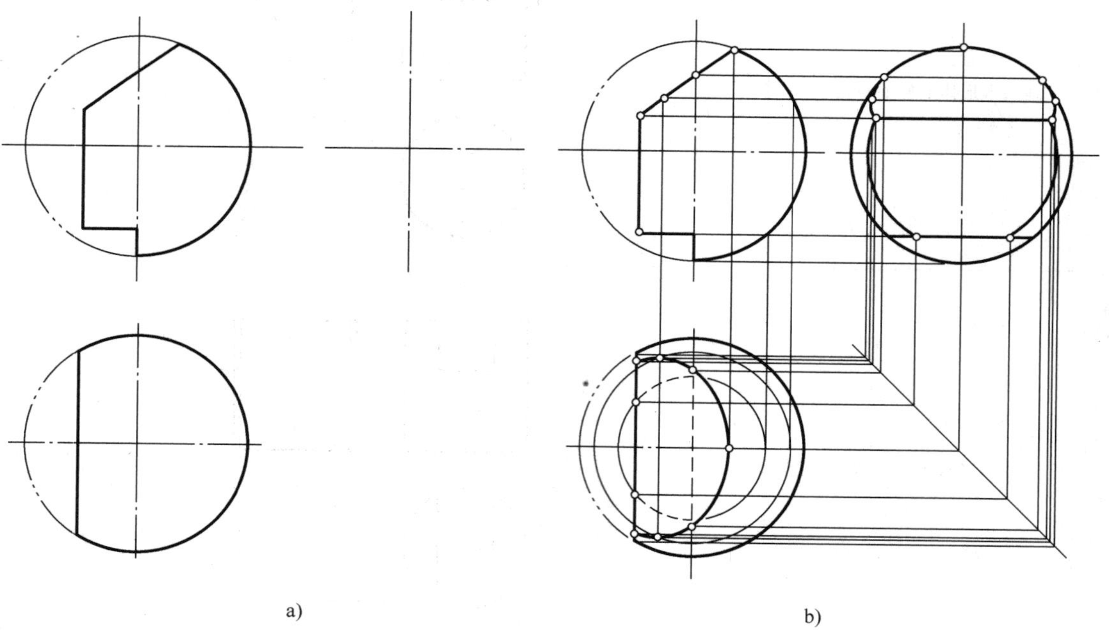

a)　　b)

图　2-16

其投影应是椭圆和圆。相邻两个截平面的交线是一条正垂线。

【作图步骤】

首先作正垂面与球的截交线，先求出截交线上的特殊点，然后再求若干个一般点，并依次光滑连线，得椭圆弧；再求侧平面与球面的截交线，其侧面投影为圆弧；然后求水平面与球面的截交线，其水平投影为圆弧；再求下方侧平面与球面的截交线；还要求出两截平面的交线投影，并区分截交线的可见性；最后完善轮廓线。作图结果如图 2-16b 所示。

2-17　由两圆柱和一圆锥组成的组合体被两平面截切，补画水平投影（图 2-17a）。

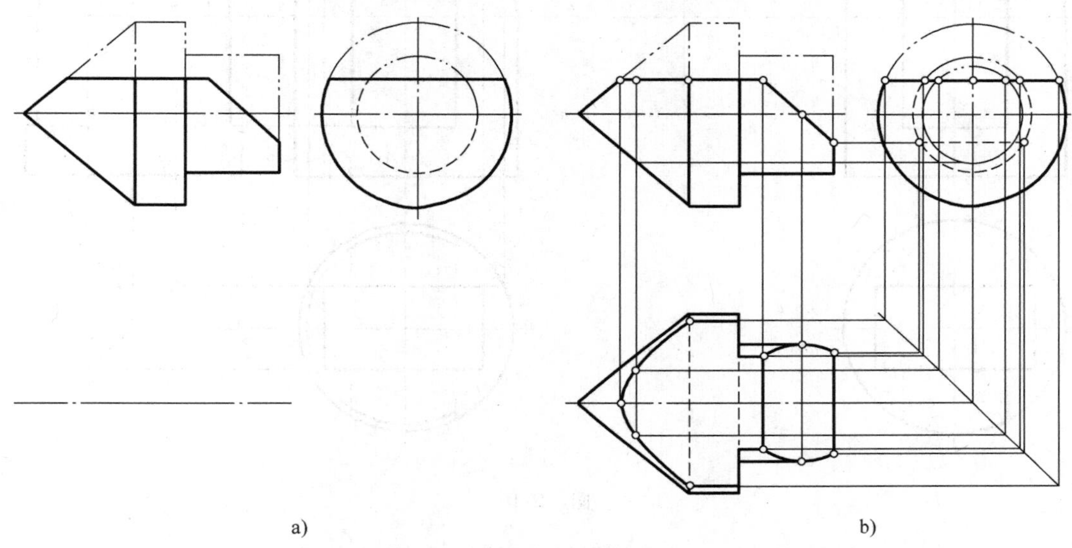

图　2-17

【解题分析】

该组合体为同轴圆柱体和圆锥体组合，并用一个与轴线平行的水平面和一正垂面截切而成。水平面截切圆锥体和圆柱体，所得截交线为双曲线和两组平行于轴线的直线；正垂面切圆柱体的截交线为椭圆弧。

【作图步骤】

首先找点，作双曲线；然后根据侧面投影对应画出两组直线的水平投影；再作出椭圆弧；最后处理轮廓线，注意锥柱、柱柱分界线（不可见的用虚线表示）。作图结果如图 2-17b所示。

2-18　由球和圆柱组成的组合体开有两方孔，补画侧面投影，画全正面投影和水平投影（图 2-18a）。

【解题分析】

两方孔分别为竖放和前后水平放置。在球、柱复合体上开方孔，实质是用组合平面来截切球、柱。竖放方孔由两对称的正平面、侧平面组成，且只与球面相切，交线为两两对称的圆弧（投影图中两两重叠）；前后水平放置的方孔由上下两水平面和对称的两侧平面组成，与球和圆柱均相交，所的交线是圆弧和直线。

【作图步骤】

首先补画出竖放方孔截切后所得的圆弧曲线的正面投影和侧面投影，各为一段圆弧，同时区分方孔棱边的可见与不可见的部分，分别用粗实线和虚线画出；再作前后水平放置的方孔截切后所得的圆弧和直线：水平投影为两段圆弧（一段与圆柱的投影重叠），侧面投影的两段圆弧相切于两段直线（对称），同时区分方孔棱边的可见与不可见的部分，分别用粗实线和虚线画出（注意：该方孔被竖放方孔截断成前后两部分）；最后完善轮廓线。作图结果如图 2-18b 所示。

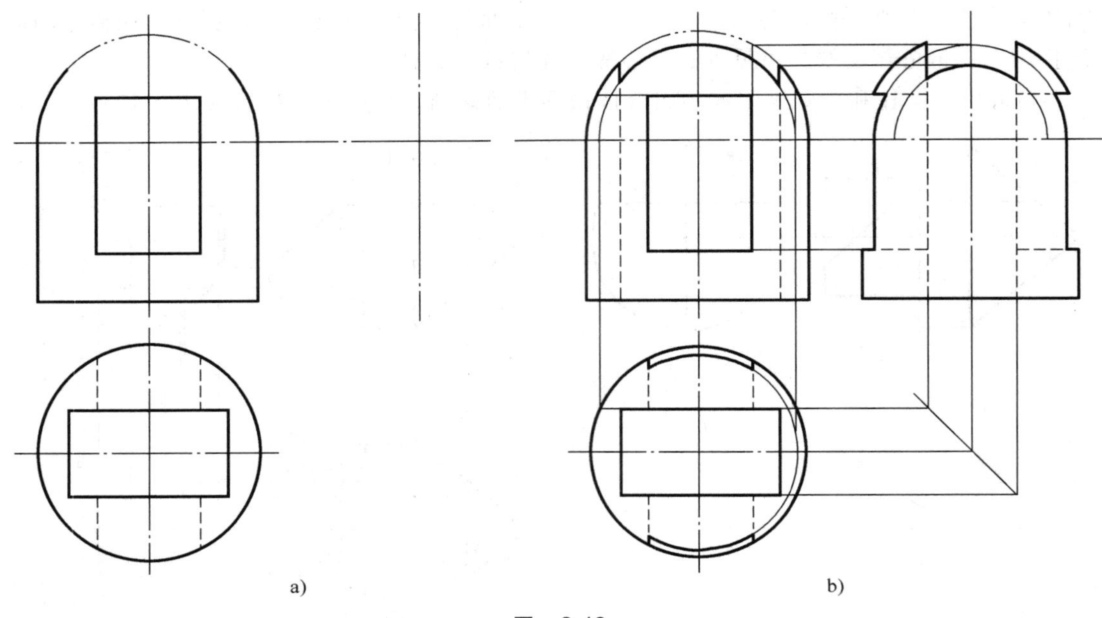

a)　　　　b)

图　2-18

2-19　已知圆柱被平面截切，补画投影图中所漏画的图线（图 2-19a）。

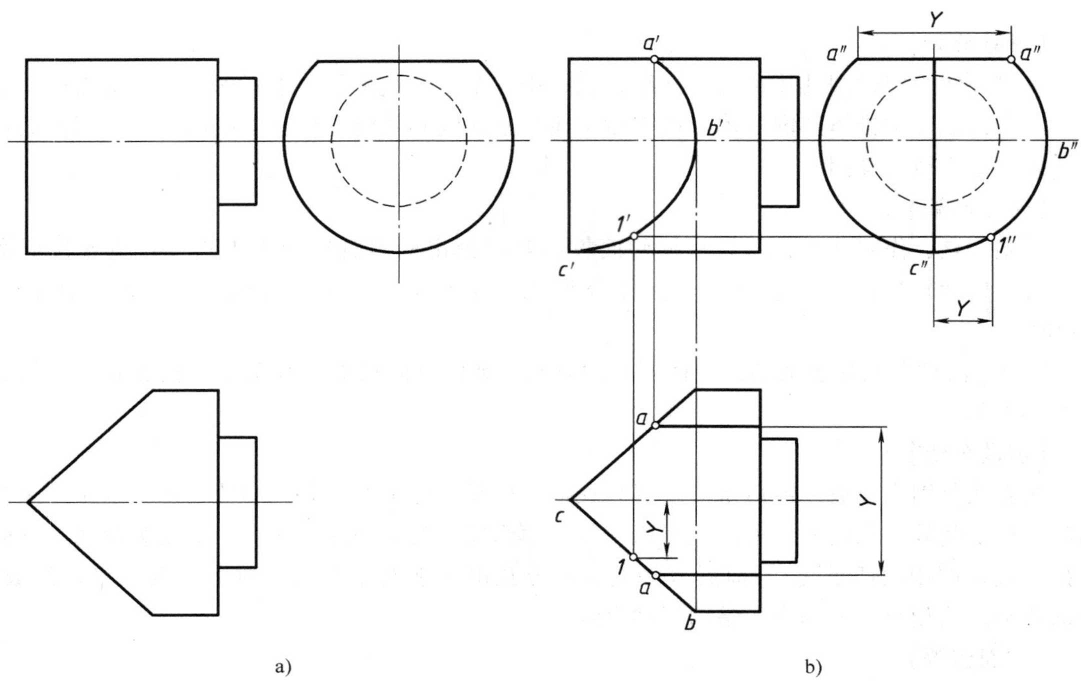

a)　　　　b)

图　2-19

【解题分析】

该题左方大圆柱被两个平面截切，为前后对称的两个铅垂面，所得到的两条截交线为两段椭圆弧，且两段椭圆弧的正面投影重合在一起，侧面投影积聚在圆上，水平投影积聚为两条线段；右边小圆柱未被切到。

【作图步骤】

首先画由铅垂面截切所得的部分椭圆曲线，然后在侧面投影中补上两铅垂面相交所产生的交线的投影。作图结果如图 2-19b 所示。

2-20　求圆锥台被截切后的侧面投影，并补画正面投影中的漏线（图 2-20a）。

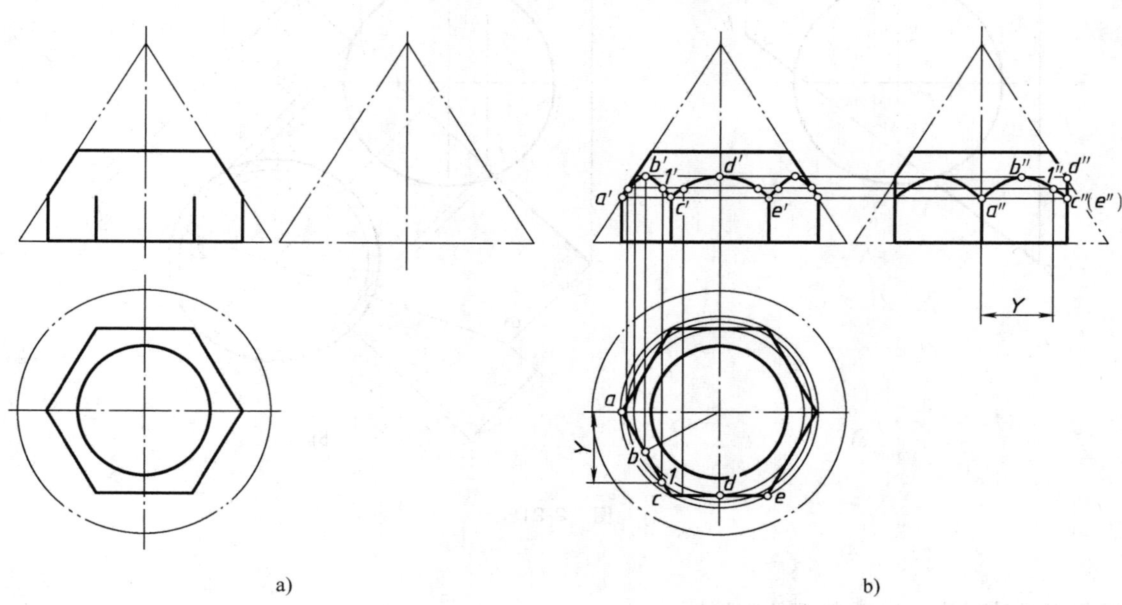

图　2-20

【解题分析】

该圆锥台被两两对称的六个面截切，截交线均为双曲线（水平投影重叠在六个截切面的水平投影上），正面投影和侧面投影均按找点、连线的方法画得。

【作图步骤】

补画圆锥台的侧面投影，被前后两面切去的部分不画，然后画两两切平面的交线和圆锥面被截切所产生的双曲线。画双曲线时，先找特殊点，如 A、C、E、B、D 等点，A、C、E 等处在最大纬圆上（Z 坐标相等），可在投影图中直接作出，B、D 等点则利用最小纬圆作出（Z 坐标也相等）；再求一般位置点，如点 Ⅰ，同样利用纬圆作出。然后依次光滑连线。作图结果如图 2-20 所示。

2-21　求直线与圆球的贯穿点（图 2-21a）。

【解题分析】

与球相交的直线是一般位置，包含直线所作的平面切球得截交线的投影为椭圆，作图不便。如用换面法将一般直线变换为投影面的平行线，则包含直线可以作投影面的平行面，所

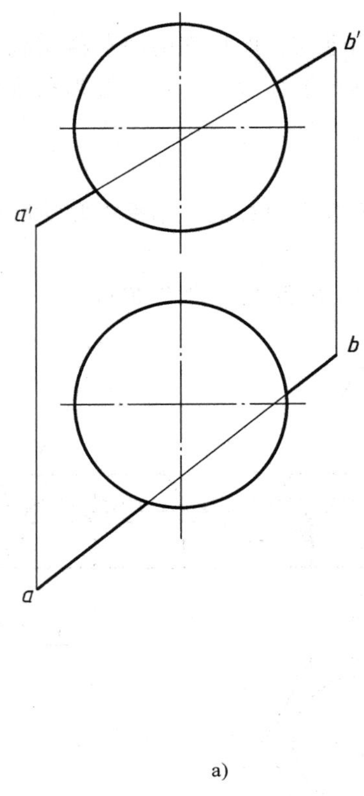

a)

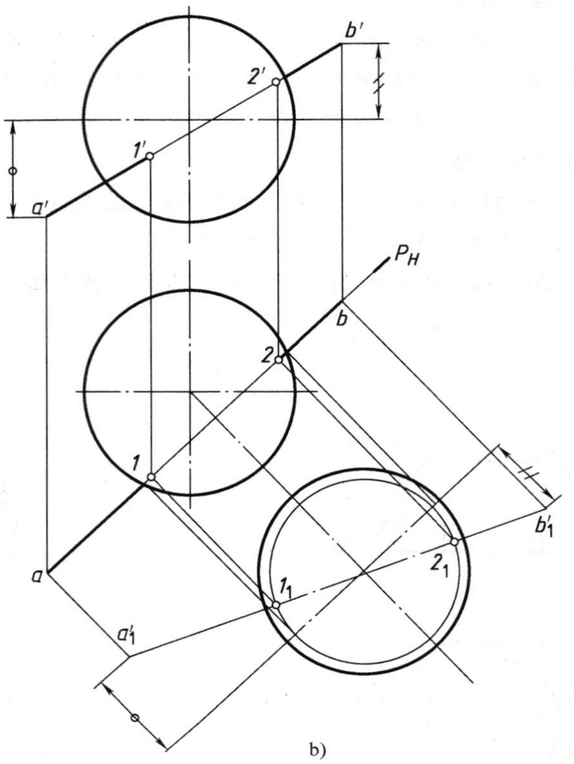

b)

图 2-21

得截交线的投影反映截断面的实形圆。

【作图步骤】

首先进行一次换面，将直线变为投影面的平行线，过直线作投影面的平行面 P，切球得截交线为圆。该圆与直线同在平面 P 上，它们的交点即为贯穿点。作图结果如图 2-21b 所示。

2-22 求直线与圆锥面的贯穿点（图 2-22a）。

【解题分析】

与圆锥相交的直线为一般位置线，包含该直线所作的特殊位置平面截切圆锥面所得截交线不是圆或直线。若以圆锥顶点及该直线构成一过锥顶点的平面，这时的平面虽是一般位置平面，但由于平面经过圆锥顶点，所以截切圆锥面所得的截交线是两条相交于锥顶的直线。

【作图步骤】

过锥顶点作直线 KN 与已知线段 AB 相交于点 K，与圆锥底圆所在的平面交于点 N；延长 AB 交圆锥底圆所在的平面于点 M，则 MN 是包含直线与锥顶的平面与圆锥底面的交线，从而得 MN 与圆锥底圆的交点；过这两交点与锥顶点连线交 AB 于点Ⅰ、Ⅱ，由此求得贯穿点Ⅰ、Ⅱ。作图结果如图 2-22b 所示。

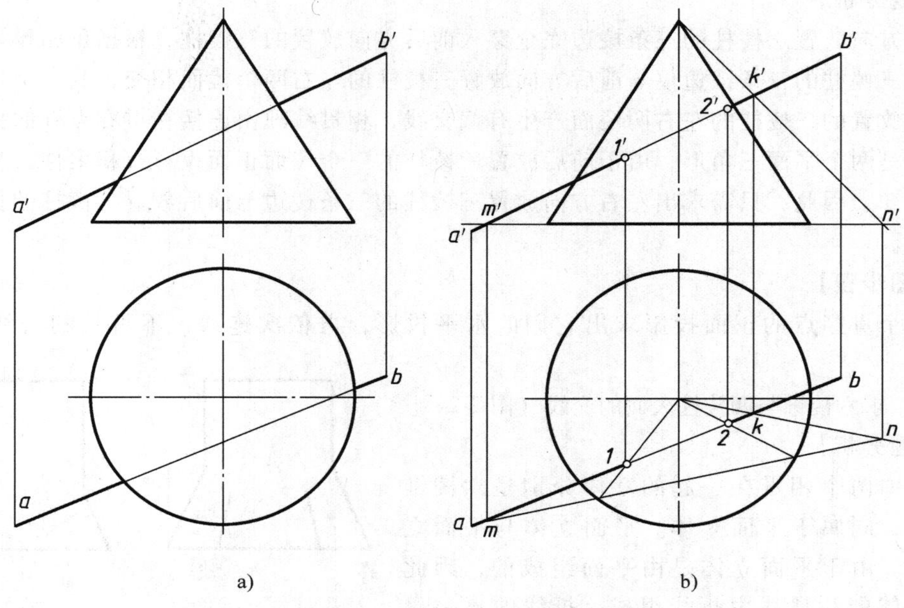

图 2-22

2.3.3 两立体相交，求相贯线的投影

2-23 求两三棱柱的交线（图 2-23a）。

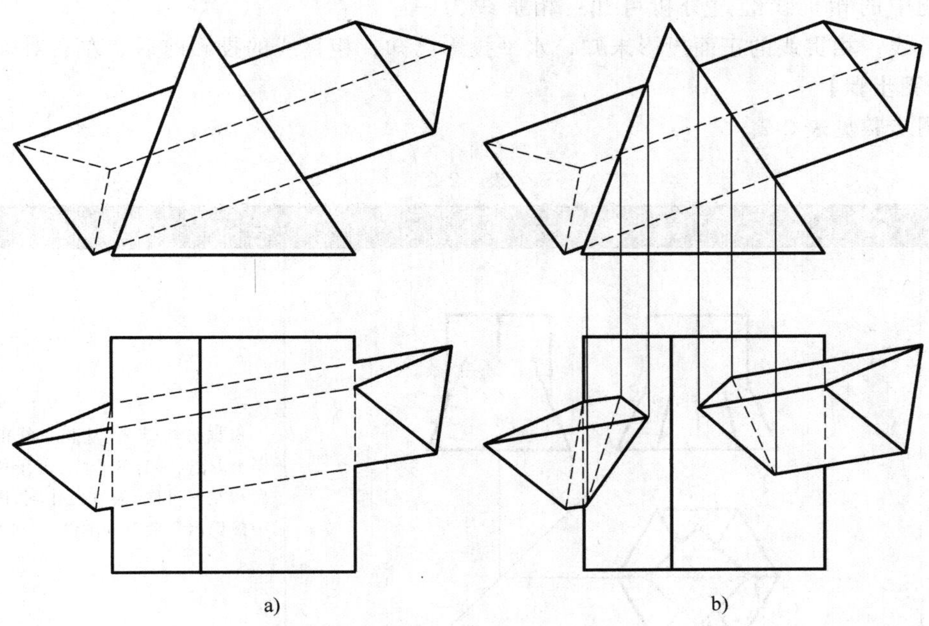

图 2-23

【解题分析】

左右方向放置三棱柱的三条棱边完全穿入前后方向放置的三棱柱，根据正面投影，左右方向放置三棱柱的三条棱边仅与前后方向放置三棱柱的左右两个棱面相交，其三个棱面只与前后方向放置的三棱柱的左右两棱面产生有截交线，相贯线即由连接在贯穿点处的截交线组合而成，是两个平面三角形。由于前后放置三棱柱的三个棱面正面投影有积聚性，交线的正面投影已知，因此，只需求出左右方向放置三棱柱的三条棱边与前后放置三棱柱的贯穿点的水平投影。

【作图步骤】

由六个贯穿点的正面投影求出它们的水平投影，再依次连线，不可见的交线用虚线画出。

2-24　求六棱锥与四棱柱表面的交线（图 2-24）。

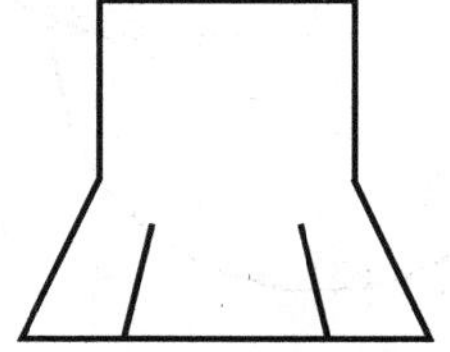

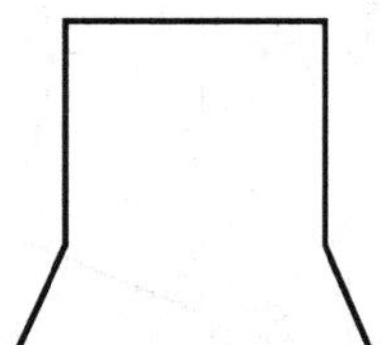

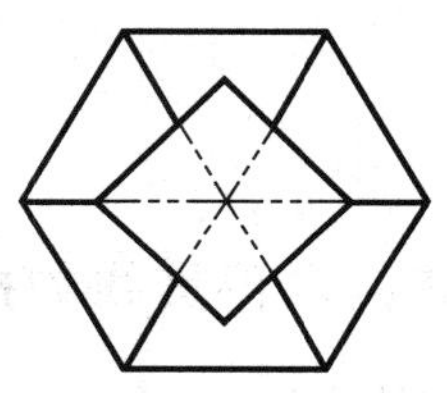

图　2-24

【解题分析】

本题中两个相贯在一起的立体分别是六棱锥与四棱柱，同属于平面立体。平面立体与平面立体相贯时，由于平面立体是由平面组成的，因此两平面立体的相贯线由折线组成。折线的每一段都是甲形体的一个侧面与乙形体的一个侧面的交线，折线的转折点就是一个形体的侧棱与另一形体的侧面的交点。因此，求相贯线的实质就是求平面与平面立体的截交线，整个相贯线是由封闭的若干段平面截交线组成的。

本题中的相贯线经过分析可知：相贯线为一组闭合折线，相贯线的正面投影未知，水平投影已知；相贯线的投影前后、左右对称。

【作图步骤】

作图步骤见表 2-2。

表　2-2

步骤	三面投影	绘图步骤说明
1		根据分析结果，从相贯线的水平投影上取点，共有 8 个点，由于相贯线前后和左右对称，为方便作图，因此题目中标识出 3 个点为示例

（续）

步骤	三面投影	绘图步骤说明
2	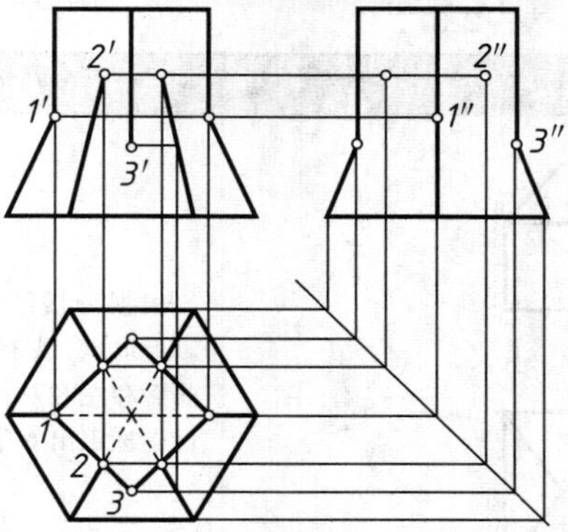 1′ 2′ 3′ 1″ 2″ 3″ 1 2 3	根据平面立体表面取点的方法，分别求出各点的正面投影和侧面投影
3	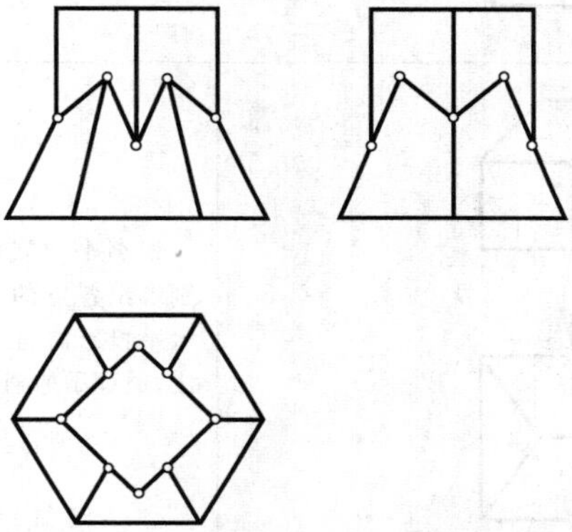	依次连接各点，作出相贯线，并且判别可见性；整理轮廓线，完成作图

2-25　补画水平投影（图 2-25）。

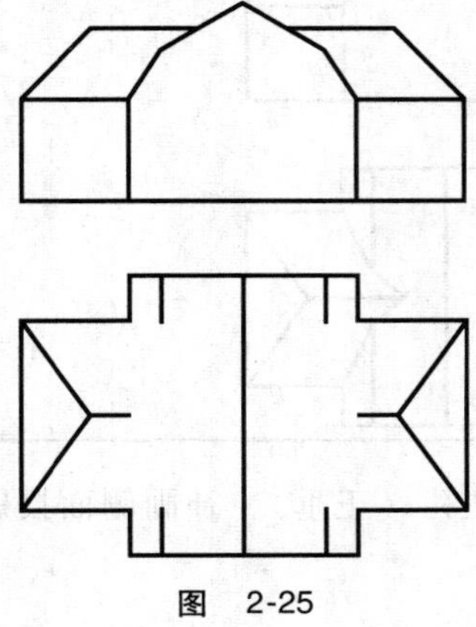

图　2-25

【解题分析】

本题中相贯在一起的两个立体均为平面立体，与上例类似，相贯线也由若干段截交线组成，是由折线围成的封闭图形。本题中的相贯线经过分析可知：相贯线为左右两组折线；相贯线的正面投影已知，水平投影未知；相贯线的投影前后、左右对称。在求解时，相贯线的正面投影与立体的轮廓线重合，不需再作，因此主要是求解相贯线的水平投影。

【作图步骤】

作图步骤见表2-3。

表 2-3

步骤	三面投影	绘图步骤说明
1	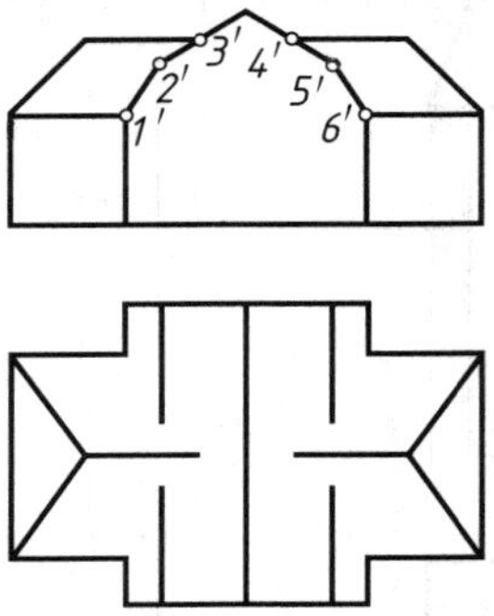 1′ 2′ 3′ 4′ 5′ 6′	根据分析结果，从相贯线的正面投影上取点，共有12个点，由于相贯线前后和左右对称，为方便作图，因此题目中标识出6个点为示例
2	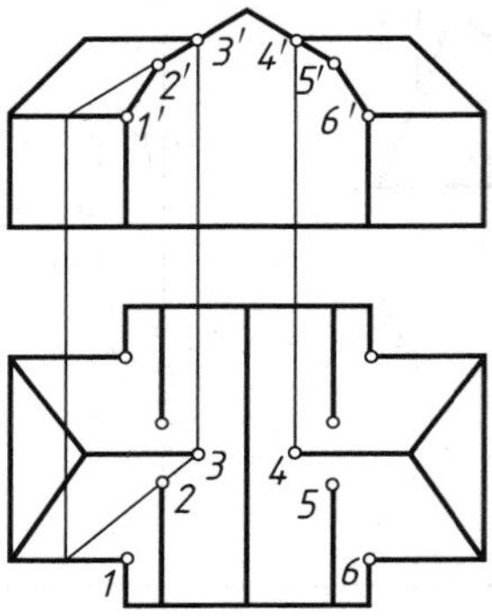 1′ 2′ 3′ 4′ 5′ 6′ 1 2 3 4 5 6	根据平面立体表面取点的方法，分别求出各点的水平投影，其中点Ⅱ的水平投影需通过平面上取点的作图方法，通过添加辅助线求得
3	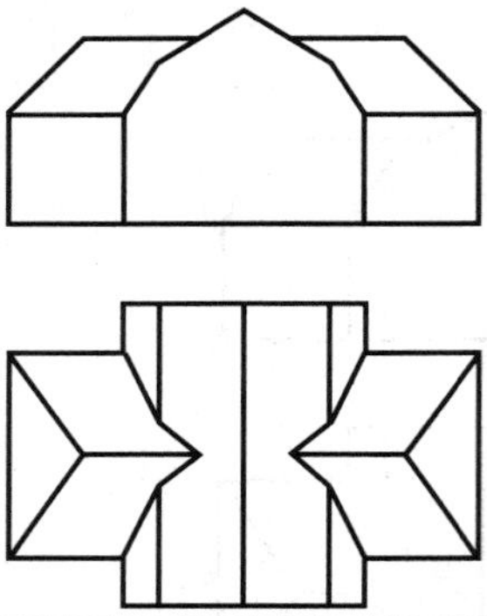	依次连接各点，作出相贯线，并且判别可见性；整理轮廓线，完成作图

2-26　在圆锥体上钻一三棱柱孔（正垂），补画侧面投影和水平投影中漏画的图线（图2-26a）。

【解题分析】

三棱柱孔完全穿过圆锥体，意味着三条棱边与圆锥面产生有贯穿点，三个棱面与圆锥体产生截交线，相贯线即由连接在贯穿点处的截交线组合而成。由于穿孔的圆锥体前后对称，因此，相贯线的侧面投影和水平投影也前后对称。

【作图步骤】

补画穿孔圆锥体的侧面投影。求贯穿点：三棱柱孔三条棱线与圆锥面的交点 A、B、C。

求截交线：*AB* 因过锥顶点，为直线段，*BC* 在与轴线垂直的平面上为一段圆弧，*CA* 是椭圆曲线，通过找点并依次光滑连接各点画出，由此求出相贯线 *ABC* 的投影。后面部分与 *ABC* 对称，且求法相同，作图步骤略。最后处理轮廓线，将不可见的棱线用虚线画出，穿孔后去掉的圆锥轮廓线不画。作图结果如图 2-26b 所示。

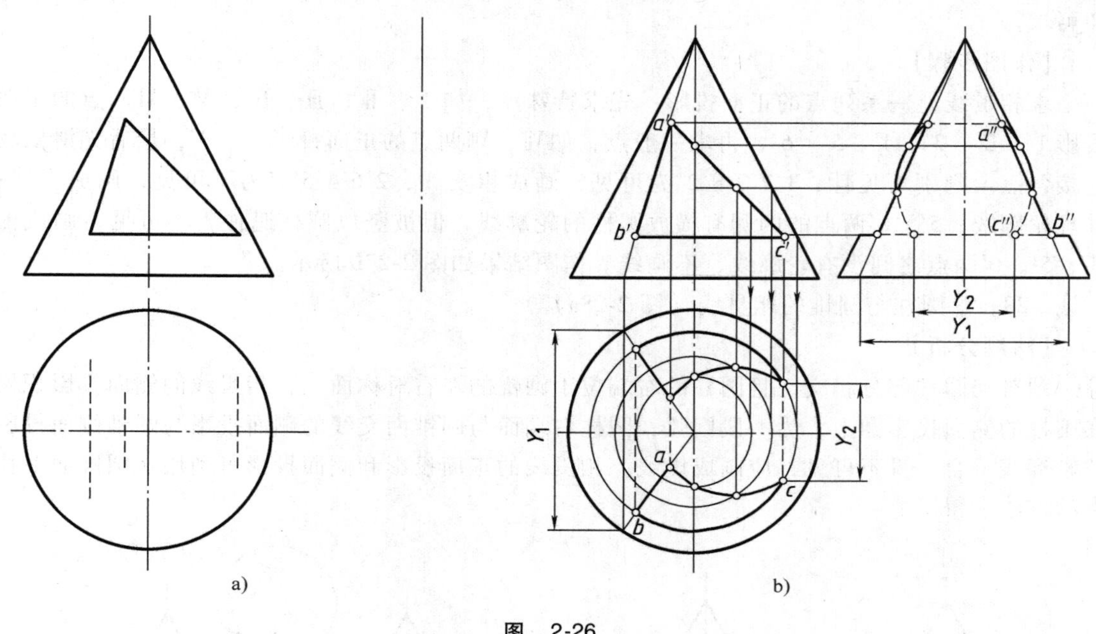

图　2-26

2-27　求圆柱体与半圆柱体表面交线的正面投影（图 2-27a）。

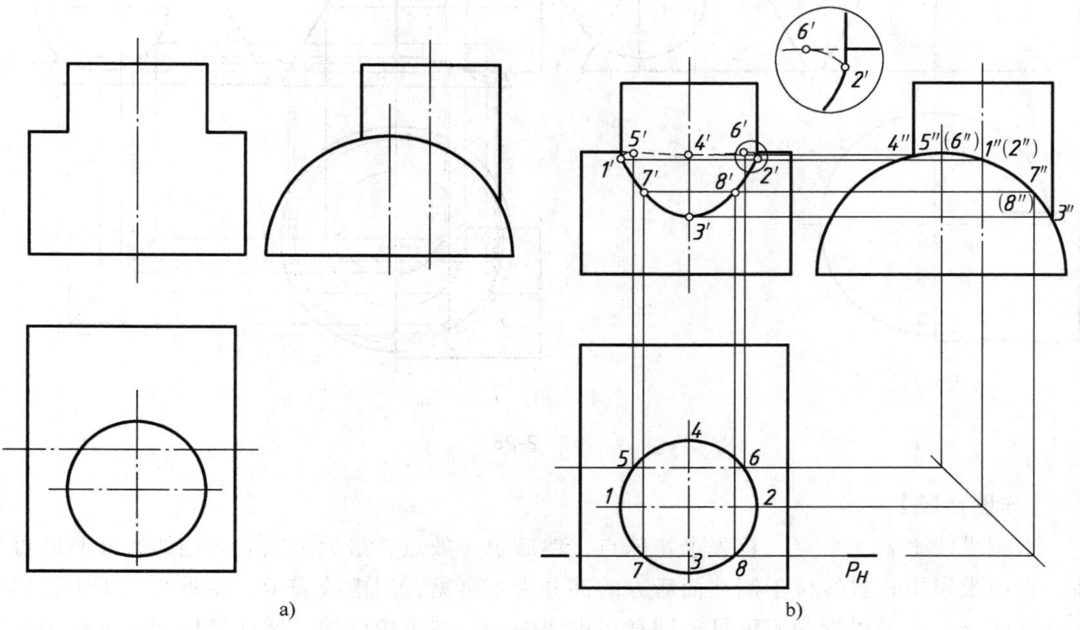

图　2-27

【解题分析】

相交两立体为轴线铅垂的竖放圆柱和轴线侧垂的横放半圆柱，且竖放圆柱全部与横放半圆柱相交，由于圆柱投影具有积聚性，因此所求相贯线的水平投影为竖放圆柱投影的圆，侧面投影为半圆柱面的积聚性投影半圆上的一段圆弧，均已知。正面投影只需找对应点并连线即可求得。

【作图步骤】

求相贯线上一系列点的正面投影：先求特殊点，如Ⅰ、Ⅱ、Ⅲ、Ⅳ、Ⅴ、Ⅵ六点的正面投影1′、2′、3′、4′、5′、6′，再求一般点，如Ⅶ、Ⅷ两点的正面投影7′、8′，最后光滑依次连接各点。判别可见性，1′7′3′8′2′为可见，画成粗实线，2′6′4′5′1′为不可见，画成虚线；处理轮廓线，5′、6′两点的两侧有横放圆柱的轮廓线，但被竖放圆柱遮住，不可见，画成虚线，5′、6′两点之间没有轮廓线，不画线。作图结果如图2-27b所示。

2-28　求圆柱与圆锥的相贯线（图2-28a）。

【解题分析】

圆锥与圆柱部分相交，且圆柱的右端位于圆锥的左右对称面上，相贯线的侧面投影积聚在圆柱的侧面投影圆上，为一段圆弧，圆柱右端面与圆锥面交线的侧面投影与圆锥侧面投影的轮廓线重合，且不可见，应画成虚线。相贯线的正面投影和侧面投影可利用在圆锥面上找点的方法求得。

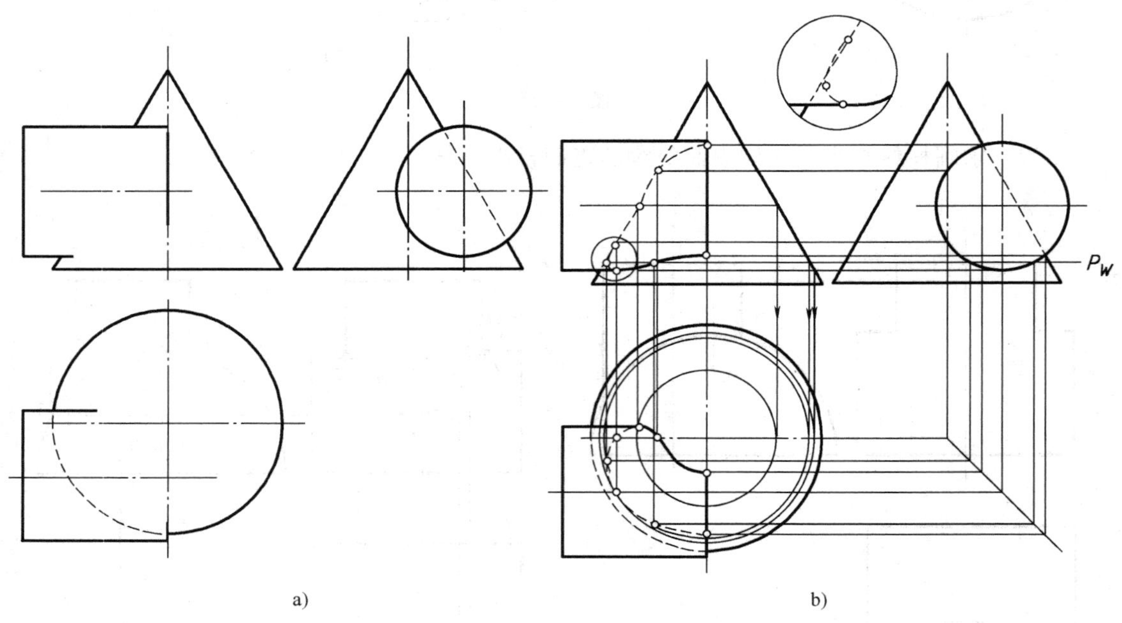

图　2-28

【作图步骤】

求相贯线上若干个点，首先求特殊点，然后求一般点，最后依次光滑连线，并判断可见性，正面投影中相贯线位于圆柱面后方的部分为不可见，用虚线表示，相贯线位于圆柱面的下方的部分，水平投影为不可见，同样用虚线表示；完善轮廓线，圆柱最后和最下两条轮廓线有部分穿入圆锥，需求出贯穿点并将圆柱轮廓线画到此处，圆锥最左轮廓线部分穿入圆柱，求出贯穿点并将圆锥左轮廓线的正面投影画到此处，被圆柱挡住的部分不可见画成虚线。该图所给圆柱右端平面有部分穿入圆锥，正面投影和水平投影只画该平面的可见部分。作图结果如图 2-28b 所示。

2-29 补画正面投影中漏画的相贯线（图 2-29a）。

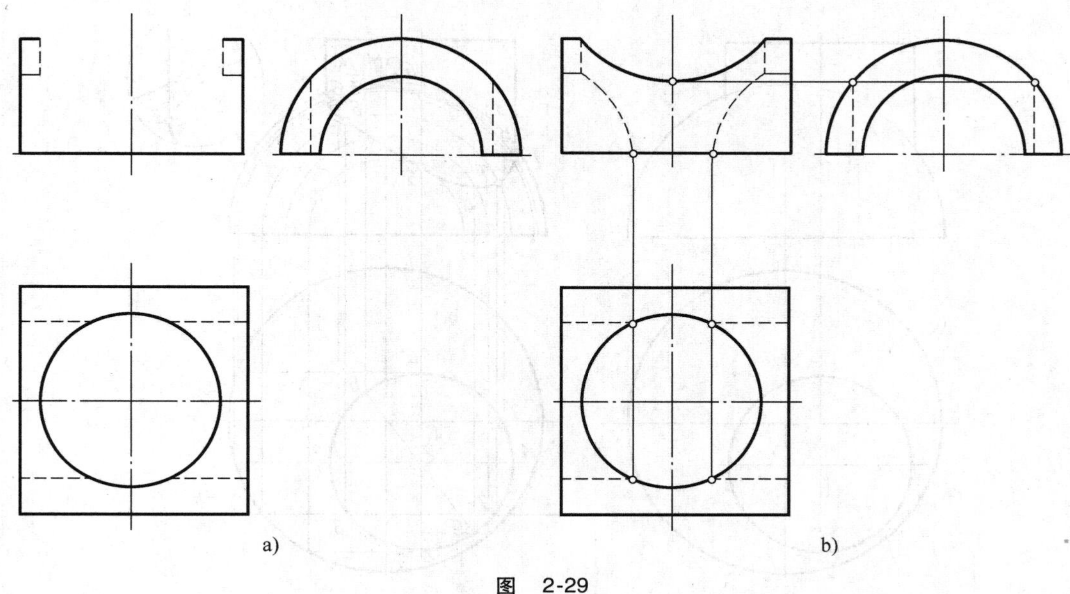

图 2-29

【解题分析】

在轴线水平放置的半圆柱上，开有同轴的半圆柱孔，同时在与轴线垂直相交的铅垂方向上开有完整的圆柱孔。由于圆柱（孔）的积聚性，相贯线的水平投影和侧面投影均积聚在圆或圆弧上，不用求，因此只需求出相贯线的正面投影。

【作图步骤】

首先求半圆柱的外圆柱面与圆柱孔的相贯线；再求半圆柱孔与圆柱孔的相贯线，此时圆柱孔大，半圆柱孔小，相贯线左右对称各有一段，按对应关系找点作出。作图结果如图 2-29b所示。

2-30 求圆柱与半球的相贯线（图 2-30a）。

【解题分析】

半圆球与竖放圆柱相交，圆柱完全穿入半圆球，相贯线的水平投影为完整的小圆，正面投影用在球面上取点的方法求出。

【作图步骤】

用辅助正平面 P_H 切圆柱与圆球，在球面上得半径不等的一系列圆弧，在柱面上得一系列平行直线，圆弧与直线相交得相贯线上的点，本题用四个正平面求出相贯线上 8 个点，除Ⅶ、Ⅷ两点外，其余 6 个点均为特殊点。相贯线上最高点和最低点是 A、B 两点，该两点水平投影 a、b 为两圆心连线与柱面圆的交点。正面投影法：过点 A 作辅助正平面，与半圆球面交线的正面投影为一半圆，与柱面交线的正面投影为过 a 的竖直线，半圆同竖直线的交点即为点 A 的正面投影 a'，用相同的方法求出 b'，然后光滑有序连线并判断可见性，前半个圆柱面上的一段为可见，用粗实线画出，后半个圆柱面上的一段为不可见，用细虚线画出；完善轮廓线，圆柱左右两条轮廓线从上往下到1′、2′点为可见，画成粗实线，1′、2′点之下穿入半球，不画，半球正面投影中的轮廓线，3′、4′两点之间部分穿入圆柱，不画，3′、4′点两侧有部分被圆柱所遮，应画成细虚线。作图结果如图2-30b所示。

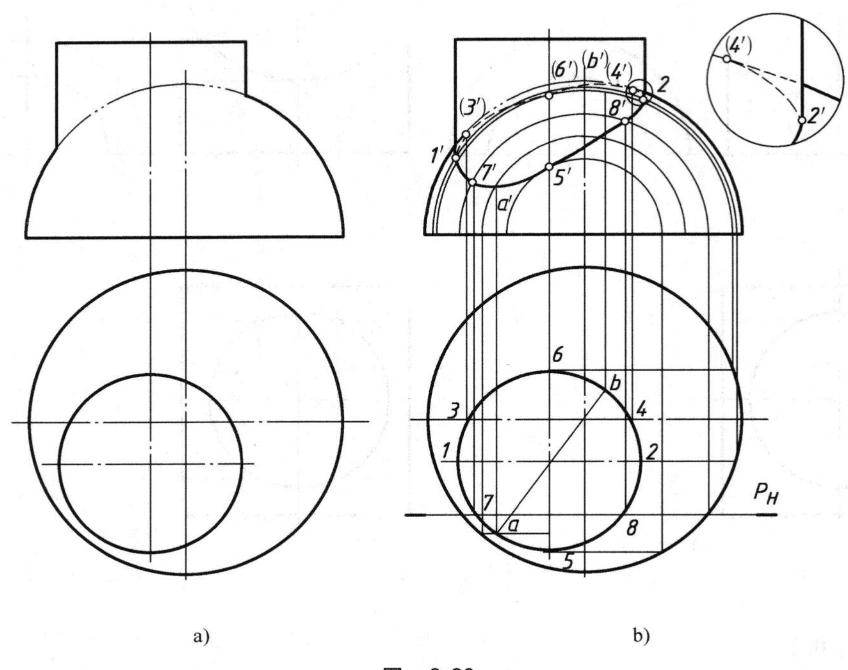

图 2-30

2-31 补全三棱柱和半圆球相贯的正面投影（图2-31）。

【解题分析】

本题中相贯在一起的两个立体分别是半圆球与三棱柱，相贯线由三段截交线组成，这三

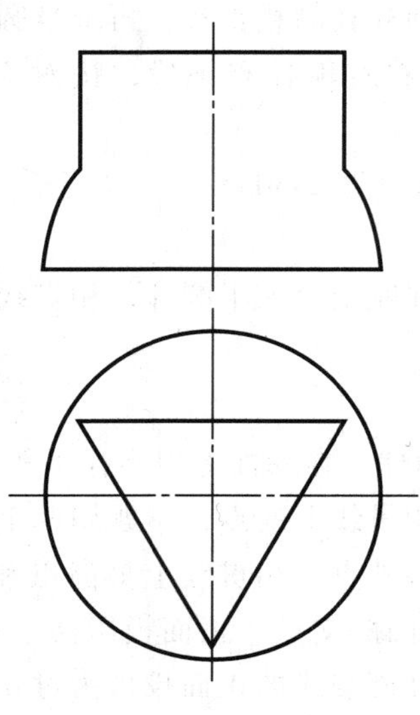

图 2-31

段截交线分别是三棱柱的三个侧面与半圆球表面相交所产生的三段交线。由于三棱柱三个侧面的水平投影均具有积聚性，因此相贯线的水平投影与三棱柱的水平投影重合，不需另画，所以本题中相贯线作图的重点是正面投影。

在求解时，可通过在相贯线水平投影上取点，获取各点的正面投影后，然后用光滑的曲线连接各点的方法来获取相贯线的正面投影。圆球表面取点的方法是辅助圆法。

【作图步骤】

作图步骤见表 2-4。

表 2-4

步骤	三面投影	绘图步骤说明
1	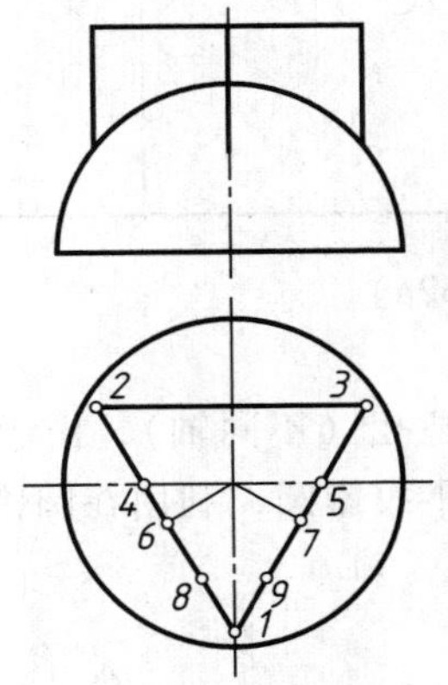 2 3 4 5 6 7 8 9 1	根据分析结果，从相贯线的水平投影上取点，其中点 1 是相贯线的最前点，点 2、3 是相贯线的最后点，点 4、5 是相贯线上的转向点，也是相贯线可见性的分界点，点 6、7 是相贯线的最高点，这七个点为相贯线的特殊点，点 8、9 是相贯线上的两个一般位置点
2	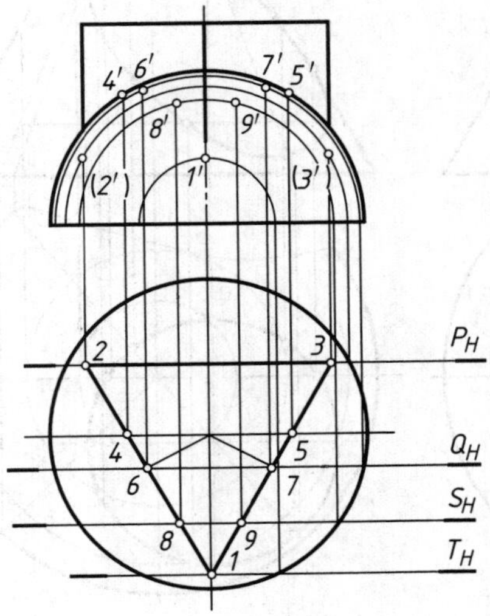 4′ 6′ 7′ 5′ 8′ 9′ (2′) 1′ (3′) 2 3 P_H 4 5 Q_H 6 7 S_H 8 9 1 T_H	根据圆球表面取点的方法，分别作出各点的正面投影，求出每个点的正面投影后，要注意判断各点的可见性，其中点 2′和 3′是不可见的点

（续）

步骤	三面投影	绘图步骤说明
3	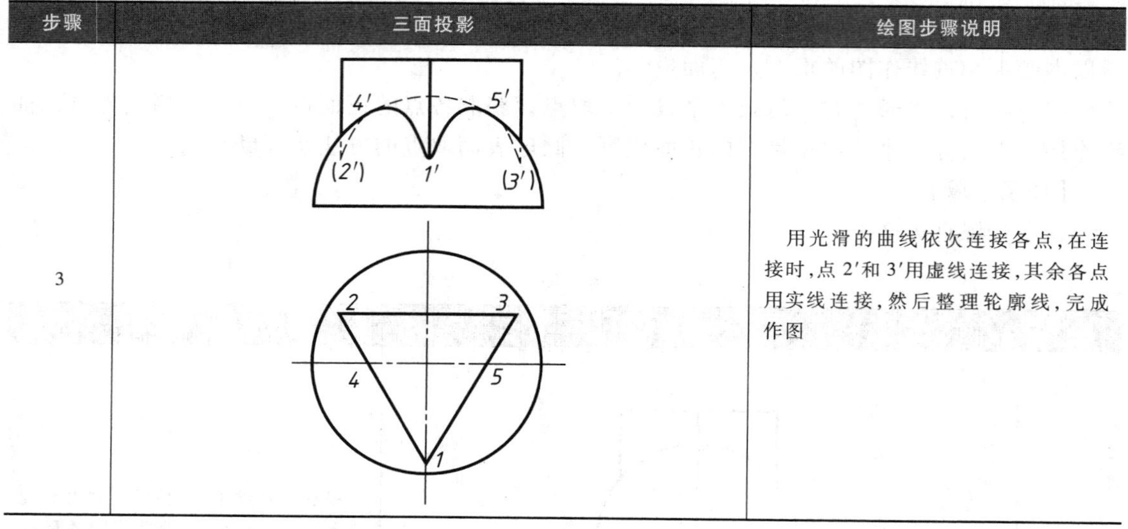	用光滑的曲线依次连接各点，在连接时，点2′和3′用虚线连接，其余各点用实线连接，然后整理轮廓线，完成作图

2-32　完成钻孔圆锥的正面投影图（图2-32a）。

【解题分析】

在轴线铅垂的圆锥面上钻有轴线铅垂的圆柱孔（不同轴），由于圆柱孔内表面的水平投影具有积聚性，相贯线的水平投影就是孔的水平投影圆，利用在圆锥表面上取点的方法即可求出相贯线的正面投影。

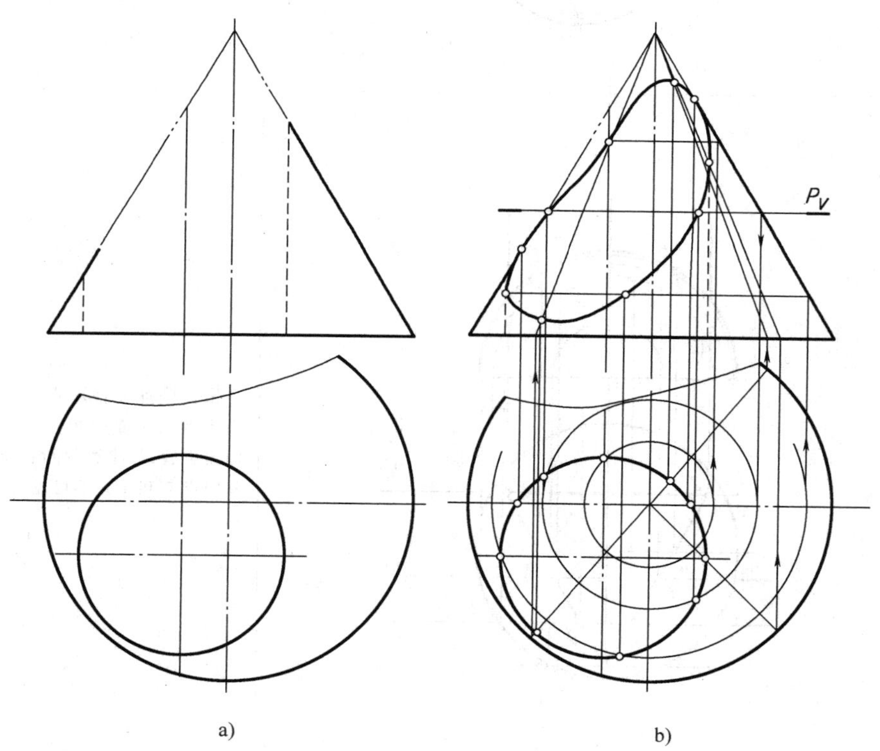

图　2-32

【作图步骤】

利用辅助纬圆（可作辅助水平面切圆锥获得）或在圆锥表面上取过顶点的直素线找出特殊点和若干个一般点；连线；判断可见性；完善轮廓线：圆锥表面被圆柱孔切除的部分不画线，圆柱孔的轮廓线用虚线画出，画到与圆锥表面相交点为止。作图结果如图 2-32b 所示。

2-33　补画侧面投影（图 2-33a）。

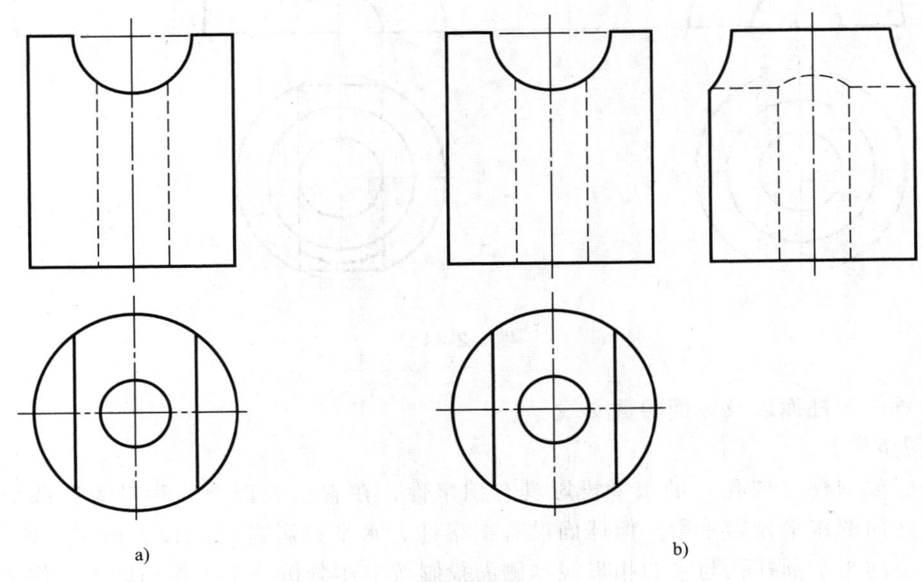

图　2-33

【解题分析】

本题中，圆柱被从前往后挖去一半圆柱和从上往下挖去一个圆柱，在求解之前，应首先判断清楚相贯线是如何产生的。本例中相贯线有两条，第一条是半圆柱与大圆柱外表面相交所产生的，第二条是挖去的圆柱孔与半圆柱相交产生的。

【作图步骤】

先绘制半圆柱外表面与圆柱孔内表面相交产生的相贯线，然后通过取点的方法绘制半圆柱与大圆柱表面相交产生的相贯线，最后整理轮廓线，完成侧面投影。作图结果如图 2-33b 所示。

2-34　看懂形体钻圆孔（通）和开槽（不通）的构造特点，补画水平投影中的漏线，并完成侧面投影（图 2-34a）。

【解题分析】

在半个圆球的上方相交一轴线过球心的竖放圆柱，过球心钻通半个圆柱孔（正垂位置），与圆柱轴线同轴（铅垂位置）钻有圆柱孔，上述正垂半圆柱孔和铅垂圆柱孔等径并且相交；在立体上部正垂方向上钻有与铅垂圆柱孔等径的圆柱通孔和开有与铅垂圆柱孔相切但不通的一个长方槽，该槽有部分与半球也相交。产生的相贯线和截交线有：竖放圆柱与半球的相贯线；过球心的半圆柱孔与半球的相贯线；铅垂圆柱孔与过球心的正垂半圆柱孔的相贯线；正垂位置的圆柱孔与外圆柱面以及等径的铅垂内圆柱面的相贯线；长方槽与外圆柱面、

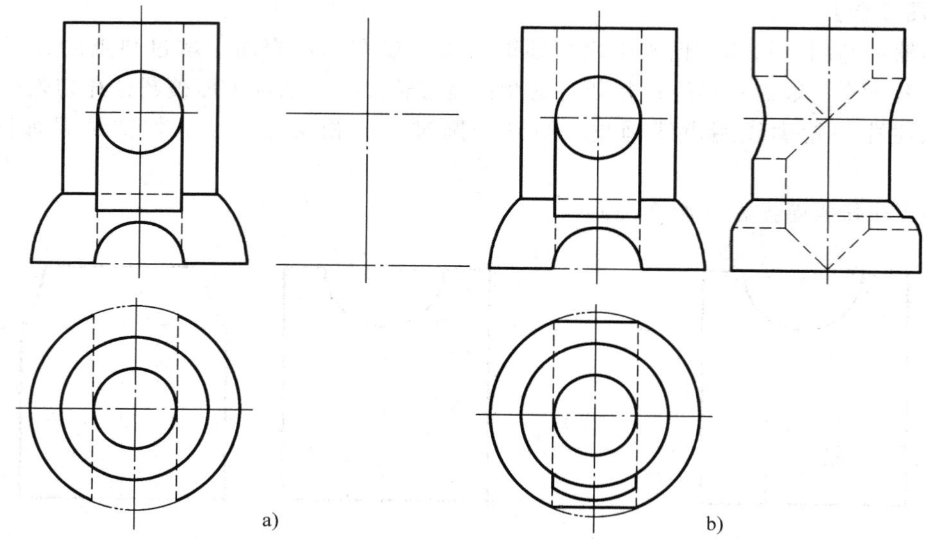

图 2-34

相切的铅垂内圆柱面以及球面的截交线。

【作图步骤】

由于竖放圆柱（或孔）的水平投影具有积聚性，在它们表面上的相贯线和截交线的水平投影与柱面的水平投影重影。但球面没有积聚性，水平投影需补上长方槽与它的截交线，以及过球心的半个圆柱孔与它的相贯线。侧面投影按上述分析一步步作图即可。作图结果如图 2-34b 所示。

2-35 求相交两圆柱表面交线的两面投影（图 2-35a）。

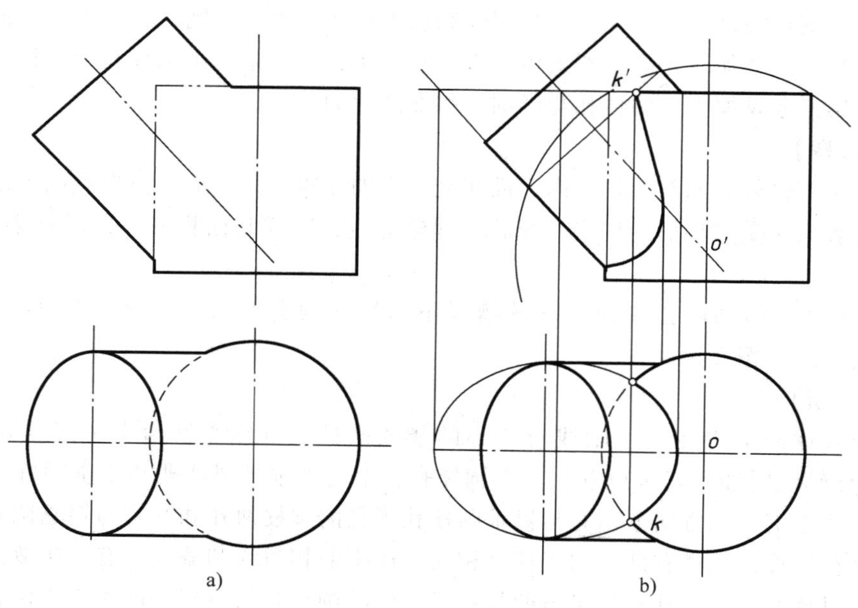

图 2-35

【解题分析】

一竖放圆柱与一斜放圆柱相交，由于积聚性，相贯线的水平投影是已知的。竖放圆柱的上顶平面与斜放圆柱的圆柱面相交，生成的截交线是一段椭圆弧，这一部分截交线与相贯线有两个分界点，可以用辅助球面法求出。

【作图步骤】

以两圆柱轴线相交点为球心作球，球的半径是球心到竖放圆柱的上顶圆平面最右点，球与竖放圆柱相交所得交线就是上顶圆，该球与斜放圆柱的交线也是圆（两交线圆在正面投影中为两直线段），两圆的交点就是截交线和相贯线的分界点 K。再分别求出相贯线和截交线，相贯线的水平投影积聚在竖放圆柱的水平投影——部分圆周上，椭圆弧的正面投影积聚在竖放圆柱上顶圆面的正面投影——部分直线段上。最后进行可见性判别及处理轮廓线等。作图结果如图 2-35b 所示。

2-36　看懂相交三立体，补画所缺的图线（图 2-36a）。

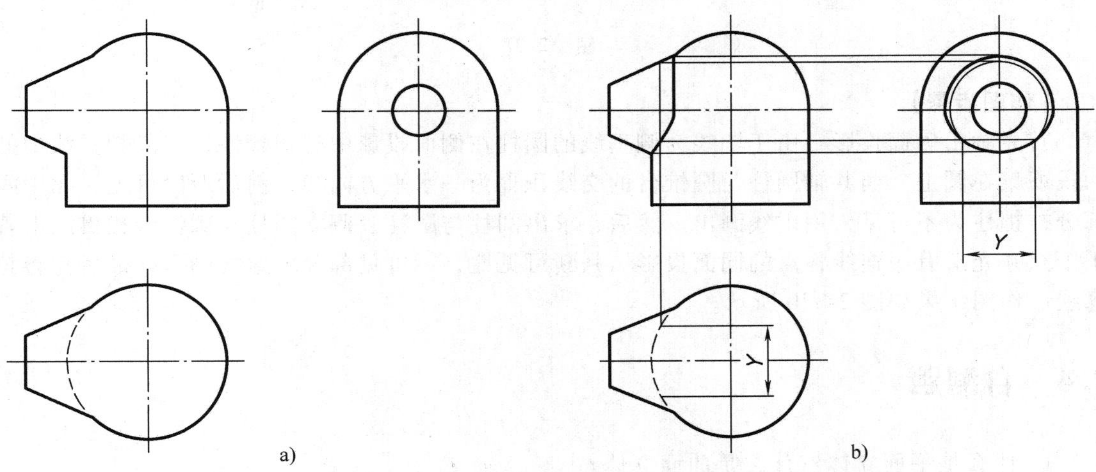

图　2-36

【解题分析】

一竖放圆柱、轴线为侧垂线的圆锥台与半圆球相交，圆柱与圆锥的轴线均通过球心，且前后对称。由于圆柱与圆球的直径相等，所以它们相切，交线不画。圆锥轴线通过球心，因此交线为侧平圆，侧面投影反映实形，水平投影为铅直方向线。由于积聚性，圆锥与圆柱表面交线的水平投影是已知的，且不可见。因此可用在圆锥表面上取点的方法求出交线上若干个点的正面投影和侧面投影。两段交线的分界点分别位于圆锥最前和最后两轮廓线上。

【作图步骤】

作图步骤略。作图结果如图 2-36b 所示。

2-37　看懂相交三立体，补画侧面投影及 V、H 两面投影中所缺的图线（图 2-37a）。

【解题分析】

这是一共轴的圆柱、圆锥台与一轴线为侧垂线的圆柱相交，共生成了三条相贯线：共轴的圆柱与圆锥台的交线就是圆锥台的上底圆，可直接画出；轴线为侧垂线的圆柱与共轴的圆柱、圆锥台的交线均为空间曲线且前后对称。由于与圆锥台共轴圆柱的水平投影和轴线为侧垂线的圆柱的侧面投影有积聚性，因此都可以利用在圆锥台或圆柱表面上取点的方法求出。

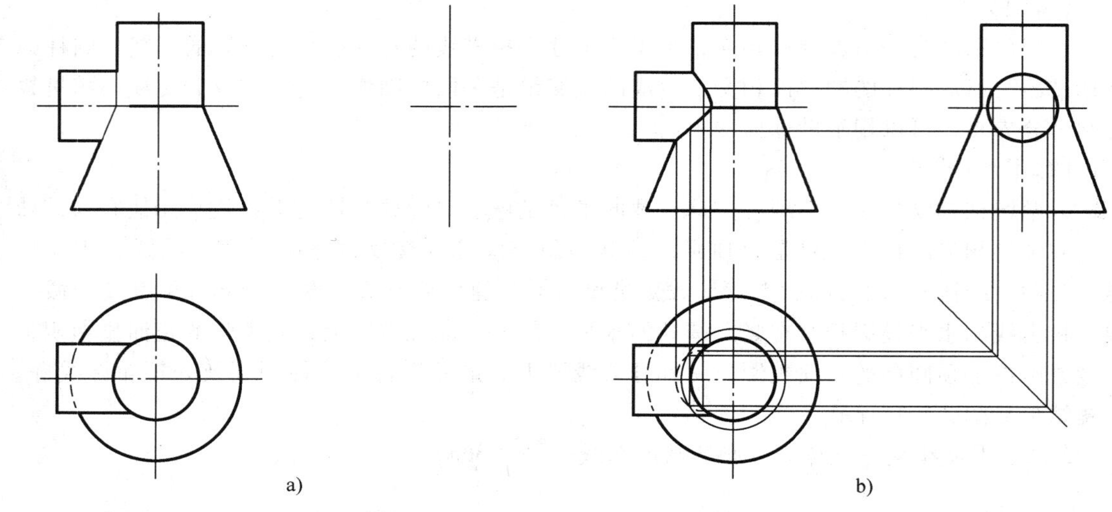

图 2-37

【作图步骤】

首先画出侧面投影，由于轴线为侧垂线的圆柱在侧面投影中有积聚性，三段相贯线中的两段积聚在圆上，而共轴圆柱与圆锥台的交线积聚为一水平方向线，前后两段可见，而中间部分被挡住为不可见，用虚线画出。然后，求出圆柱与圆柱、侧立圆柱与圆锥台相贯线上若干个点并光滑有序连线各点的同面投影。判断可见性，不可见部分用虚线画出。最后完善轮廓线。作图结果如图 2-37b 所示。

2.4 自测题

1. 什么是平面立体？什么是曲面立体？

2. 常见的回转体有几种？它们的投影图各有何特点？

3. 曲面投影的转向轮廓线对其可见性判别有何意义？

4. 过球面上一点能作几个圆？其中过该点且与投影面平行的圆有几个？

5. 两个投影面的投影都是圆，表示的立体一定是圆球吗？

6. 截交线是怎样形成的？为什么平面立体的截交线一定是平面上的多边形？多边形的顶点和边分别是平面立体上的哪些几何元素与截平面的交点和交线？

7. 曲面立体的截交线通常是什么形状？也可能是其他哪些形状？当截平面为特殊位置平面时，怎样求曲面立体的截交线？

8. 圆锥面的投影都没有积聚性，怎样求作其截交线？

9. 平面与球面的交线是什么？试述各类位置平面与球面的交线的投影情况。为什么在球面上取点只能用辅助圆法？

10. 相贯线的实质是什么？回转体之间的相贯线形状有哪几种情况？

11. 用辅助平面法求作两回转体的相贯线的基本原理是什么？如何适当地选择辅助平面的位置？

12. 形体的水平投影为圆，想象出尽可能多形状的形体，并用三面投影图表示出来。

13. 分析图 2-38 中的两组两面投影，想象出形体的形状，画出第三面投影。

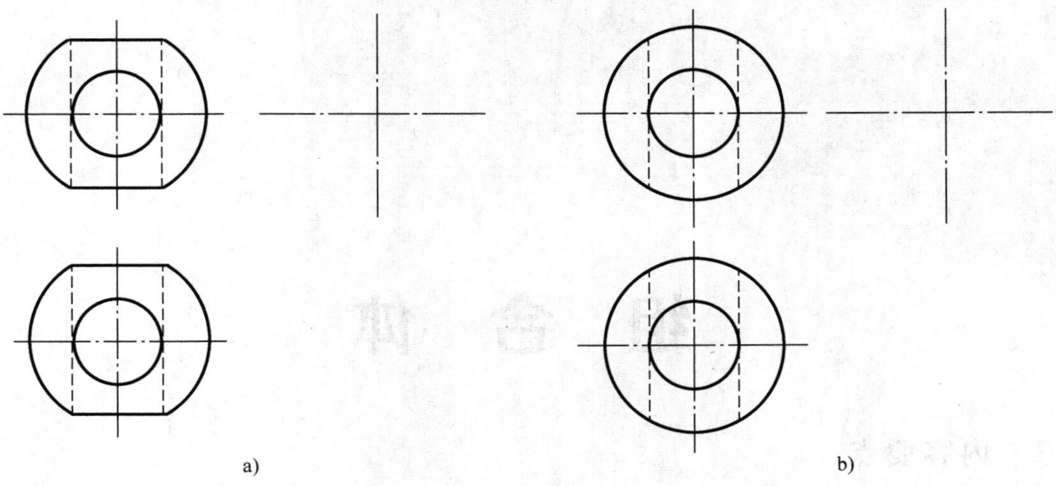

图 2-38

第3章

组　合　体

3.1　内容要点

本章是在学习画法几何的基础上，运用形体分析和线面分析来研究组合体的组合形式，画出组合体的视图，读懂视图所表达的形体，以及标注完整的尺寸。

（1）组合体的定义：由若干基本体组合成的形体。

（2）组合体的组合形式：主要有叠加、穿切（穿孔、切割）两种形式。

（3）组合体相邻表面间的相对位置：主要有共面（平齐）、相交、相切三种情况。

（4）组合体的分析方法：主要有形体分析法和线面分析法。

（5）组合体的三视图：将组合体向三个基本投影面（V、H、W 面）投射所得到的视图，统称为组合体的三视图。其中，将组合体置于第一分角进行投射，称为第一分角投影法，所得到的三视图分别称为主视图、俯视图和左视图；其投影规律为主、俯视图长对正，主、左视图高平齐，俯、左视图宽相等。将组合体置于第三分角进行投射，称为第三分角投影法，所得到的三视图相应称为前视图、顶视图和右视图。ISO（国际标准化组织）规定：第一分角投影法与第三分角投影法同等使用。GB（国家标准）规定：我国采用第一分角投影法。

（6）画组合体的三视图及标注尺寸。

（7）读组合体的三视图。

3.2　解题要领

从宏观上来看，本章可分为两大部分：①画组合体的三视图及标注尺寸；②读组合体的三视图。另外扩展了一小类，即组合体构形设计。

（1）画组合体的三视图及标注尺寸　这类题目一般的解题步骤：形体分析→确定表达方案→选比例、定图幅→布置视图→画底稿→标注尺寸→检查加深。对于初学者来说，应逐一形体来画图，而不要一个视图一个视图来画。

（2）读组合体的三视图　这是本章的重点，也是难点，并且读图训练贯穿本课程的始终，例如前面要读画法几何图，后面还要读零件图和装配图等，其中读组合体的视图是核心。

该部分题型比较灵活，最典型的有补画视图中所缺的图线，已知两视图、补画第三视图等，即通常所说的“二求三”。尽管题型千变万化，而解题思路和解题方法却有规律可循：先用形体分析法或线面分析法（多数题目要两种方法并用）读懂所给视图，想象出视图所表示的立体形状（可能一解或多解），然后根据想象的立体形状，借助已知视图，利用长对正、高平齐、宽相等的投影规律，补画出所缺的视图或视图中所缺的图线。

（3）组合体构形设计　严格地说，这类题目仍属于读图范畴，主要考查读者读图和构图的综合能力。解题时，要求读者根据给定的一个或两个视图充分发挥空间想象力，设计出不同的形体，故此类题目一般都有多解。通过组合体构形设计的学习和训练，有利于培养和提高空间想象能力和创新能力，初步建立工程设计能力。

3.3　习题与解答

3.3.1　画组合体三视图及标注尺寸

3-1　根据所给的组合体立体图（图 3-1a），用 1∶1 的比例画出其三视图。

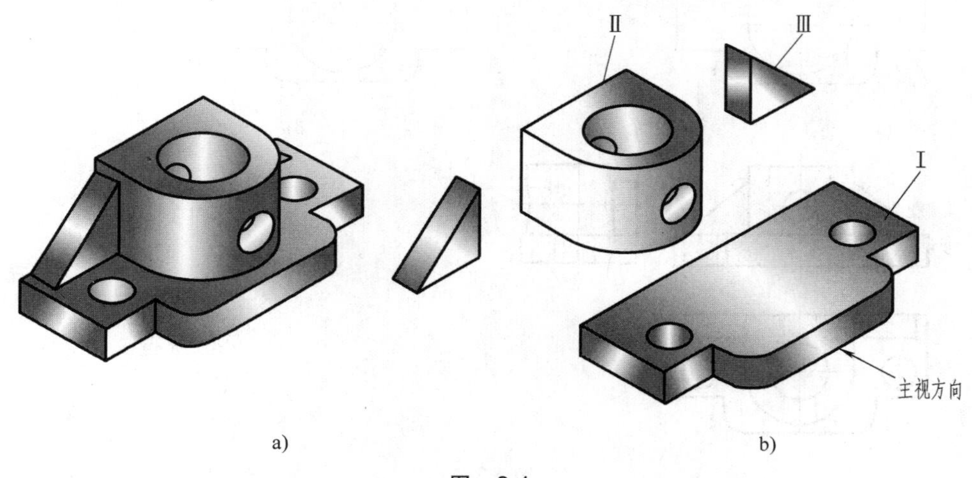

图　3-1

【解题分析】

先对所给立体做形体分析，如图 3-1b 所示，立体由三部分叠加而成，Ⅰ为长方体，Ⅱ为拱形柱，Ⅲ为三棱柱。其中Ⅰ、Ⅱ两部分均有挖切和穿孔。再根据主视图应表达立体的主要形状特征的原则，通过比较，确定以图 3-1b 中箭头所示方向为主视方向，由此确定了其他视图。

【作图步骤】

（1）布置视图：画上细线、基线，如图 3-2a 所示。

（2）画底稿：先实（实形体）后虚（挖去的形体）、先大（大形体）后小（小形体）、先轮廓后细节，如图 3-2b、c、d 所示，先后画了Ⅰ、Ⅱ、Ⅲ三部分。

（3）检查：按投影对应的关系，逐个检查基本体的三视图表达是否正确，点画线、粗实线、虚线等是否有误。

（4）加深：加深次序为先曲线后直线，先水平线后垂直线，再倾斜线、尺寸线。完整的三视图如图 3-2e 所示。

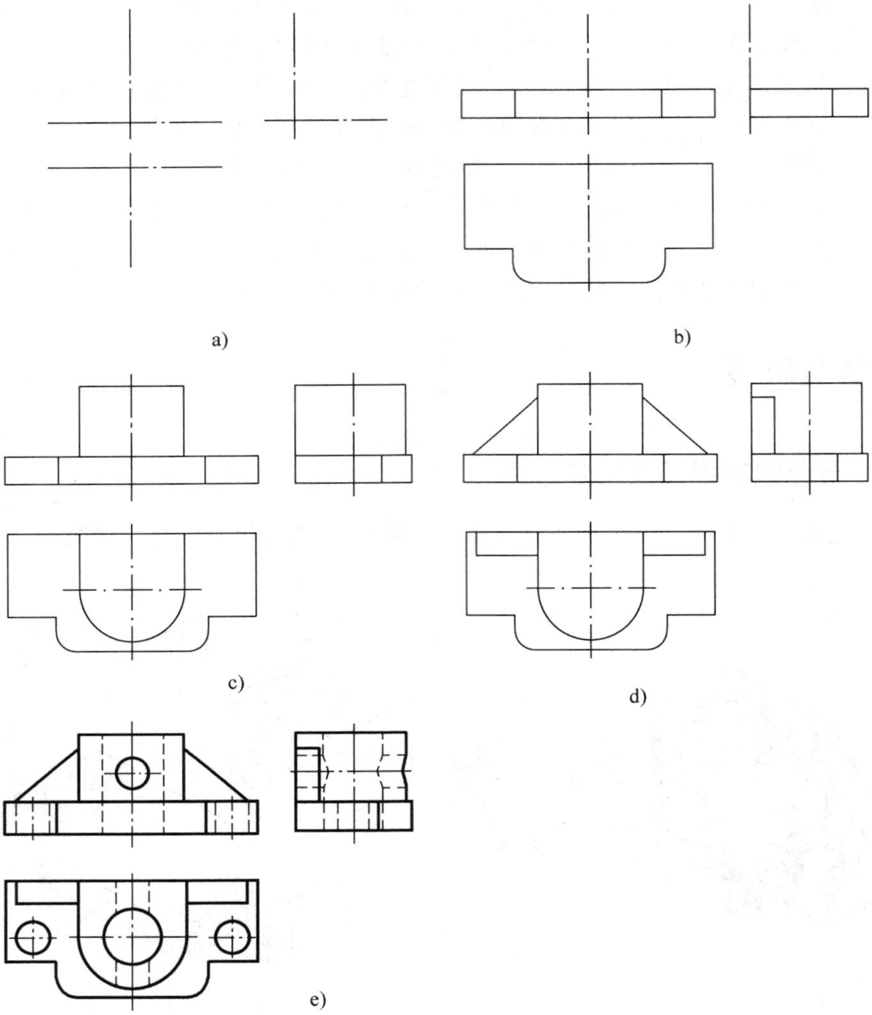

a)

b)

c)

d)

e)

图 3-2

3-2 标注组合体的尺寸（图 3-3）。

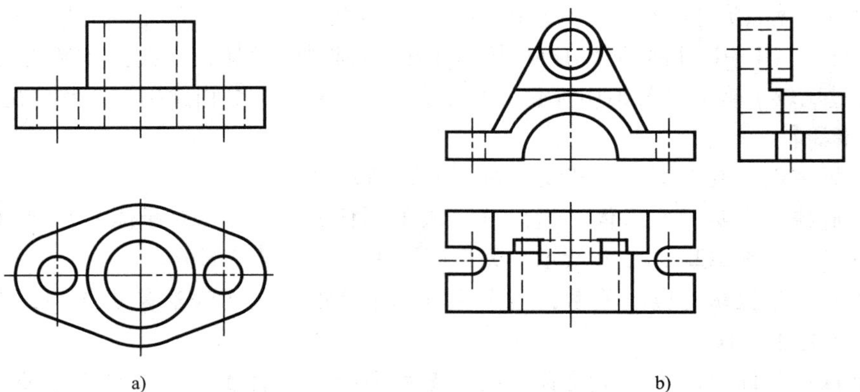

图 3-3

【解题分析】

参照图 3-4 所示的立体图，可知这两个组合体主要是叠加而形成的，其尺寸分为基本体尺寸和定位尺寸两大类。其中，图 3-4a 中还有 3 个圆孔是通过切割而形成的，注意整圆应标注直径，而不能标注半径，如 ϕ32。图 3-4b 中长方形底板与正垂圆柱均有穿切，该组合体的圆孔和切割形成的槽的圆心位置属于定位尺寸。对称形体尺寸的标注方法一般为统一标注，而不分开标注，如底板上的尺寸 58。

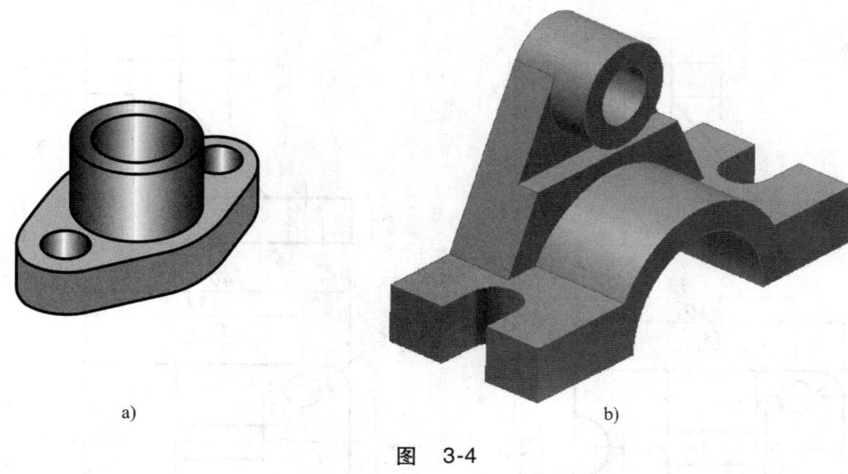

a)　　　b)

图　3-4

【作图步骤】

组合体尺寸标注的一般步骤：形体分析→定尺寸基准→标注定形尺寸→标注定位尺寸→标注总体尺寸。

图 3-3a 的标注步骤：

（1）先标注基本体尺寸（定形尺寸），如 ϕ20，ϕ32，ϕ42，R12，2×ϕ12，12 等。

（2）再标注两个孔的中心距（定位尺寸），如 50。

（3）标注总体尺寸，如 32 等，结果如图 3-5a 所示。

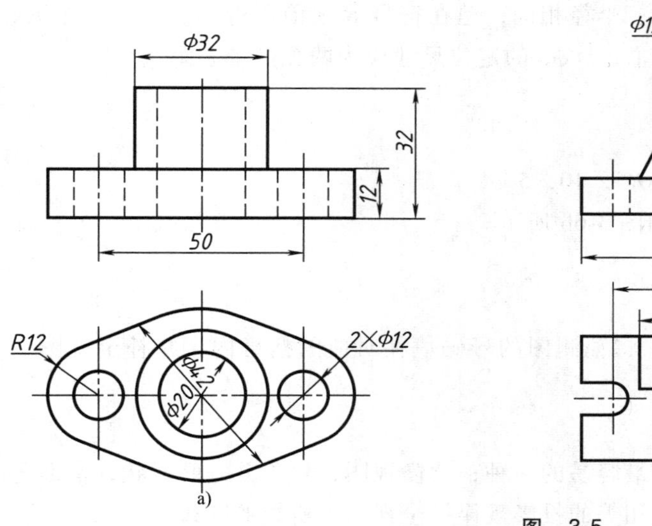

a)

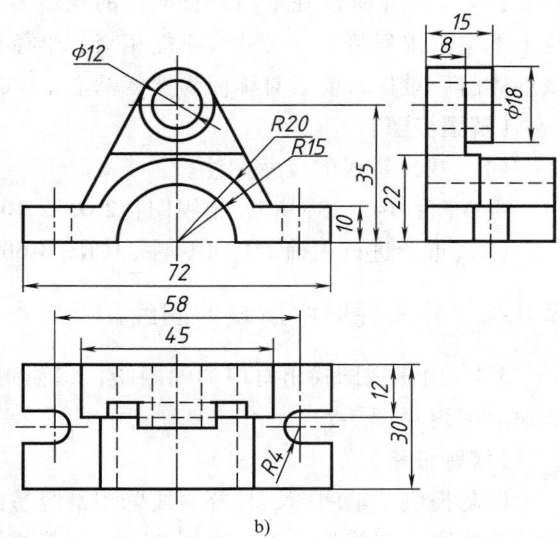

b)

图　3-5

图 3-3b 的标注步骤：

（1）先标注基本体尺寸（定形尺寸）。长方形底板：如 72，30，10；圆柱：*R*20，ϕ18，15；支承板：45，22，12，8。

（2）再标注定位尺寸，如 58，35。

（3）最后标注挖切、穿孔尺寸，如 *R*15，*R*4，ϕ12，结果如图 3-5b 所示。

3-3　指出错误的尺寸标注（图 3-6a），并重新进行正确的尺寸标注。

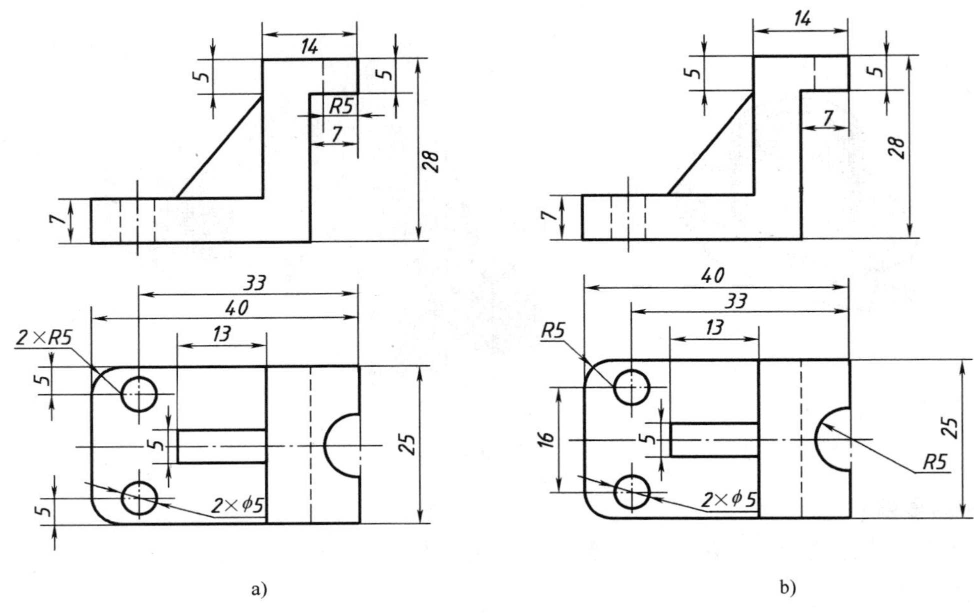

图　3-6

【解题分析】

标注尺寸的基本要求是正确、清晰、完整。尺寸数字水平方向字头向上，垂直方向字头向左；尺寸尽量标注在形状特征明显的视图上，半径应注在投影为圆弧的视图上；尺寸标注应上下左右排列整齐，尺寸线不能相交；半径相同，但在符号 *R* 之前不得标注圆弧的个数；该形体前后对称，前后对称面为宽度基准，2×ϕ5 的定位尺寸应为两孔的中心距。

【解题步骤】

（1）找出错误的尺寸标注。

主视图：14，28，*R*5；俯视图：2×*R*5，40，5。

（2）重新进行正确的尺寸标注，如图 3-6b 所示。

3.3.2　补画视图中所缺的图线

3-4　由三视图找出对应的轴测图，将轴测图的号码填在对应的括号内，并补全视图中所缺的图线（图 3-7）。

【解题分析】

该题提供了轴测图，是补漏线题型最容易的一种；读懂视图，想象其空间形状，借助题给的轴测图，利用长对正、高平齐、宽相等的投影规律补全视图中所缺的图线。

【作图步骤】

作图步骤略。作图结果如图 3-8 所示。

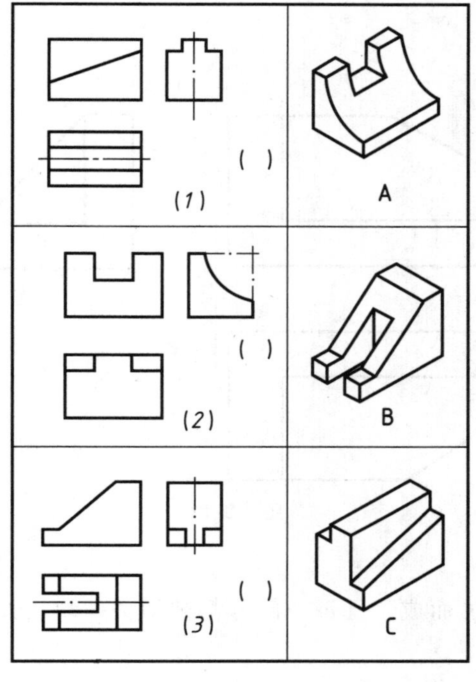

图 3-7

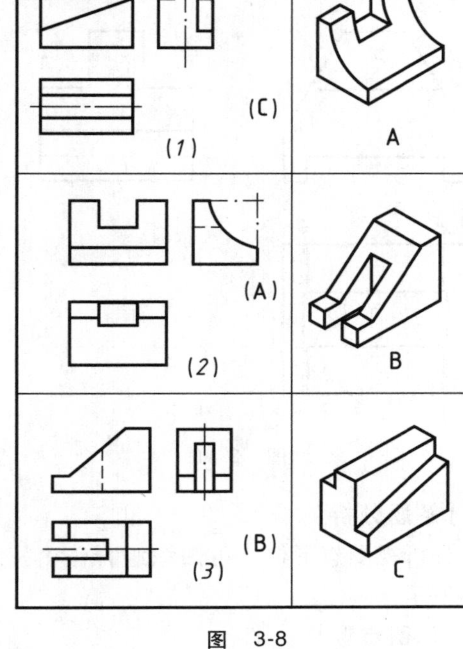

图 3-8

3-5 如图 3-9 所示，补画所缺的图线。

【解题分析】

分析该视图所表达的形体，可知它的原始形状是一长方体，切去图 3-10 所示的Ⅰ、Ⅱ、Ⅲ部分后得到的组合体。

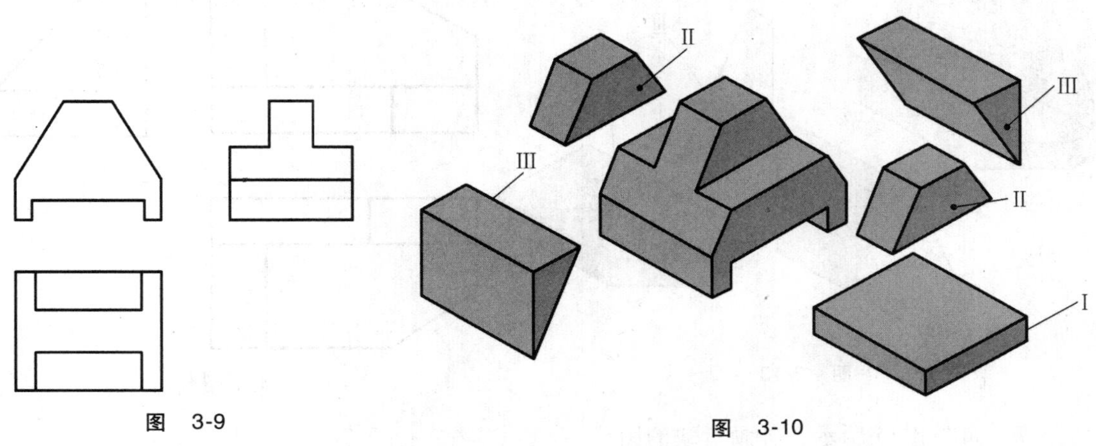

图 3-9

图 3-10

【作图步骤】

(1) 补画出主视图中所缺的线条。如水平面 P 的正面投影 p' 积聚为一条直线。

(2) 补画出俯视图中所缺的线条。如表示形体下部“ ┌┐ ”形槽的两个侧平面的水平投影12、34，它们为不可见线，用虚线画。

（3）补画出左视图中所缺的线条。如“⊓”形槽中水平面的侧面投影 $m''n''$，为不可见线，用虚线画。作图结果如图3-11所示。

3-6　如图3-12所示，补画所缺的图线。

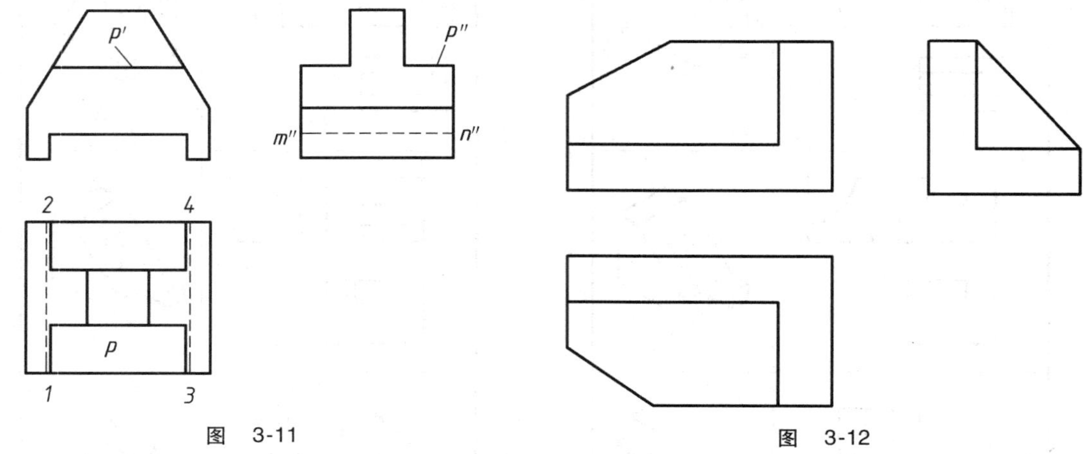

图　3-11　　　　图　3-12

【解题分析】

分析视图想形体，可知该组合体由三部分叠加而成，且每一部分都被切去一块，如图3-13所示。

【作图步骤】

补画出所缺的线条。图中主要所缺的是每一个基本体被切以后产生的交线，逐一补出这些漏线。作图结果如图3-14所示。

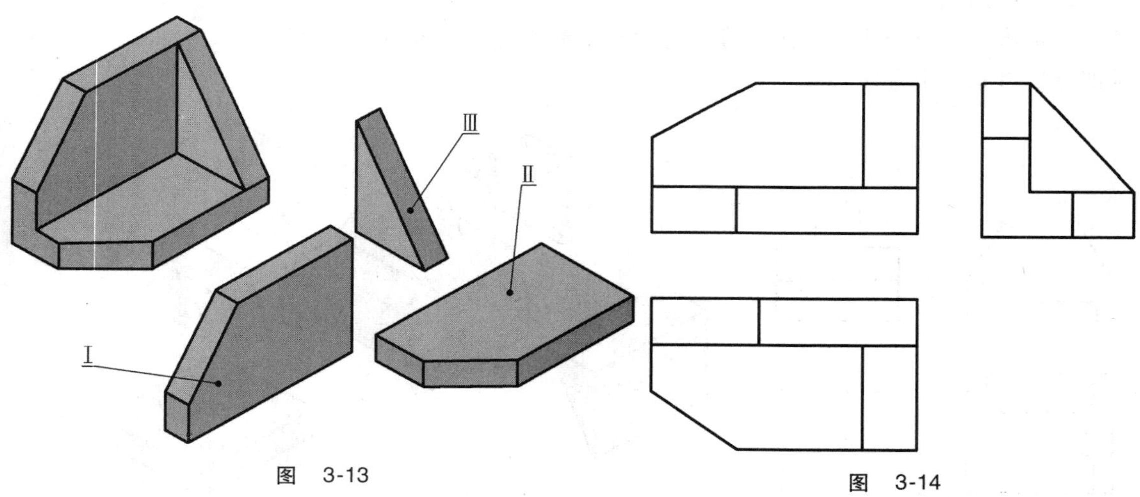

图　3-13　　　　图　3-14

3-7　如图3-15所示，补画所缺的图线。

【解题分析】

图3-15所示三个形体类似，均是一个轴线垂直于水平面的圆柱体与左侧一平板组合，其立体图如图3-16所示。图3-16a、b所示平板的前后面与圆柱相切，但位置不同，切线不

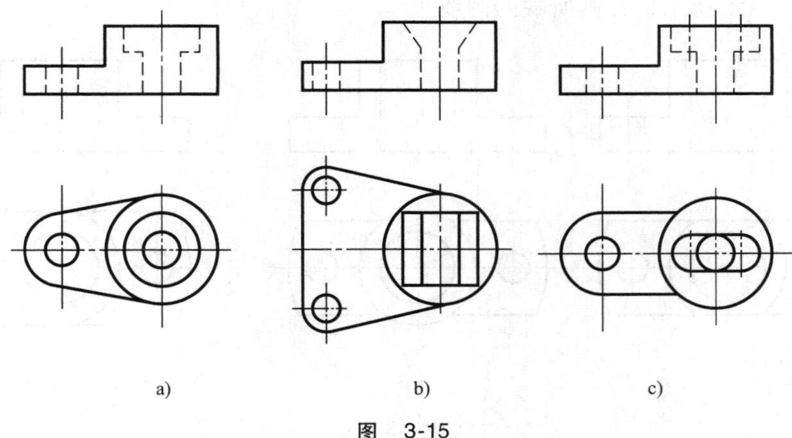

图 3-15

画，而平板上顶面与圆柱产生的交线在主视图中应画到切线处。图3-16c所示平板的前后面与圆柱相交，相交形成的交线应画出来。另外，圆柱体又自上向下挖不同的孔（方孔、圆孔），大小孔交界处可能形成交线，应画出来，如图3-17a、c所示，但有时内孔的前后壁是平齐的两平面，无交线，如图3-17b所示。

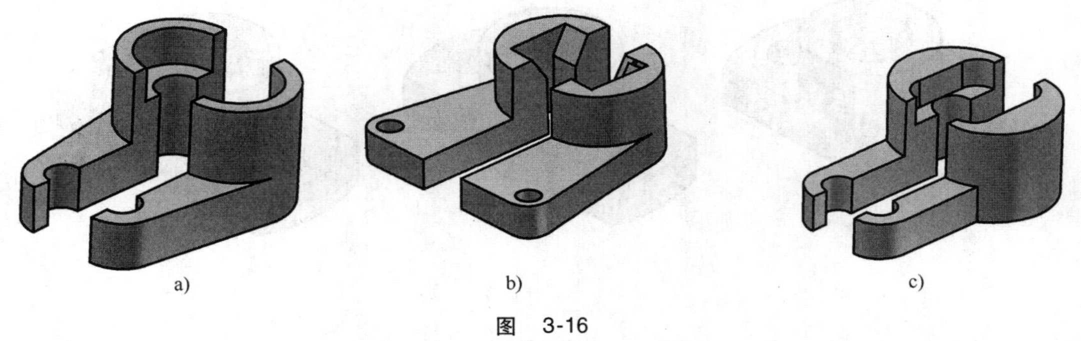

图 3-16

【作图步骤】

作图步骤略。作图结果如图3-17所示。

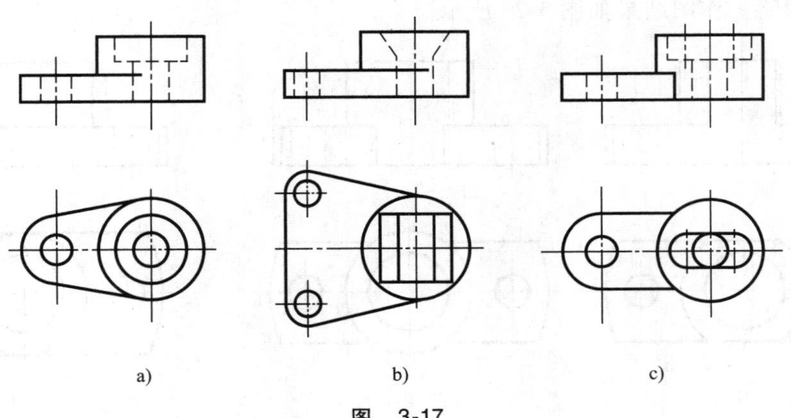

图 3-17

3-8　如图 3-18 所示，补画所缺的图线。

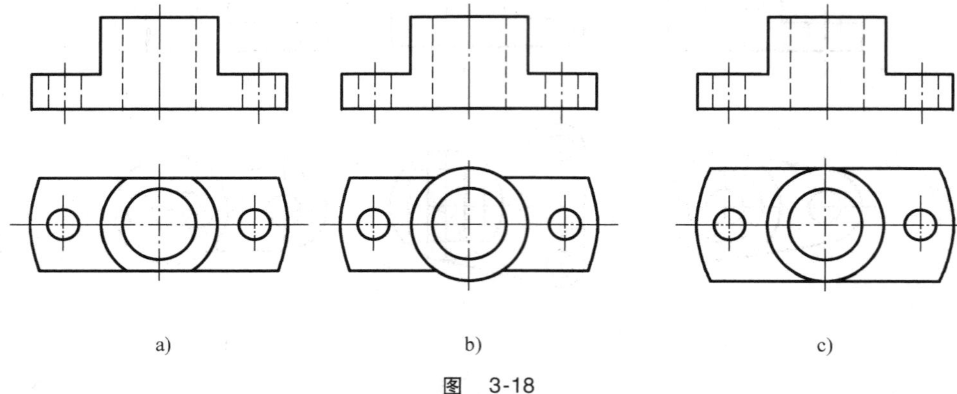

a)　　b)　　c)

图　3-18

【解题分析】

图 3-18 所表达的形体，均由两部分组成：上面一个圆筒，下面一个圆盘，被前后两个正平面分不同情况切割，其截交线的位置和画法也有所不同。其立体图如图 3-19 所示。

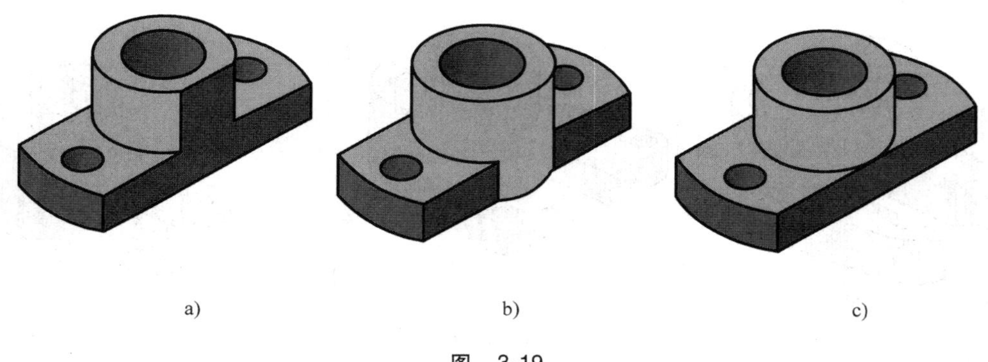

a)　　b)　　c)

图　3-19

【作图步骤】

作图步骤略。作图结果如图 3-20 所示。

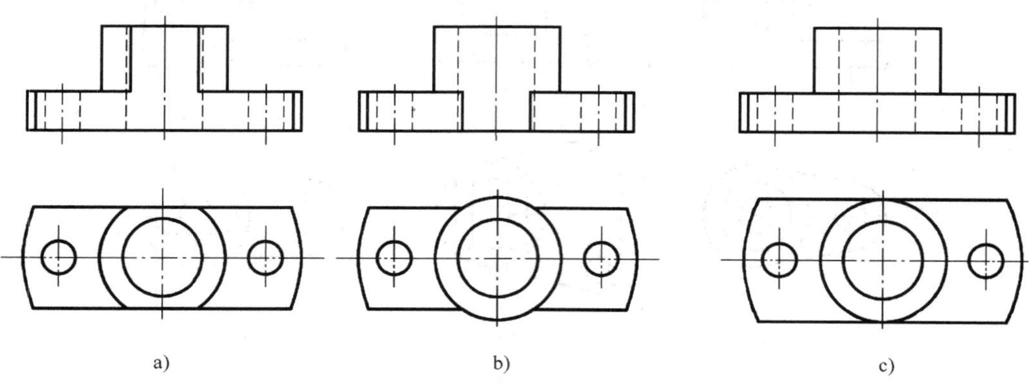

a)　　b)　　c)

图　3-20

3-9　如图 3-21 所示，补画所缺的图线。

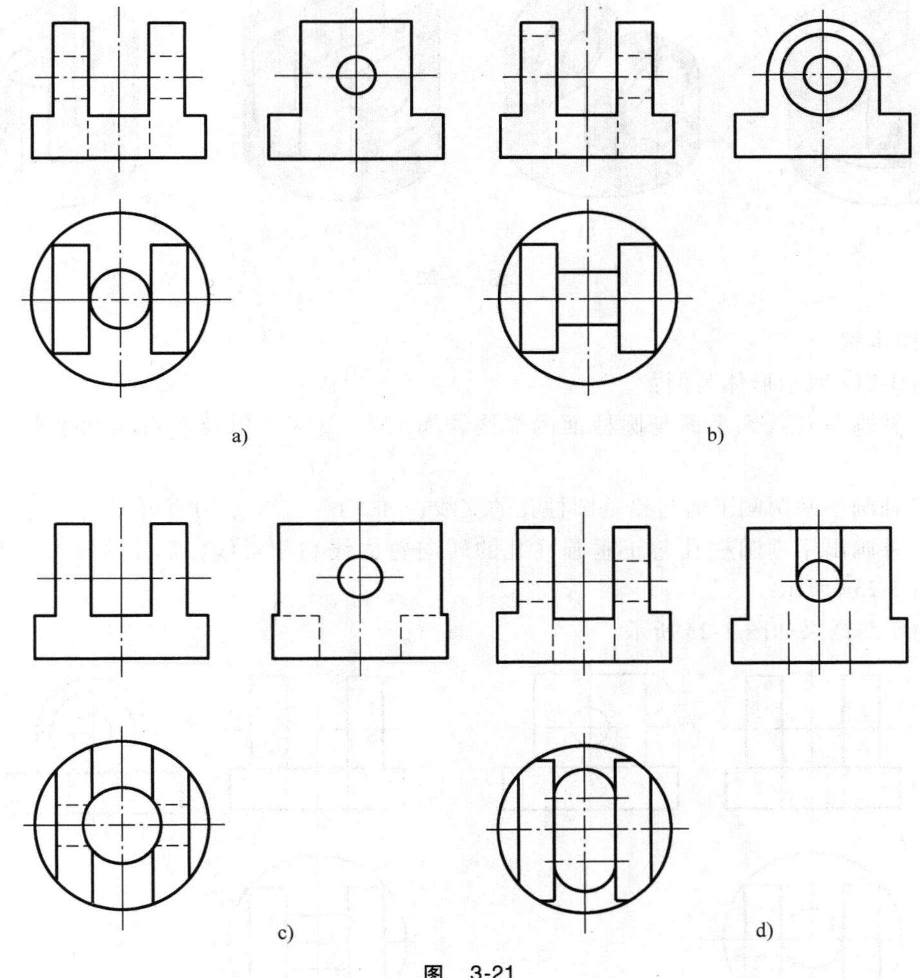

图　3-21

【解题分析】

图 3-21 所示的四个形体非常相似，有两种理解方式：一种是叠加方式，它们均由三部分组成，下部是一圆盘，上部叠加了两块同样的板；另一种是纯挖切方式，其原始形状为一圆柱体，各在两边及中间挖去一块。

图 3-21a 所示形体下部圆盘钻一同轴圆孔，上部长方板自左向右钻两通孔。其立体图如图 3-22a 所示。

图 3-21b 所示形体是下部圆盘钻一方孔，上部为半圆柱板，左板挖一大孔，右板挖一同轴小孔。其立体图如图 3-22b 所示。

图 3-21c 所示形体是在圆柱体左右两边及中间各切去深度相同的一块，又自上向下与圆柱同轴钻一通孔，再自左至右钻一通孔。其立体图如图 3-22c 所示。

图 3-21d 所示形体是在圆柱体左右、前后及中间自上向下各切去一块，其中左右两边切下的两块 Z 向尺寸较小，而前后及中间切去的一块 Z 向尺寸较大；然后在下部中间钻一腰形孔，上部左边开一半圆柱槽，右边钻一同轴圆孔。其立体图如图 3-22d 所示。

a)

b)

c)

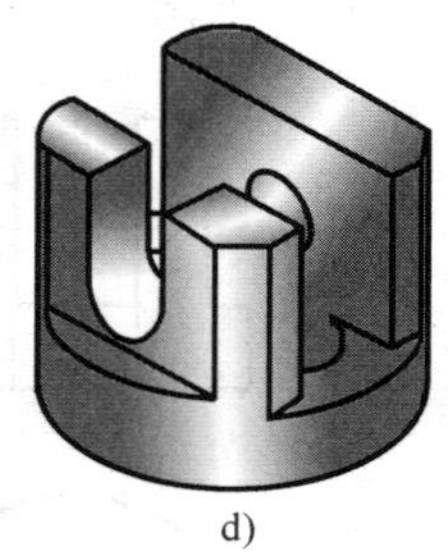
d)

图 3-22

【作图步骤】

以图 3-21c 所示形体为例：

（1）补画左右两侧平面与圆柱面的交线，如 1″2″、3″4″，以及左右两侧水平面的侧面投影。

（2）补画中间两侧平面与铅垂圆柱孔的交线，如 5″6″、7″8″，为不可见线，用虚线画。

（3）补画出铅垂圆柱孔与正垂圆柱孔的转向轮廓线和相贯线，如主视图中虚线所示。结果如图 3-23c 所示。

总的作图结果如图 3-23 所示。

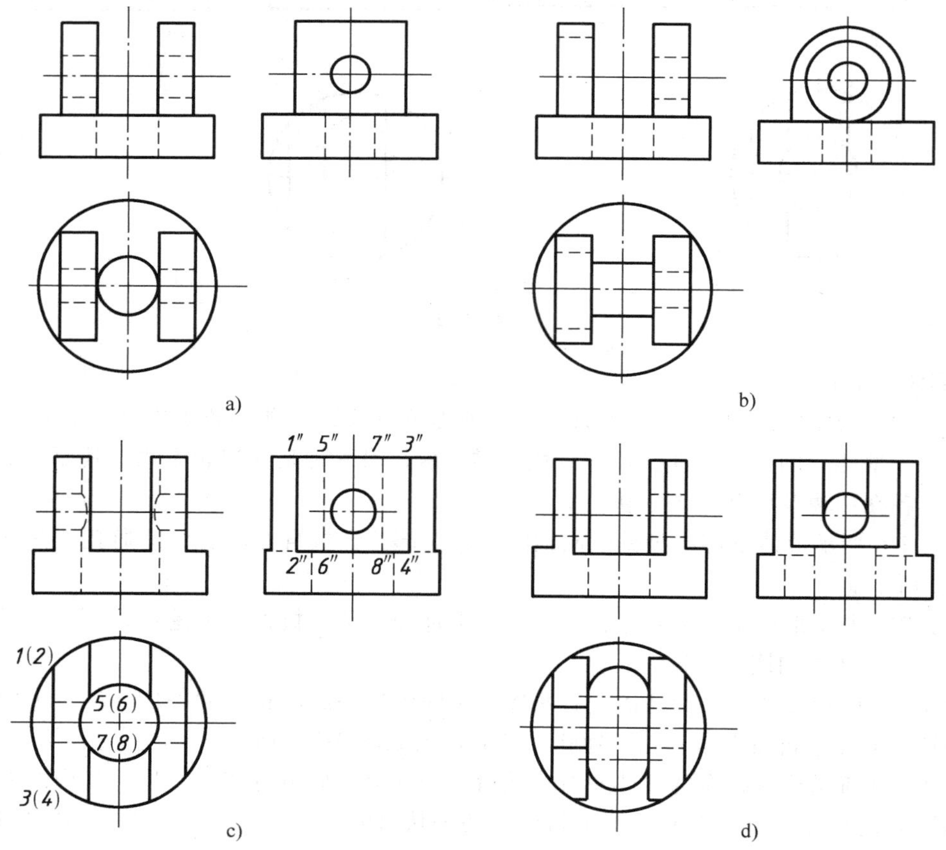

图 3-23

3-10　如图 3-24 所示，补画所缺的图线。

【解题分析】

分析视图想形体，可知该组合体主要由四部分叠加而成，正面和侧面的板每一部分都被切去一块，其中底板钻了一阶梯通孔，前面拱形板钻了一通孔，其立体图如图 3-25 所示。补画出所缺的交线和通孔的投影。

【作图步骤】

作图步骤略。作图结果如图 3-26 所示。

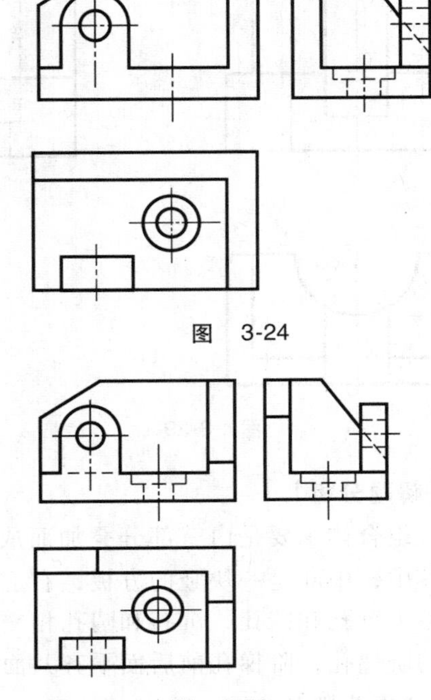

图　3-24

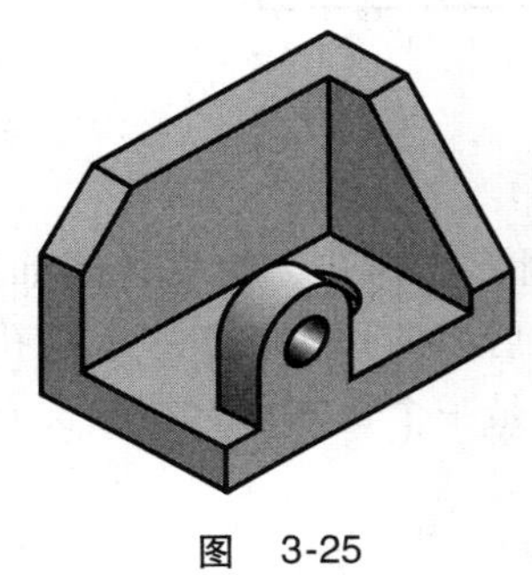

图　3-25

图　3-26

3-11　如图 3-27 所示，补画所缺的图线。

【解题分析】

该形体的原始形状为一长方体，经过多次切割形成，中间后面挖掉半个圆柱体，中间前面切成一个长方体槽，左右两边各切掉一个 L 形长方体，其立体图如图 3-28 所示。补画出所缺的线时要注意半圆孔的轮廓线和半圆孔与长方体槽的交线。

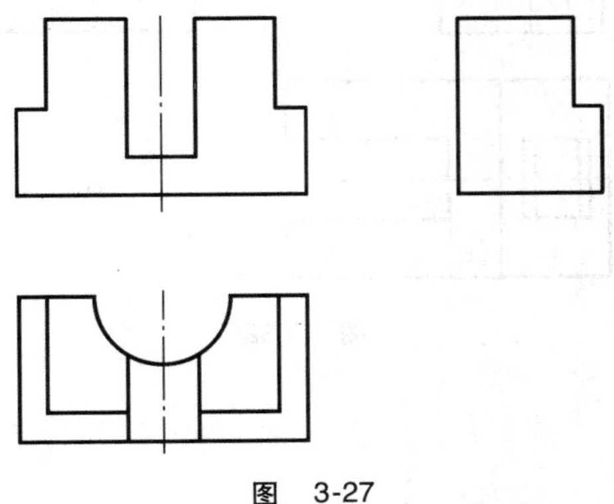

图　3-27

图　3-28

【作图步骤】

先补主视图中半圆孔的轮廓线和交线（L 形水平面的投影），再补侧面投影半圆孔的轮廓线和交线（半圆孔与长方体槽的交线及 L 形水平面的投影）。作图结果如图 3-29 所示。

3-12　如图 3-30 所示，补画所缺的图线。

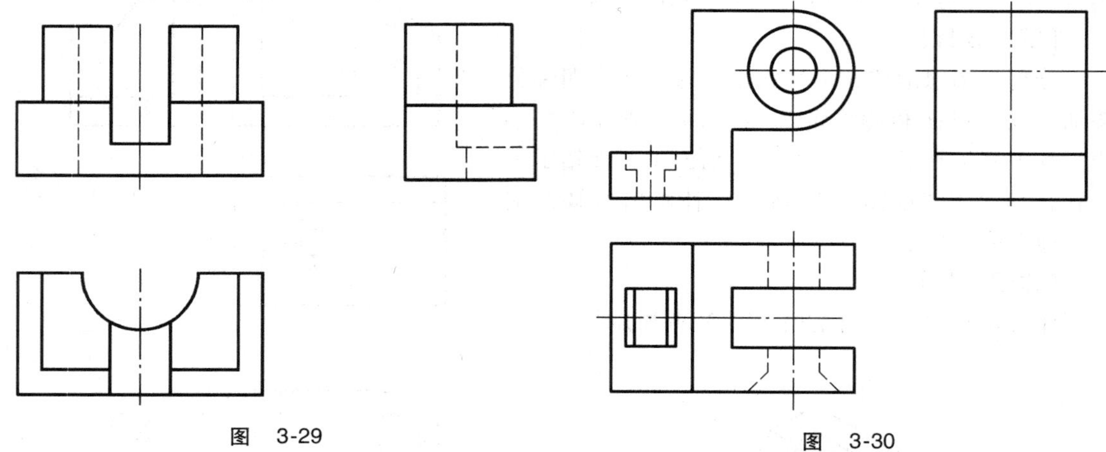

图 3-29

图 3-30

【解题分析】

该组合体主要是由三部分叠加而成，但同时还有切割形成的孔，其立体图如图3-31所示。其中，中间是一块竖的方板；右上前后各一个耳板，后面的耳板钻了一个圆孔，前面的耳板钻了沉孔和圆孔，沉孔和圆孔相交产生交线；左下方是一个长方体，在此长方体中切割形成的阶梯孔，阶梯孔前后面平齐共面应无线。

【作图步骤】

作图步骤略。作图结果如图3-32所示。

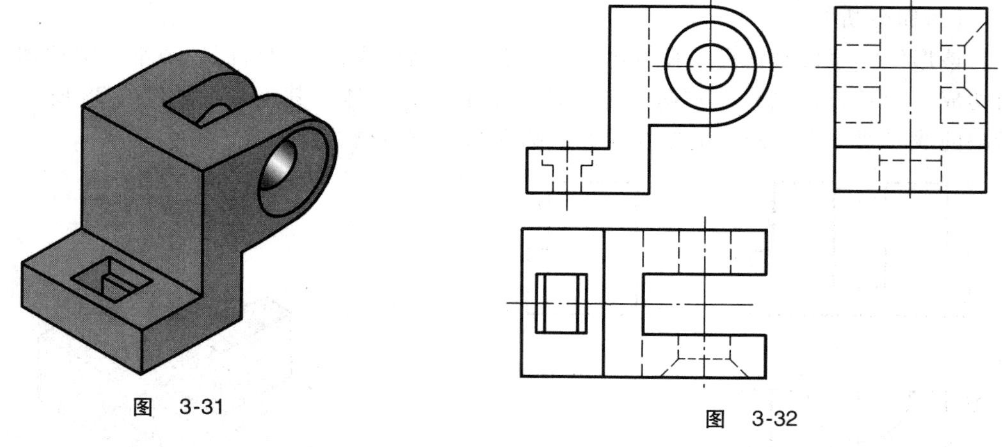

图 3-31

图 3-32

3-13　如图3-33所示，补画所缺的图线。

【解题分析】

本题所示的形体的下部分为空心半圆柱体，空心半圆柱体的左右和上部的后侧各有一个带有圆孔的半圆形平板与之相贯；在空心半圆柱体的上部的前侧切出一平面，在平面上又钻了一个圆孔，该圆孔与空心半圆柱体里的圆孔产生相贯线，其立体图如图3-34所示。

【作图步骤】

作图步骤略。作图结果如图3-35所示。

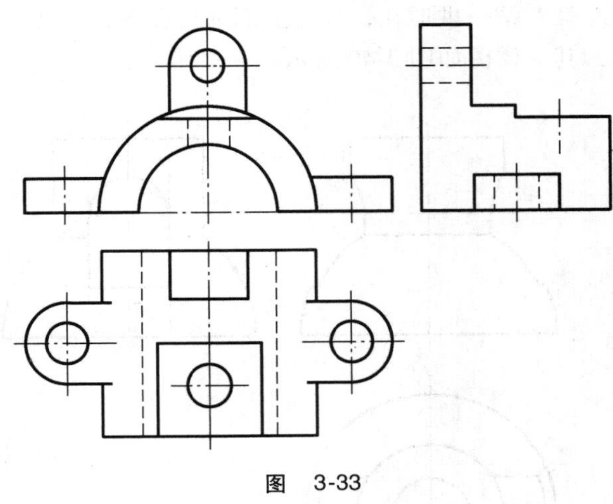

图 3-33

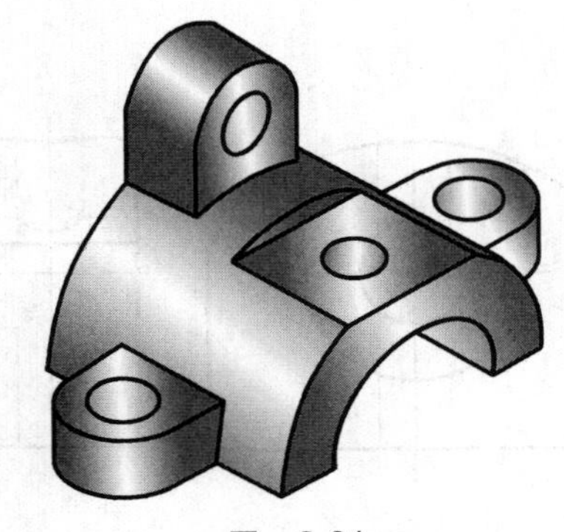

图 3-34

3-14 如图 3-36 所示，补画所缺的图线。

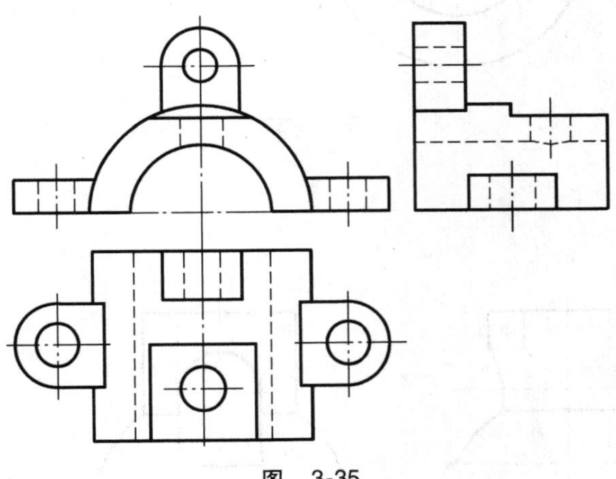

图 3-35

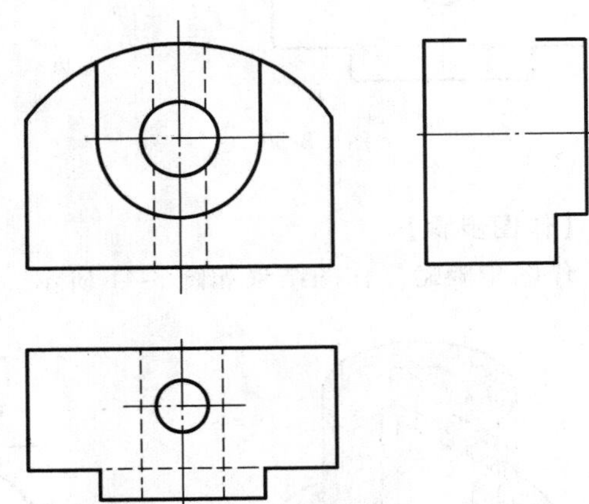

图 3-36

【解题分析】

该组合体可看成是由一长方体和一拱形块在前方中上部叠加而成的，同时，组合体的顶端又被一正垂圆柱面切割；还有从上到下和从前到后的两个通孔的圆孔，其立体图如图 3-37 所示。补线时，要注意补出圆柱面与长方体和拱形块左右侧面的交线（截交线），以及正垂圆柱和铅垂圆柱在侧面的相贯线。

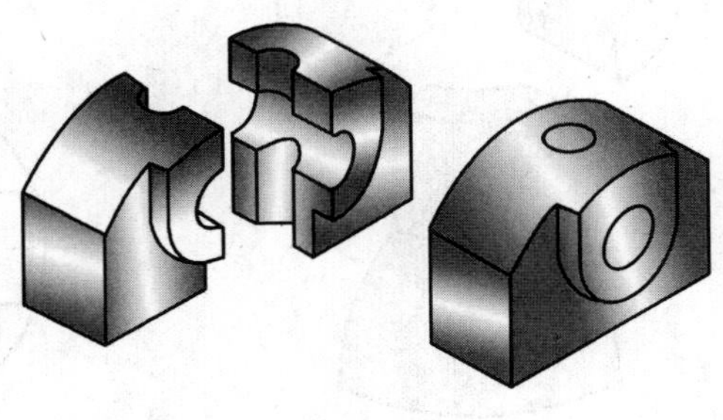

图 3-37

【作图步骤】

作图步骤略。作图结果如图 3-38 所示。

3-15 如图 3-39 所示，补画所缺的图线。

【解题分析】

本题所示形体的下部为一半球，上部为一同轴空心圆柱，球、柱相交，此处相贯线为圆，正面投影为直线；另外，该组合体又自左至右钻一拱形孔，且与上部圆柱孔等径，孔与孔在内部相贯，相贯线的正面投影也为直线，其立体图如图 3-40 所示。

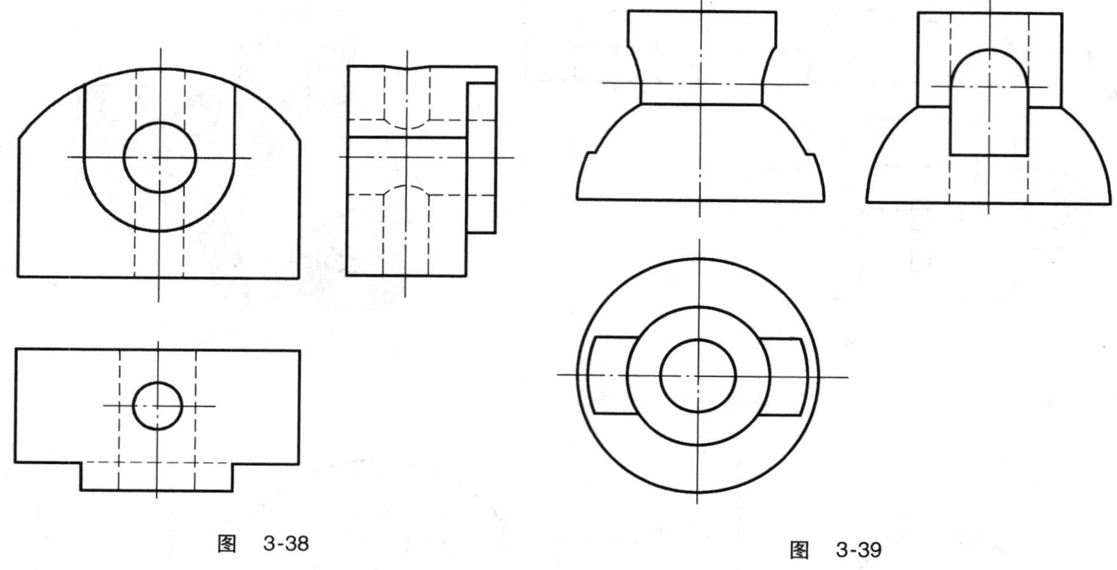

图 3-38

图 3-39

【作图步骤】

作图步骤略。作图结果如图 3-41 所示。

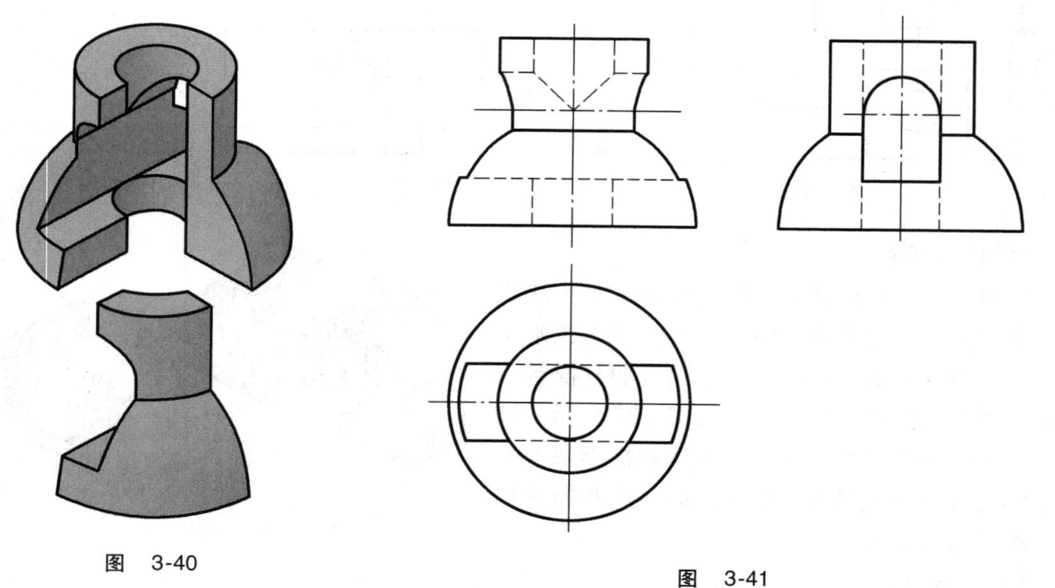

图 3-40

图 3-41

3.3.3 根据两视图补画第三视图

3-16 如图 3-42 所示，由主、俯视图，找出对应的左视图，将号码填在对应的括号内。

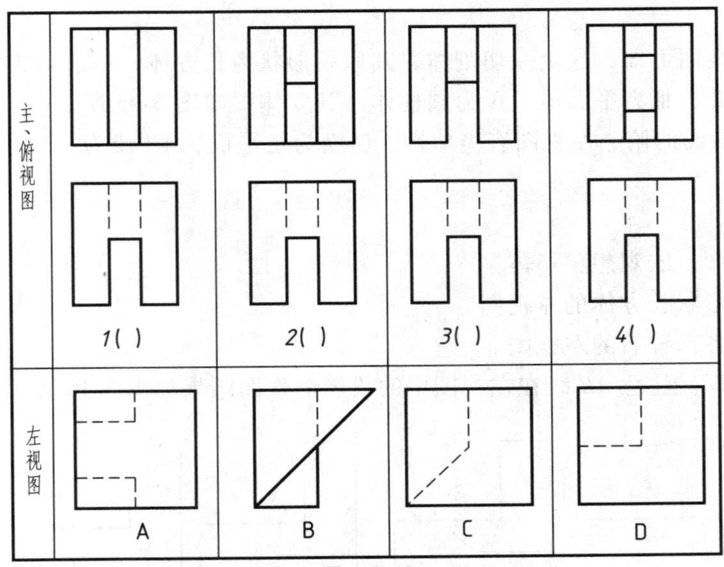

图 3-42

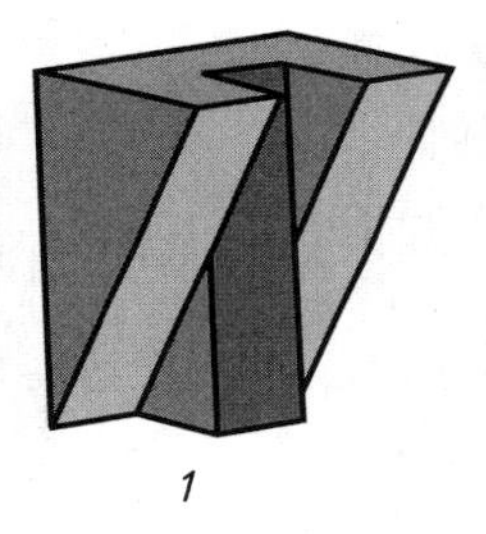

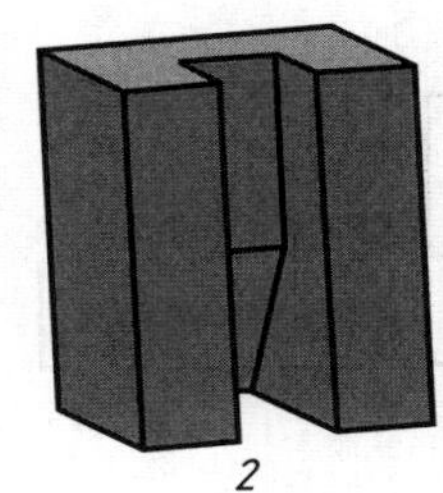

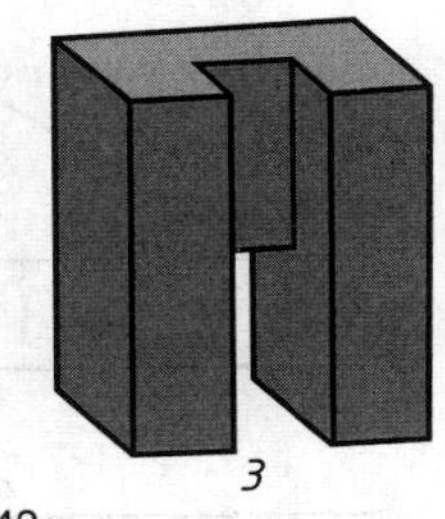

图 3-43

【解题分析】

该题属于选择题型，俯视图相同，而主视图不同，通过对主、俯视图进行线面分析可知，这些形体均是由长方体进行不同切割而形成的，其立体图如图 3-43 所示。抓住特征，根据投影规律，想出形体，找出对应的左视图，答案为：1（B），2（C），3（D），4（A）。

3-17　如图 3-44 所示，已知主、俯视图，补画左视图。

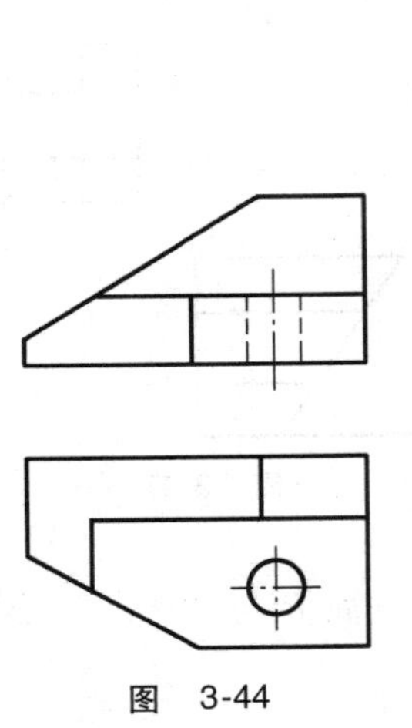

图 3-44

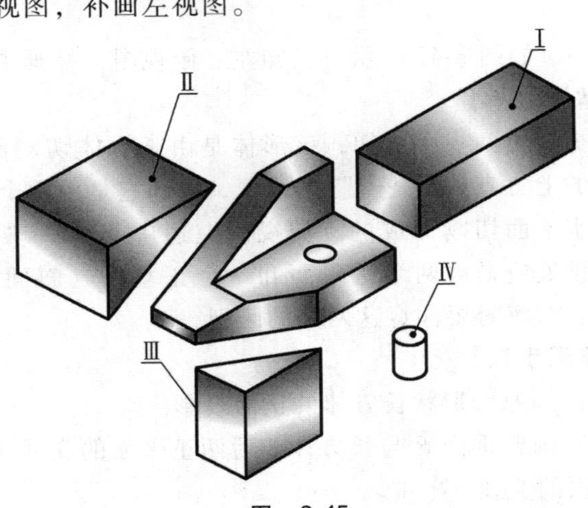

图 3-45

【解题分析】

根据所给两视图可知，这是一切割体，其原始形状为长方体，然后切去Ⅰ、Ⅱ、Ⅲ、Ⅳ四块，其中Ⅰ、Ⅱ、Ⅲ为平面体，Ⅳ为圆柱体。其立体图如图3-45所示。由线面分析可知，*P*面为正垂面，该面的俯、左视图有类似性，*Q*面为正平面，*AB*线为一般位置线，*CD*线为正垂线。

【作图步骤】

（1）分析视图，宏观想象形体。

（2）画原始形状长方体的左视图。

（3）画切去各部分后的左视图。

（4）检查加深。注意*AB*线在左视图中的投影。作图结果如图3-46所示。

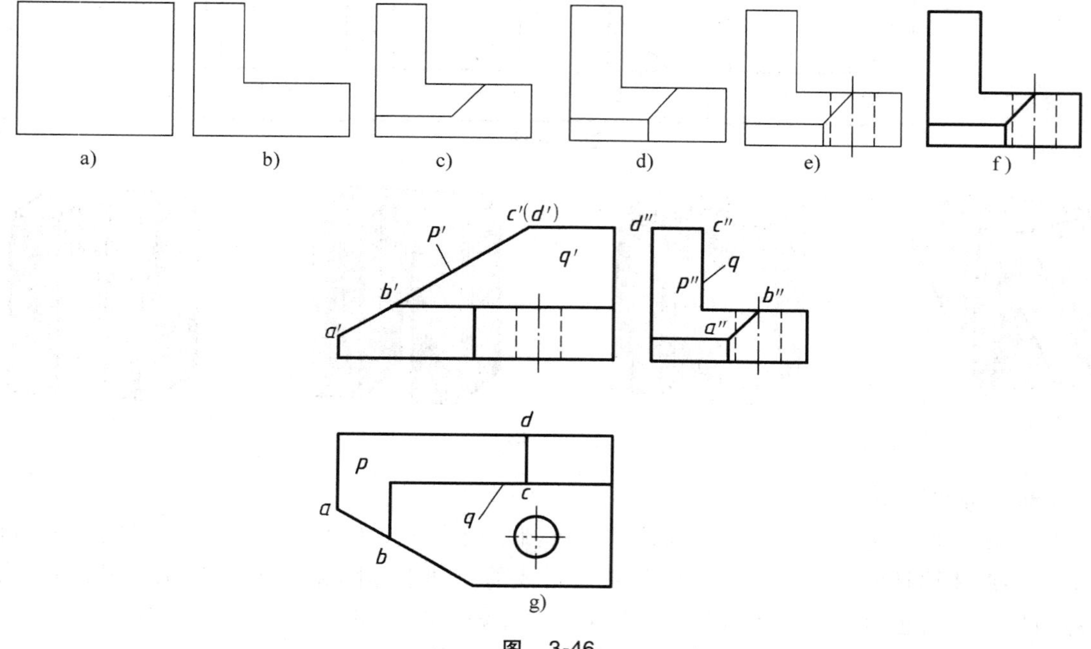

图 3-46

3-18　如图3-47所示，已知左、俯视图，补画主视图。

【解题分析】

根据所给两视图可知，该形体是由长方体切割而成的。左视图的上方有一“⊔”形线框，可知它是由两个正平面和一个水平面切割而成的。俯视图左边中部有一“□”形线框，该处应是被两个正平面和一个正垂面（斜面）切割而成的。求解时要注意这两处的区别。

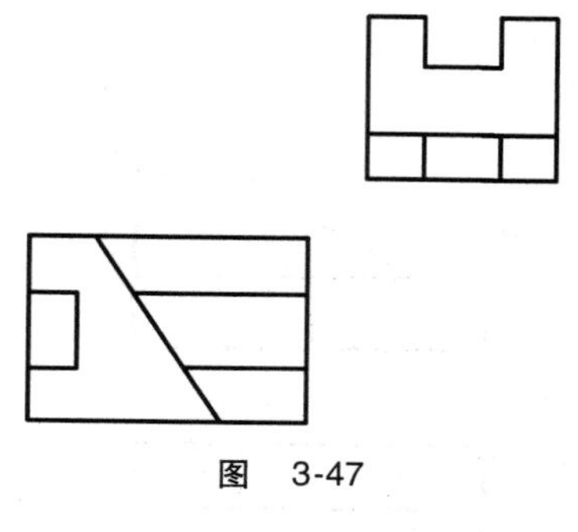

图 3-47

【作图步骤】

（1）画原始形状长方体的正面投影。

（2）画铅垂面*P*与长方体前后两正平面的交线1′、2′以及铅垂面*P*与“⊔”形框中两正平面的交线3′、4′。

（3）画“⊔”形框中水平面和“□”形框中正垂面的正面投影，为不可见线，用虚线画。作图结果如图 3-49 所示。

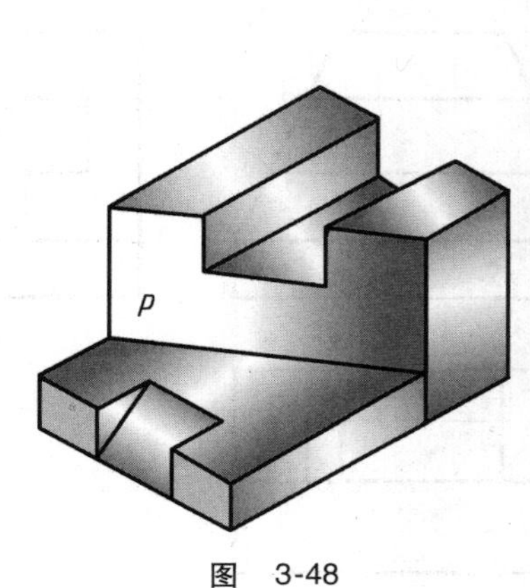

图 3-48

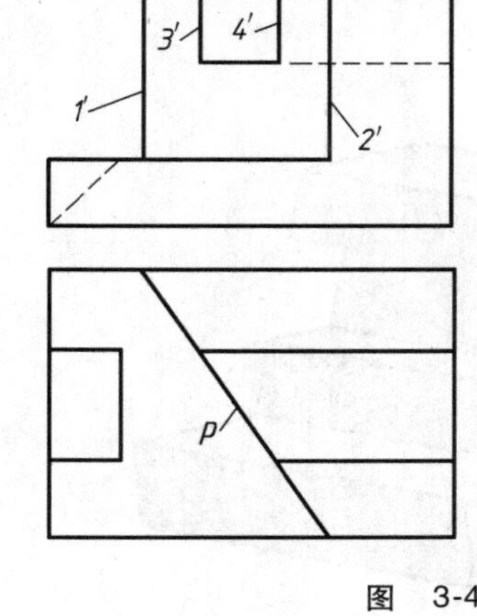

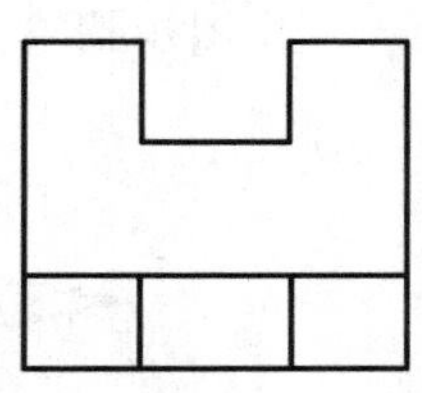

图 3-49

3-19　如图 3-50 所示，已知主、左视图，补画俯视图。

【解题分析】

该形体也是由长方体切割而形成的。其中，半圆柱斜切时产生的交线为一段椭圆弧，底部中间切出一个燕尾槽，其立体图如图 3-51 所示。

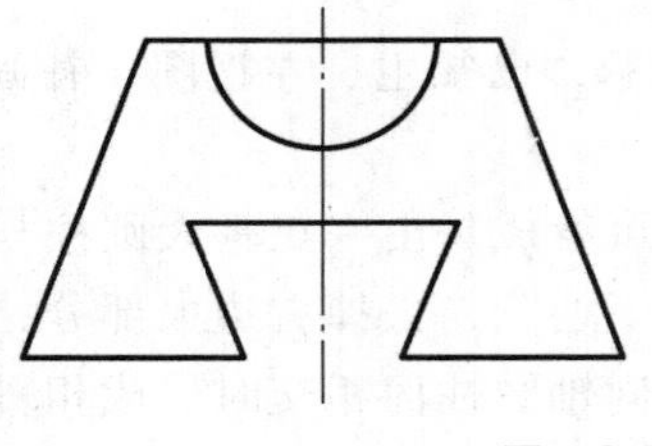
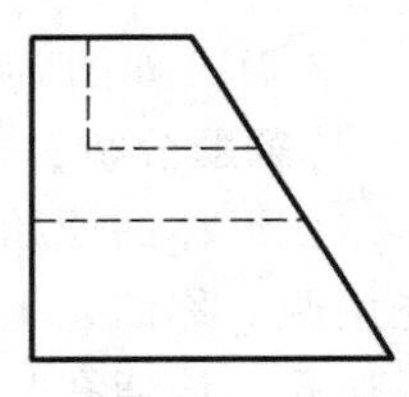

图 3-50

【作图步骤】

作图步骤略。作图结果如图 3-52 所示。

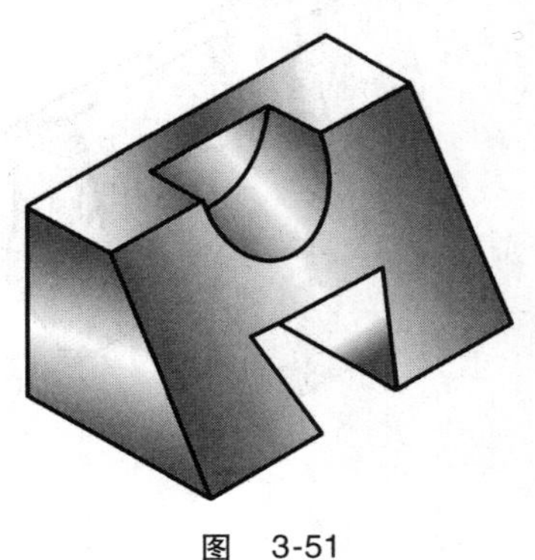

图 3-51

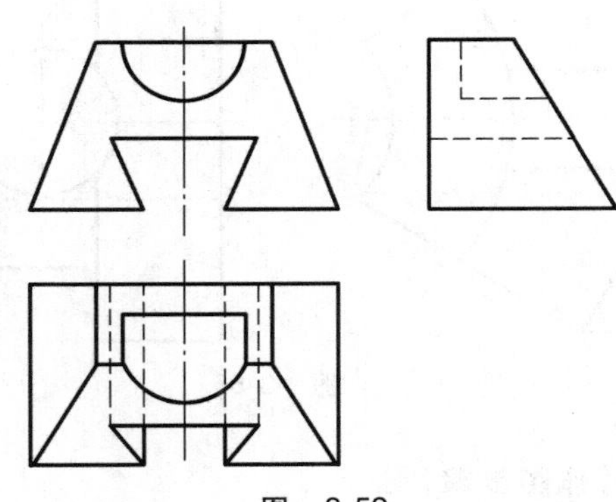

图 3-52

3-20　如图 3-53 所示，已知主、左视图，补画俯视图。

【解题分析】

本题所示形体是由切割而形成的，其基本形体为长方体，经过四次切割完成，分别在长方体左右两侧和前面切

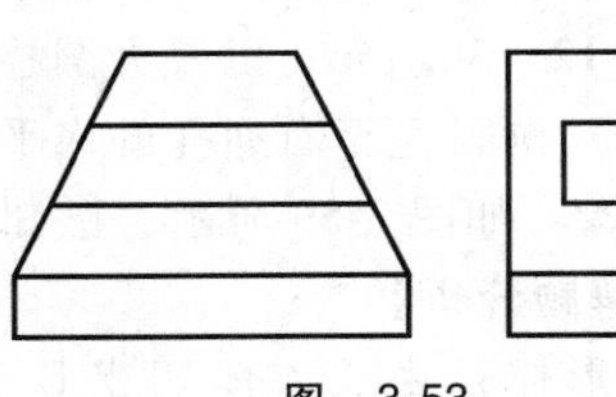

图 3-53

割，其立体图如图3-54所示。其中，左右两侧对称切割形成的正垂面，在俯视图和左视图中的投影有类似性。

【作图步骤】

作图步骤略。作图结果如图3-55所示。

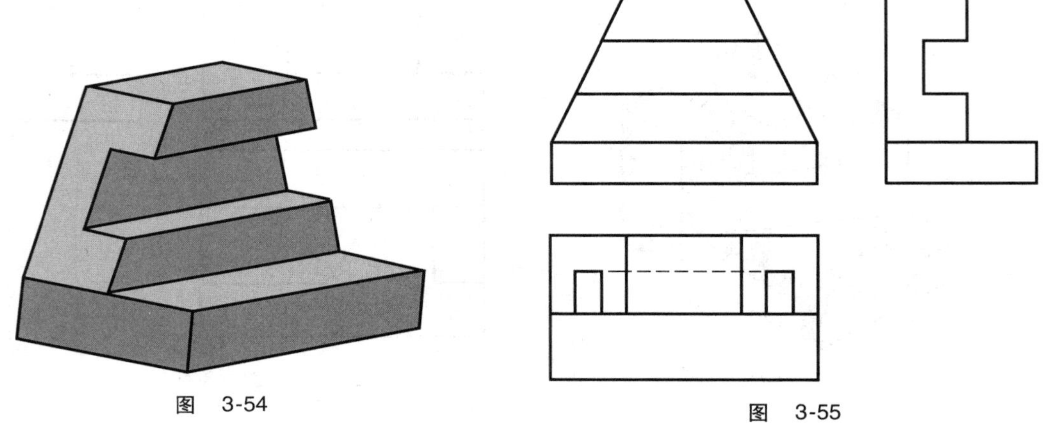

图 3-54　　图 3-55

3-21　如图3-56所示，已知主、左视图，补画俯视图。

【解题分析】

该形体的原始形状可看成是由一正垂大圆柱与前方叠加的正垂小圆柱组合而成的，然后先用两对称的正垂面上下切割，去掉右边大部分，再开通一同轴小孔；最后，再自左至右钻一通孔，该通孔与三个同轴圆柱面相交时形成相贯线，与左方大圆柱的前端面相交得两条平行素线。其立体图如图3-57所示。

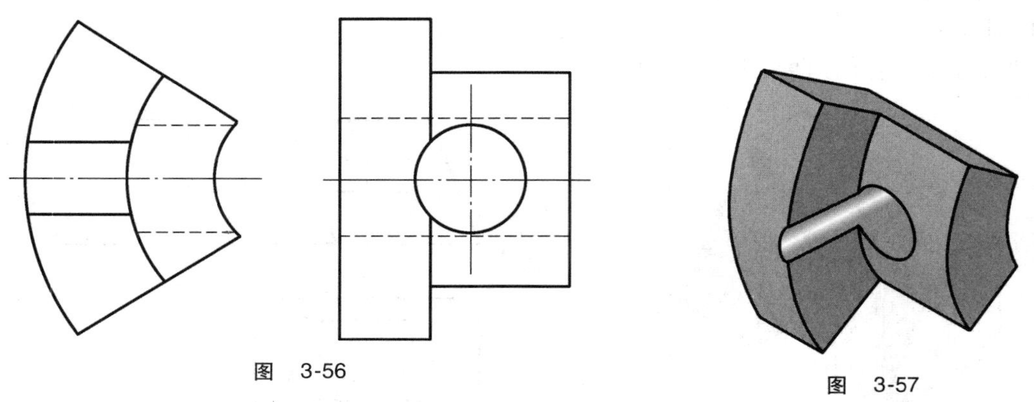

图 3-56　　图 3-57

【作图步骤】

（1）画三个同轴圆柱面被上下两正垂面切割后的俯视图。注意画出圆柱面与正垂面的截交线12、34、56，以及大圆柱前端面的水平积聚性投影457。

（2）画自左至右通孔的水平投影，并画出三处相贯线。作图结果如图3-58所示。

3-22　如图3-59所示，已知主、俯视图，补画左视图。

【解题分析】

该形体是由长方体切成L形平面立体，再由正垂圆柱切出孔和槽而形成的。上部切出阶梯半圆孔，中间自前至后钻一通孔，下部前面开了一个半圆槽，其立体图如图3-60所示。

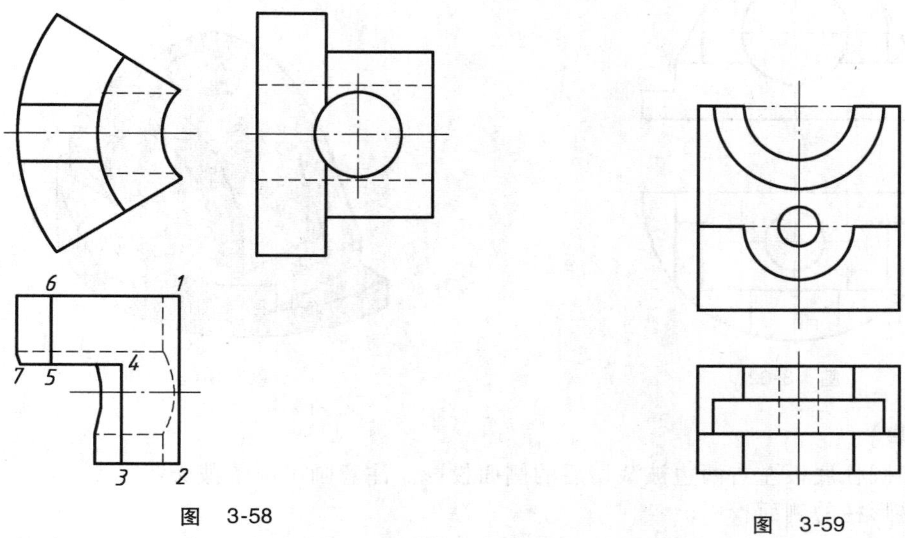

图 3-58

图 3-59

【作图步骤】

（1）画L形的外框（粗实线）。

（2）画左视图中的孔和槽（虚线和点画线）。作图结果如图3-61所示。

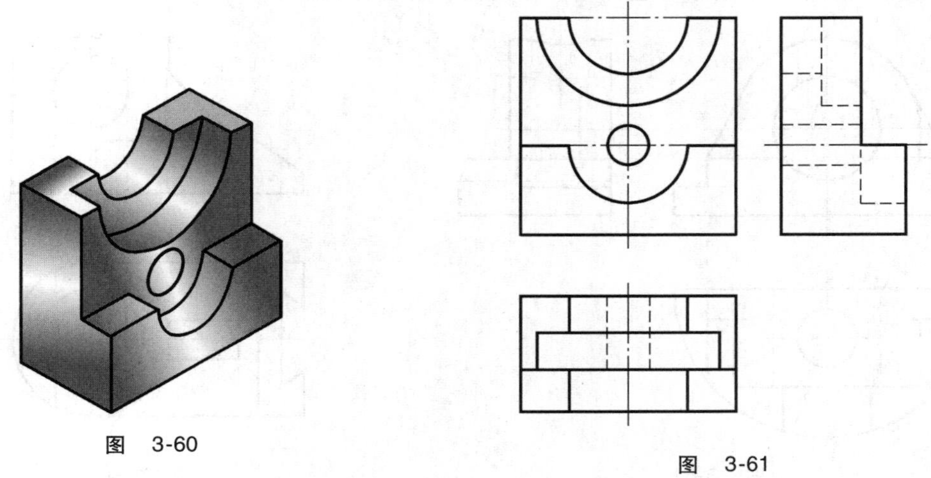

图 3-60

图 3-61

3-23 如图3-62所示，已知主、俯视图，补画左视图。

【解题分析】

该形体为叠加与切割方式并用而形成的组合体。它的下部是半圆柱，上部是拱形柱，两形体后壁平齐叠加，左右两边各有一块三棱柱形支承板，并且与拱形柱相切；另外，半圆柱底板的左右两边各切去一块，拱形柱顶部有一通孔，两叠加体又自前至后钻一通孔。注意孔与孔相贯，其中正垂圆柱孔与下部半圆柱面的相贯线在侧面的投影为一段曲线，与半圆柱底板上顶面产生水平投影中的两平行素线（截交线）。其立体图如图3-63所示。

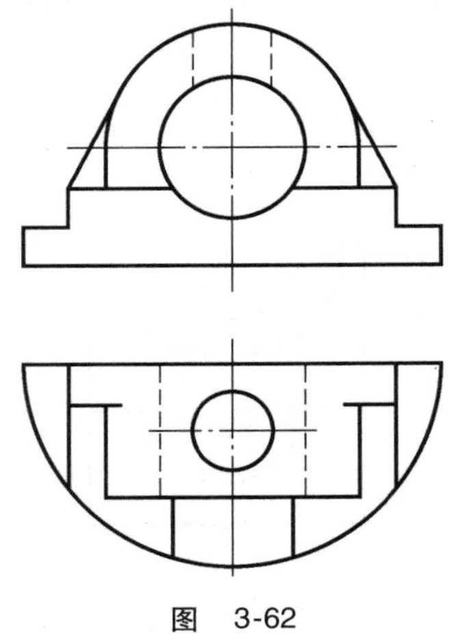

图 3-62

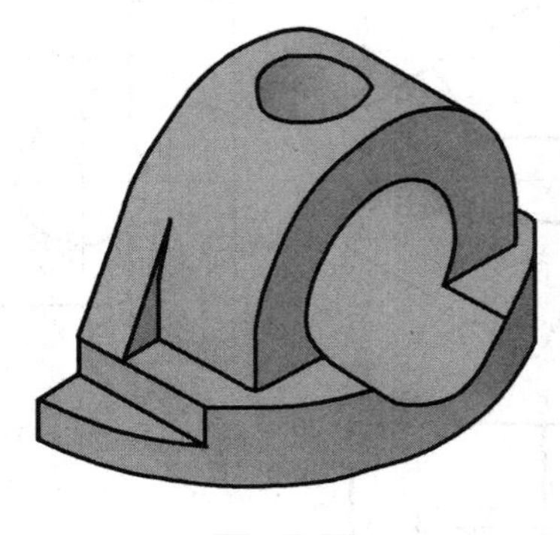

图 3-63

【作图步骤】

（1）画半圆柱底板左右两边被截切后的侧面投影。注意画出两条截交线。

（2）画拱形柱的侧面投影。

（3）画三棱柱支承板的侧面投影。它的后壁与底板、拱形柱后面平齐，侧壁与拱形柱相切，侧面投影画至切点处。

（4）画正垂和铅垂两通孔的转向轮廓线以及它们分别与顶部半圆柱和底板的相贯线。

（5）画两通孔相交产生的相贯线（虚线）。作图结果如图 3-64 所示。

3-24　如图 3-65 所示，已知主、俯视图，补画左视图。

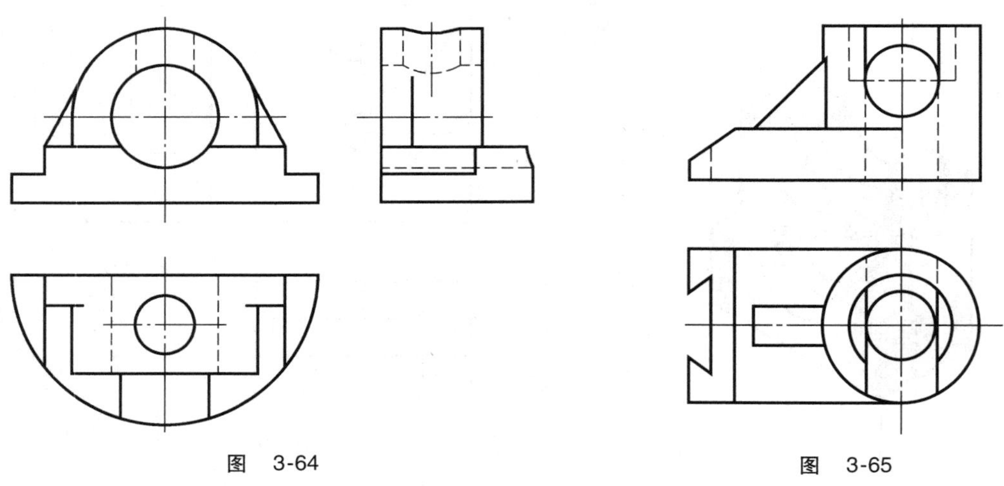

图 3-64　　　　图 3-65

【解题分析】

该形体是由长方体（底板）和圆柱体相切，再经多次切割而成的，其立体图如图 3-66 所示。解题时，应先根据已知两视图，构思该形体的空间形状，由已给两视图可知，底板左边被一正垂面切割，在其正垂面上自上至下切出一个燕尾槽，中间有一肋板，右边圆柱体上自上至下钻了一阶梯圆孔，前面开了 U 形槽，后面又钻了圆孔，前后贯通，圆柱体上形成的相贯线有等径和不等径的。根据垂面切割产生的交线有类似性和相贯线投影规律，由此补画出左视图。

【作图步骤】

作图步骤略。作图结果如图3-67所示。

3-25 如图3-68所示，已知主、俯视图，补画左视图。

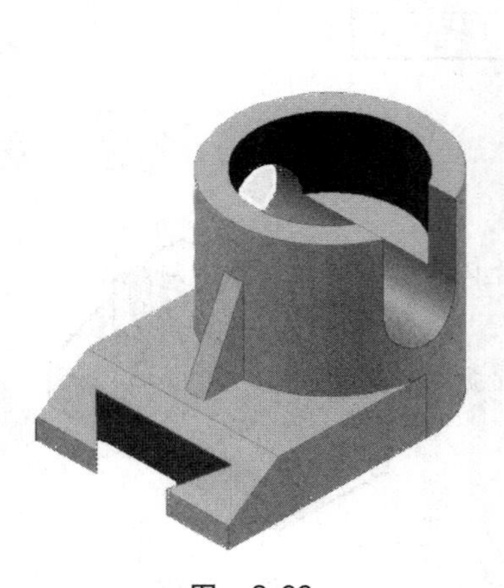

图 3-66

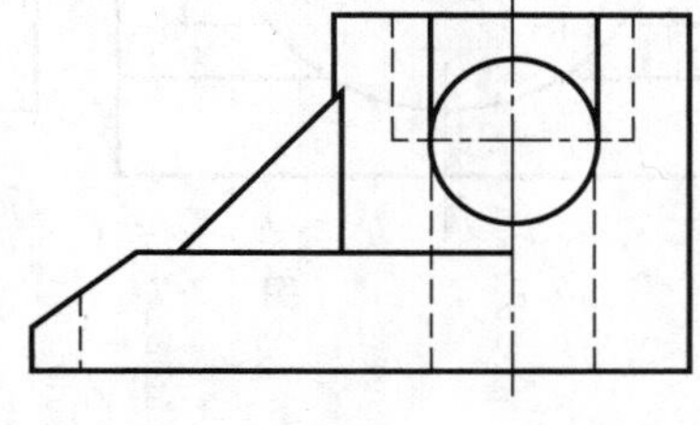

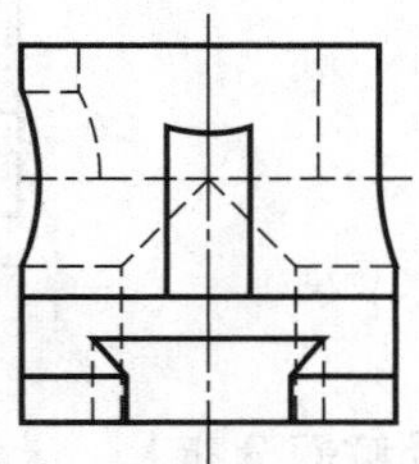

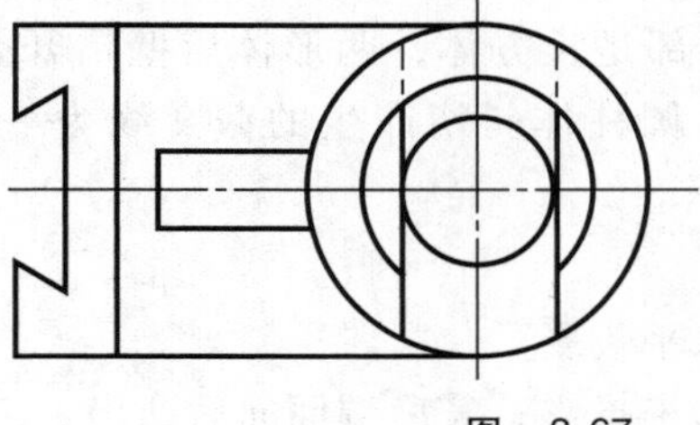

图 3-67

【解题分析】

本题在求解时，关键是要分析好形体左边的形状，由俯视图可知，该处中部自上至下挖一方形孔，且在左边的前上方又用正垂面切去一块，且正垂面切去方孔的前半部分，与方孔的左右及前表面分别产生一条交线，由此围成一“凹”形线框（见俯视图），那么，在左视图对应位置也应该有一个类似“凹”形的线框。形体右边为一中部开槽的空心拱形柱。其立体图如图3-69所示。

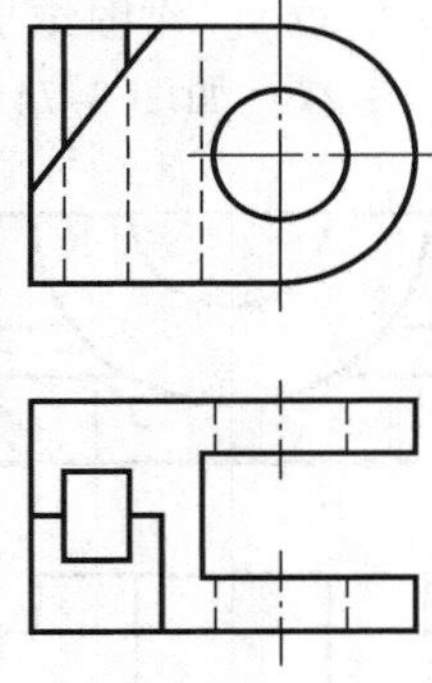

图 3-68

【作图步骤】

（1）画形体右边开槽拱形柱的侧面投影。

（2）画左边方形孔的侧面投影，为两条虚线。

（3）画正垂面与方形孔各个表面的交线（如1″2″、2″3″、3″4″）以及与中部正平面的交线5″1″、4″6″。作图结果如图3-70所示。

图 3-69

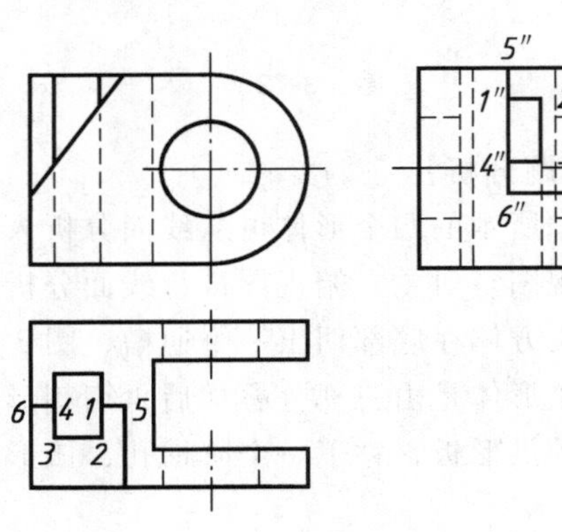

图 3-70

3-26　如图3-71所示，已知主、左视图，补画俯视图。

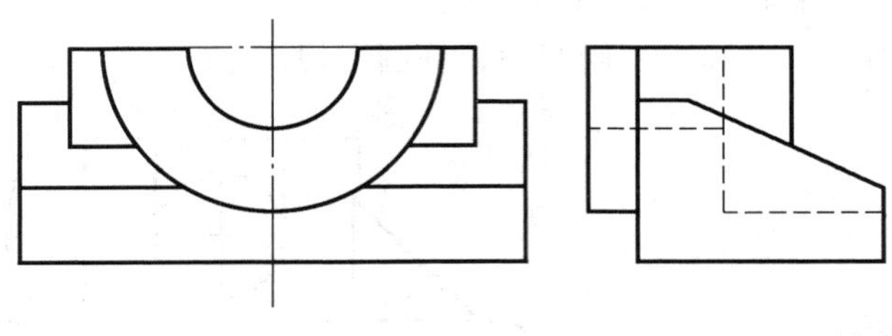

图　3-71

【解题分析】

该形体为叠加与切割方式并用而形成的左右对称的组合体。它的上部是半圆筒，下部是长方体，两形体后壁错开叠加后，前面再被一侧垂面切割，圆柱体斜切产生的截交线为一段椭圆弧。其立体图如图3-72所示。

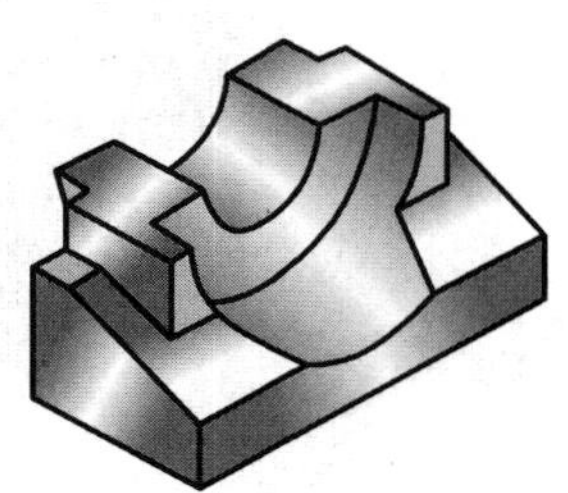

图　3-72

【作图步骤】

（1）画长方体的水平投影。

（2）画半圆筒的水平投影，其后端面向后凸出。

（3）画侧垂面切割产生的交线，画椭圆弧时要取点（关键点和一般点）。作图结果如图3-73所示。

3-27　如图3-74所示，已知主、俯视图，补画左视图。

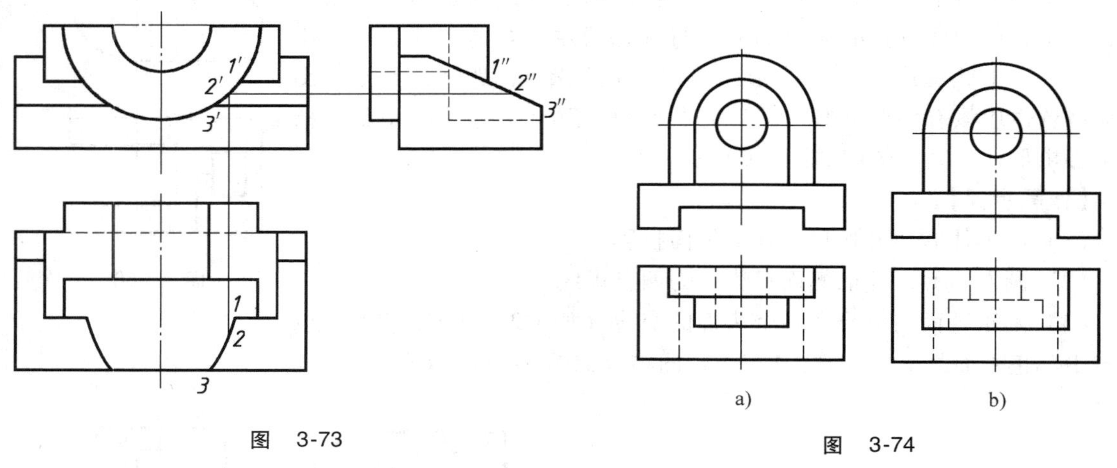

图　3-73

图　3-74

【解题分析】

本题所示的两个形体可从线面分析入手，找出两个形体的异同点，想出空间形状，从而完成左视图。对主、俯视图进行线面分析可知，主视图相同，而俯视图不同，底板形状是一样的，长方体在底部切出一个通槽，图3-74a上部由两个竖立的拱形板叠加后，再钻了一个圆孔，该形体是由三部分叠加后再切割形成的其立体图如图3-75a所示；图3-74b上部是一个竖立的拱形板，钻了一个阶梯孔，该形体是由两部分叠加后再切割形成的，其立体图如图3-75b所示。

【作图步骤】

作图步骤略。作图结果如图 3-76 所示。

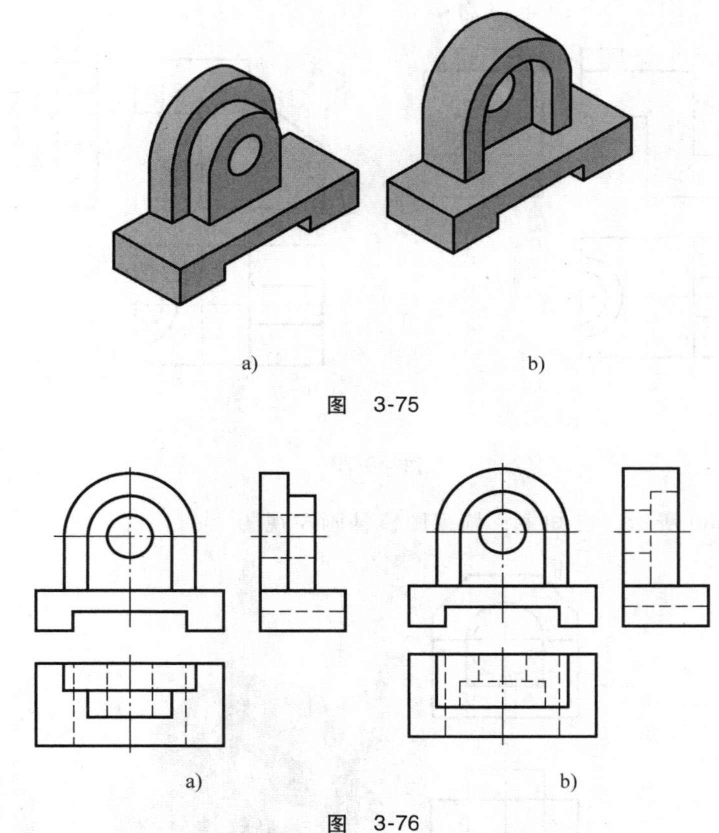

a)　　b)

图　3-75

a)　　b)

图　3-76

3-28　如图 3-77 所示，已知主、俯视图，补画左视图。

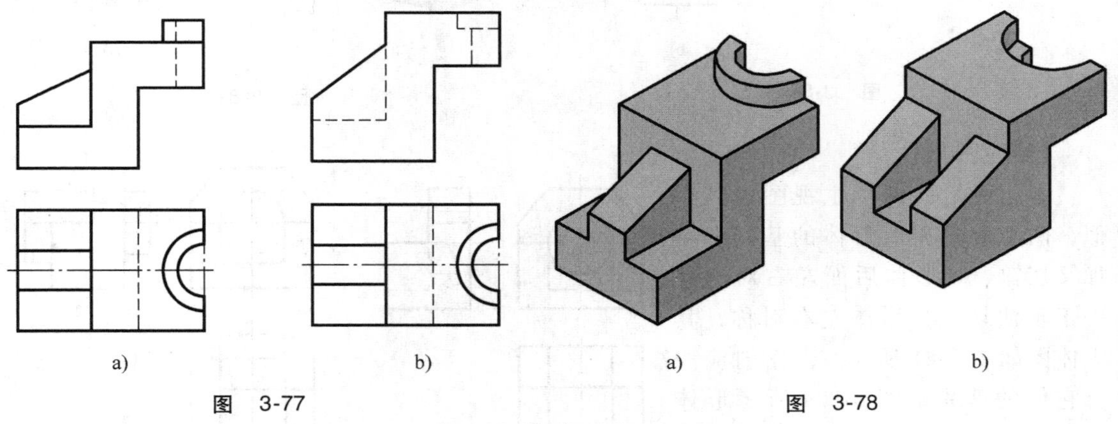

a)　　b)

图　3-77

a)　　b)

图　3-78

【解题分析】

本题与上题分析方法相同，该题俯视图相同，而主视图不同，主要从俯视图中分析比较，再与主视图对应关系找出两个形体的异同点，想出空间形状，从而完成左视图。这两个形体是由叠加和切割并用形成的，其立体图如图 3-78 所示。

【作图步骤】

作图步骤略。作图结果如图 3-79 所示。

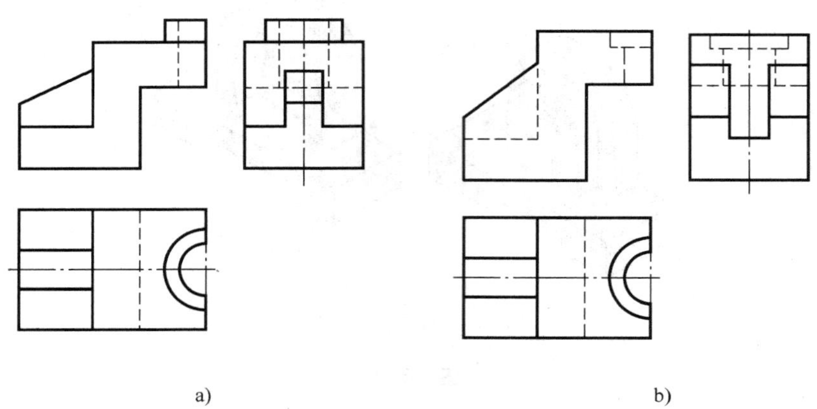

图 3-79

3-29 如图 3-80 所示，已知主、俯视图，补画左视图。

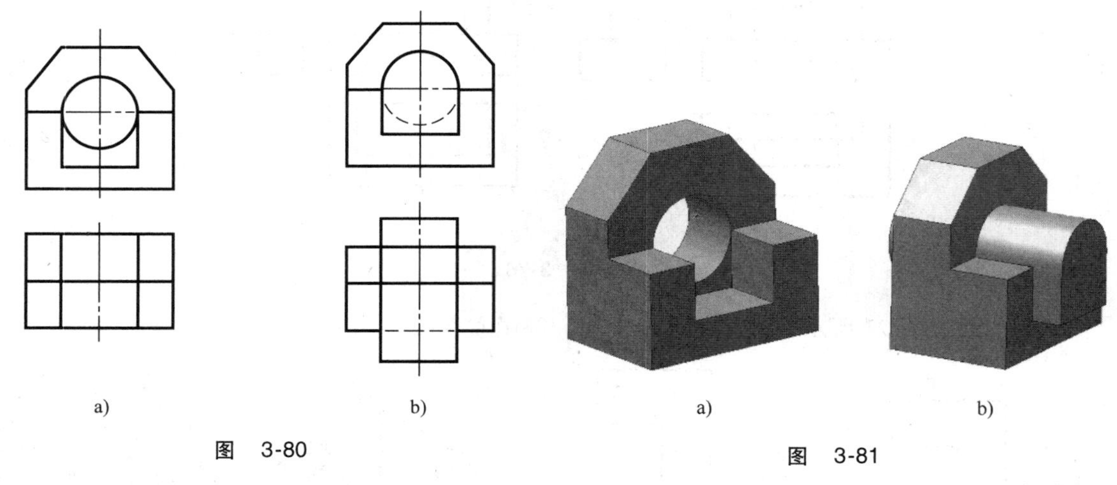

图 3-80

图 3-81

【解题分析】

本题所给的两个主视图极其相似，两个形体在 L 形体的基础上叠加又切割，L 形体后面左右对称被一正垂面切割，形体左右对称，其立体图如图 3-81 所示。求解时应注意它们的区别。图 3-80a 所示形体前面切去相应的长方体形成的长方槽，后面钻了一圆孔；图 3-80b 所示形体前面叠加一个拱形体，后面叠加一个圆柱体。

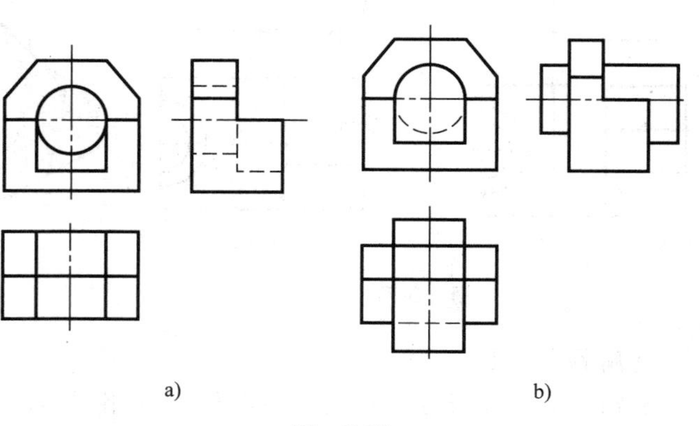

图 3-82

【作图步骤】

作图步骤略。作图结果如图 3-82 所示。

3-30　如图 3-83 所示，已知主、左视图，补画俯视图。

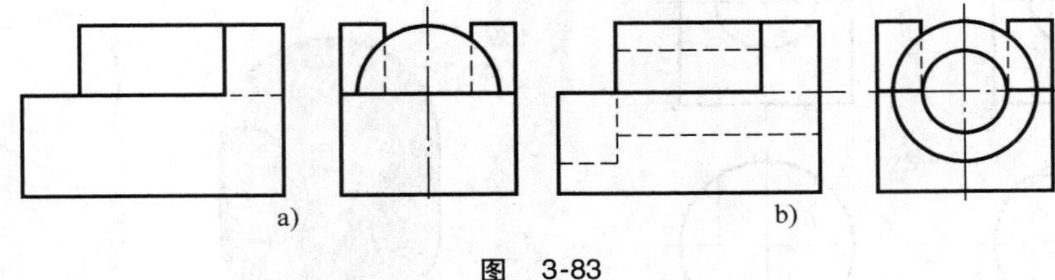

a)　　b)

图　3-83

【解题分析】

本题所示的两个形体主要是由长方体和圆柱体叠加形成的组合体。图 3-83a 所示形体可看成由底部长方体、上部中间一个侧垂的半圆柱体和上部右端前后对称各一个小长方体三部分叠加而成；图 3-83b 所示形体由底部长方体切割形成的半圆槽，在半圆槽上叠加一个圆筒，上部右端也是前后对称各一个小长方体，经叠加和切割并用而成。其立体图如图 3-84 所示。

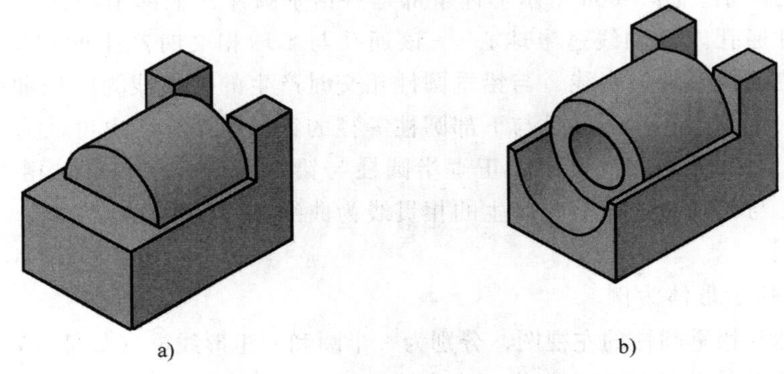

a)　　b)

图　3-84

【作图步骤】

作图步骤略。作图结果如图 3-85 所示。

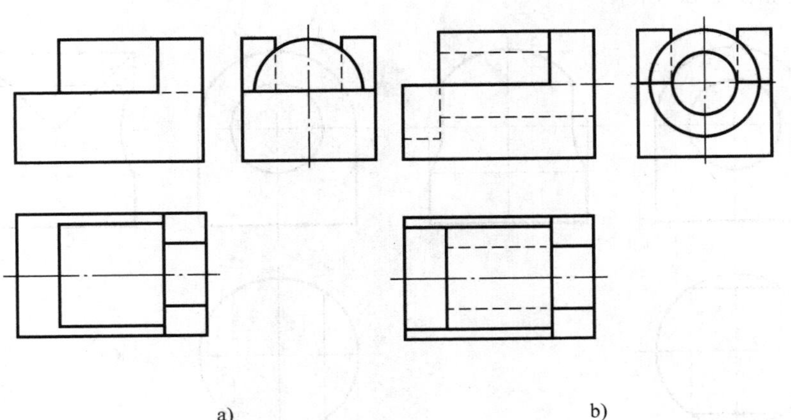

a)　　b)

图　3-85

3-31　如图3-86所示，已知主、俯视图，补画左视图。

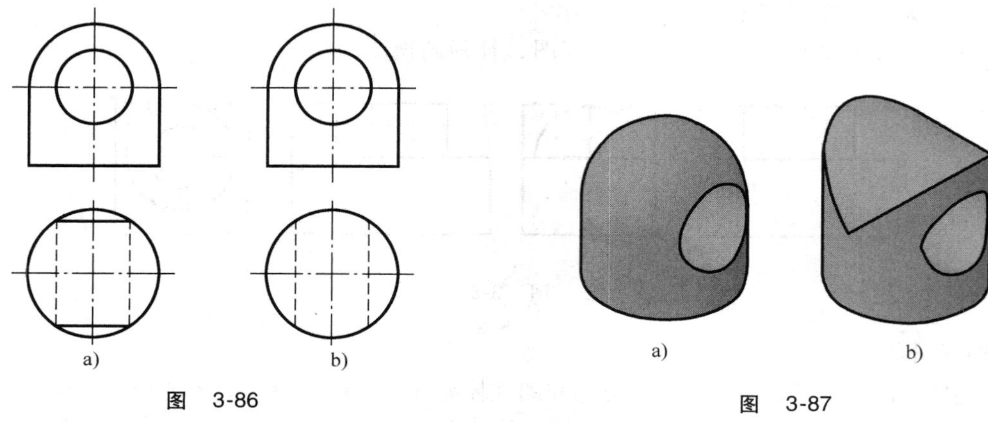

图　3-86　　　　图　3-87

【解题分析】

本题所示的两个形体极其相似，都由两部分叠加而成，其立体图如图3-87所示。求解时应注意它们的区别。图3-86a所示形体下部是一铅垂圆柱，上部是与柱同径的半球，再从前向后钻一圆柱通孔（孔轴线过半球心）。该通孔与半球相交时产生的相贯线是半个圆弧，其水平投影和侧面投影均为直线，与铅垂圆柱相交时产生的相贯线为一段曲线。图3-86b所示形体下部是一铅垂圆柱，上部是与下部圆柱等径的正垂半圆柱，也可认为上部用半圆柱面切割下部的柱，再钻一通孔。其中，正垂半圆柱与铅垂圆柱等径相贯，相贯线为直线，另外，正垂圆柱孔与铅垂圆柱相交时产生的相贯线为曲线。

【作图步骤】

以图3-86a所示形体为例。

(1) 画半球与铅垂圆柱的左视图，分别为一半圆和一矩形线框（如部分双点画线所示）。

(2) 画正垂圆柱孔的转向轮廓线，为虚线。

(3) 画柱、球，柱、柱相交时的交线（相贯线）。

(4) 检查加深，擦去多余线条。

作图结果如图3-88所示。

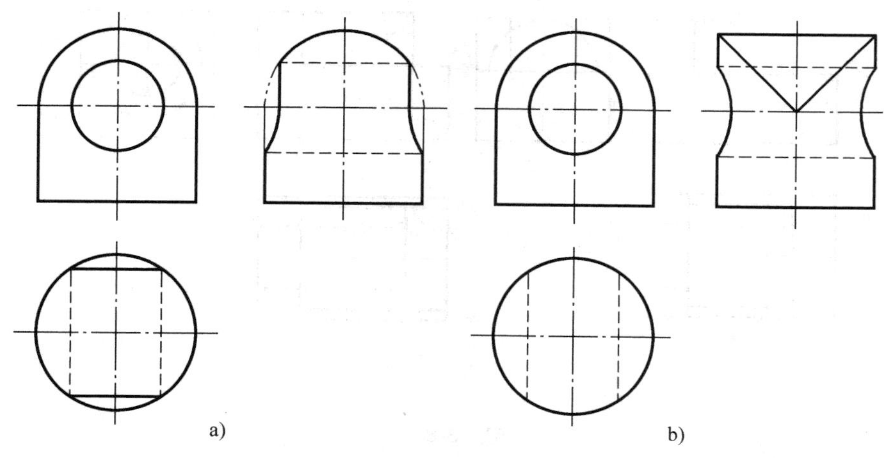

图　3-88

3-32 （1）如图 3-89a 所示，已知主、俯视图，补画左视图。

（2）如图 3-89b 所示，已知左、俯视图，补画主视图。

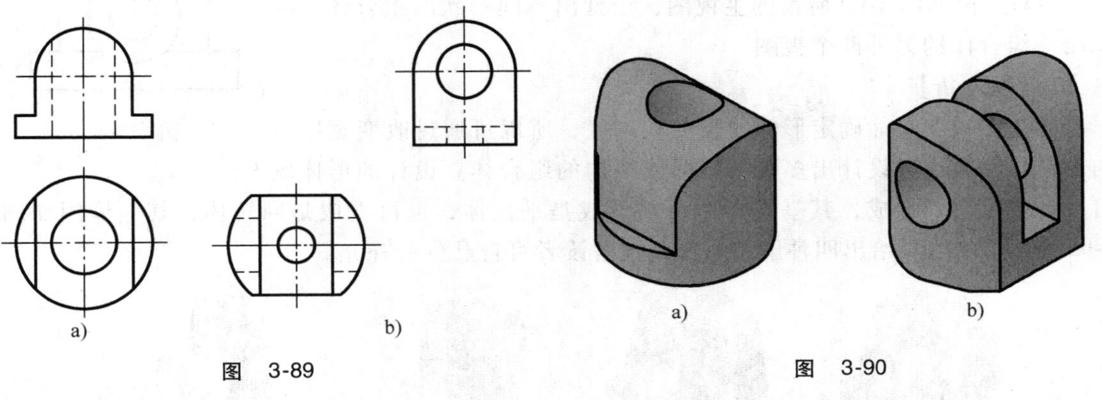

a) b)

图 3-89

a) b)

图 3-90

【解题分析】

本题所示的两个形体均是由上下两个圆柱体叠加后，再切割形成的组合体。其中，图 3-89a 所示形体由下部的一个铅垂圆柱体和上部的一个正垂圆柱体叠加而成，其立体图如图 3-90a 所示；图 3-89b 所示形体由下部的一个铅垂圆柱体和上部的一个侧垂圆柱体叠加而成，其立体图如图 3-90b 所示。这两小题考查平面切割圆柱体所产生的截交线及柱、柱相贯线的画法。

【作图步骤】

以图 3-89a 所示形体为例。

（1）画正垂、铅垂圆柱及铅垂圆柱孔的侧面投影。

（2）画左右两侧平面与铅垂大圆柱的截交线，为两条平行素线，以及侧平面与水平面的交线。

（3）画出正垂小圆柱与铅垂大圆柱、圆孔相交时产生的相贯线，其侧面投影为一段曲线。

作图结果如图 3-91 所示。

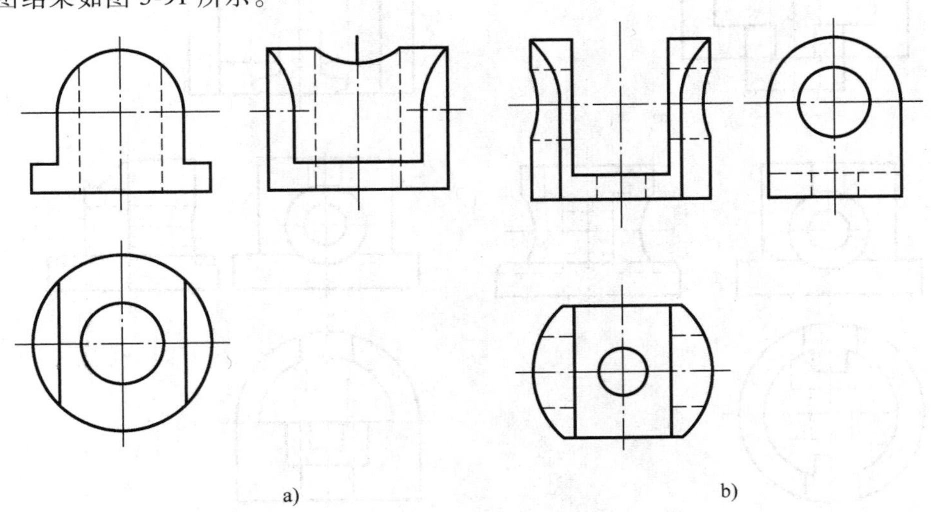

a) b)

图 3-91

3.3.4 构形设计

3-33 根据图 3-92 所给的主视图，设计出不同形状的组合体，补画出该组合体的另外两个视图。

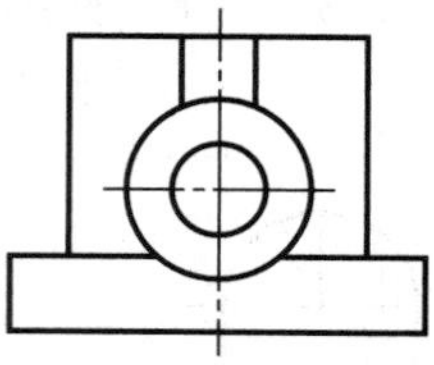

图 3-92

【解题分析】

因为主视图只能确定形体的长度和高度，所以可通过改变宽度方向的形状和大小，设计出多种不同形体结构的组合体。设计的形体既可叠加也可切割形成，其基本形体可以看成是平面体，也可看成是回转体，其立体图如图 3-93 所示。本题只给出四种解，另有其他解读者可自己分析补充。

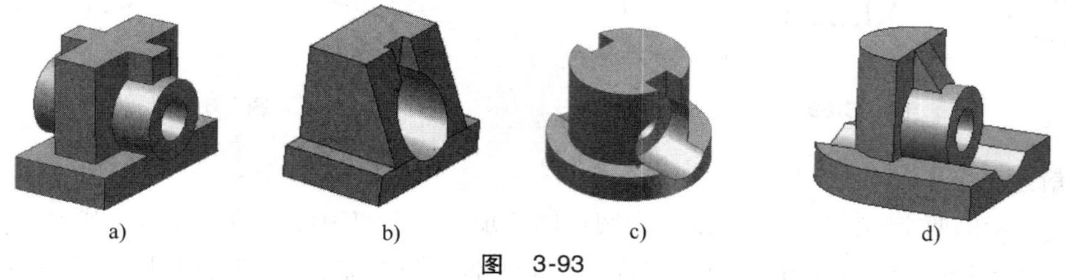

图 3-93

【作图步骤】

作图步骤略。作图结果如图 3-94 所示。

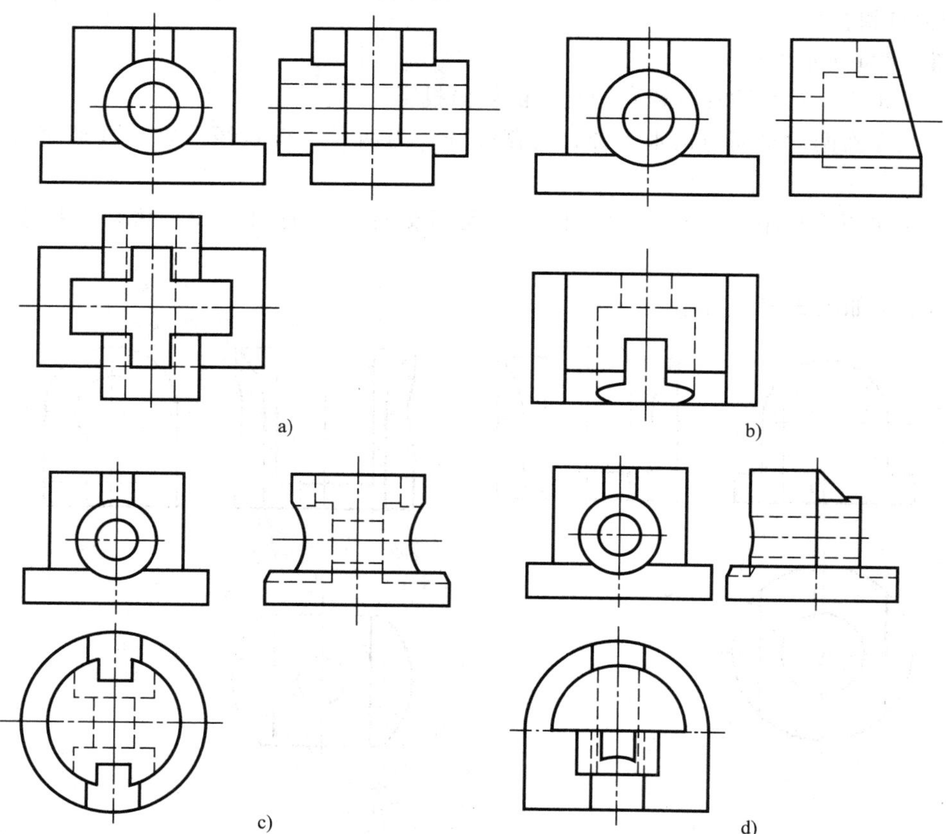

图 3-94

3-34 根据图 3-95 所给的两面视图，设计出第三个视图。

【解题分析】

本题已给定了两面视图，虽然确定了形体的长、宽、高三个方向的尺寸，但可由立方体经过不同位置和不同形体切割而形成，其立体图如图 3-96 所示。按照主、俯两视图的对应规律，切割时应平（面）曲（面）交替、直（线）斜（线）交替。本题也是多解题，另有其他解读者可自己分析补充。

【作图步骤】

作图步骤略。作图结果如图 3-97 所示。

图 3-95

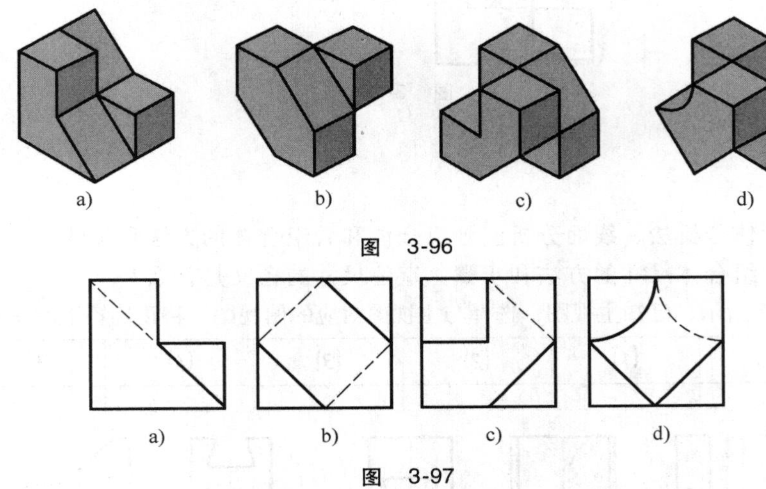

图 3-96

图 3-97

3-35 根据图 3-98 所给的三视图，想象物体的形状，设计一个与之相嵌合成一个完整圆柱体的物体，并画出其三视图。

【解题分析】

一般来说，这类题目要设计的形体与已知形体原始形状应基本一致。如本题所给的是一被切割后的圆柱体，那么构思出的形体也应是圆柱体，其特点是已知形体为凸的部分，所求形体在该处就应是凹的，反之亦然。另外，要注意两个相互嵌合的圆柱体在高度上无关。

【作图步骤】

（1）构思空间物体。如图 3-99 中 Q 面与 P 面形状全等，嵌合后两面贴合在一起。

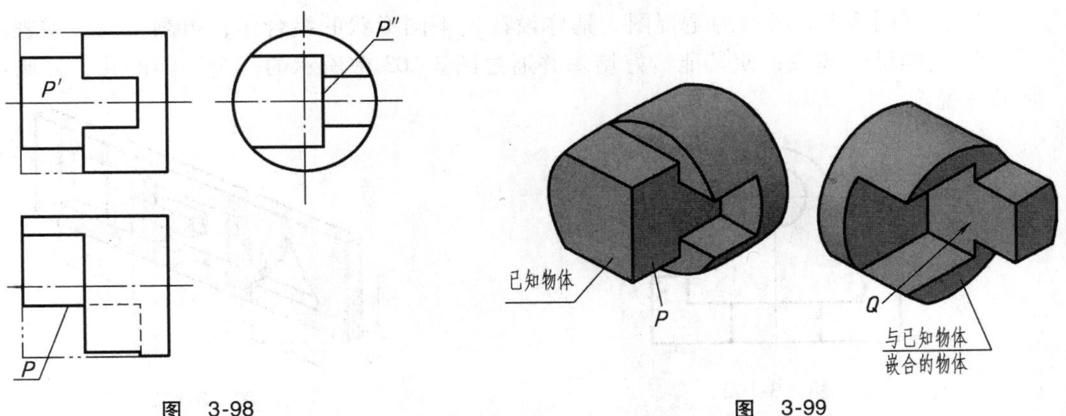

图 3-98

图 3-99

（2）画与已知物体嵌合的物体的三视图。作图结果如图 3-100 所示。

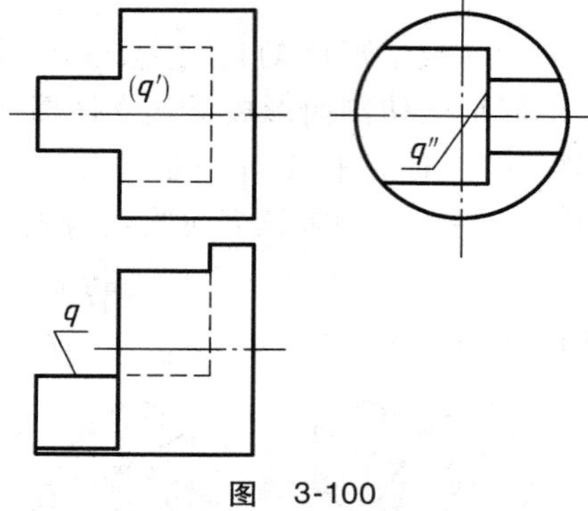

图　3-100

3.4　自测题

1. 试述用形体分析法、线面分析法画组合体和看组合体的方法和步骤。
2. 试述标注组合体尺寸的方法和步骤。定位尺寸的含义是什么？
3. 如图 3-101 所示，已知主视图，选择与主视图对应的俯视图，将正确答案的编号填入表格。

题号	(1)	(2)	(3)	(4)	(5)
答案					

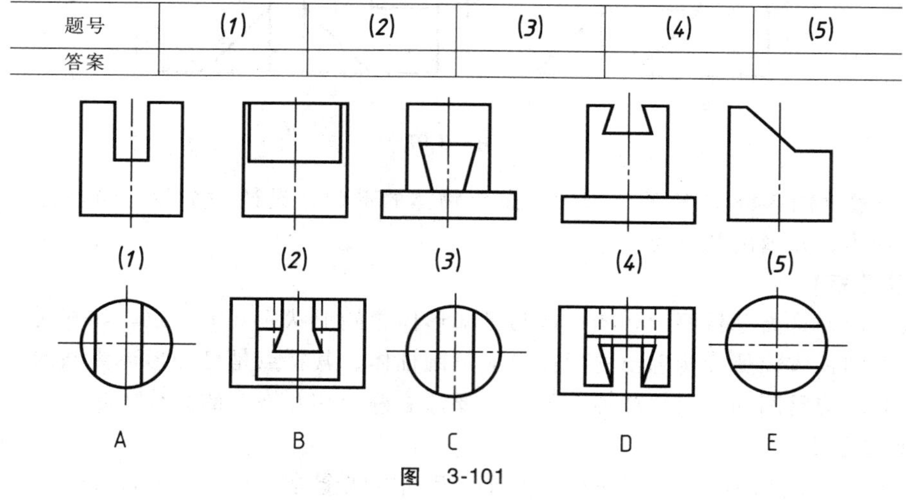

图　3-101

4. 根据图 3-102 所给的主视图，请你设计出不同形状的组合体，再画出俯、左视图。
5. 试构思一塞块，使其能恰好堵塞并通过图 3-103 中所示的三个不同的孔，并画出此塞块的三视图。

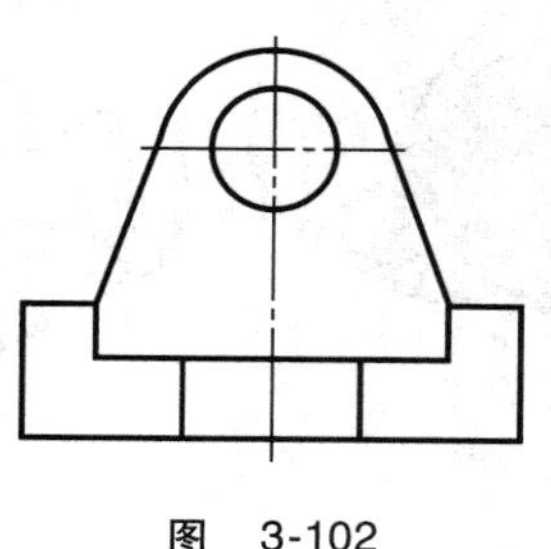

图　3-102

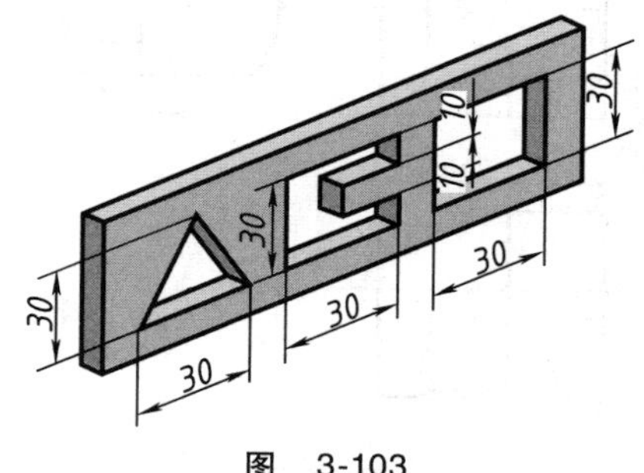

图　3-103

第 4 章

轴 测 图

4.1 内容要点

轴测图在工程上常用于产品样本和说明书中。工程技术人员常利用轴测图帮助理解、构思设计零部件的结构及形状等。本章着重介绍了轴测图的基本知识和常用画法。学会画轴测图不仅可以培养对图形的表达能力和提高产品的设计能力，而且对后继课程的学习和将来的工作实践都是有益的。

轴测图分为正轴测图和斜轴测图。其中正轴测图的投射方向垂直于轴测投影面，斜轴测图的投射方向倾斜于投影面。工程中常用的轴测图是正等轴测图和斜二等轴测图。

正等轴测图的轴间角均为 120°，三个轴的轴向伸缩系数也同为 0.82，简化为 1。常用的斜二等轴测图的轴间角为 $XOZ=90°$，$XOY=135°$，$YOZ=135°$，轴向伸缩系数为 $p=r=1$，$q=0.5$。

要注意选择轴测图的方法，方法不同则表达效果不同。正等轴测图适合于机件两个方向或三个方向上有曲线（圆）时采用。斜二等轴测图中，立体的正面平行于投影面形状不变，故机件的一个表面形状复杂或曲线（圆）较多时采用斜二等轴测图最为简便。轴测剖视图有利于清楚地表达组合体的内、外形状和装配体的工作原理及装配关系。它是通过采用两个平行于坐标面的相交平面剖切组合体，并移去组合体或装配体的 1/4 后获得的。

4.2 解题要领

绘制轴测图的题目类型取决于立体的性质和形状特征，一般画基本体的轴测图和组合体的轴测图，题目形式一般是根据给出的立体视图来绘制它的轴测图。在绘制轴测图时要注意以下几点：

（1）不同的轴测图的轴间角不同，其轴向伸缩系数也不同。

（2）要从最能表达物体形状结构特征的方向去看。

（3）画轴测图，要沿轴测轴方向测量形体的尺寸大小。

（4）立体上平行的线段，它们的轴测投影仍然相互平行；立体上平行于坐标轴的线段，其轴向伸缩系数与该坐标轴的轴向伸缩系数相同。

（5）要注意不同坐标平面上的椭圆长、短轴方向是不同的。

4.3 习题与解答

4.3.1 基本体的正等轴测图

4-1 作出图 4-1 所示组合体的正等轴测图。

【解题分析】

该组合体可看作是一个长方体在左前方被一个正垂面和一个水平面截切，左后方被一个侧平面和一个水平面截切。

【作图步骤】

作图步骤略。作图结果如图 4-2 所示。

4-2 作出图 4-3 所示曲面立体的正等轴测图。

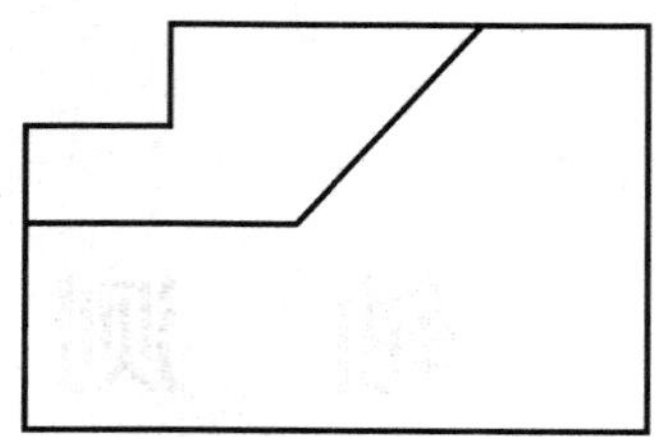

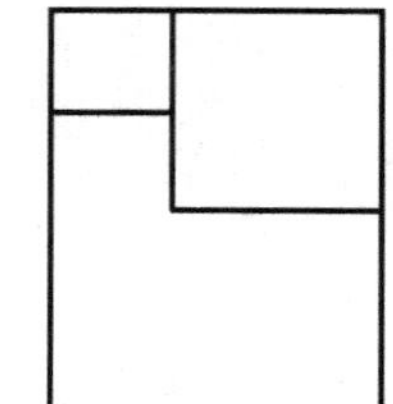

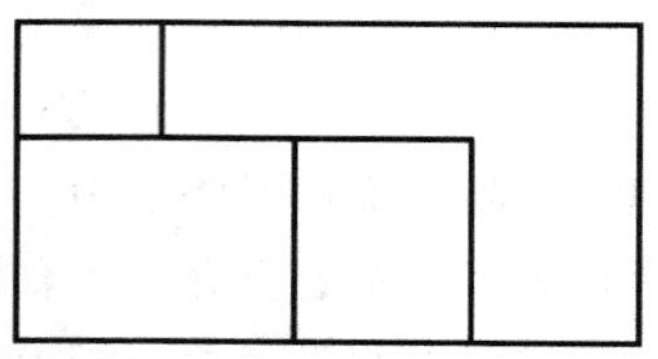

图 4-1

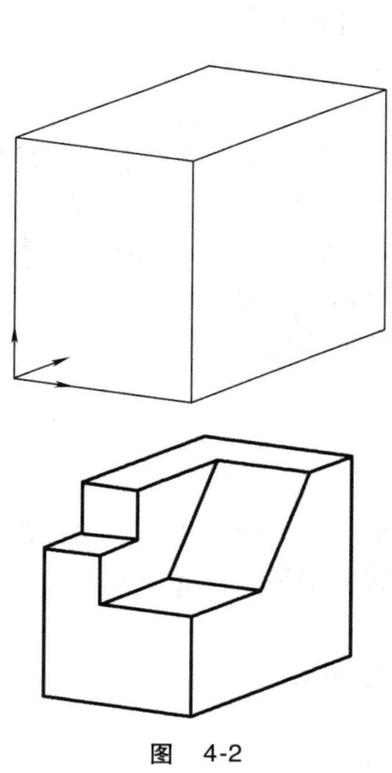

图 4-2

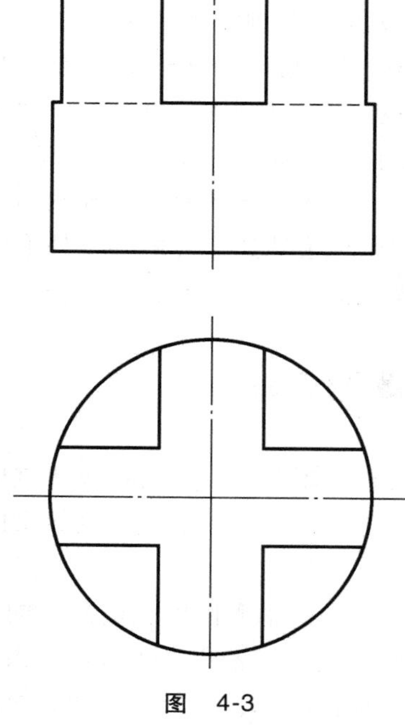

图 4-3

【解题分析】

该形体可假想由圆柱切割而成。其上半部分被切掉部分形体。由于该圆柱的假想顶面和底面都是水平面，于是取顶圆的中心为原点，顶圆采用四心扁圆代替轴测椭圆，底圆采用移心法画成。

【作图步骤】

（1）作轴测图和圆柱的部分轮廓。

（2）完成整个轮廓并加深。作图结果如图 4-4 所示。

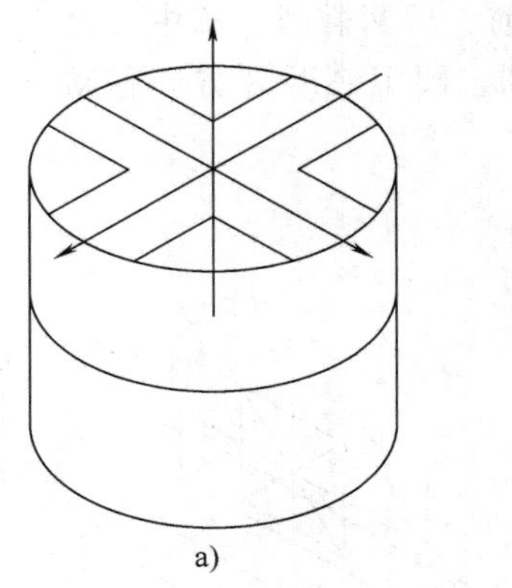

a)

b)

图 4-4

4.3.2 组合体的正等轴测图

4-3 图 4-5 所示为组合体的三视图，画出该组合体的正等轴测图。

【解题分析】

对于能从基本形体切割得到的物体，可先画出基本形体的轴测投影，然后在轴测投影中把应去掉的部分切去，从而得到所需的轴测图。该组合体可看作是一个长方体上叠加一个棱台，上方的棱台被两个正平面和一个水平面从左向右切出一个槽。

【作图步骤】

作图步骤略。作图结果如图 4-6 所示。

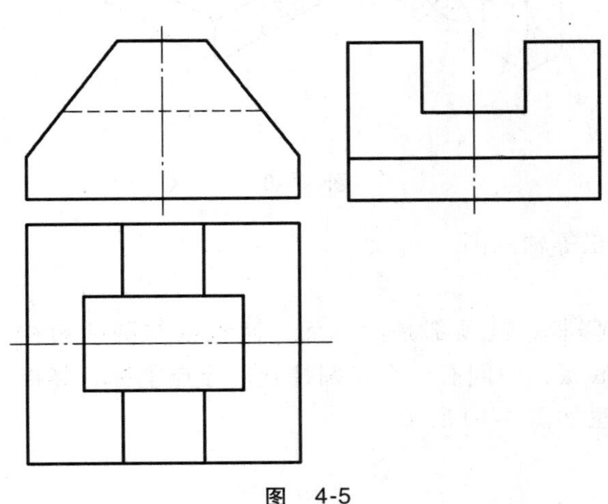

图 4-5

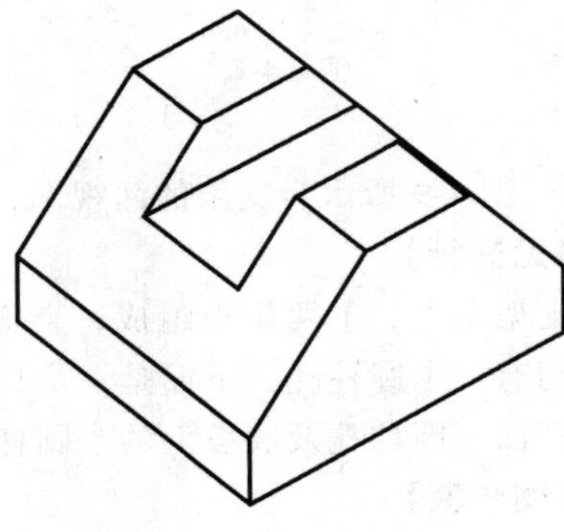

图 4-6

4-4　图 4-7 所示为组合体的主、俯视图，画出该组合体的正等轴测图。

【解题分析】

该组合体由带两个小圆孔的长方形底板和有圆孔的半圆板组成。半圆板和圆孔的轴测投影为部分椭圆和椭圆，可用四心圆法画出。

【作图步骤】

作图步骤略。作图要领：半圆板和圆孔前、后两椭圆，圆中心沿 Y 方向移动 H_1，由于 $H_1<K_1$，则后圆可见；底板上的上、下两椭圆，圆中心沿 Z 方向移动 H_2，由于 $H_2>K_2$，则后圆不可见。作图结果如图 4-8 所示。

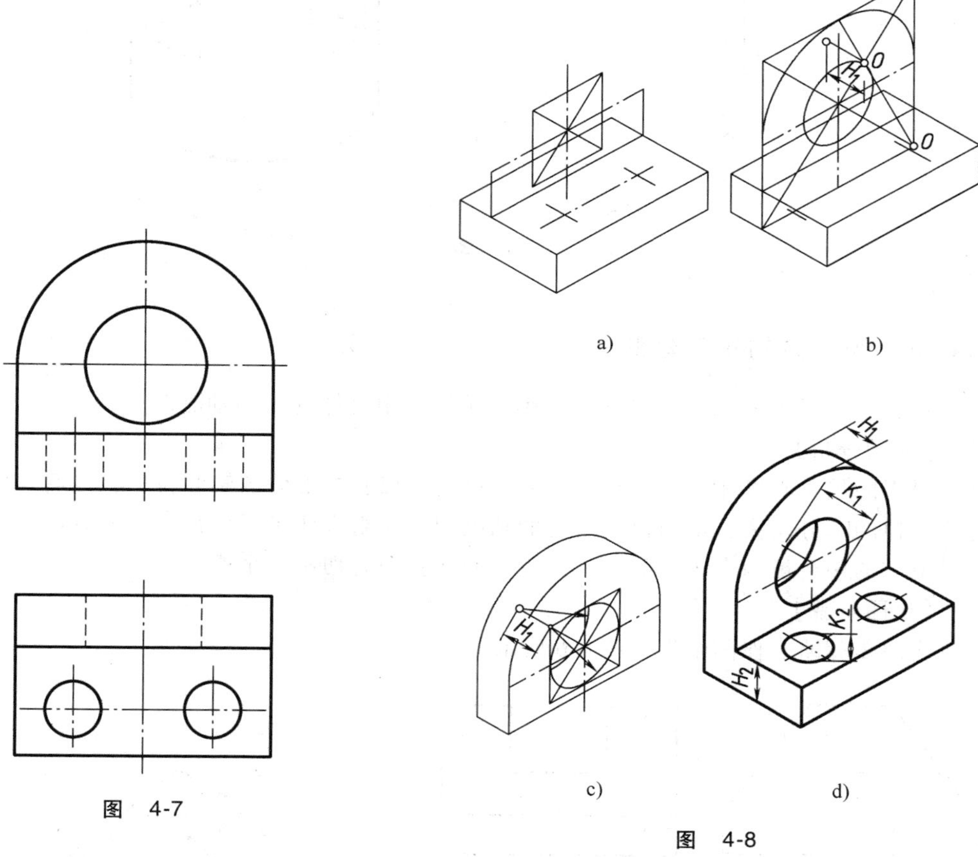

图　4-7

图　4-8

4-5　图 4-9 所示为支架的两视图，画出其正等轴测图。

【解题分析】

该支架由上、下两块板组成，上面为一块竖板，其顶部是圆柱面，两侧壁与圆柱面相切，中间有一个圆柱孔。下面是一块长方形的底板，中间有一个半圆柱孔。原点坐标、竖板上的圆柱面、圆柱孔及底板上的半圆柱孔的画法如图 4-10 所示。

【作图步骤】

作图步骤略。

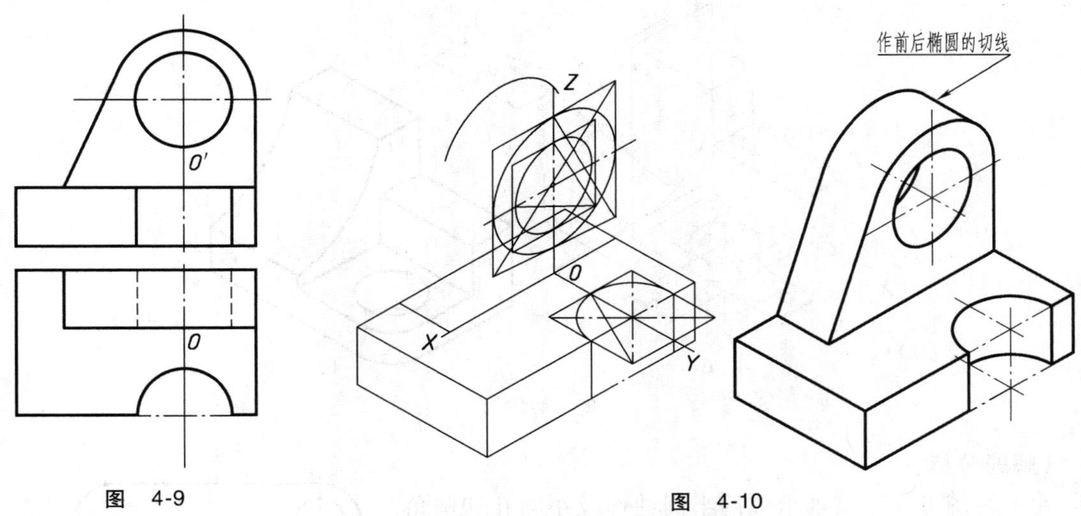

图 4-9

图 4-10

4-6 画出图 4-11 所示三视图的正等轴测图。

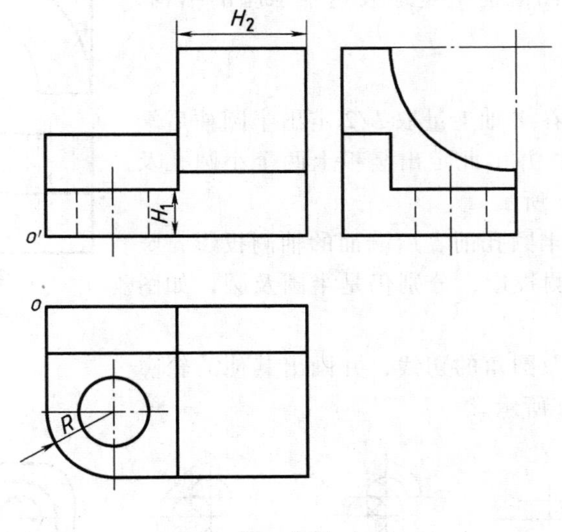

图 4-11

【解题分析】

底板上圆角的画法如图 4-12a 所示，在轴测图上量取圆角半径 R，自量取点作边线的垂线，以两垂线的交点为圆心、垂线长为半径画弧，圆心向下移 H_1，作底面圆角。该组合体右半部分有 1/4 侧垂圆，其轴测投影的画法如图 4-12a 所示。

【作图步骤】

作图步骤略。作图结果如图 4-12b 所示。

4.3.3 斜二等轴测图

4-7 画出图 4-13 所示轴承座的斜二等轴测图。

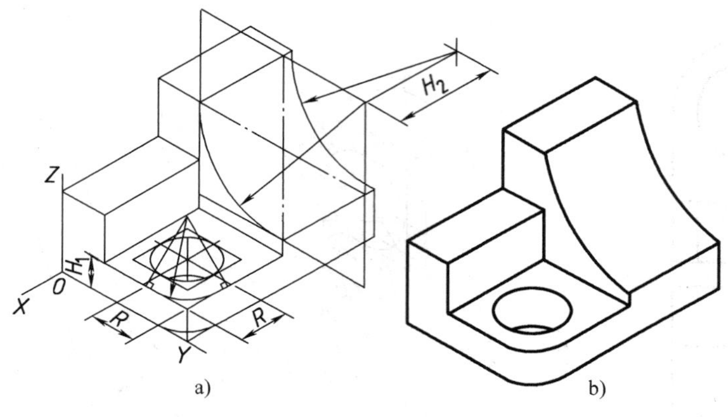

a)　　　　b)

图 4-12

【解题分析】

由主视图可知，该轴承座的半圆柱面及小圆孔和圆角均与 V 面平行，它们在正面斜二等轴测图中反映实形，所以选用正面斜二等轴测图既能清楚地表达轴承座的结构，又可使作图较为简便。

【作图步骤】

（1）作轴测轴，并在 Y 轴上量取 $L/2$ 定出半圆柱后端面的圆心及竖板的位置，并由此定出竖板上两个小圆孔及圆角的圆心，如图 4-14a 所示。

（2）作出半圆柱和半圆孔前、后端面的轴测投影，竖板上小圆孔和圆角的轴测投影，分别仍是半圆及圆，如图 4-14b 所示。

（3）作出端面半圆及圆角的切线，并画出其他的轮廓线。作图结果如图 4-14c 所示。

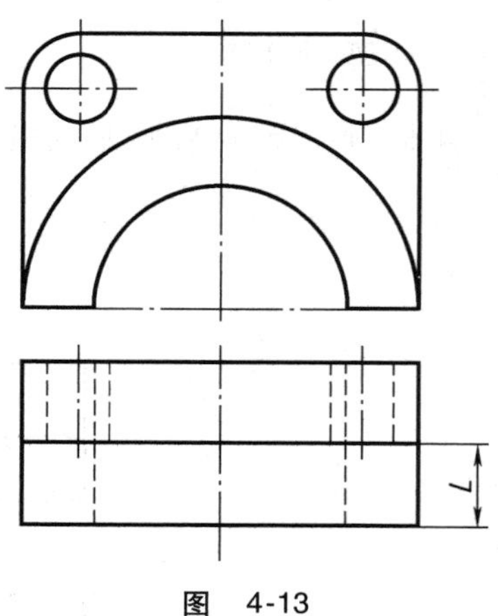

图 4-13

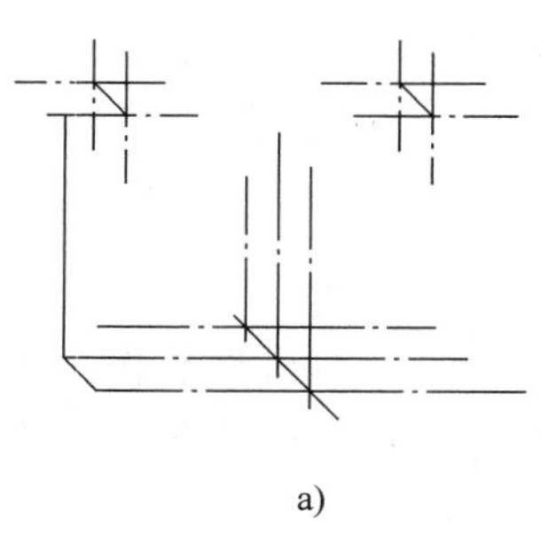

a)

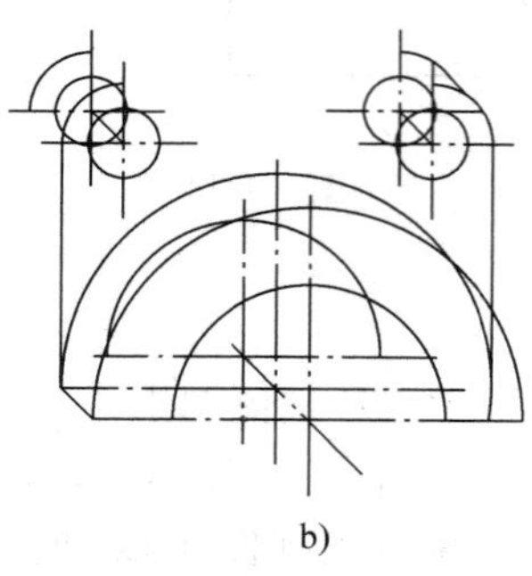

b)

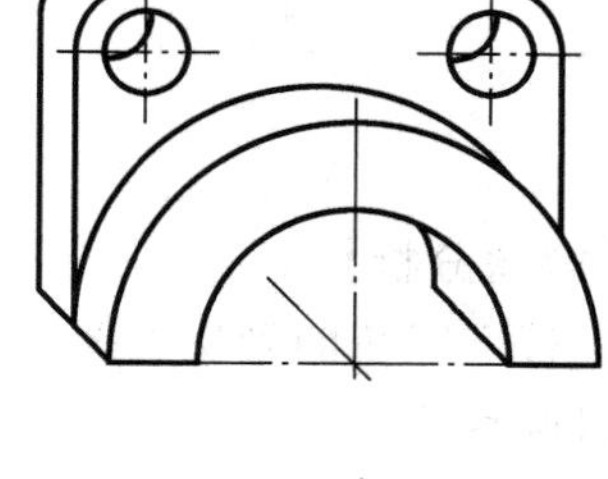

c)

图 4-14

4-8　画出图 4-15 所示支座的斜二等轴测图。

【解题分析】

支座的下半部分为带槽的圆柱筒，上部的长方体上有 U 形槽及小圆孔，这些结构均与 V 面平行，所以选用正面斜二测图作图较为简便。

【作图步骤】

作图步骤略。作图结果如图 4-16 所示。

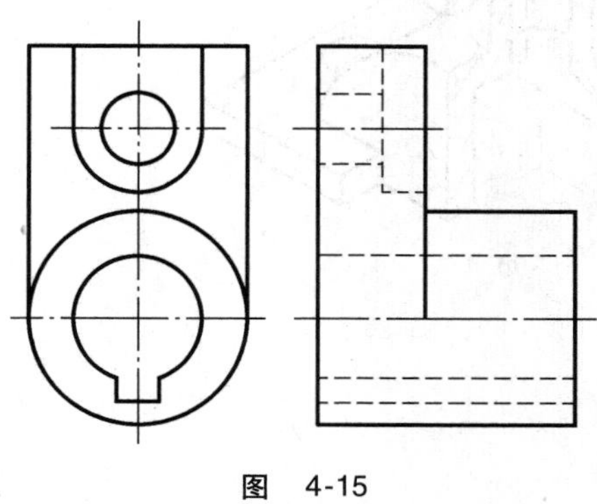

图 4-15

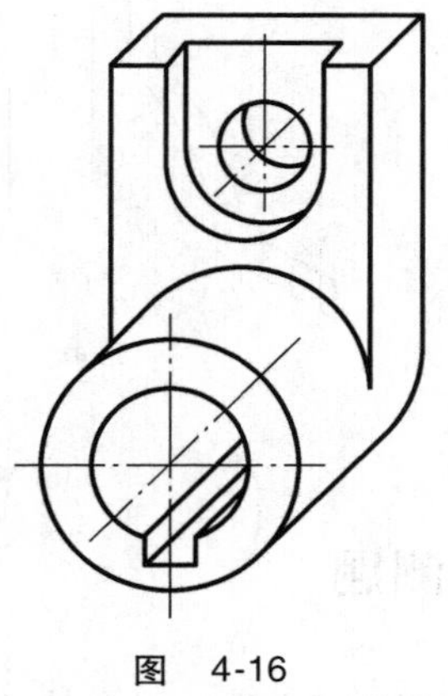

图 4-16

4.3.4 轴测剖视图

4-9 根据图 4-17 所示的剖视图绘制轴测剖视图（正等测）。

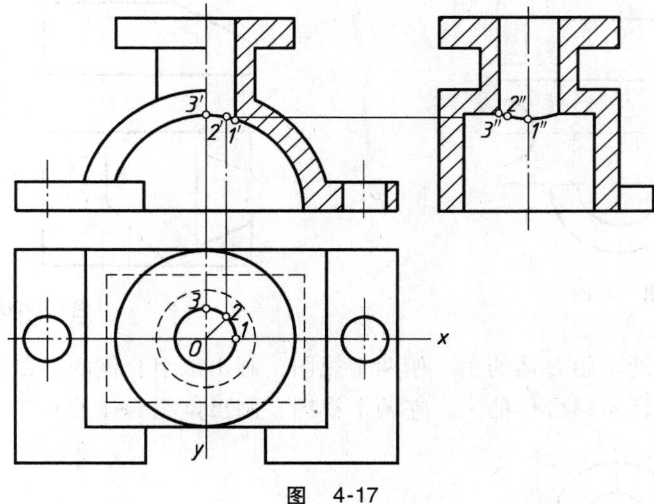

图 4-17

【解题分析】

该形体下部是一中空的半圆柱箱体结构，左右各有一块带圆孔的长方形底板；上部有两个直立的圆柱，并且中间有孔与中空的半圆柱贯通。

【作图步骤】

（1） 画出断面形状的轴测图，如图 4-18a 所示。

（2） 画出和断面有关系的形状。

（3） 将其余可见形状画出，然后画剖面线。作图结果如图 4-18b 所示。

注意：上部圆柱孔与下部半圆柱孔相交所形成的相贯线，其轴测投影用坐标法画出。根据三视图中相贯线上点的坐标，画出它们的轴测投影，然后用曲线板光滑连接各点。

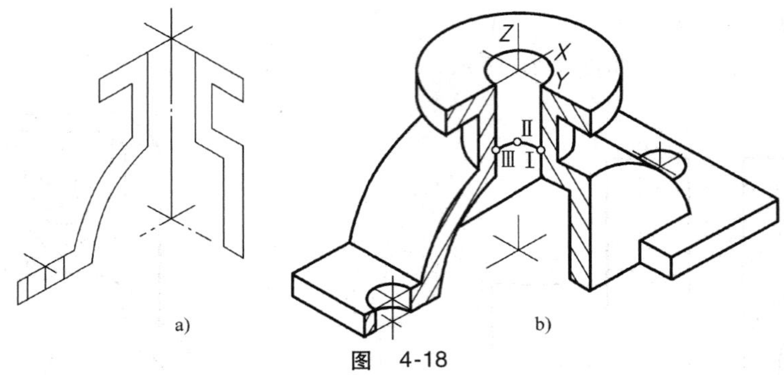

图　4-18

4.4　自测题

1. 根据图 4-19 所示组合体的主、俯两个视图，画出组合体的正等轴测图。
2. 根据图 4-20 所示组合体的三个视图，画出组合体的正等轴测图。

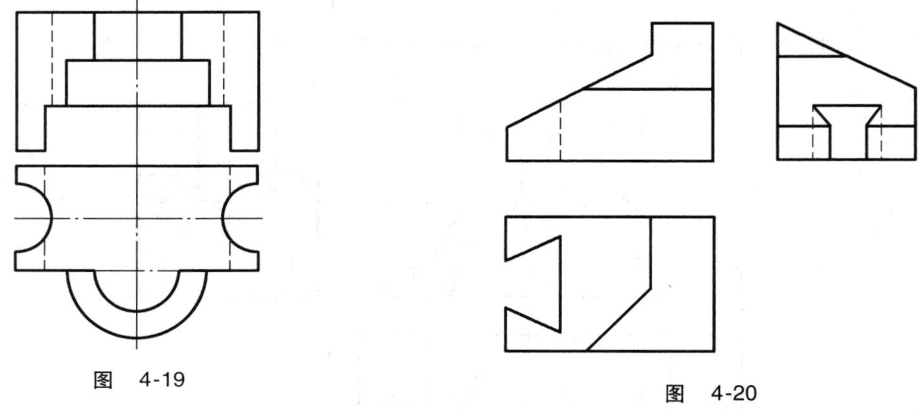

图　4-19

图　4-20

3. 根据图 4-21 所示组合体的主、俯两个视图，画出该组合体的斜二等轴测图。
4. 根据图 4-22 所示组合体的主、左两个视图，画出该组合体的斜二等轴测图。

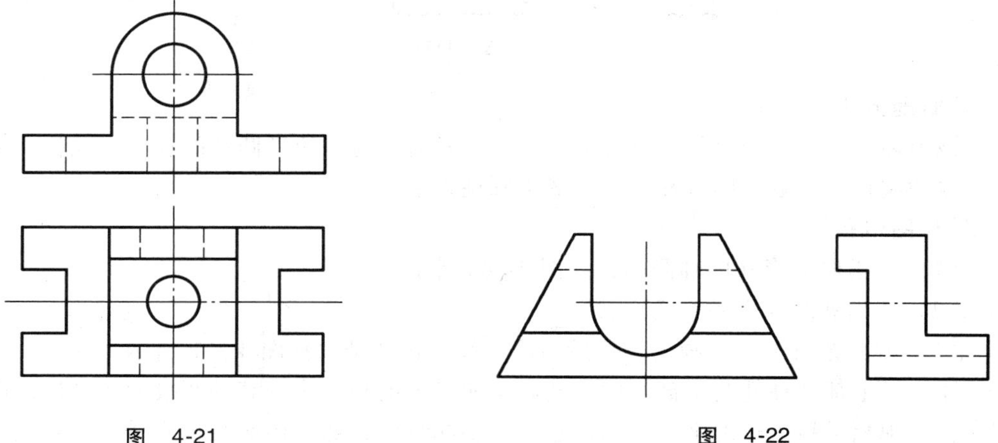

图　4-21

图　4-22

第5章

机件常用的表达方法

5.1 内容要点

机件的结构形状是多种多样的。在表达它们时，应当根据其结构特点，采用适当的表达方法，既要完整、清晰地表达机件的内外结构形状，又要力求制图简便。为此，国家标准《机械制图》中的“图样画法”规定了各种画法——视图、剖视图、断面图、局部放大图和简化画法等。学习时，必须掌握好机件各种表达方法的特点、画法、图形的配置和标注方法，以便能够灵活地运用它们。

机件的表达方法种类很多，常用的表达方法归纳如下。

1. 视图

机件向投影面投射所得的图形称为视图。视图主要用来表达机件的外部形状，其分类及适用情况见表5-1。

表5-1 视图的分类及适用情况

分类	适用情况	标注要求
基本视图：机件向基本投影面投射并按规定方式配置所得的视图	用于表达机件的外形	不加标注
向视图：机件向基本投影面投射，可自由配置的视图	充分地利用图纸幅面	在视图的上方标注视图的名称“×”，在相应的视图附近用带相同字母“×”的箭头指明投射方向
局部视图：机件的某一部分向基本投影面投射所得的视图	用于表达机件的局部外形	若局部视图按基本视图的方式配置，中间没有其他图形隔开时，可省略标注
斜视图：机件向不平行于任何基本投影面的平面投射所得的视图	用于表达机件倾斜部分的外形	斜视图标注时，表示投射方向的箭头应垂直于倾斜表面，但字母的字头总是向上的

2. 剖视图

假想用一剖切面（平面或柱面）剖开机件，将处在观察者和剖切面之间的部分移去，而将其余部分向投影面投射所得的图形称为剖视图。剖视图主要用于表达机件内部的结构形状，其分类及适用情况见表5-2。

表 5-2　剖视图的分类及适用情况

<table>
<tr><th>分　类</th><th>适用情况</th><th>标注要求</th></tr>
<tr><td>全剖视：用剖切平面完全地剖开机件所得的剖视图</td><td>用于表达机件的整个内形</td><td rowspan="3">在剖切平面的起、迄、转折处画出剖切符号并注上字母，在起、迄的剖切符号外侧画出箭头表示投射方向。在所画的剖视图上方中间位置用相同的字母标注出其名称“×–×”
用单一剖切面剖切、用几个相互平行的剖切面剖切、用几个相交的剖切面剖切、用圆柱面剖切等，都可用这三种剖视图表示。除单一剖切平面通过机件的对称面可省略标注外，其余剖切方法均应标注</td></tr>
<tr><td>半剖视图：当机件具有对称平面时，在垂直于对称面的投影面上投射时，以对称中心线为界，一半画成剖视图，另一半画成视图</td><td>用于表达机件有对称平面的外形与内形</td></tr>
<tr><td>局部剖视图：用剖切面局部地剖开机件所得的剖视图</td><td>用于表达机件的局部内形和保留机件的局部外形</td></tr>
</table>

3. 断面图

假想用一剖切面（平面或柱面）剖开机件，仅画出断面的图形称为断面图，其分类及适用情况见表 5-3。

表 5-3　断面图的分类及适用情况

<table>
<tr><th>分　类</th><th>适用情况</th><th>标注要求</th></tr>
<tr><td>移出断面图：画在视图外的断面图，其轮廓线用粗实线绘制</td><td>用于表达机件局部结构的断面形状</td><td rowspan="2">画在剖切符号延长线上时：断面图形对称，可省略标注；断面图形不对称，可省略字母
画在其他位置时：断面图形对称，可省略箭头；断面图形不对称，要完整标注，标注带箭头的剖切符号，并注写字母
重合断面图的标注与移出断面图画在剖切符号延长线上时的标注相同</td></tr>
<tr><td>重合断面图：画在视图内的断面图，其轮廓线用细实线绘制</td><td>用于表达机件局部结构的断面形状，在不影响图形清晰的情况下采用</td></tr>
</table>

5.2　解题要领

本章习题围绕上述内容设置，主要帮助读者切实掌握好各种表达方法、画法、图形的配置和标注方法，以便能够灵活地运用它们来完整、清晰地表达机件的内外结构形状。解题时，参照“组合体”一章中读图的方法，先运用形体分析法，分解组成机件的各基本形体，再用线面分析法补充，读懂题目所给视图，并想象出立体形状，然后根据题目要求选择合适的表达方法（视图、剖视图或断面图等）并画图。

5.3　习题与解答

5.3.1　视图

5-1　根据图 5-1 所示机件的三视图，补画另外三个基本视图。

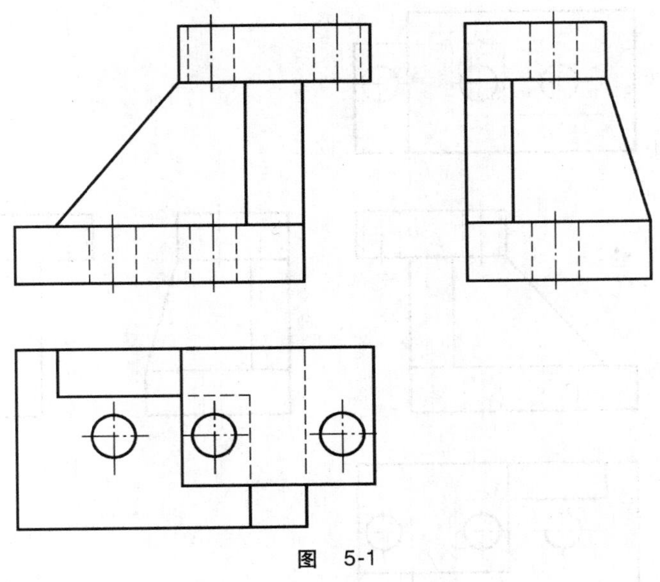

图 5-1

【解题分析】

该形体是由上、下两块长方形底板以及梯形的正立板和侧立板组成的，其立体图如图 5-2 所示。

由于主视图和后视图是分别从机件前、后投射的，所以这两个视图的形状以铅垂线为轴线，左右对称；同理，俯视图与仰视图的形状以水平线为轴线，上下对称；左视图与右视图的形状以铅垂线为轴线左右对称。同时要注意区分主视图与后视图、俯视图与仰视图、左视图与右视图的可见性相逆的对应关系，例如，由于该形体后壁是平齐的一个面，所以原来在主视图上某些可见的轮廓线，在后视图上成为不可见的轮廓线，应画成虚线。作图时要注意六个基本视图之间应符合“长对正、高平齐，宽相等”的投影规律。

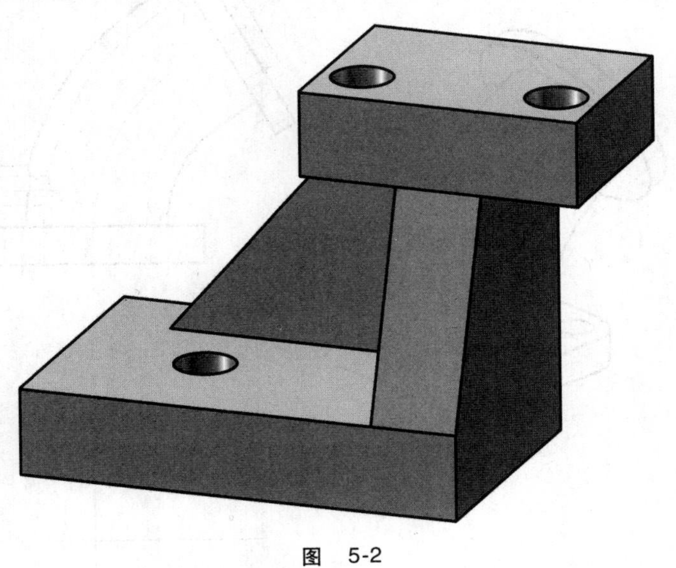

图 5-2

【作图步骤】

参照立体图读懂已给视图。画右视图、后视图和仰视图，如图 5-3 所示。

5-2 根据图 5-4 所给弯管的立体图和主视图，试选择适当的视图，将其形状表达清楚。

【解题分析】

上例中，六个基本视图可将各种类型的物体形状基本表达清楚，但选择什么样的视图和用多少视图比较恰当，则需要根据物体的形状特点来确定。

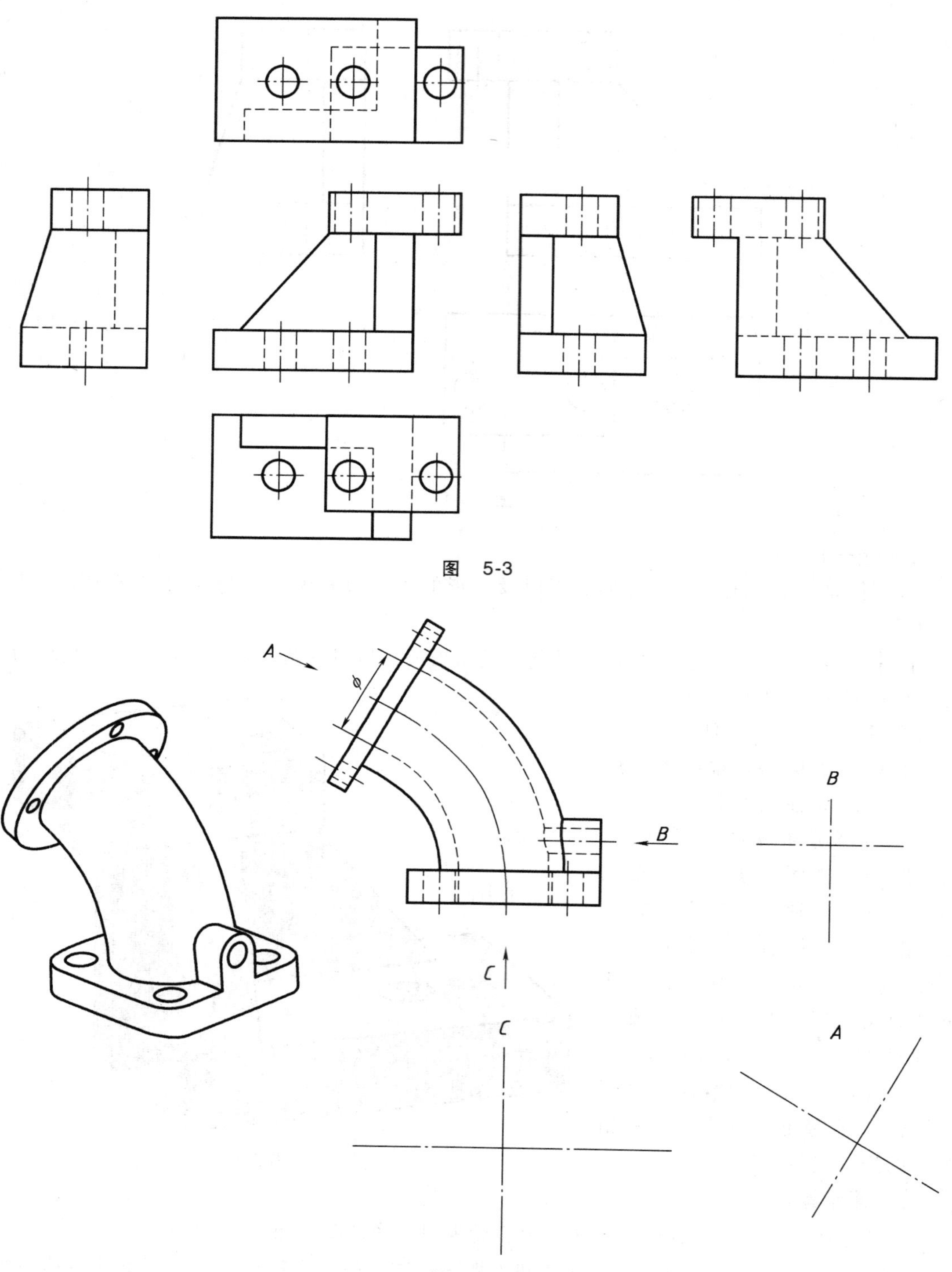

图 5-3

图 5-4

当物体的倾斜部分在基本视图中不能反映出真实形状时，可用斜视图；当某一局部没有表示清楚时，可用局部视图。

本例所示弯管，其左上方的凸缘、底板及右下方的小凸台在主视图上没有表示清楚形状特征。上凸缘是倾斜的，可采用斜视图；底板及小凸台可以采用局部视图。这样，采用一个主视图、一个斜视图和两个局部视图来表达弯管，就显得既清楚又合理。

表示凸缘的斜视图及底板的局部视图外形轮廓是完整的，其图形为封闭的粗实线轮廓，所以省略波浪线；小凸台的局部视图轮廓线不完整，断裂边界应用波浪线来表示。考虑布局的原因，解题中各视图均未按投影关系配置，所以各视图都必须标注。

【作图步骤】

画出 A 向斜视图和 B 向、C 向局部视图。作图结果如图 5-5 所示。

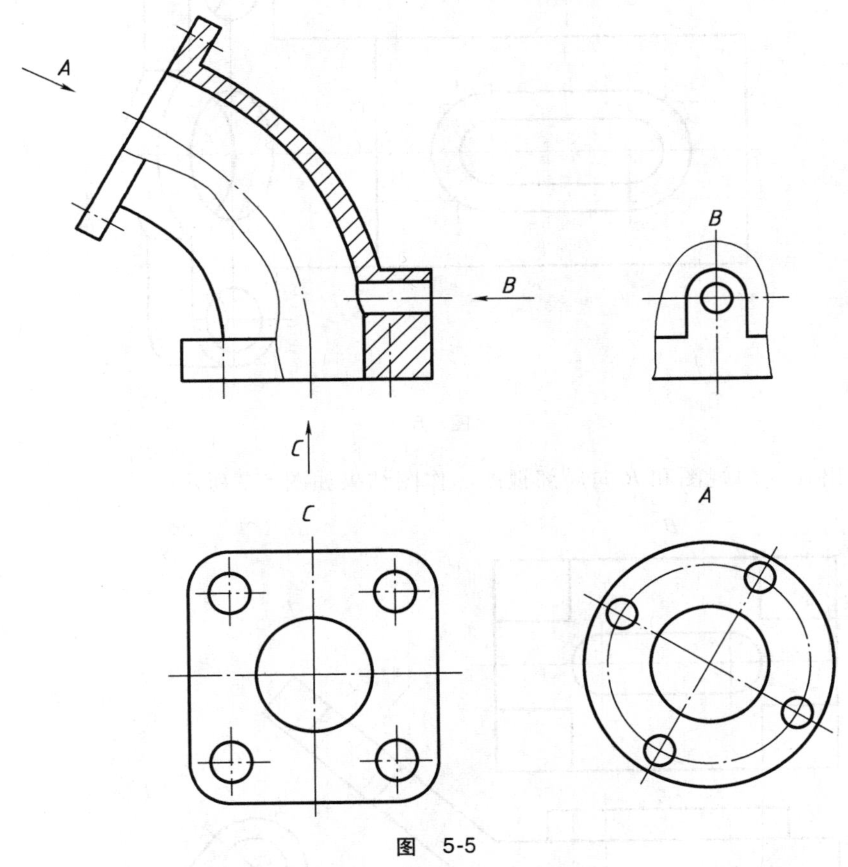

图 5-5

5-3 如图 5-6 所示，补画 A 向斜视图和 B 向局部视图。

【解题分析】

本例已给出主、俯两个视图。由于其右上方部分不平行于基本投影面，在已给俯视图中不能反映实形，作图、看图均不方便，为了反映其实形，应作 A 向斜视图；底板下面的开槽结构在俯视图上用虚线表示，不便于看图，应作 B 向局部视图。

斜视图一般应放在投射方向所指位置，但也可根据图纸需要，画在其他位置和做适当旋转，并在标注时加旋转符号予以说明。

【作图步骤】

（1）画出主视图和俯视图，俯视图上对该形体的倾斜部分用波浪线断开不画。

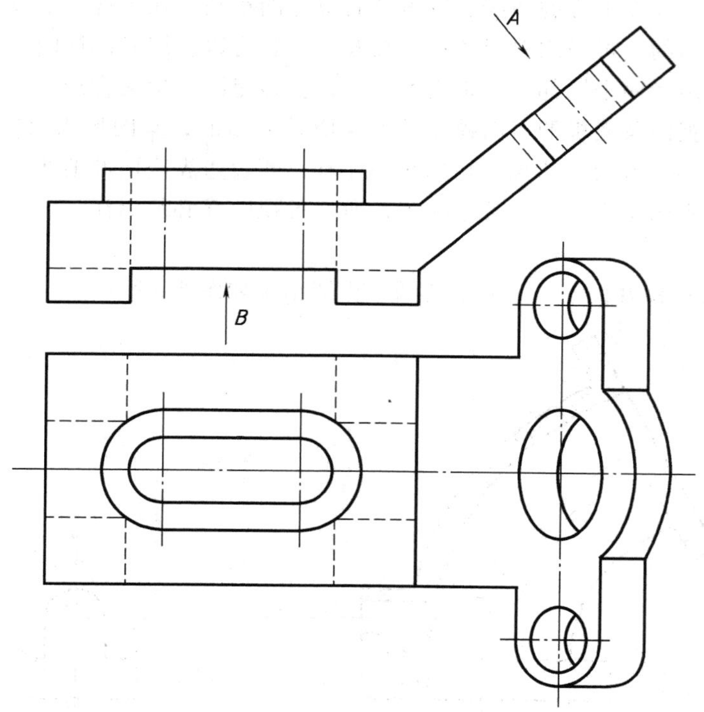

图 5-6

（2）画出 A 向斜视图和 B 向局部视图。作图结果如图 5-7 所示。

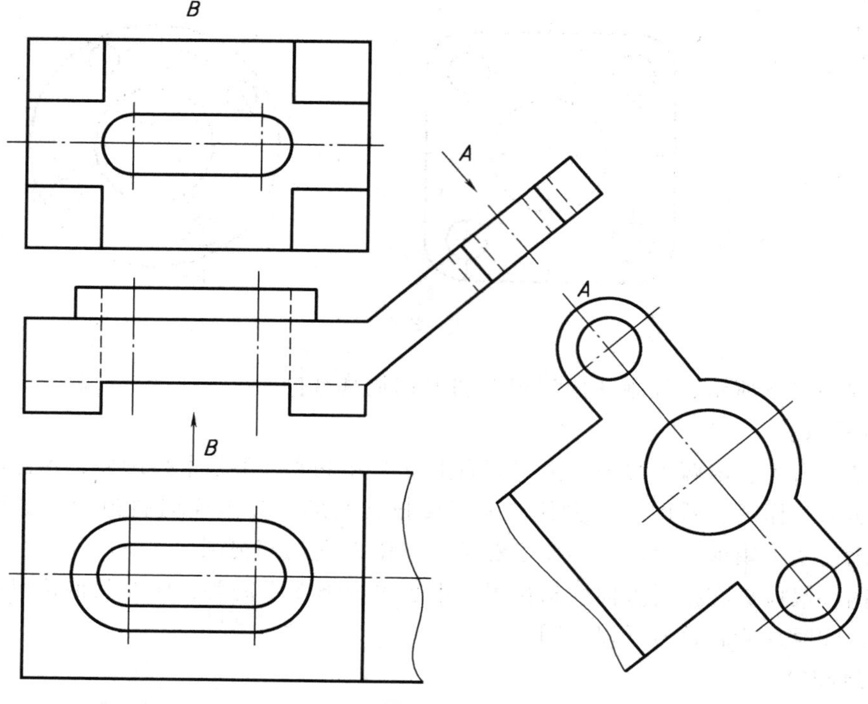

图 5-7

5.3.2 剖视图

5-4 将图5-8所示机件的主视图画成全剖视图。

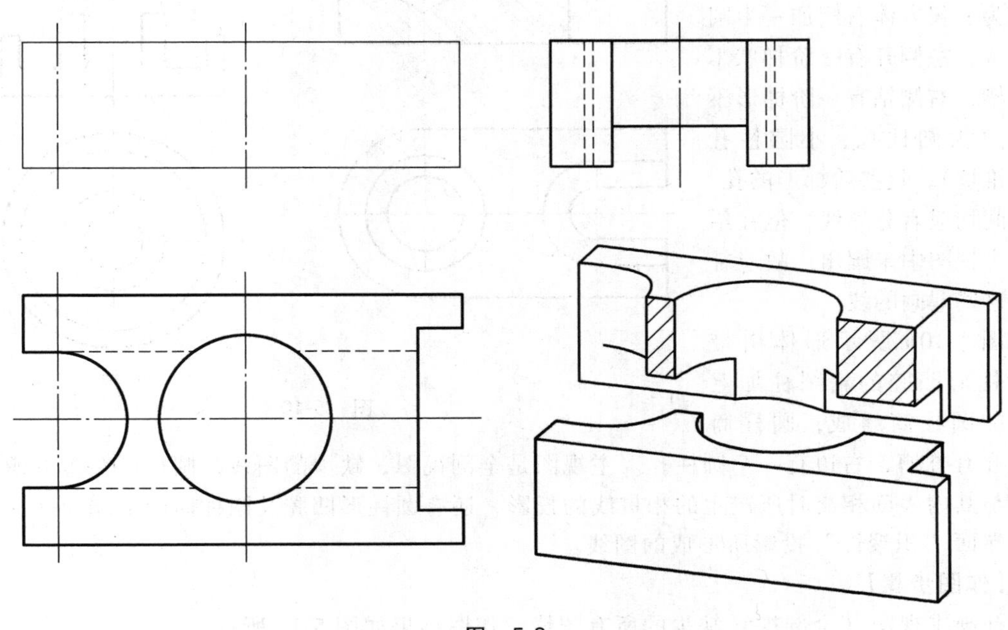

图 5-8

【解题分析】

根据剖视图的概念和画法，剖视图中除了画出断面的投影图形外，还应画出断面后方所有可见部分，并应在断面上画出剖面符号。由于剖切是假想的，虽然机件的某个视图画成剖视图，但机件仍是完整的，其他图形不受其影响。

【作图步骤】

运用形体分析法，结合立体图，读懂已给视图，画出全剖的主视图。作图结果如图5-9所示。

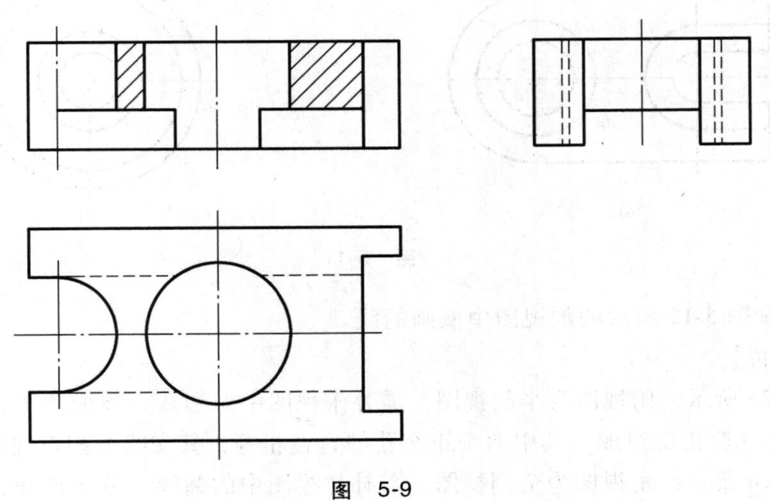

图 5-9

5-5　补画图 5-10 所示的主视图（全剖视）中漏画的图线。

【解题分析】

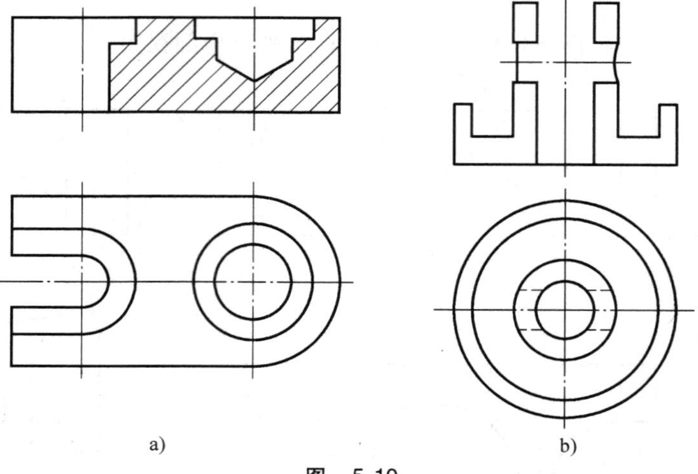

a)　　b)

图　5-10

图 5-10a 所示形体的原始形状为一长方体右侧加一半圆柱组成，左侧开有一阶梯状 U 形通槽，右侧钻有一阶梯形不通孔（大圆柱孔、小圆柱孔和圆锥坑），这些阶梯形的孔、槽之间均应有分界线，但在给出的主视图中未画出，故应补画出这些漏画的线。

图 5-10b 所示形体由带有圆柱形凹腔的扁圆柱加上中部的圆柱筒组成，圆柱筒左边开有方槽，右边有一个圆柱孔。主视图是全剖视图，缺少的图线是圆柱筒左边方槽与右边孔与其内表面相交时所产生的相贯线的投影，还有圆柱形凹腔及圆柱筒的上端面—这些回转体端面“积聚性”投影所形成的图线。

【作图步骤】

补画主视图（全剖视）缺少的所有图线，作图结果如图 5-11 所示。

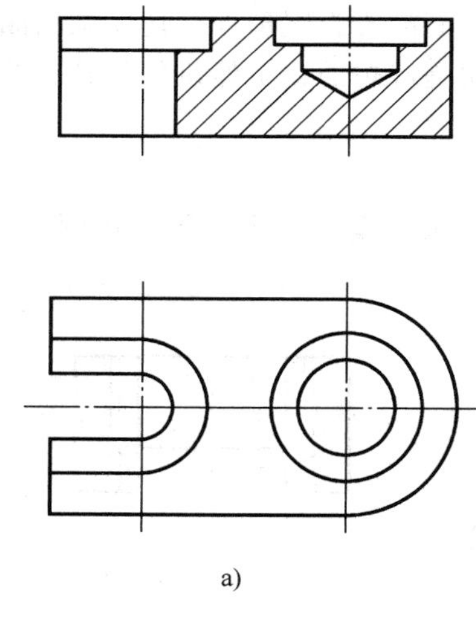

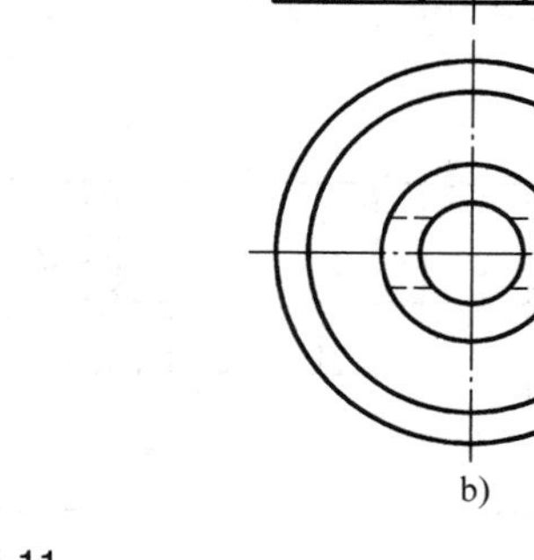

a)　　b)

图　5-11

5-6　补画图 5-12 所示的剖视图中漏画的线。

【解题分析】

如图 5-12a 所示，俯视图为半剖视图，需补俯视图中的漏线。该形体由正垂方向和侧垂方向的两个圆柱筒正交组成，其中两个正交孔的直径相等，其交线为相贯线的特殊情况。

如图 5-12b 所示，主视图为全剖视图，需补主视图中的漏线。分析得知，该形体主要由

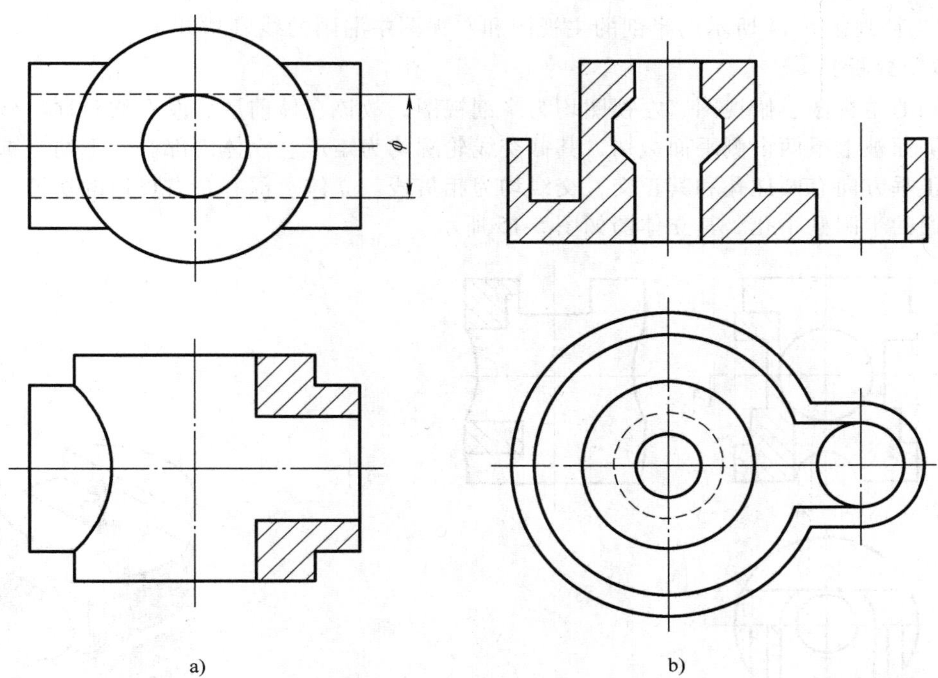

图 5-12

回转体组成，中间有圆柱孔与圆锥孔，右边有带有圆孔的凸耳。缺少的图线是交线、回转体端面-圆平面和其他水平面的积聚性投影所形成的图线。

【作图步骤】

补画剖视图中缺少的所有图线，作图结果如图 5-13 所示。

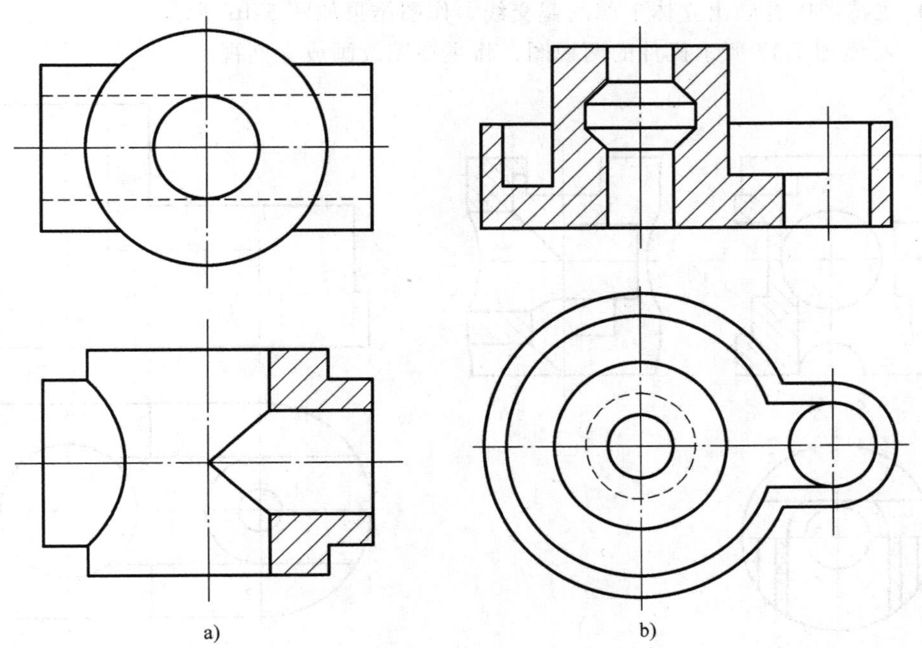

图 5-13

5-7　补画图 5-14 所示的半剖的主视图和左视图中漏画的线（虚线不补）。

【解题分析】

已知的主视图、俯视图、左视图均为半剖视图，故该立体前后、左右均对称。外形为圆柱体，侧面被上下两个侧平面截切，其截交线轮廓均为矩形。立体内部有上下两个圆柱体空腔，且正垂方向有圆柱孔和其正交，交线均为相贯线。立体上部有左右贯通的切槽，下部有前后贯通的半圆柱小孔。其立体图如图 5-15 所示。

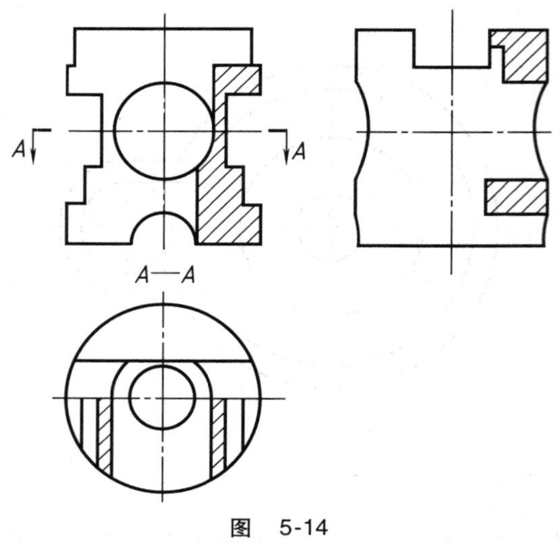

图　5-14

图　5-15

【作图步骤】

（1）左视图中补画出立体外形上的截交线。

（2）左视图中补画出立体内部的相贯线的投影。

（3）主视图中补画出立体上部的截交线。作图结果如图 5-16 所示。

5-8　看懂图 5-17 所示机件的两视图，将主视图改画成全剖视图。

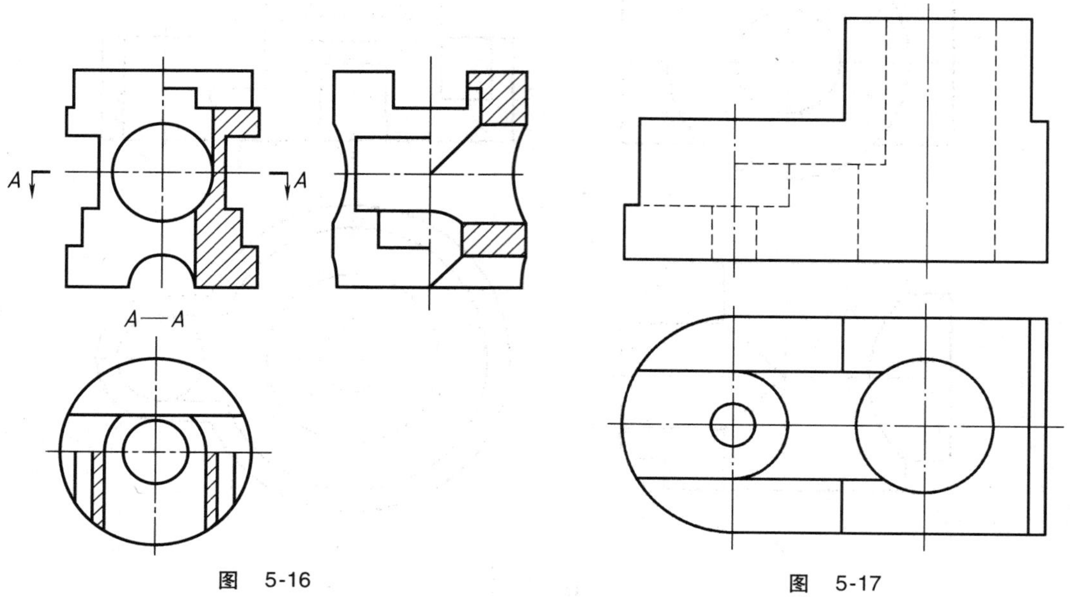

图　5-16

图　5-17

【解题分析】

该机件的原始形体为一长方体，形体左边有 U 形切槽，中部有一个圆柱孔，右边有一个长方形切槽。由于切槽和钻孔使得该形体的内部结构复杂多变，而该形体外形简单，故宜采用全剖视表达。

本题为单一剖切平面的全剖视图，从孔、槽所在的前后对称面剖开机件，移去前半部分，后半部分应全部投影和画图；同时，剖切面与机件接触部分——断面上应画出剖面符号。

【作图步骤】

（1）读懂机件的内、外结构，将主视图中的虚线改画为实线。

（2）在机件的断面上画剖面符号（金属材料剖面线为 45°细实线），如图 5-18 所示。

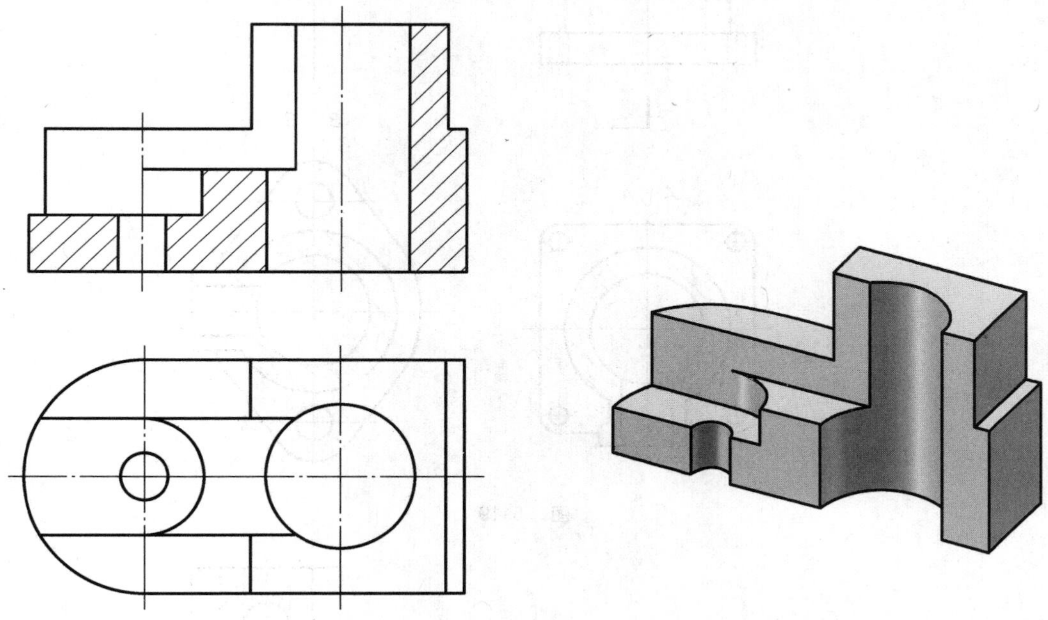

图 5-18

5-9　如图 5-19 所示，在指定位置画出 *C—C* 剖视图。

【解题分析】

该形体中部为圆柱筒，圆柱筒上方是带有两孔的凸台，凸台的实形反映在 *B—B* 剖视图中。底板为带有四个小孔及圆角的长方体，其实形反映在 *A—A* 剖视图中。圆柱筒前方及右侧各有一个带通孔的圆柱形凸台。

由于该形体前后不对称，故所求的 *C—C* 剖视应为全剖视图。

【作图步骤】

补画 *C—C* 全剖视图，如图 5-20 所示。并应注意，*C—C* 剖视图中的剖面线的方向、间隔应与图 5-18 中所给的 *A—A*、*B—B* 剖视图中保持一致。

5-10　如图 5-21 所示，将主视图改画成半剖视图。

【解题分析】

由于该机件左右对称，故主视图可画成半剖视图，注意视图这一半要省略虚线，以突出

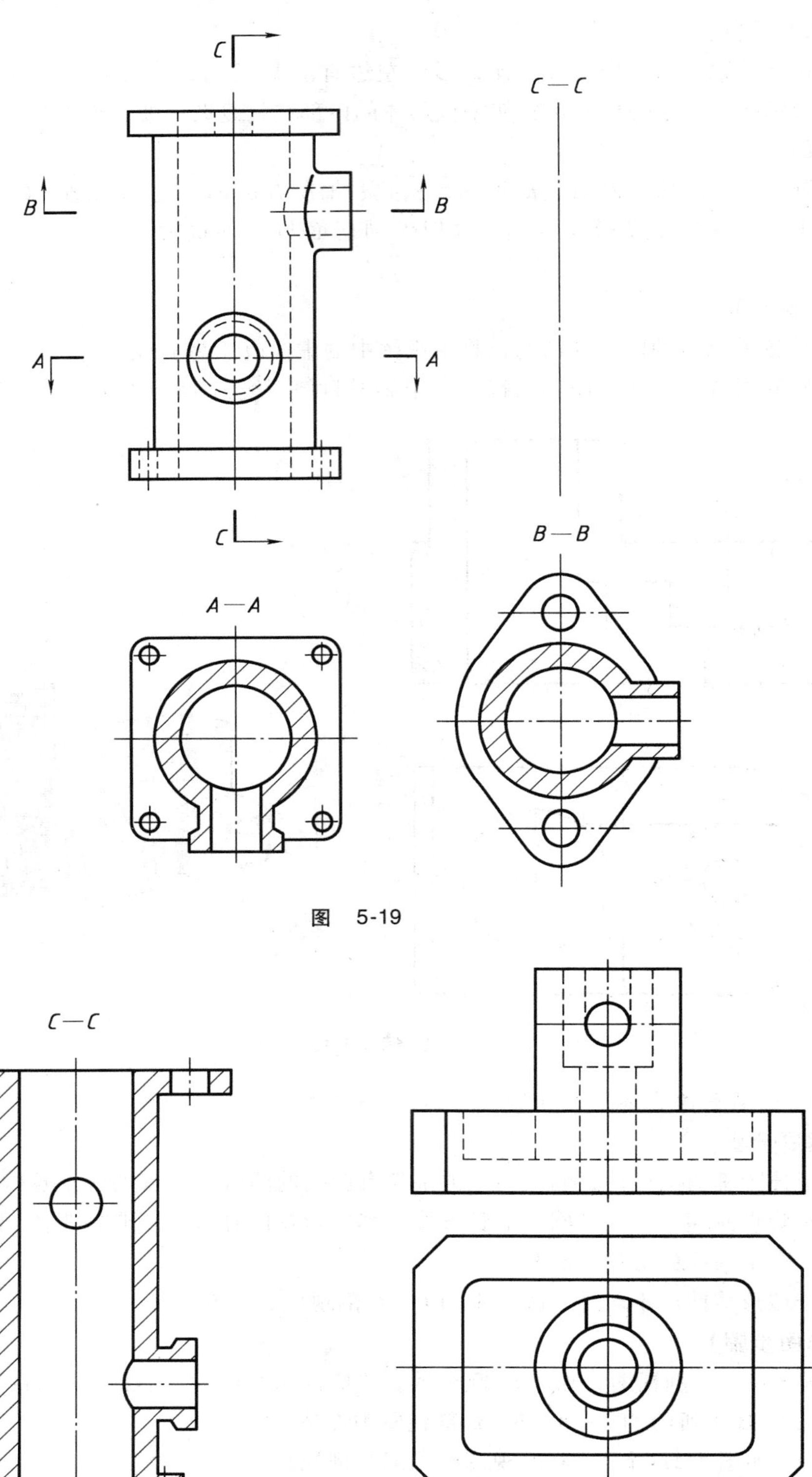

图 5-19

图 5-20

图 5-21

外形轮廓线，另一半剖视图要掌握“去粗线”“虚改实”“加画剖面线”的基本作图方法。由于是单一剖切平面，并通过了机件的对称面，故可以省略标注。

【作图步骤】

画出半剖的主视图，注意在视图中这一半虚线应省略不画，如图 5-22 所示。

5-11　看懂图 5-23 所示的形体，将主视图改画成剖视图，并完成半剖的左视图。

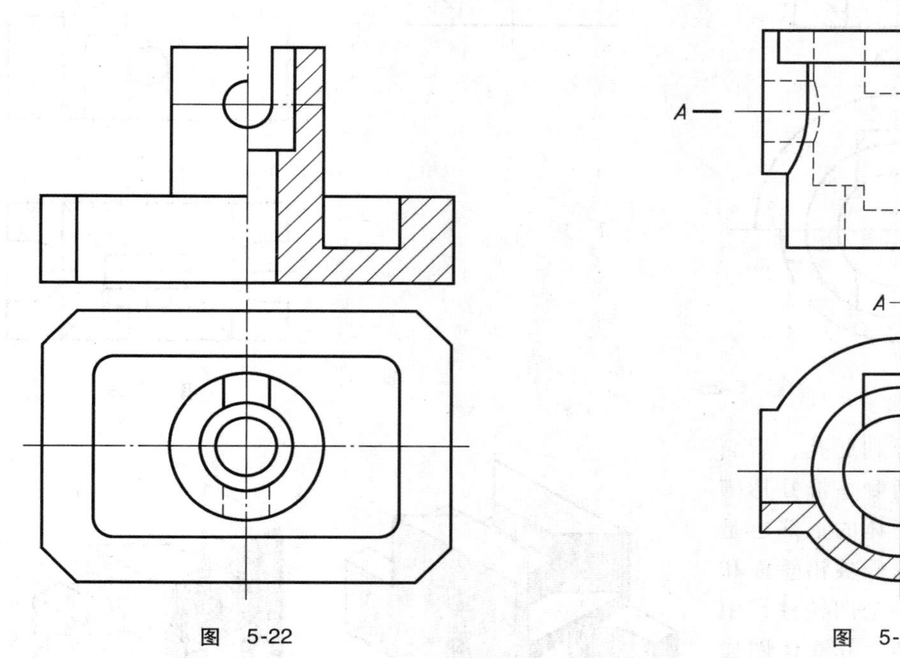

图　5-22　　　　图　5-23

【解题分析】

该形体主体部分为上部带有凸缘的圆柱体，其中间是阶梯形圆柱孔，上端及阶梯孔端部前后均有方形切槽，圆柱体左端有一个带有通孔的凸台，其立体图如图 5-24 所示。由于机件前后对称，左右不对称，故主视图宜作全剖视，左视图可作半剖视。注意主视图、俯视图及左视图上剖面线的方向和间隔要保持一致。

【作图步骤】

（1）画全剖的主视图。

（2）画半剖的左视图，注意圆柱上切槽后截交线的画法。作图结果如图 5-25 所示。

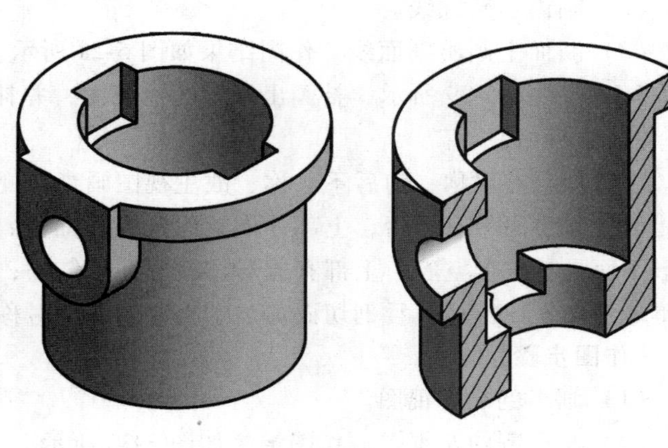

图　5-24

5-12　看懂图 5-26 所示机件的两视图，补画出全剖的左视图。

【解题分析】

该机件左右对称，前后不对称，故主视图画半剖视图，左视图画全剖视图。

该形体下部内、外形均是长方

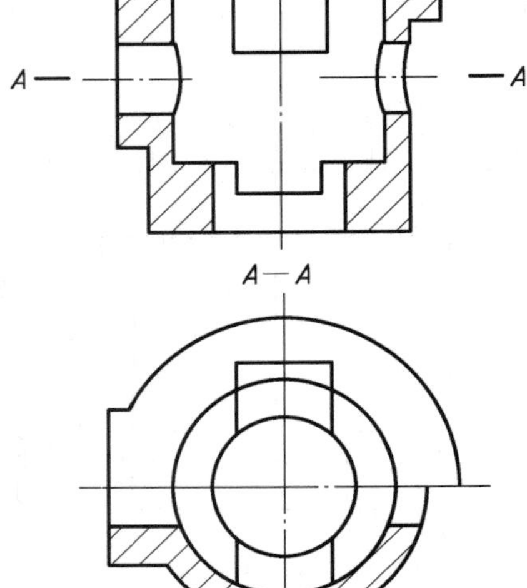

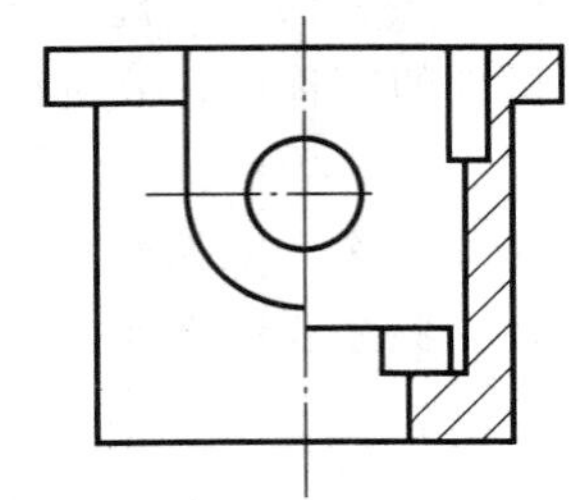

图 5-25

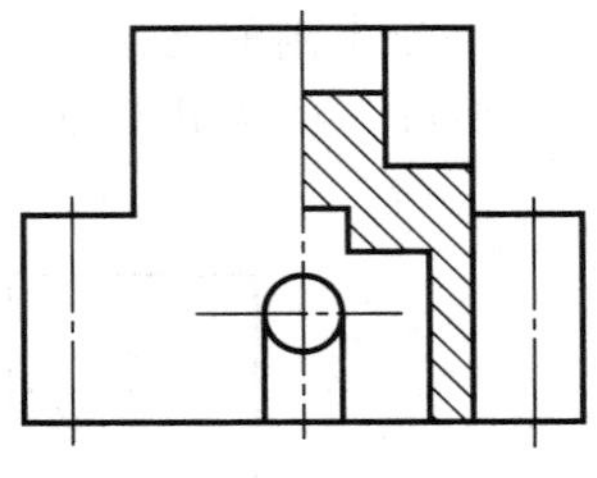
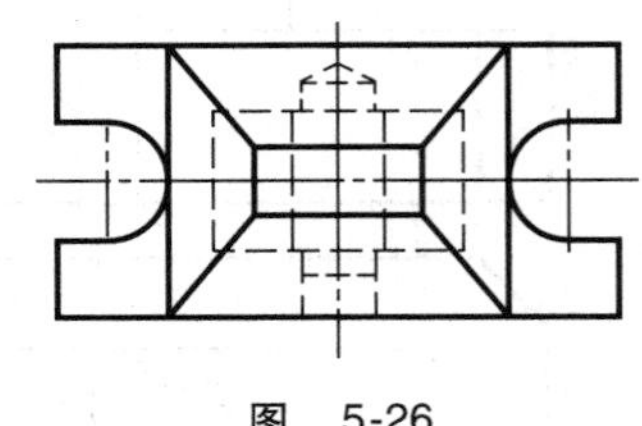

图 5-26

体，且前面有凹腔和通孔，后面有不通孔，左右两侧是带U形槽的长方形底板。形体的上部也是长方体，其左右两侧被铅垂面和水平面各切割掉一个四棱柱，中部切掉一个长方体。其立体图如图5-27所示。本题为单一剖切平面剖切，且剖切面通过了机件的基本对称面，故可省略标注。

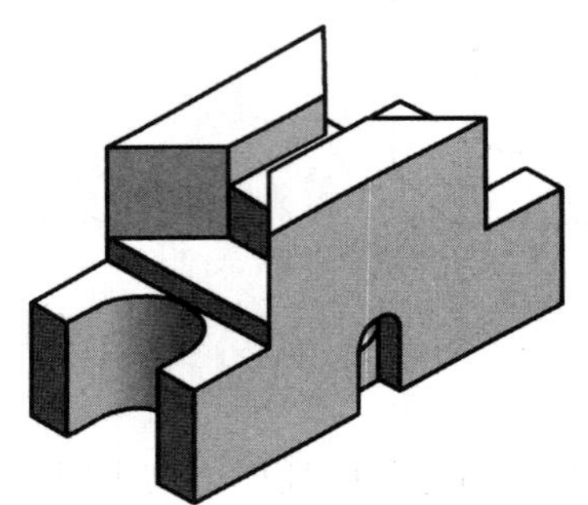
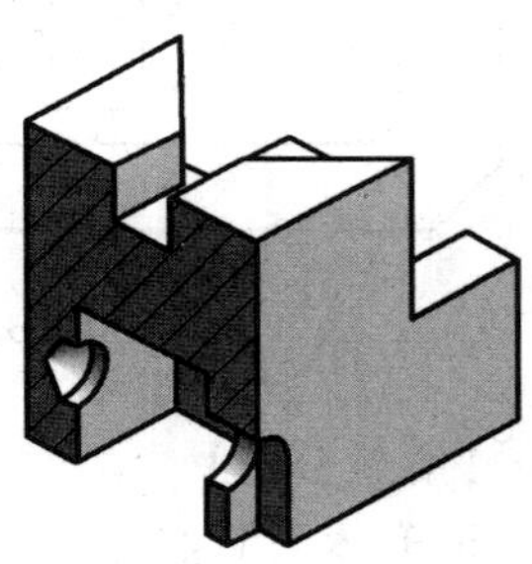

图 5-27

【作图步骤】

（1）画左视图的外轮廓线。

（2）画内形轮廓线。

（3）断面上画出剖面线。作图结果如图5-28所示。

5-13　如图5-29所示，补画出半剖的主视图，并补画合适的左视图。

【解题分析】

该机件左右对称，前后不对称，故主视图画半剖视图，左视图适合画全剖视图。

该立体前面带有凸台，上部外形轮廓是圆柱曲面，并带有方形凸缘，左右两侧有切槽；内形下面是长方形空腔，上部有方形凹槽和孔等结构；立体正面还有前后贯通的小孔。本题为单一剖切平面剖切，且剖切面通过了机件的基本对称面，故可省略标注。

【作图步骤】

（1）画半剖的主视图。

（2）画全剖的左视图。作图结果如图5-30所示。

5-14　将图5-31所示的主视图改画成半剖视图，并补画全剖视的左视图。

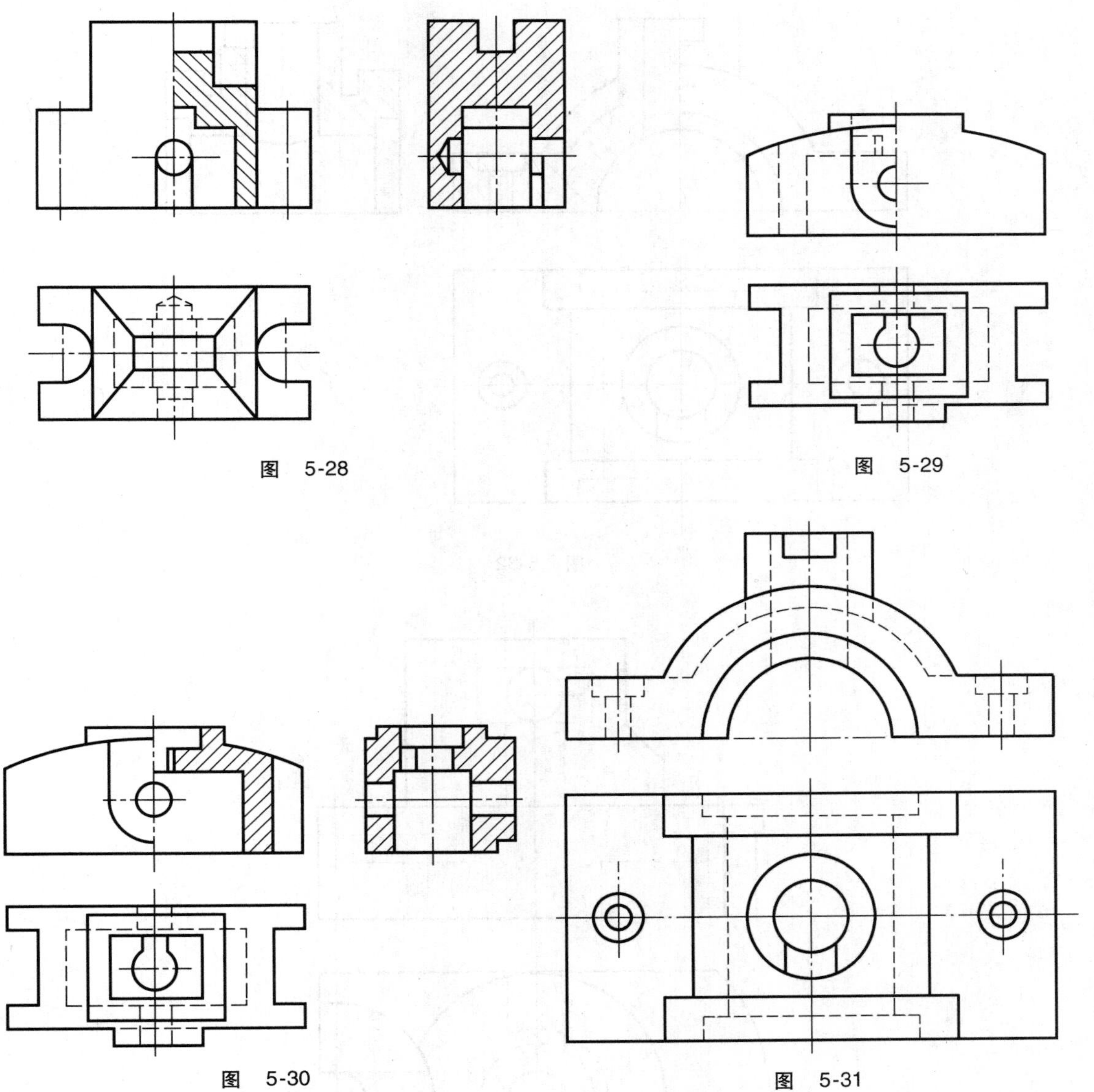

图 5-28 图 5-29

图 5-30 图 5-31

【解题分析】

该机件左右对称，前后不对称，故主视图画半剖视图，左视图画全剖视图。

该形体下部为外形带有凸缘、内形是阶梯形空腔的正垂方向放置的半圆柱，其左右两侧是带有沉孔的长方形底板。形体的上部是前方带有小切槽的竖直的圆柱筒，其中间的孔与正垂的半圆柱空腔相交而产生相贯线。本题为单一剖切平面剖切，且剖切面通过了机件的基本对称面，故可省略标注。

【作图步骤】

（1）画半剖的主视图。

（2）画全剖的左视图，注意相贯线和截交线的画法。作图结果如图 5-32 所示。

5-15 将图 5-33 所示的主视图改画成全剖视图，并补画半剖视的左视图。

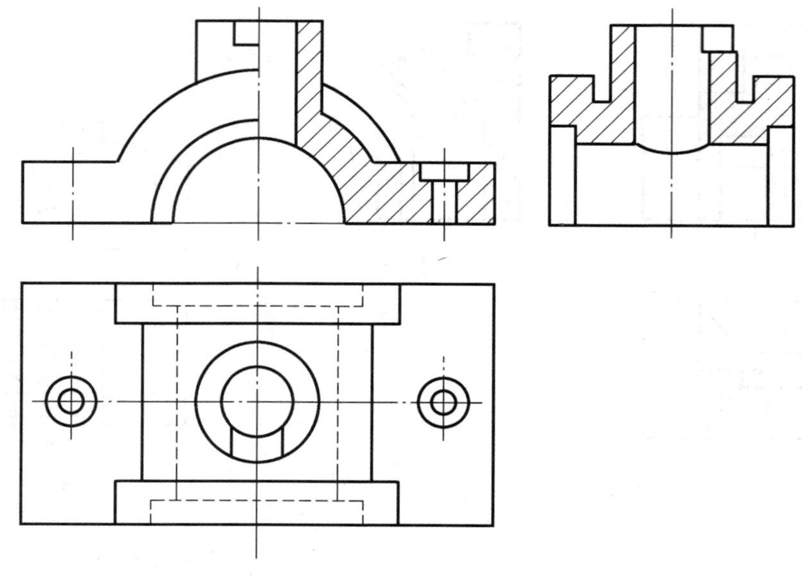

图　5-32

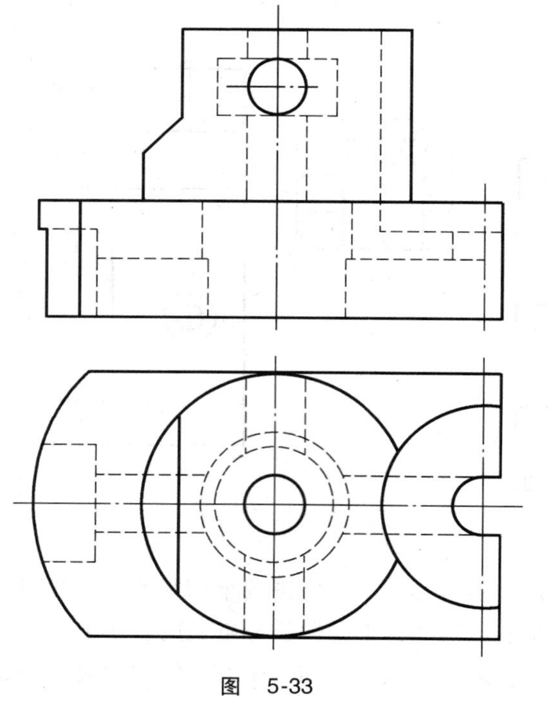

图　5-33

【解题分析】

该机件左右不对称，前后对称，根据形体的这一特点，主、左视图分别采用了不同的剖视图。

该机件上部外形为左侧带有切口的圆柱面，中间为竖直的阶梯圆孔，前后在垂直正面方向有一圆柱孔贯通。底板右边有半圆柱形凹槽，底板下方有一长方形的通槽。

【作图步骤】

（1）画全剖的主视图。

（2）画半剖的左视图，注意截交线和相贯线的画法。作图结果如图 5-34 所示。

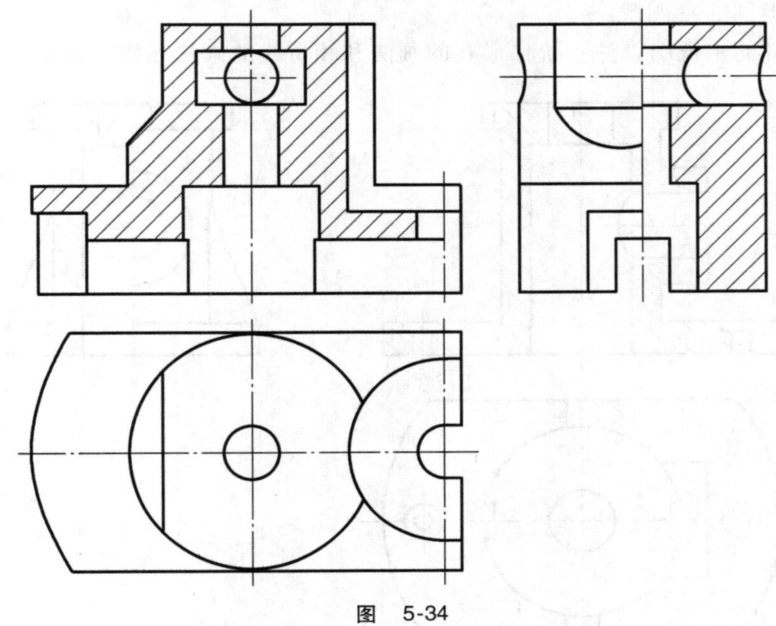

图 5-34

5-16 如图 5-35 所示，将左视图改画成半剖视图，并补画全剖的主视图。

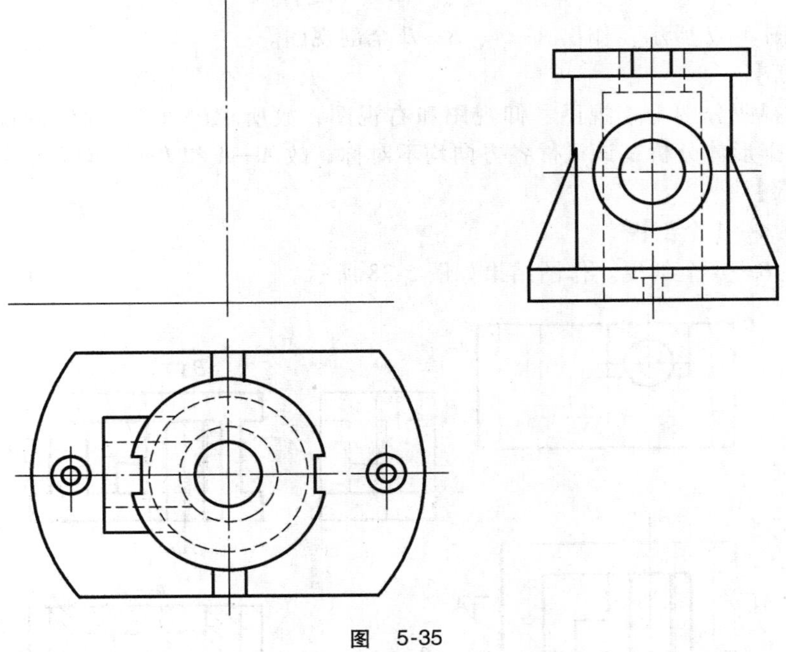

图 5-35

【解题分析】

该机件左右不对称，前后对称。根据该机件的形体分析，主视图应作全剖视，左视图作半剖视。该形体前后各有一块肋板，在画左视图时，剖切平面通过了肋板的基本对称平面（纵剖），肋板结构不画剖面符号，而用粗实线将它与其邻接部分分开。此题可省略标注。

【作图步骤】

（1）改画半剖的左视图。

（2）画全剖的主视图，注意阶梯形孔的画法和相贯线的画法。作图结果如图 5-36 所示。

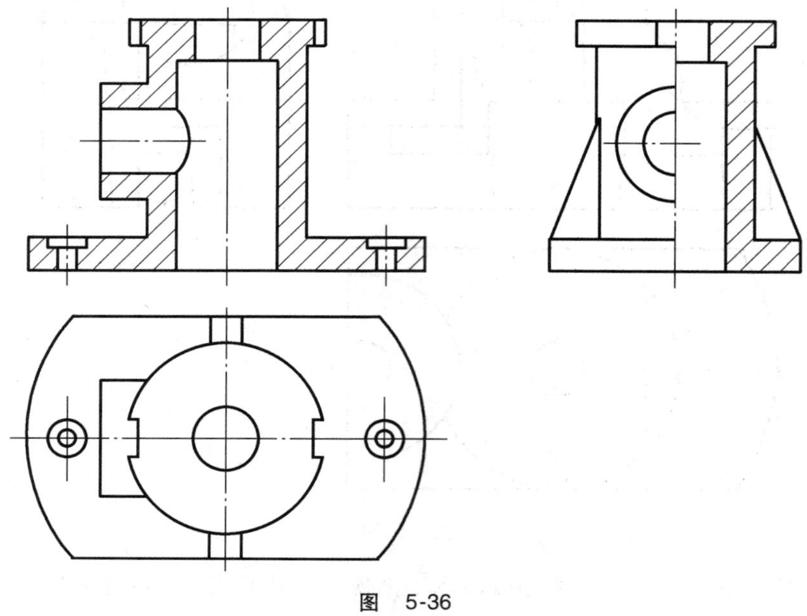

图 5-36

5-17 如图 5-37 所示，作出 *A*—*A*、*B*—*B* 全剖视图。

【解题分析】

已知的三视图分别为主视图、仰视图和右视图，故所求的 *A*—*A* 为俯剖视图；*B*—*B* 为左剖视图。根据形体分析，该机件各方向均不对称，故 *A*—*A* 和 *B*—*B* 均应作全剖视。

【作图步骤】

（1）补画 *A*—*A* 全剖视。

（2）补画 *B*—*B* 全剖视。作图结果如图 5-38 所示。

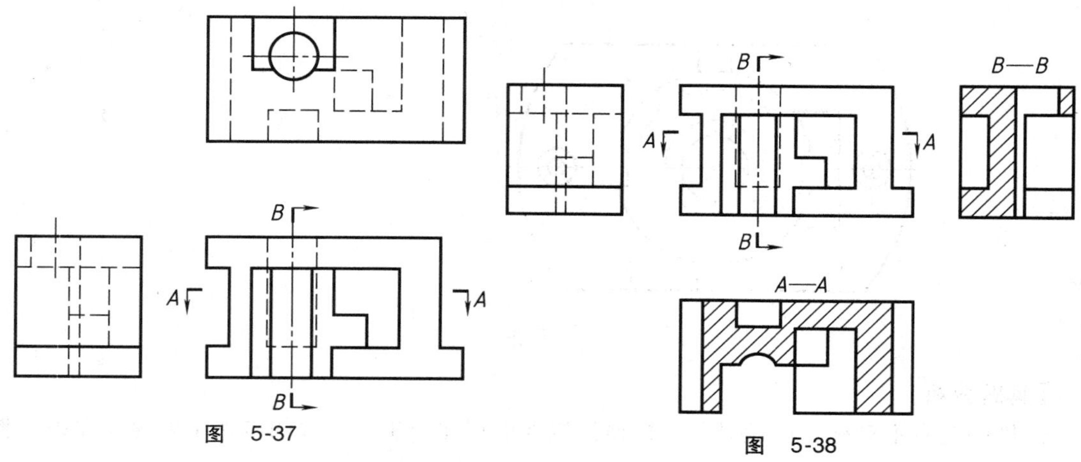

图 5-37

图 5-38

5-18　如图 5-39 所示，读懂图 5-39a 所给的两个视图后，判断其剖视图（图 5-39b、c、d）是否正确。

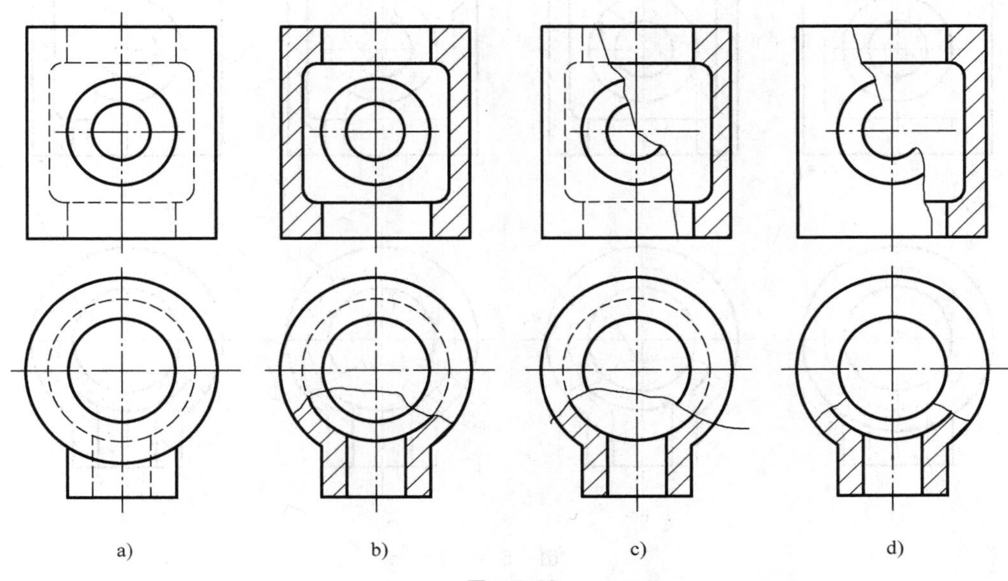

图　5-39

【解题分析】

依据局部剖视图的概念和画法，局部剖视图中波浪线被认为是假想实体断裂的边界线，故应画在实体上，不能穿空，也不应画在图形外面。

图 5-39a 表达的形体为竖直圆柱，中间是阶梯形的通孔，前方是一个小圆柱筒与其垂直相交。

【作图步骤】

（1）图 5-40b 中主视图是全剖视，小圆柱筒在其前方，故表示其投影的圆不应出现在剖视图上；由于阶梯形竖直孔是通孔，俯视图中表示断裂边界的波浪线不应连起来；虚线不应画出。

（2）图 5-40c 中主视图、俯视图均是局部剖，由于各孔都是通孔的，故波浪线不能画在空处。

（3）图 5-40d 是正确的。

5-19　如图 5-41 所示，下列局部剖视图正确的是（　　）。

【解题分析】

该立体右侧为竖直圆柱，圆柱中间是阶梯形的通孔，圆柱前方是一个小圆柱凸台和孔与其垂直相交；立体左边是带孔底板与圆柱相切。

【作图步骤】

（1）图 5-41a 所示俯视图中的波浪线有误；图 5-41c 所示主视图中底板与圆柱的切线没有画出；图 5-41d 所示主视图、俯视图中均有错误。

（2）正确的局部剖视图如图 5-41b 所示。

5-20　将图 5-42 所示机件改用局部剖视来表达。

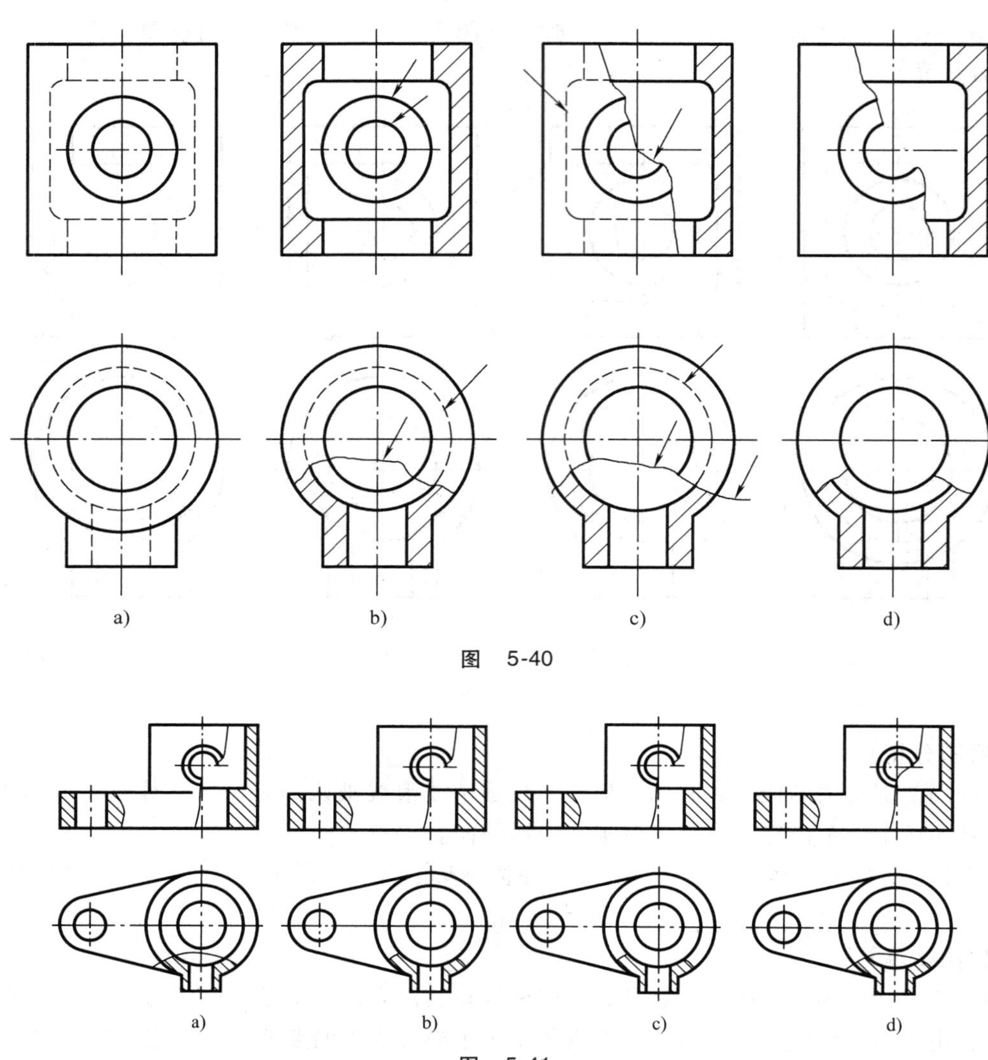

图 5-40

图 5-41

【解题分析】

由于该机件内、外形均需表达，故主、俯视图均应在适当范围内作局部剖。

在画局部剖视图时，波浪线要画在机件的实体部分。本题主、俯视图中所作的局部剖均采用单一剖切平面，剖切位置明显，所以省略标注。

【作图步骤】

画出主、俯视图的局部剖视图。作图结果如图 5-43 所示（注意波浪线的位置）。

5-21　将图 5-44 所示机件的两视图改画成局部剖视图。

【解题分析】

该机件左边为前方带有凸缘的圆柱形弯管，右边是方形空腔，其上方是带有凸缘的圆柱筒，根据该机件的结构特点来看，主、俯视图均应在适当范围内作局部剖。

【作图步骤】

画出主、俯视图的局部剖视图，注意主、俯视图局部剖开的范围，未剖的部分均应是左

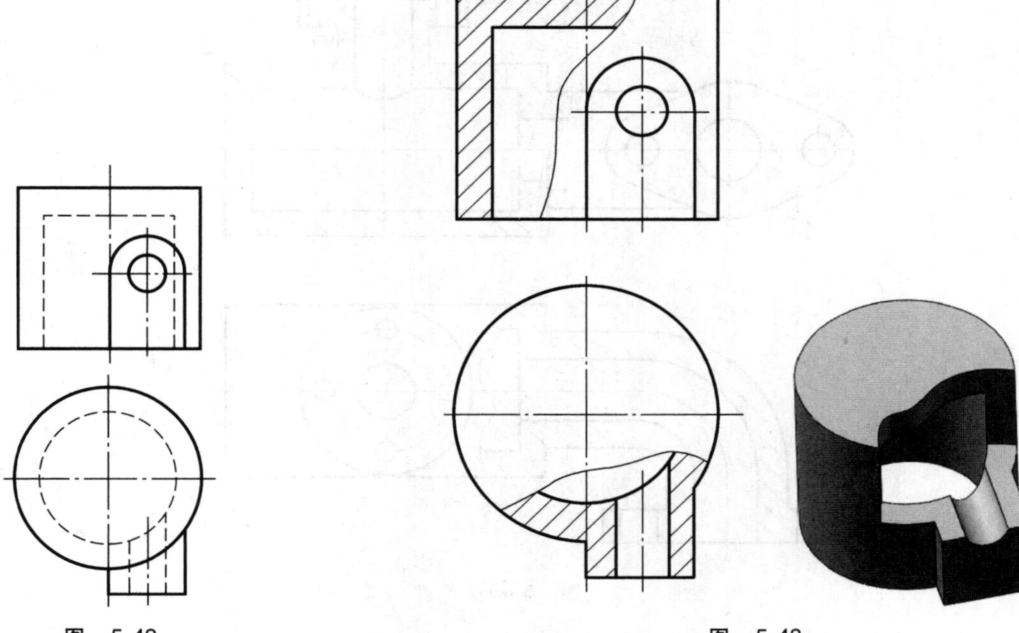

图 5-42　　图 5-43

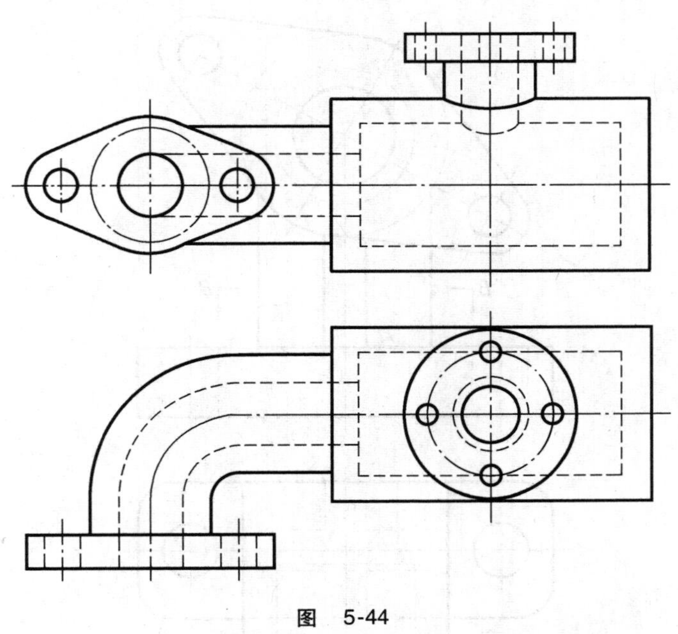

图 5-44

前方和右上方的凸缘。作图结果如图 5-45 所示。

5-22　如图 5-46 所示，画出 *A—A*、*B—B* 全剖视图。

【解题分析】

使用单一的且与基本投影面倾斜的平面剖切机件所得的剖视图的画法与标注。

该形体上部外形为前方带凸缘的正垂方向的圆柱体，中间是阶梯形圆柱孔，凸缘的对称

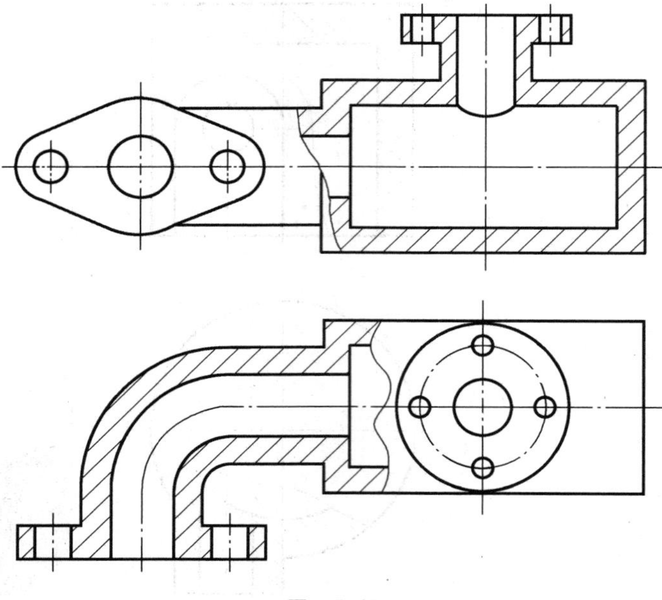

图　5-45

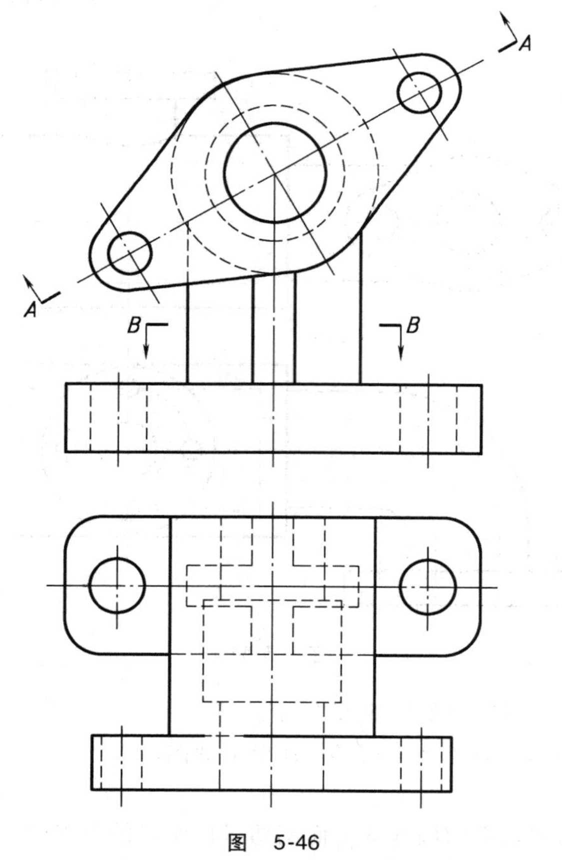

图　5-46

面上左右各有一个小孔，且该对称面与投影面倾斜。其下部为有两小孔的长方体底板，中部是十字形肋板连接圆柱体与长方体。其立体图如图 5-47 所示。

A—A 全剖视图用于表达机件上方圆柱体中间的阶梯孔与两边小孔的结构。*B—B* 全剖视主要表达十字形肋板及底板的结构。

【作图步骤】

（1）画 *A—A* 剖视图，注意投射方向。

（2）画 *B—B* 剖视图。

（3）标注如图 5-48 所示，字母应按水平位置书写。

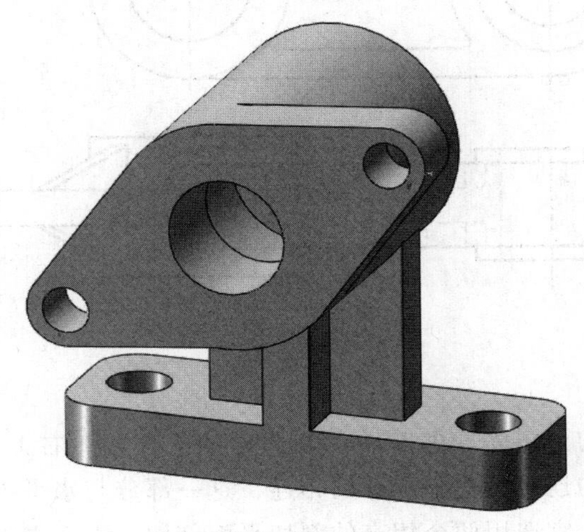

图 5-47

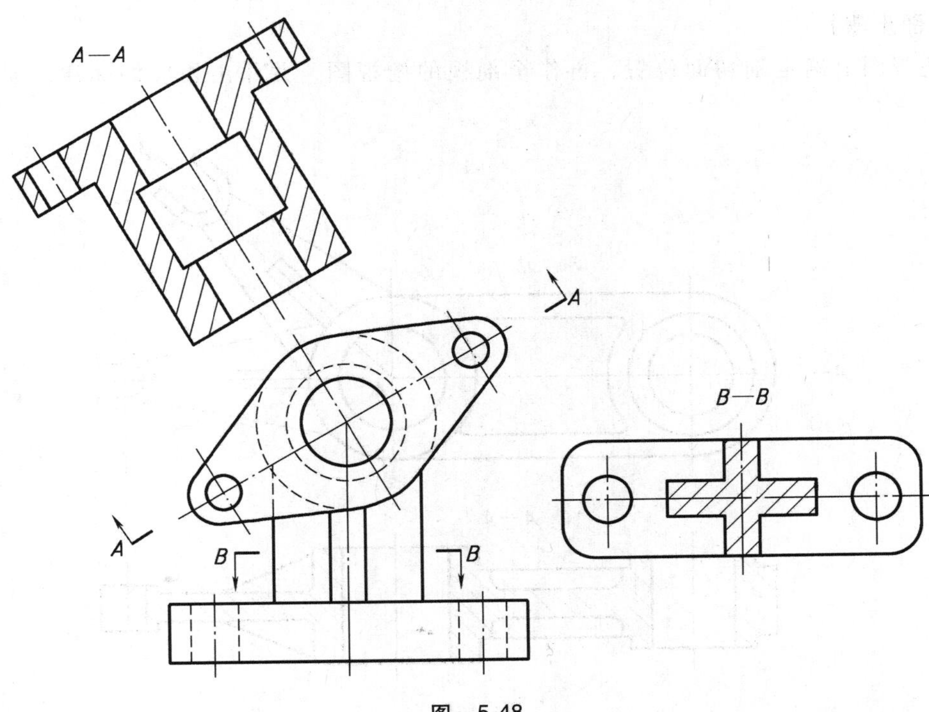

图 5-48

5-23 如图5-49所示，完成用两个相交剖切面剖切后得到的全剖视图，并标注。

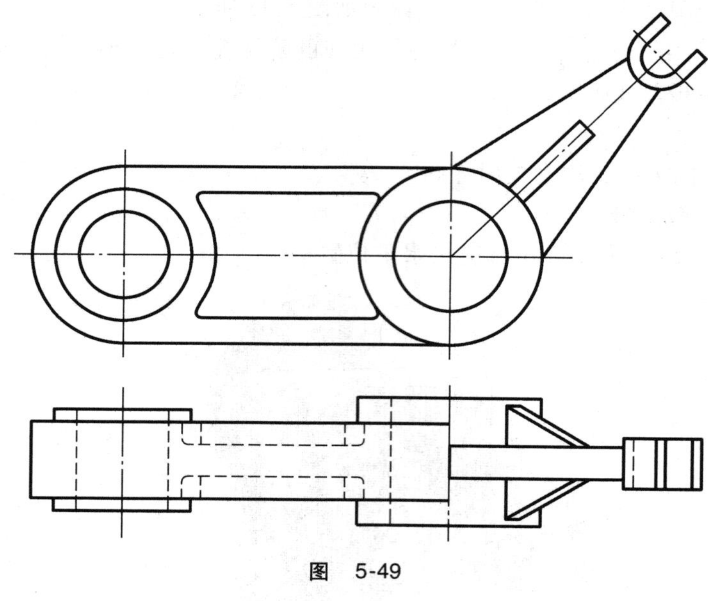

图 5-49

【解题分析】

该形体中部与左侧均为圆筒，由前后带有凹槽的板连接；右上方是一个U形体，由一块前后带有三角形肋板的连接板与中部圆筒相连，这一部分与水平投影面倾斜。

根据该形体的特点，宜选用两个相交的剖切平面剖切。右上方正垂剖切平面剖开的结构及有关部分先旋转到与水平投影面平行，再按对应关系投射。这种剖视图必须标注。

【作图步骤】

在主视图上确定剖切面位置，再作全剖视的俯视图，并作出相应的标注，如图5-50所示。

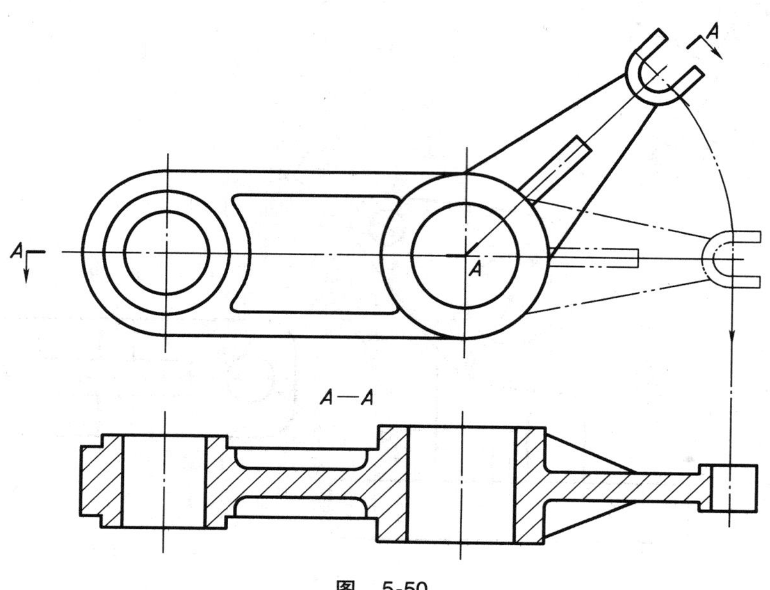

图 5-50

5-24 如图5-51所示，选用适当的剖切方法作剖视图，并标注。

【解题分析】

由该机件的形体分析可知，本题适合用两个相交剖切面剖切的方法，作出主视图的全剖视图。

正平剖切面剖出左边及中间的通孔，铅垂剖切面剖出右边的腰形孔。注意处于剖切面上的腰形孔要先旋转到正平面后再投射，而不处于铅垂剖切面上的其他结构不旋转，仍按原来位置投射，并按规则作标注。

【作图步骤】

先在俯视图上确定剖切面位置，再画出主视图的全剖视图，并作出相应的标注，如图5-52所示。

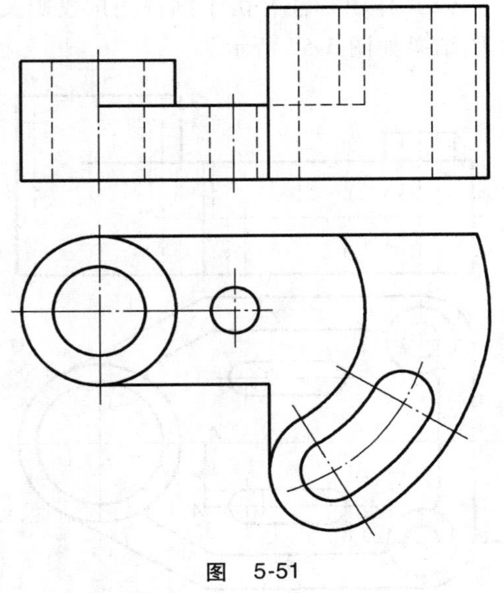

图 5-51

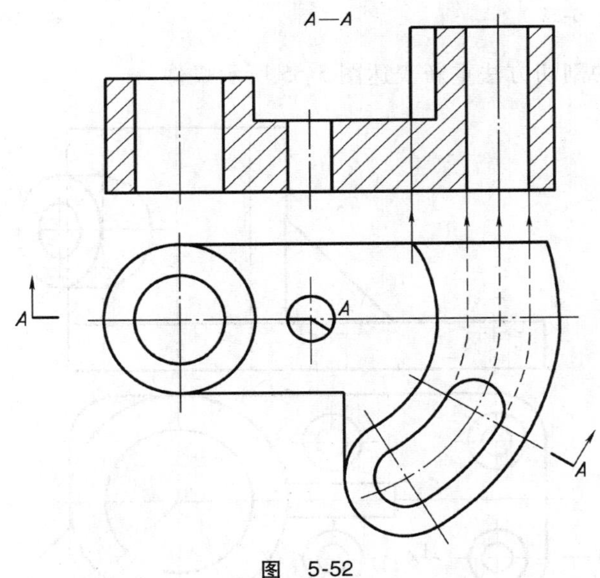

图 5-52

5-25 如图5-53所示，用几个平行剖切面剖切机件，画出全剖视图。

【解题分析】

本题所给机件，右边是一个圆柱筒，与圆柱筒相连接的是有凹槽和两个腰形通孔的底板，底板左侧前后各有一带孔的圆柱凸台。

作图时用三个相互平行的剖切平面，依次剖出上述结构，相同结构只要剖切一处。采用此种方法剖切时，剖切面的转折处不应与视图中的轮廓线重合，也不应在图形中出现不完整要素，如中间的剖切面应将圆孔及凹槽完整剖到再转折。

【作图步骤】

（1）先在俯视图上确定剖切面位置，再画出全剖的主视图。

（2）作出标注，由于剖视图按投影关系配置，中间又没有其他图形隔开，可省略箭头。作图结果如图5-54所示。

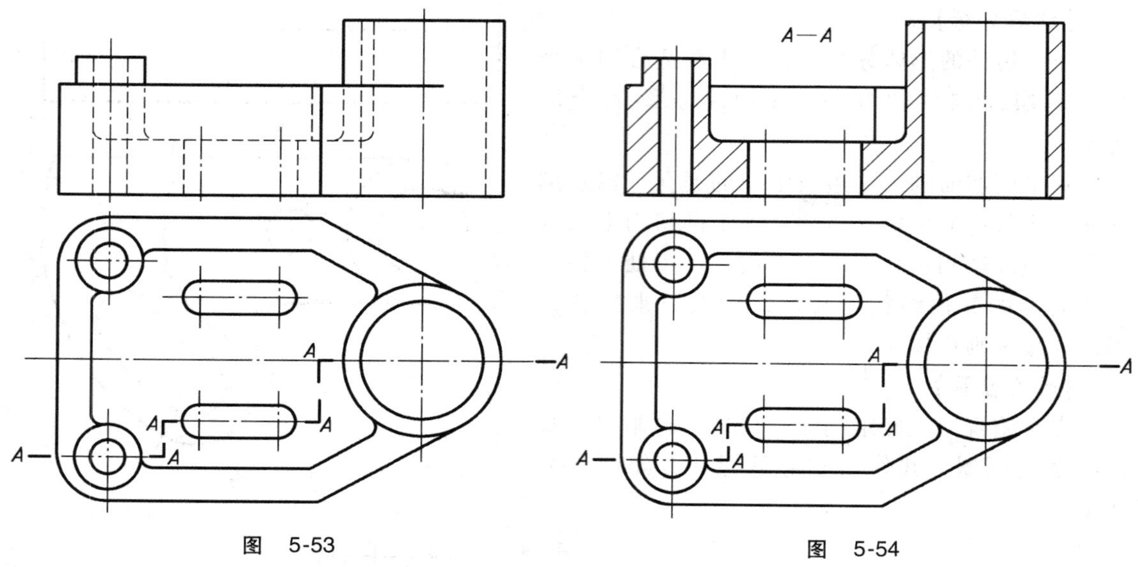

图 5-53　　图 5-54

5-26　选用适当的剖切方法重新表达图5-55所示机件。

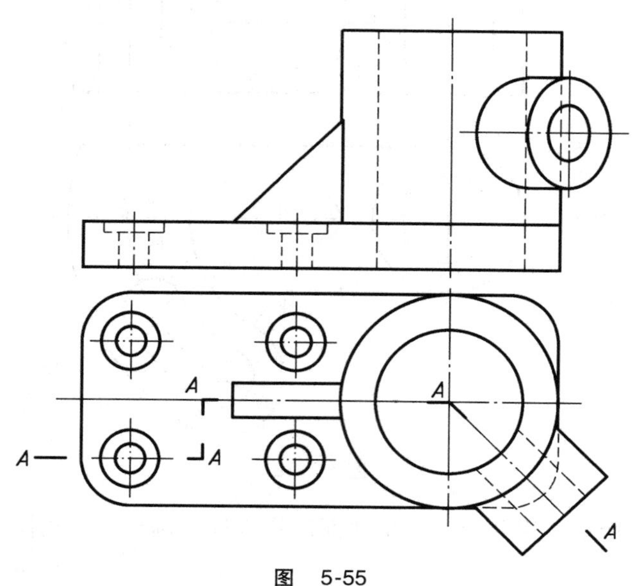

图 5-55

【解题分析】

本题采用平行的剖切平面、相交的剖切平面，自左至右依次沿各孔的轴线剖切。注意：右前方的倾斜结构由于采用的是“先剖切、后旋转”的剖切方法，故底板的一个圆角先被剖到，又进行了旋转，因而底板的这一部分图形伸长了。

【作图步骤】

（1）先在俯视图上确定剖切面位置，再画剖视图。

（2）作出标注：画剖切符号，标注字母 *A*，在转折处注相同的字母（如转折处位置有限，又不致引起误解，允许省略字母），在剖视图上方注写 *A*—*A*，本题可省略箭头。作图结果如图 5-56 所示。

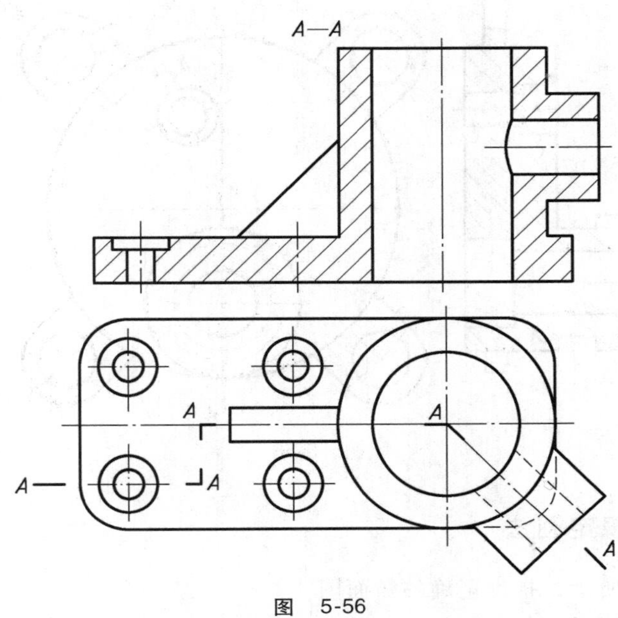

图 5-56

5-27 如图 5-57 所示，完成用几个相交的剖切面剖切后得到的全剖视图。

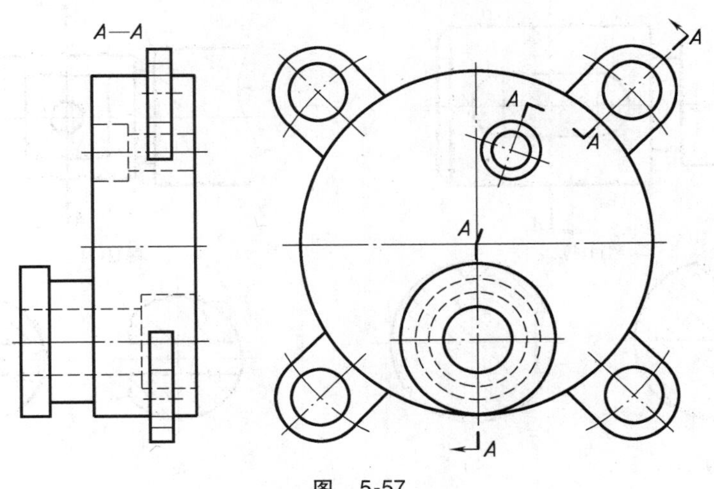

图 5-57

【解题分析】

A—*A* 采用了三个相交的剖切平面，自下方到右上方，依次沿各孔的轴线剖切。第一个剖切面为平行的正平面，第二、三个剖切面（侧垂面）是倾斜于正面的，剖开后倾斜部分均须旋转到与正平面平行后再投射，但是剖切平面后的其他结构仍按原来位置投射画出。

【作图步骤】

先在俯视图上确定剖切面位置，再画出主视图的全剖视图，并作出相应的标注，如图

5-58 所示。

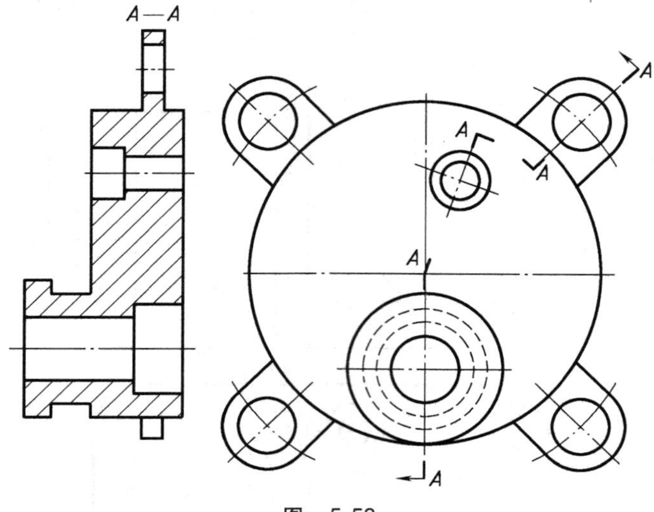

图 5-58

5.3.3 断面图及规定画法

5-28 如图 5-59 所示，指出正确的断面图。

（1）正确的断面图是（　　）。　　（2）正确的断面图是（　　）。

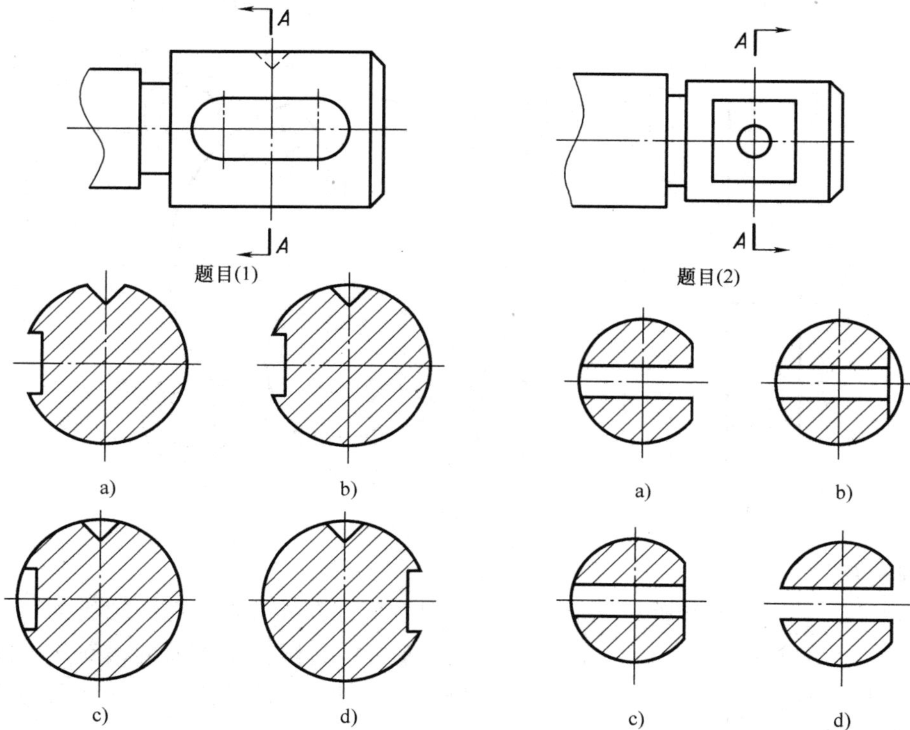

图 5-59

【解题分析】

第（1）题中，断面前方有键槽，只画断面，但上方有一个锥孔，其轴线通过剖切面，所以上方锥孔处应按剖视绘制，选 b。

第（2）题中，断面前方有方形凹槽，此处只画断面，但还有一个正垂贯通的销孔，为了避免图形分离，所以选 c。

【作图步骤】

作图步骤略。

5-29　如图 5-60 所示，在指定位置画出断面图（右端键槽深 4mm）。

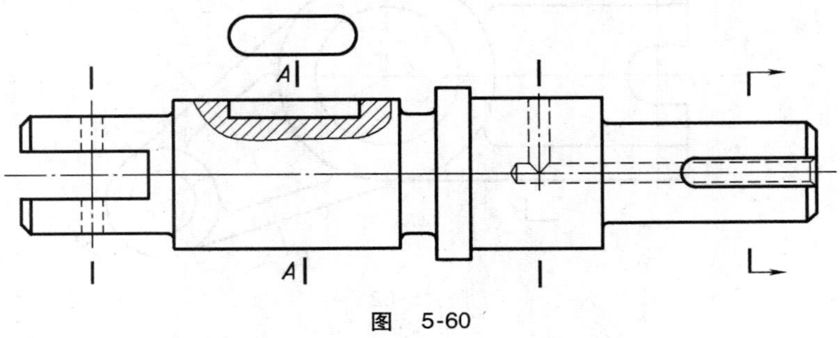

图　5-60

【解题分析】

本题为常见的轴类零件的移出断面。为了便于看图，移出断面应尽量配置在剖切符号或迹线延长线上。断面图一般应标注：粗短线表示剖切位置，箭头表明投射方向，并注写字母，在断面图上方以同样字母注“X—X”，如图中 *A—A* 断面。图中左起一、三断面图均配置在剖切符号延长线上，且为对称的移出断面，故可省略标注（图中粗短线为题给）。

注意左起第一、三两个断面图画法：当剖切平面通过回转面形成的孔或者剖切后会出现完全分离的两个断面时，这两种情形均按剖视绘制。

各断面图的剖面线方向应与主视图中已给的剖面线方向一致。

【作图步骤】

作图步骤略。作图结果如图 5-61 所示。

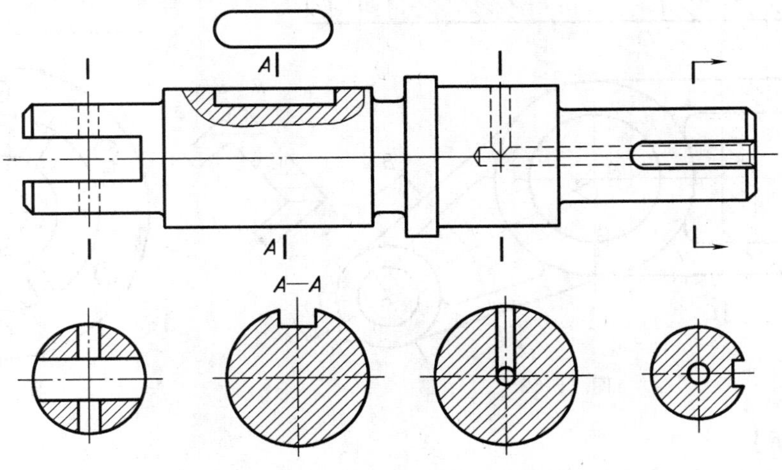

图　5-61

5-30　读懂图5-62所给机件，画出 $B—B$ 移出断面和 $C—C$ 重合断面。

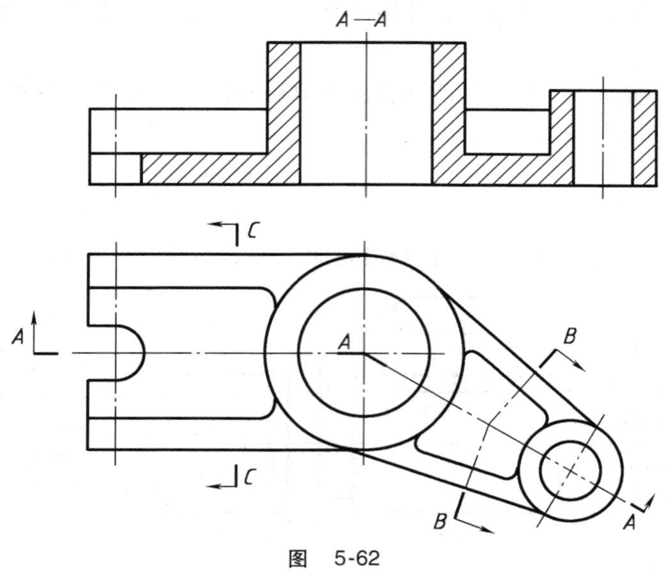

图　5-62

【解题分析】

$B—B$ 移出断面是由两个相交平面剖切得到的，故 $B—B$ 断面中间应断开。$C—C$ 重合断面用细实线画在俯视图内，原来俯视图上的轮廓线不要中断。

$B—B$ 断面图未能配置在剖切符号延长线上，图形又不对称，故应作出完整标注。

【作图步骤】

画出断面图，并作出完整标注。作图结果如图5-63所示。

5-31　把图5-64所示的主视图改画成剖视图。

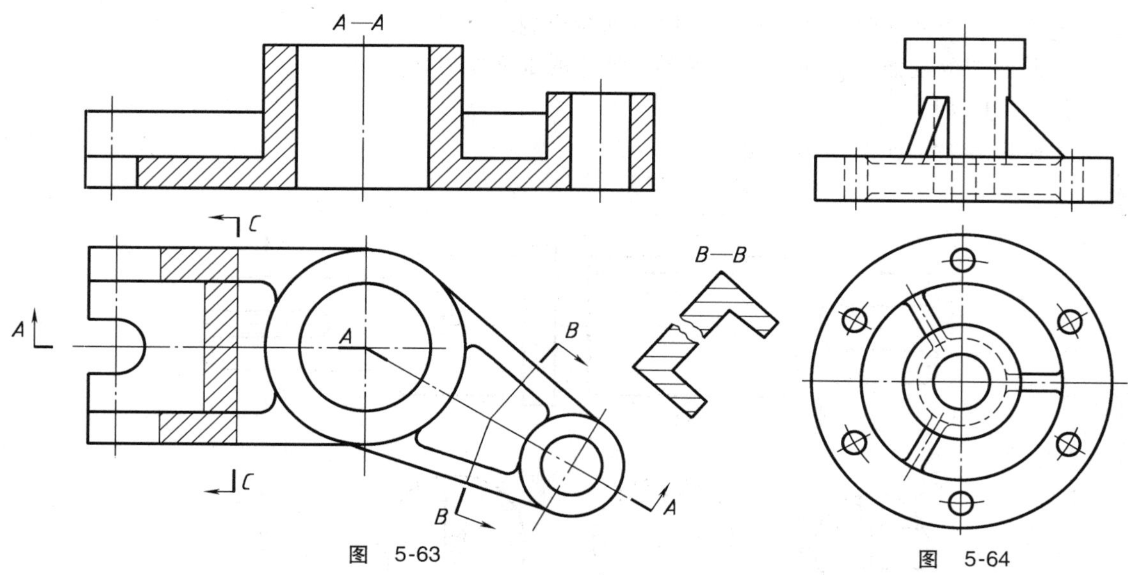

图　5-63　　　　图　5-64

【解题分析】

本题为规定画法。当零件回转体上均匀分布的肋、轮辐、孔等结构不处在剖切平面上时，可将这些结构旋转到剖切平面上画出。

规定画法不需要标注。肋板左右对称画出，通孔只画一处，对称处画出点画线表示孔的位置。

【作图步骤】

画出全剖的主视图，注意肋板和孔的画法。作图结果如图5-65所示。

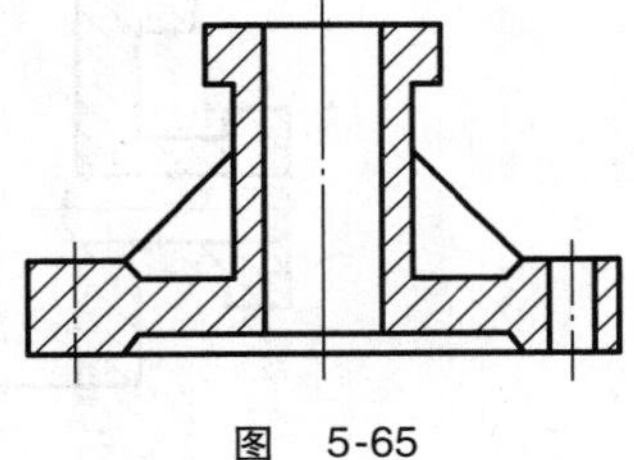

图 5-65

5.3.4 机件表达方法的综合应用

用各种表达方法完整、清晰而简洁地将机件的内、外形状表达出来，在表达清楚的前提下，尽量做到"少而精"。

5-32 图5-66所示的一组图形表达了同一个机件。读懂图形，对各图进行标注，同时指出各属于哪种视图。

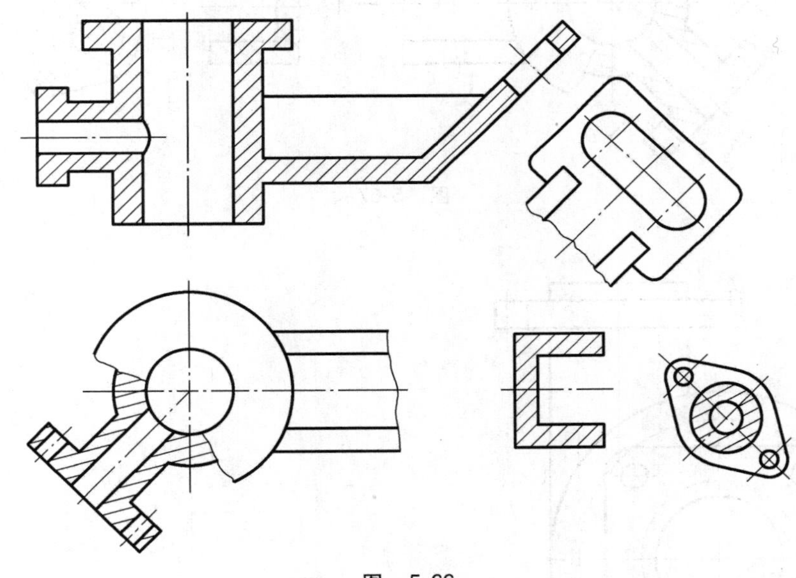

图 5-66

【解题分析】

本题为综合表达方法的看图练习。读者可在看懂图形的基础上，结合有关标注的知识，想象出各部分结构特征和整体形状。图中给出的是典型的表达方法，望能分析其表达意图。

【作图步骤】

（1）读懂各视图后作出完整标注，如图5-67所示。

（2）*A—A* 为相交两个面的全剖视；*B* 为斜视图；*C—C* 为移出断面图；*D—D* 为移出断面图。

5-33 表达方法选用练习：选用适当表达方法把图5-68所示的机件表达清楚。

【解题分析】

该机件左右不对称，由于前方凸台及内形均需表达，故主视图采用了局部剖视的表达方法。这样做可以保留正前方凸台部分外形，有内外兼顾的优点，如图5-69所示。剖切位置通过形体前后对称平面，故省略标注。

该机件前后对称，俯视图符合作半剖的条件，并在外形图部分，对上部凸缘的四个小孔

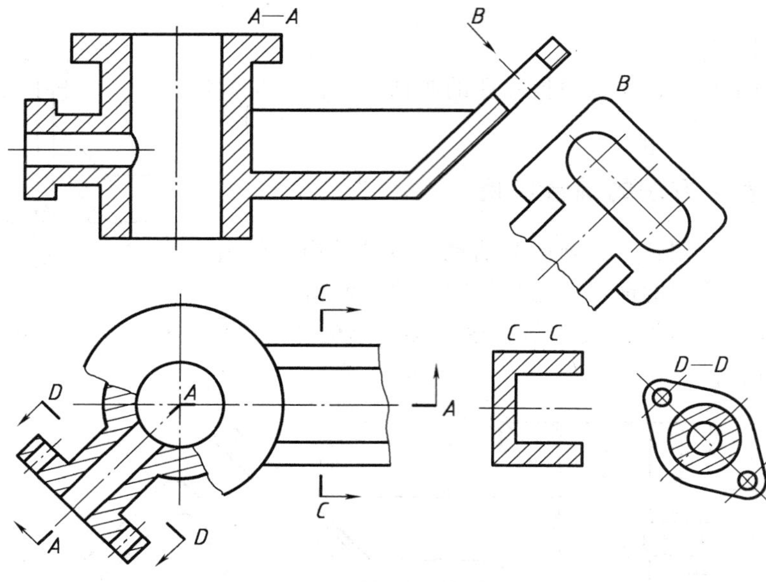

图　5-67

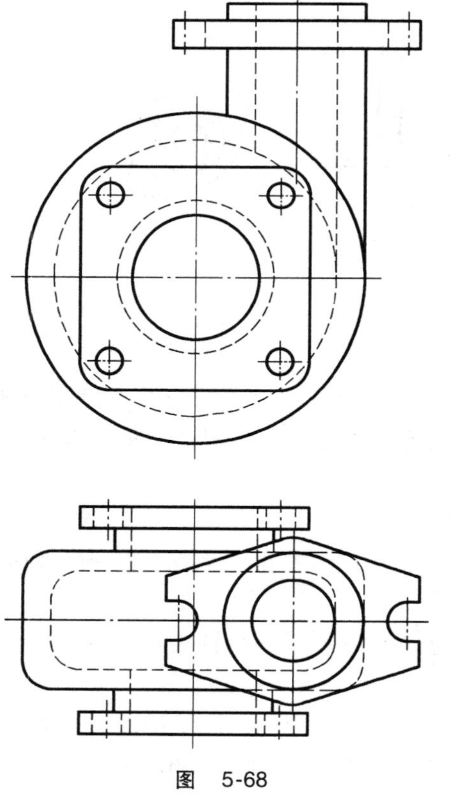

图　5-68

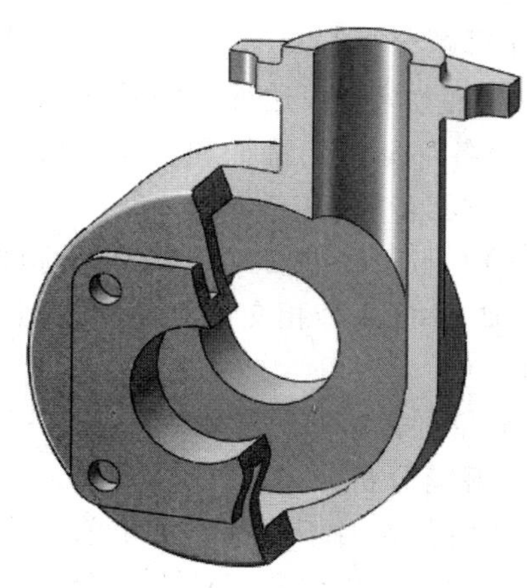

图　5-69

作局部剖视图，俯视图需标注，如 *A*—*A*，箭头可省略。

虽然形体前后凸台及连接圆柱管的形状相同，位置对称，但凸台及圆柱管的形状仅在俯视图中表达略显不足，故作 *B*—*B* 剖视图使该局部结构更清晰、完整。

【作图步骤】

画出主、俯视图的剖视图和 *B*—*B* 剖视图，作出相应的标注。作图结果如图 5-70 所示。

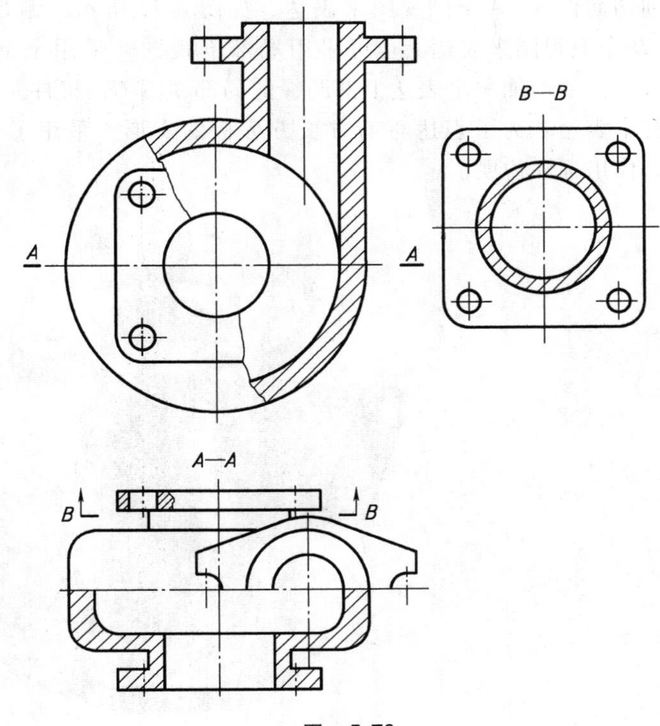

图 5-70

5-34　看懂图 5-71 所示机件的三视图，想象其形体，选用适当的表达方法重新表达该机件。

【解题分析】

画图前应做形体分析，尤其是看懂视图中较多虚线的含义。

由于该机件右前方的方形板与基本投影面倾斜，且形体又不对称，故主视图宜采用两个相交

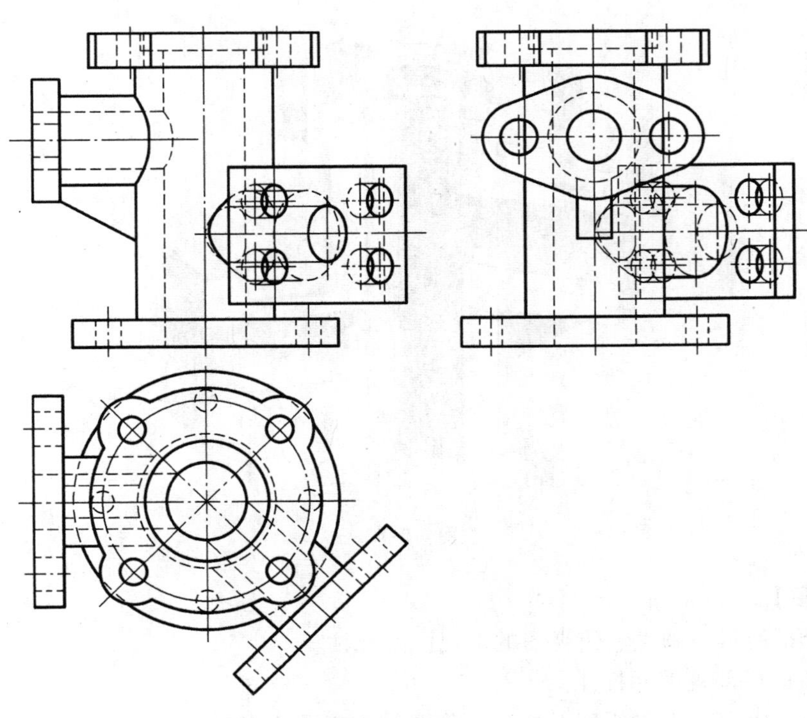
图 5-71

的剖切面作 *A—A* 全剖视图来表达，如图 5-72 所示。俯视图采用两个相互平行的剖切面作 *B—B* 全剖视图来表达，也可采用局部剖视图。采用全剖视图的优点是，图形表达比较清晰，但需要增加一个表达上部凸缘的局部视图 *C*。机件左边的菱形板的特征可采用 *D—D* 全剖视来表达。为了表达右前方长方形板的实形，采用了 *E—E* 斜剖视，所得图形旋转后给出，作出标注说明。

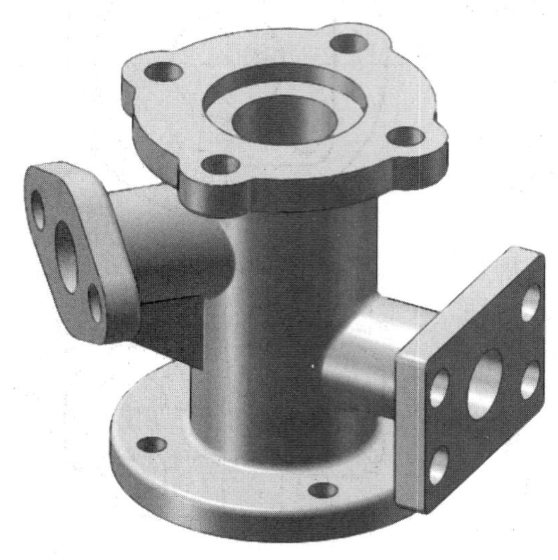

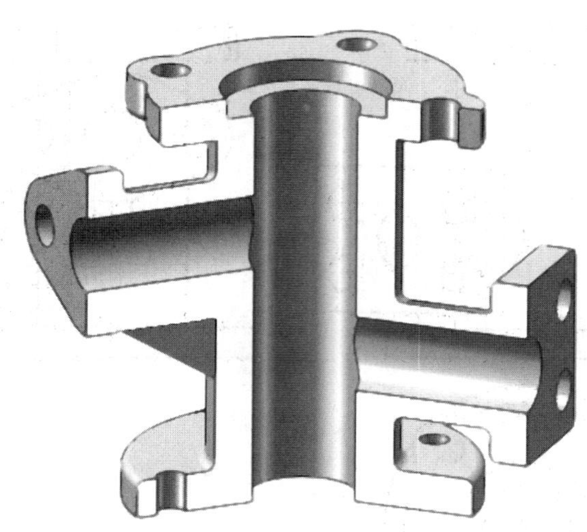

图 5-72

【作图步骤】

（1）由分析所得，画主、俯视图的剖视图并标注。

（2）画 *C* 向局部视图并标注。

（3）画 *D—D*、*E—E* 剖视图并标注。作图结果如图 7-73 所示。

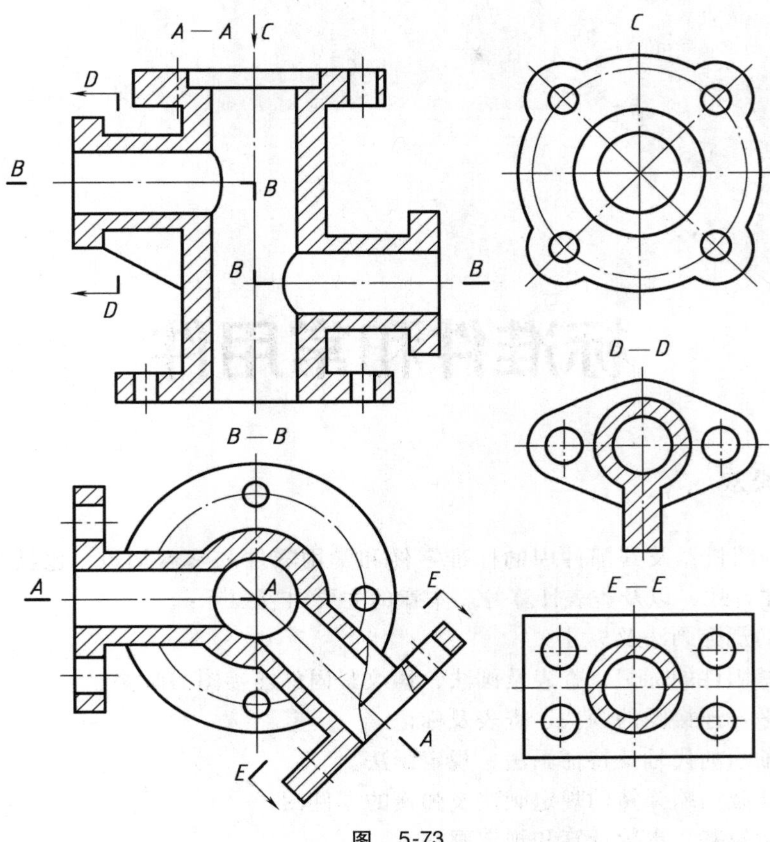

图 5-73

5.4 自测题

1. 视图分哪几种？每种视图都有什么特点？

2. 剖视图主要表达什么？举例说明怎么作剖视图？

3. 剖视图分哪几种？各适用于哪些情况？

4. 断面图主要表达什么？分为哪几种？断面图与剖视图有何区别？

5. 画肋板、轮辐、薄壁时应注意什么问题？

6. 试指出图 5-73 中画主、俯视图时，剖切面的位置是怎么选择的？并说明 *C* 向、*D—D* 和 *E—E* 各属于哪种视图？

第 6 章

标准件和常用件

6.1 内容要点

本章主要介绍机器及其部件中的标准零件和常用零件的基本知识，包括它们的图样画法、标记和标注方式，以及查表计算等。本章的主要内容如下：

（1）螺纹的规定画法及标注。

（2）螺纹紧固件的标记、查表及画法，螺纹紧固件连接图的画法。

（3）普通平键连接图的画法、查表及标记。

（4）滚动轴承的代号及特征画法、规定画法。

（5）圆柱螺旋压缩弹簧的规定画法及弹簧的零件图。

（6）圆柱齿轮基本参数计算和规定画法。

6.2 解题要领

标准件是指其形状、画法和尺寸数据等全部已标准化的零件，常用件是指在机器中广泛使用的零件，它的一些结构的画法也做了规定，所以求解这类题目时，应掌握国家标准的相关规定，理解零件真实结构与图样表达上的差异，掌握规定画法、标记和标注方式，会查阅国家标准手册。

本章的重点内容是螺纹及螺纹连接的规定画法和直齿圆柱齿轮及啮合的图样画法。

6.3 习题与解答

6.3.1 螺纹及螺纹连接件

6-1 分析表 6-1 中画法的错误，画出正确的图样，并按给出的螺纹要素进行标注。

【解题分析】

该题出现的错误画法主要是因为没有掌握螺纹的规定画法，如螺纹小径要画到倒角内，外螺纹小径用细实线画，内螺纹小径用粗实线画，终止线用粗实线画，螺孔不通底部有 120°

表 6-1

(1)细牙普通螺纹，公称直径为 16mm，螺距为 1mm，中径、顶径公差带均为 6g	(2)55°非密封管螺纹，尺寸代号为 1/2
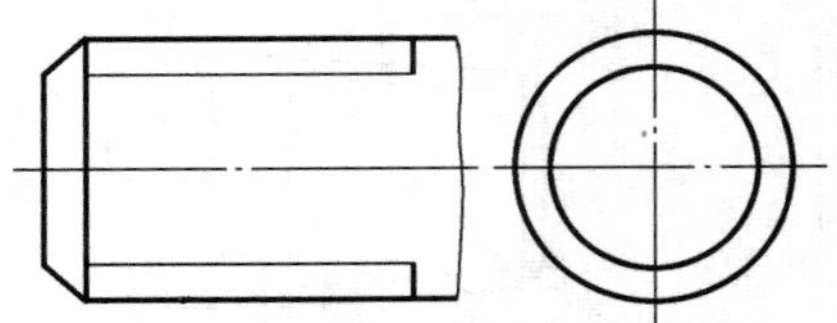	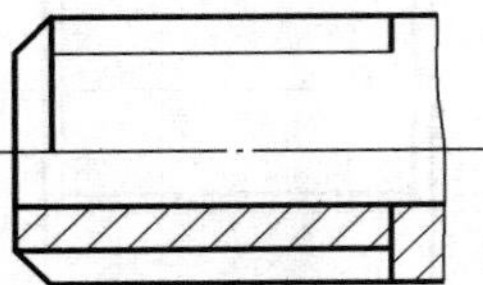
(3)粗牙普通螺纹，公称直径为 16mm，螺距为 2mm，中径公差带为 7H，顶径公差带为 6H	(4)内、外螺纹连接(外螺纹全部旋入)的画法
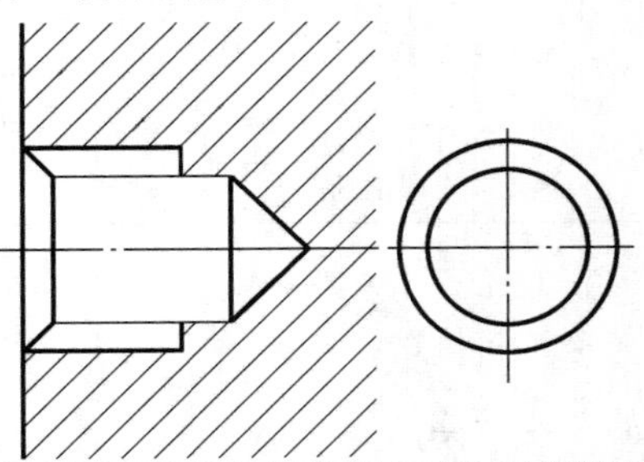	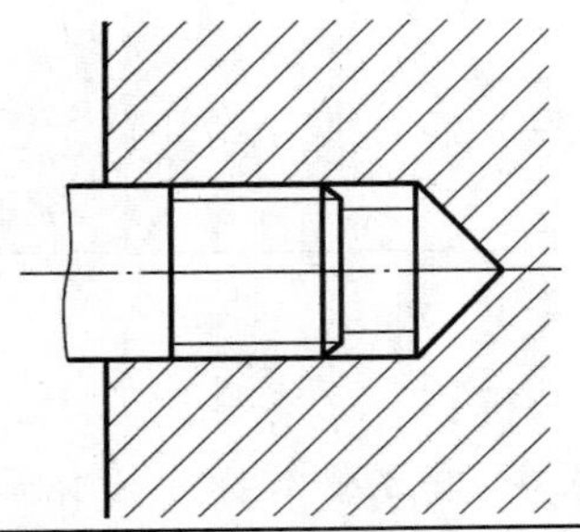

的圆锥角，旋合螺纹大、小径（粗、细线）对齐，剖面线画到粗实线处，等等。只要掌握上述内容，就不难改正错误画法。

【作图并标注】

作图并标注，结果见表 6-2。

表 6-2

(1)①外螺纹小径画到倒角内；②螺纹终止线画全；③左视图中小径画成 3/4 圈细实线，倒角圆不画	(2)①小径画入倒角内；②螺纹终止线画全；③终止线画到小径处；④小径画成细实线；⑤剖面线画到大径(粗实线)
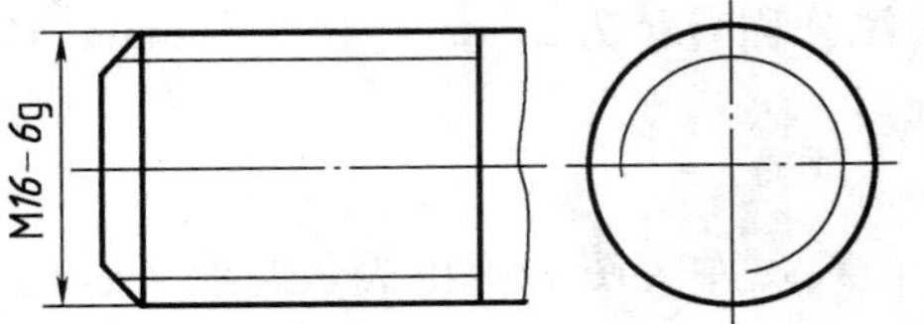	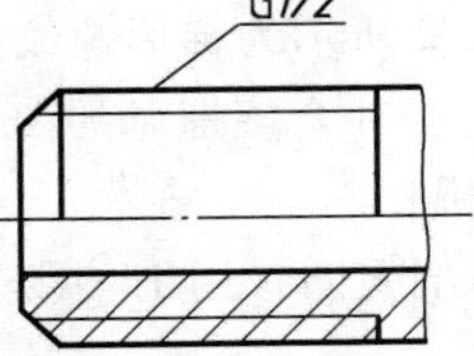
(3)①内螺纹剖开后剖面线画到小径；②内螺纹终止线画成粗实线；③孔底画成 120°的圆锥角；④左视图大径为 3/4 圈细实线	(4)①外螺纹终止线不能画到螺孔内；②内、外螺纹大、小径图线要对齐；③内螺孔未与外螺纹连接处按内螺纹画
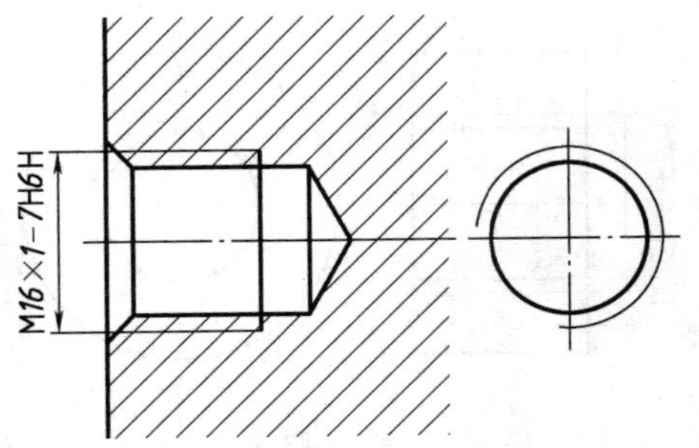	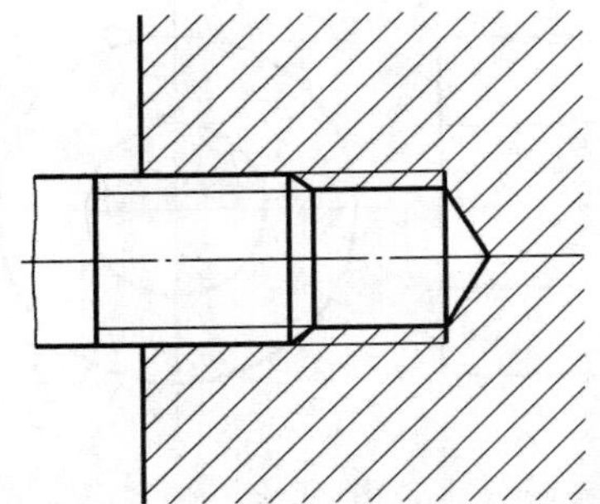

6-2　根据图6-1标注的螺纹尺寸，查相关标准并填空说明螺纹各要素。

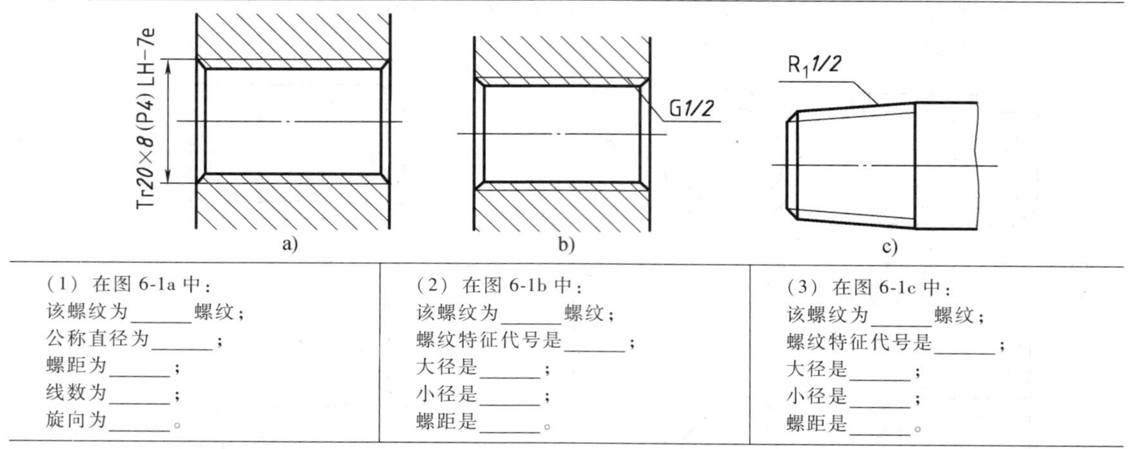

(1) 在图6-1a中：	(2) 在图6-1b中：	(3) 在图6-1c中：
该螺纹为______螺纹；	该螺纹为______螺纹；	该螺纹为______螺纹；
公称直径为______；	螺纹特征代号是______；	螺纹特征代号是______；
螺距为______；	大径是______；	大径是______；
线数为______；	小径是______；	小径是______；
旋向为______。	螺距是______。	螺距是______。

图　6-1

【解题分析】

根据图6-1中的螺纹标注，由国家标准查出螺纹的基本要素。

【答案】

答案见表6-3。

表　6-3

螺纹为 梯形 螺纹；	该螺纹为 55°非密封管 螺纹；	该螺纹为 55°密封管 螺纹；
公称直径为 20mm ；	螺纹特征代号是 G ；	螺纹特征代号是 R_1 ；
螺距为 4mm ；	大径是 20.955mm ；	大径是 20.955mm ；
线数为 2 ；	小径是 18.631mm ；	小径是 18.631mm ；
旋向为 左旋 。	螺距是 1.814mm 。	螺距是 1.814mm 。

6-3　图6-2所示为梯形螺纹的螺母，其加工螺纹公称直径为22mm、导程为6mm、螺距为3mm、左旋，补全该螺母的两视图并标注螺纹代号。

【解题分析】

主视图是剖视图，用细实线表示螺纹大径和剖面线。左视图应画出表示螺纹大径的3/4圈细实线。

【作图并标注】

作图并标注，结果如图6-3所示。

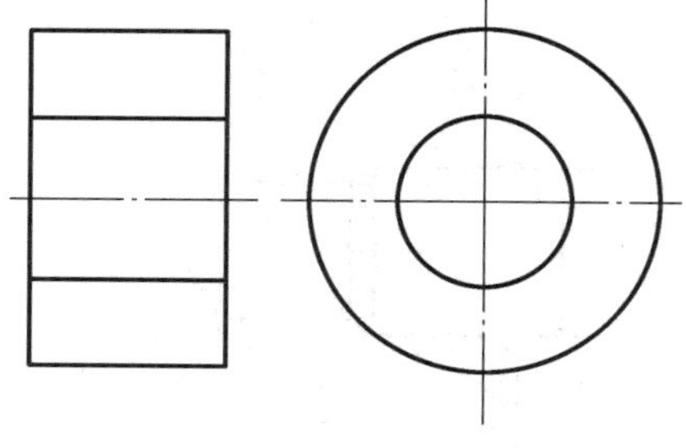

图　6-2

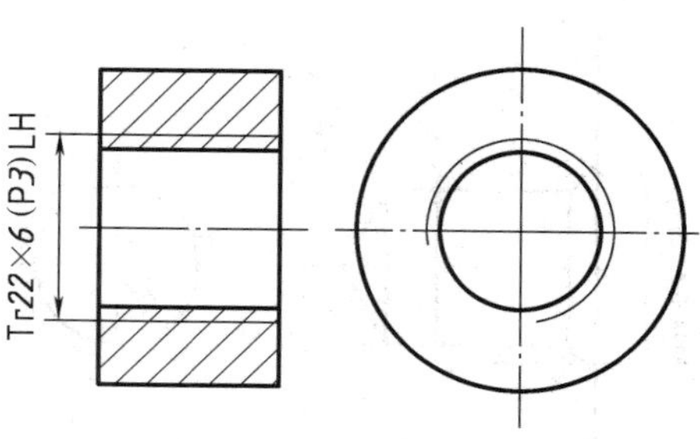

图　6-3

6-4 补全标注表 6-4 中各标准件的主要尺寸，并写出其规定标记。

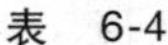
表 6-4

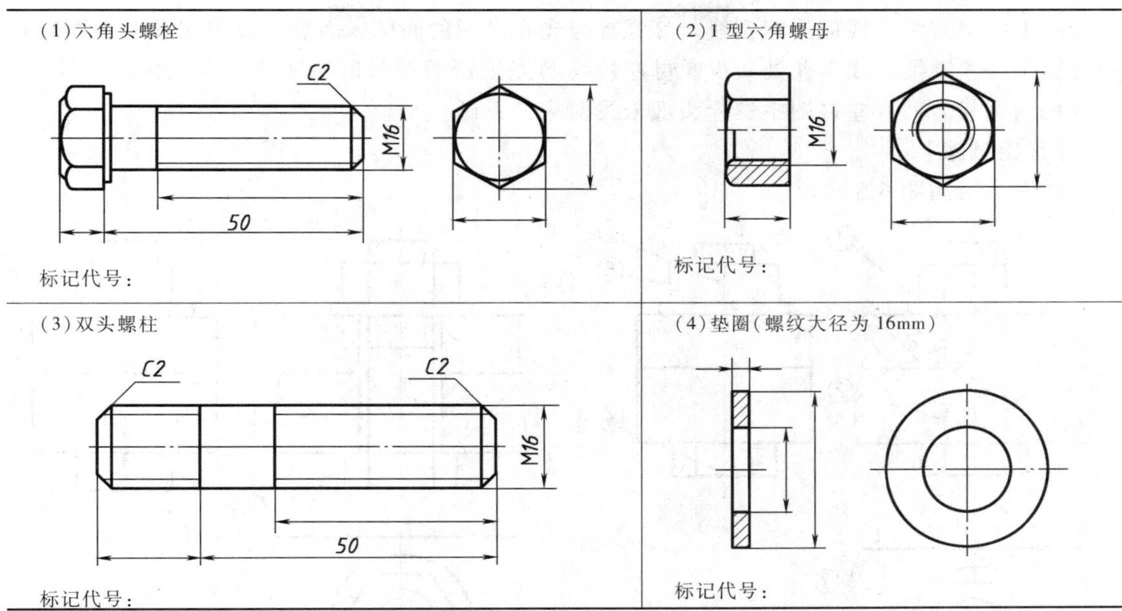

【解题分析】

查阅螺纹连接件的有关国家标准。

【作图并标注】

作图并标注，结果见表 6-5。

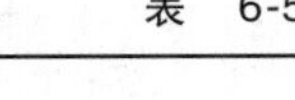
表 6-5

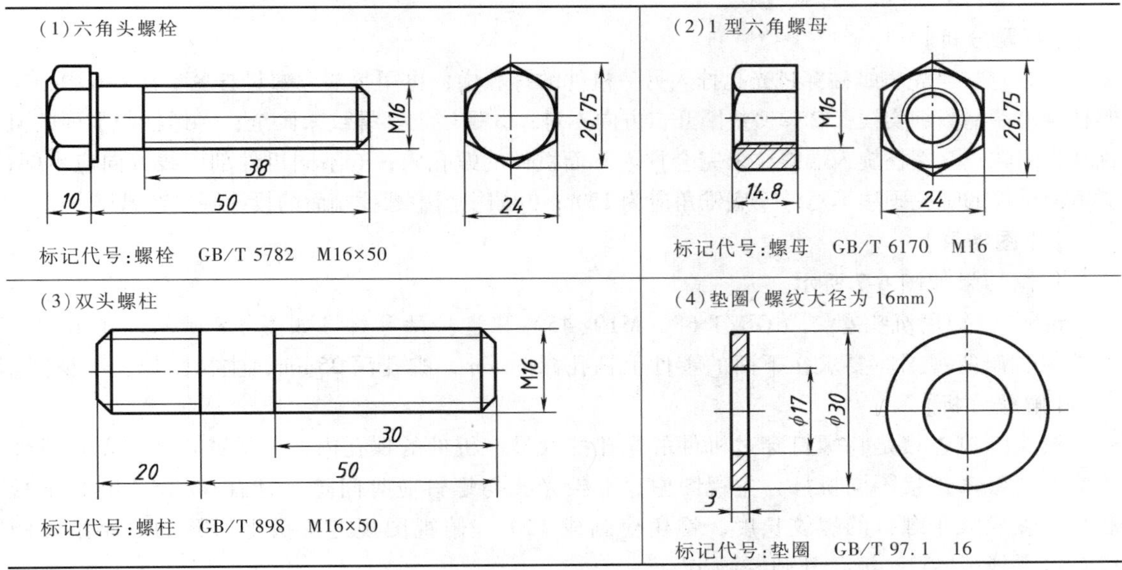

6-5 指出下列螺纹连接件画法中的错误，并画出正确的图样。

(1) 图 6-4 所示为螺栓连接。

【解题分析】

螺栓连接是用螺栓穿入两块钻有光孔的板，再用垫圈和螺母拧紧。图 6-4 中：①主视图中螺栓上的螺纹终止线应为粗实线；②螺栓与光孔之间的间隙未表现；③俯视图中螺栓端面的投影少 3/4 圈细实线；④处缺少螺母左棱线向侧投影面投射的粗实线；⑤应为扳手尺寸，与俯视图宽相等；⑥左视图中螺栓头部未按对应关系画。

【作图结果】

作图结果如图 6-5 所示。

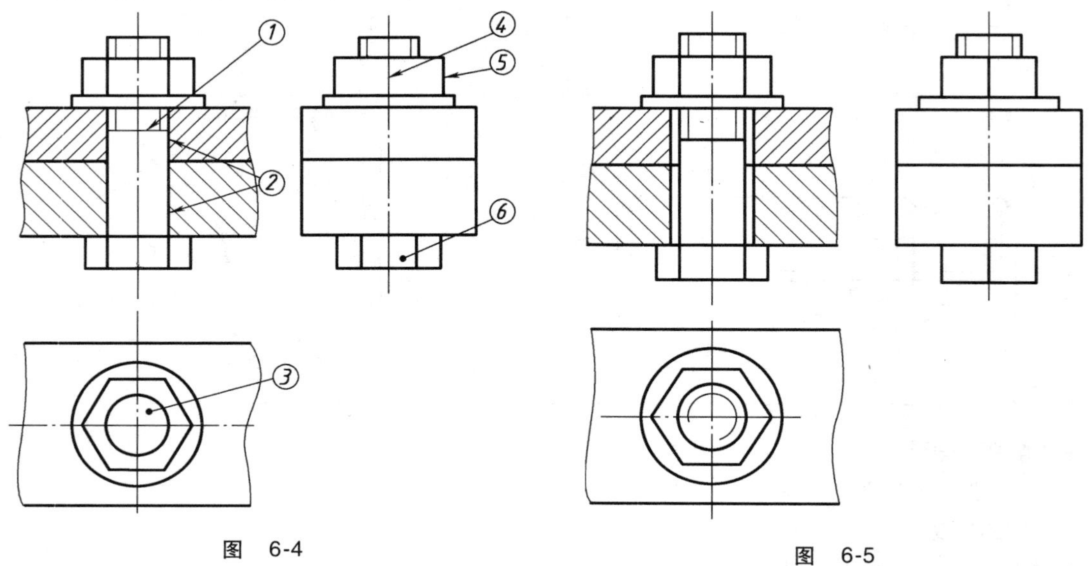

图 6-4　　图 6-5

（2）图 6-6 所示为螺柱连接。

【解题分析】

螺柱连接是先将螺柱穿过光孔拧入另一机件的螺孔中，再用垫圈、螺母拧紧。图 6-6 中：①螺柱伸出端漏画细实线；②弹簧垫圈开口方向不对；③螺柱上部螺纹未画全；④螺柱与上面的机件缺少间隙；⑤螺柱旋入端螺纹未完全拧入下面机件的螺孔内；⑥不同机件剖面线方向应不同；⑦下面机件的螺孔画法不对；⑧底锥角应为 120°；⑨俯视图中螺柱端面的投影画法有错误。

【作图结果】

作图结果如图 6-7 所示。

6-6　已知用沉头螺钉（GB/T 68　M10×45）来连接两零件，如图 6-8 所示，作出连接后的主、俯两视图。要求在下面的零件上钻孔深 30mm，螺孔深 25mm，主视图作全剖视图。

【解题分析】

沉头螺钉连接是将螺钉穿过机件的光孔拧入另一机件的螺孔内，利用螺钉的头部与机件的紧密接触来连接不同机件。主视图中，上板光孔与螺钉应有间隙，且有 90°沉头孔，下板螺孔深度应大于螺钉的螺纹长度，锥角应画成 120°；俯视图规定沉头上所开的一字槽要画成与水平线成 45°，沉孔外圆要画出。

【作图结果】

作图结果如图 6-9 所示。

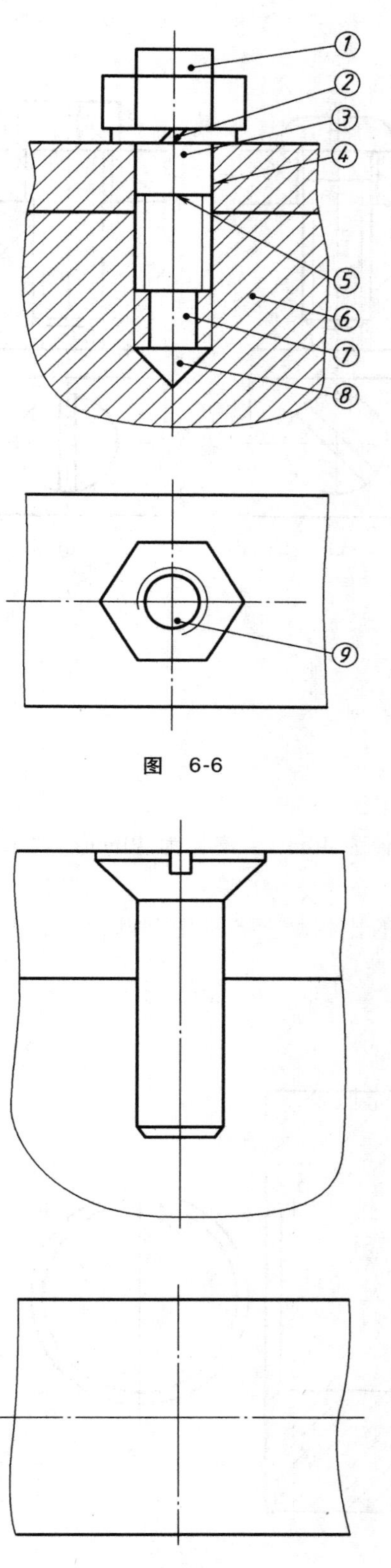

图 6-6

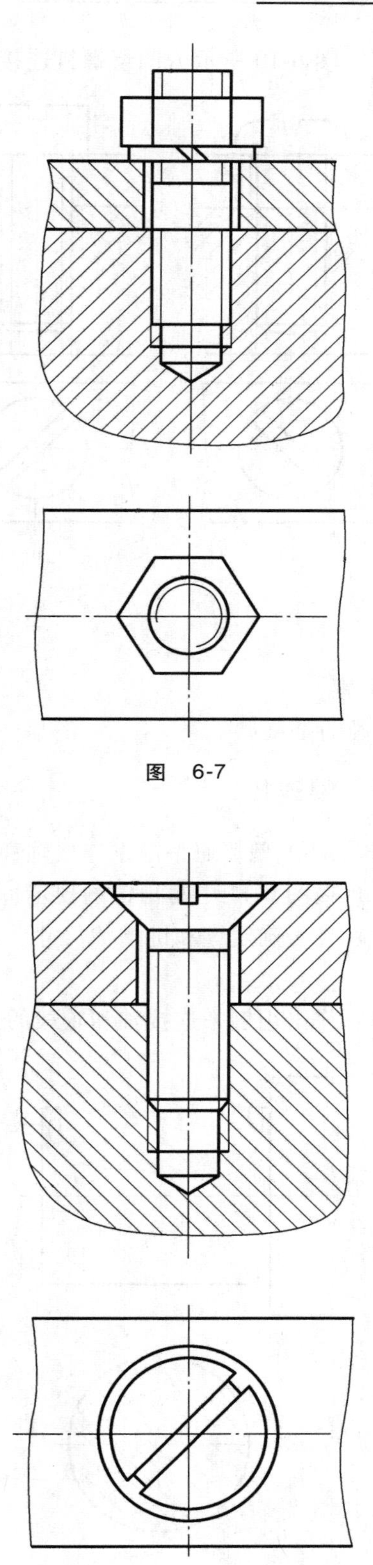

图 6-7

图 6-8

图 6-9

6-7　图 6-10 所示为四组螺钉连接图，正确的是（　　）。

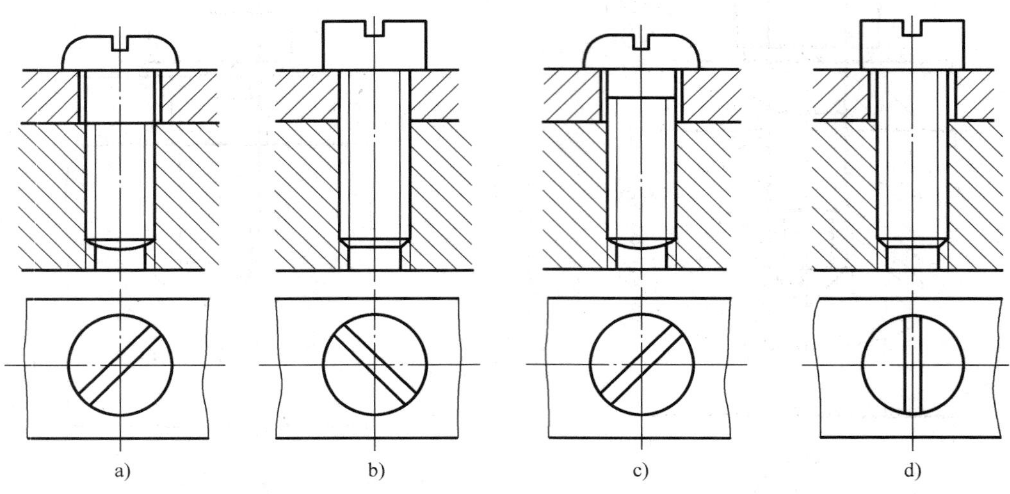

图　6-10

【答案】

正确的是（c）。

6.3.2　键连接

6-8　用 A 型普通平键来连接轴和轮毂，轴孔直径为 40mm，键长为 40mm。要求：

（1）在图 6-11 中写出键的规定标记。

（2）查表确定键和键槽的尺寸，用与图形相同的比例画全各视图和断面图，并标注键槽尺寸。

（3）作出用键来连接轴和轮毂的连接图。

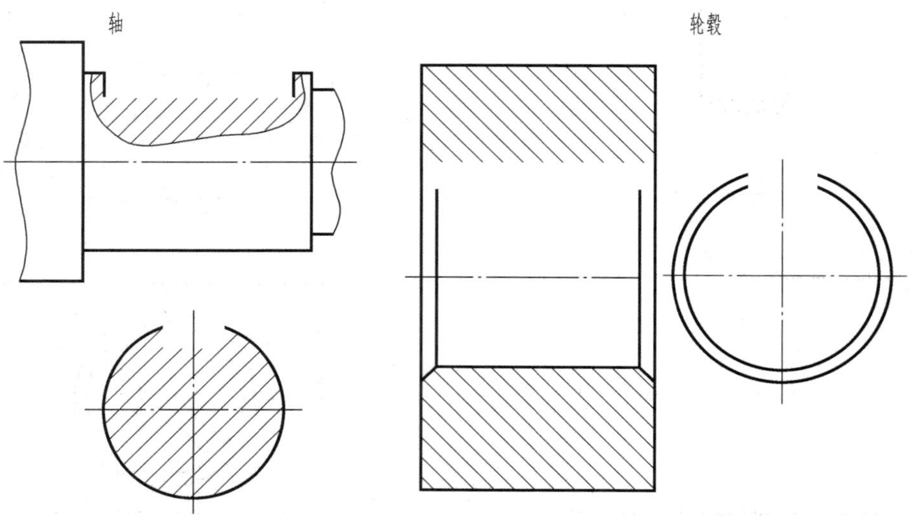

图　6-11

【解题分析】

轴和轮毂上的键槽尺寸要按规定的注法来标注，其连接图也要按规定画法来作图。如键的顶面与轮毂键槽的底面有间隙，应画两条线。

【作图并标注】

（1）键的规定标记：GB/T 1096　键　12×8×40。

（2）键槽尺寸如图 6-12 所示。

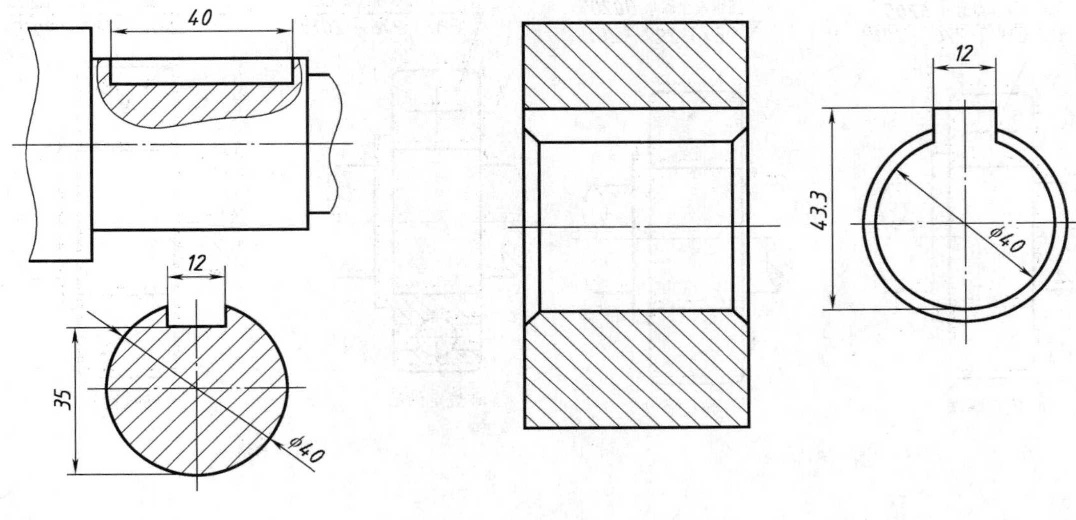

图　6-12

（3）轴和轮毂的连接图如图 6-13 所示。

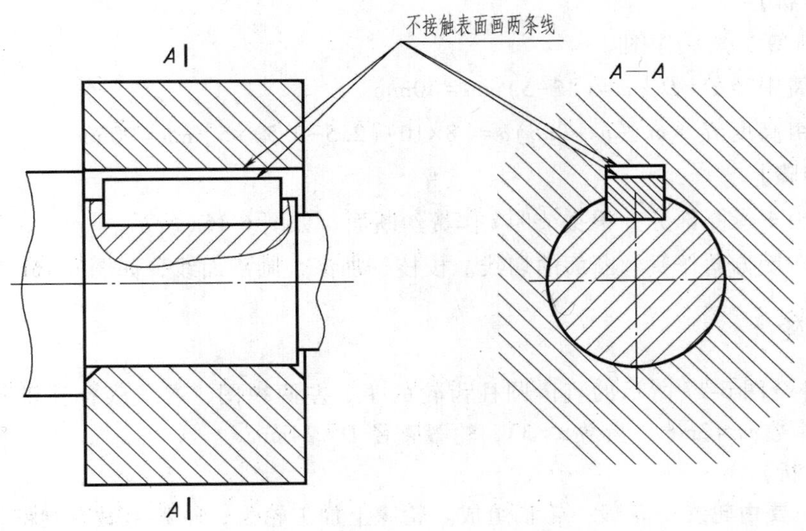

图　6-13

6.3.3　轴承与弹簧

6-9　在图 6-14 所示的两根阶梯轴上装有两个不同类型的滚动轴承，试用规定画法和特征画法画全滚动轴承的视图。

【解题分析】

用国家标准规定的画法作图。

【作图结果】

作图结果如图 6-15 所示。

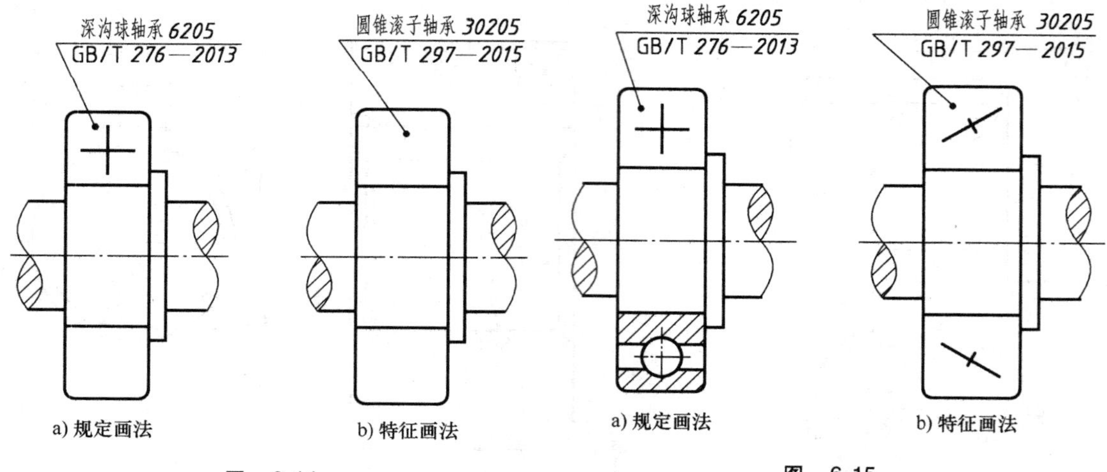

a) 规定画法　b) 特征画法

图 6-14

a) 规定画法　b) 特征画法

图 6-15

6-10　已知圆柱螺旋压缩弹簧材料直径 $d=5\text{mm}$，弹簧外径 $D_2=45\text{mm}$，节距 $t=10\text{mm}$，有效圈数 $n=8$，支承圈数 $n_2=2.5$，右旋。试画出这个弹簧。

【解题分析】

先进行计算，然后作图。

（1）弹簧中径 $D=D_2-d=(45-5)\text{mm}=40\text{mm}$。

（2）自由高度 $H_0=nt+(n_2-0.5)d=[8\times10+(2.5-0.5)\times5]\text{mm}=90\text{mm}$。

【作图步骤】

（1）画出支承圈部分并根据节距 t 作簧丝断面，如图 6-16a 所示。

（2）按右旋方向作簧丝断面的切线。校核，加深，画剖面线，如图 6-16b 所示。

6.3.4　齿轮

6-11　补全图 6-17 所示的直齿圆柱齿轮的主、左两视图，并查表标注键槽尺寸。齿轮主要参数：模数 $m=3\text{mm}$，齿数 $z=33$，轮毂直径 $D=24\text{mm}$。

【解题分析】

该齿轮主要由轮缘、轮毂、轮辐组成。轮缘上加工轮齿，轮毂上做有键槽，轮辐连接轮缘、轮毂，为减轻重量加工出 6 个圆孔。运用形体分析法，按投影对应关系和齿轮的规定画法补全图样。

【作图结果】

作图结果如图 6-18 所示。

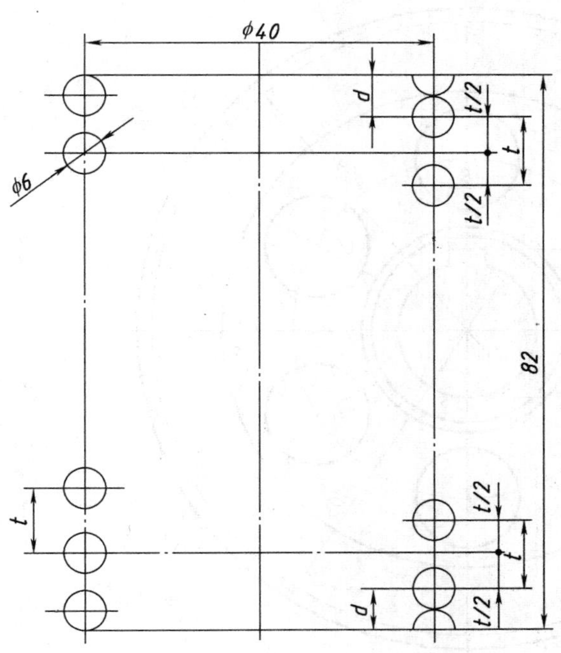

a) 画出支承圈部分并根据节距 t 作簧丝断面

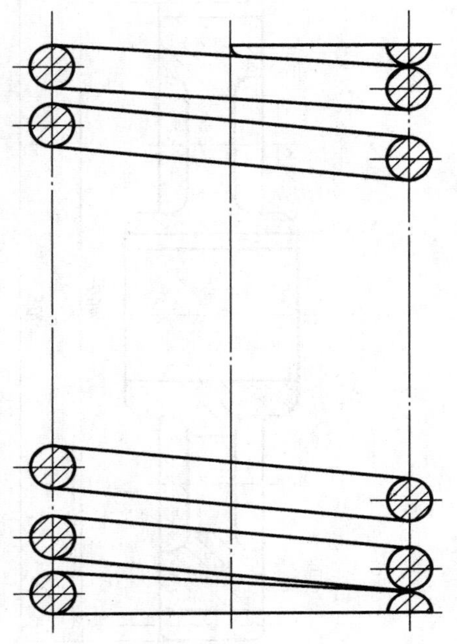

b) 按右旋方向作簧丝断面的切线。校核，加深，画剖面线

图 6-16

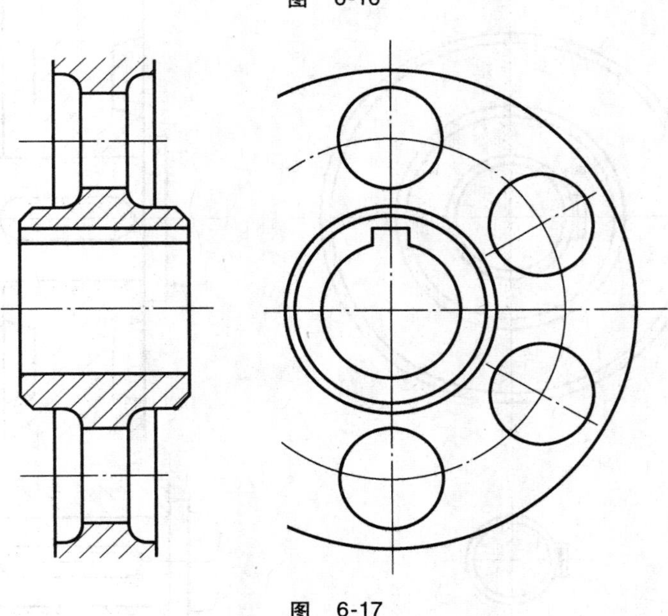

图 6-17

6-12 图 6-19 所示为一对互相啮合的直齿圆柱齿轮，大齿轮的模数 $m=4$mm，齿数 $z_2=38$，两齿轮的中心距 $a=110$mm。试计算大、小两齿轮分度圆、齿顶圆和齿根圆直径，并完成两齿轮的啮合图。

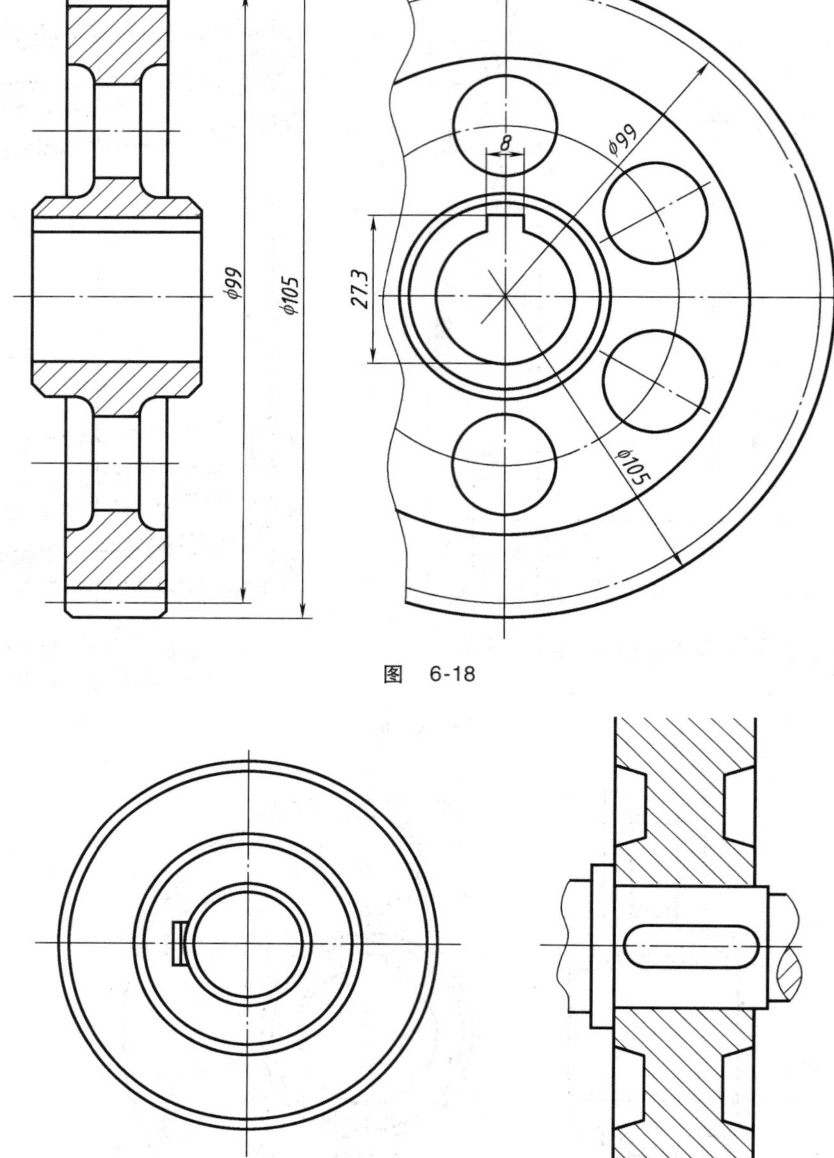

图 6-18

图 6-19

【解题分析】

先由已知条件算得小齿轮齿数，再进行齿轮各几何要素的计算。按齿轮的规定画法补全两齿轮啮合区和未啮合区的图形。

根据中心距计算公式

$$a=(z_1+z_2)m/2=110\text{mm}$$

可得：$z_1=(110-2\times z_2)/2=17$，$d_1=mz_1=4\times17\text{mm}=68\text{mm}$，$d_2=mz_2=4\times38\text{mm}=152\text{mm}$，$d_{a1}=m(z_1+2)=76\text{mm}$，$d_{a2}=m(z_2+2)=160\text{mm}$，$d_{f1}=m(z_1-2.5)=58\text{mm}$，$d_{f2}=m(z_2-2.5)=142\text{mm}$。

【作图结果】

作图结果如图 6-20 所示。

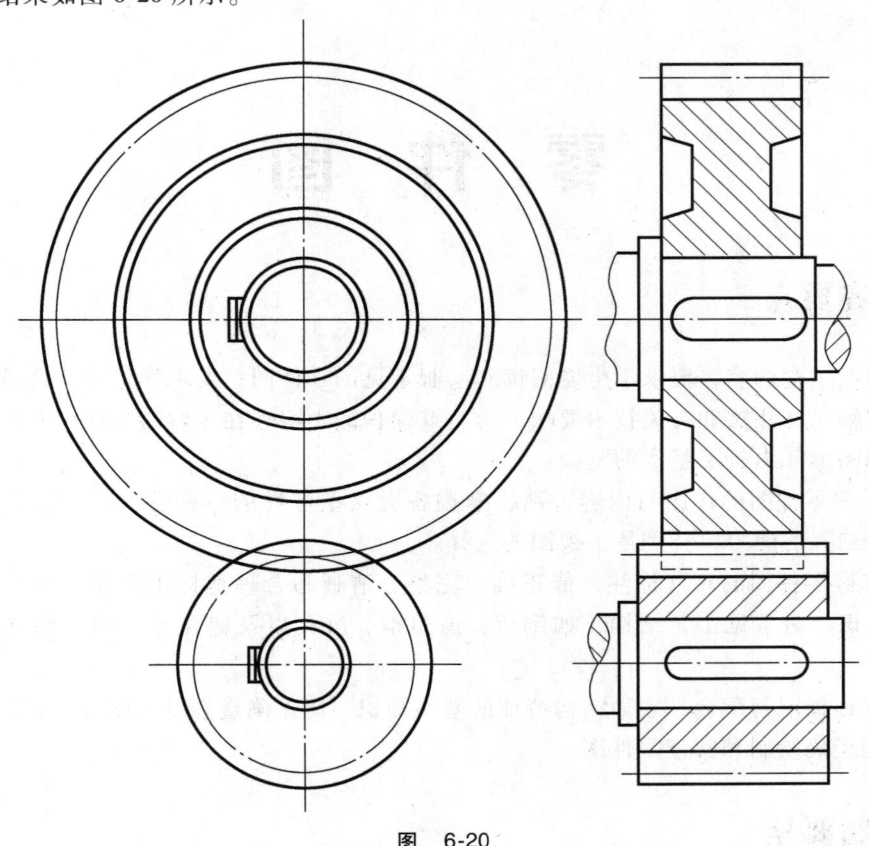

图 6-20

6.4 自测题

1. 螺纹要素有哪些？它们的含义是什么？
2. 内、外螺纹连接时，它们的要素应符合哪些要求？螺纹连接图的规定画法是什么？
3. 标注普通螺纹的尺寸时，尺寸界线应从何处引出？螺纹规定标记的各项含义是什么？
4. 不通孔内螺纹的剖视图上，剖面线应如何画？螺孔底部锥角为什么画出一定角度？
5. 键连接时，如何确定键及键槽宽度、长度、高度及键槽深度？画键连接图时要注意哪些问题？
6. 圆柱直齿齿轮及其啮合的规定画法是什么？在啮合区内画图时应该注意什么？
7. 圆柱螺旋压缩弹簧的规定画法有哪些？
8. 常用的螺纹紧固件、普通平键、圆锥销、深沟球轴承等如何标记？它们在装配时的规定画法以及简化画法是什么？

第7章

零 件 图

7.1 内容要点

通过学习本章内容，要求学生能阅读和绘制常见的零件图；要求学生能综合运用各种表达方法，理解尺寸注法和有关技术要求，为后继课程的学习和在今后的工作中所必须具有的空间思维和图示能力打下坚实的基础。

（1）了解零件图的作用与内容，熟练掌握各类典型零件的结构特点、表达方法，进一步提高视图选择的能力，特别是主视图的选择。

（2）掌握零件图的尺寸标注，能正确、完整、清晰和合理地标出所需尺寸，对选用基准有初步认识，对常见工艺结构，如倒角、退刀槽、沉孔以及螺孔等，应掌握其尺寸标注形式。

（3）掌握极限与配合、表面结构特征的基本知识，能正确查表及在图样上标注。

（4）能正确绘制和阅读零件图。

7.2 解题要领

本章的主要题型分为两类：画零件图和读零件图。

画零件图的第一步是对零件的内外结构形状、特征及它们之间的相对位置进行分析，在此基础上，根据零件的类型、加工方法、安装位置等选择最能反映零件特征的视图作为主视图，然后再选取其他视图，并用恰当的表达方法完整、清楚地表达该零件的所有结构形状、特征。

读零件图的关键是看懂零件的结构和形状。与组合体比较，零件上增加了一些工艺结构，如铸件上的铸造圆角、机械加工零件上的倒角和退刀槽等。另外，零件图中采用了多种表达方法，剖视图也较多，利用分析线框的方法有时也显得不够用。因此，读图时对于一些工艺结构可暂不作考虑，可先按组合体读图的方法（形体分析法和线面分析法）进行，首先想出零件的整体结构，再逐步把工艺结构加上。对于表达内腔较多的零件（即剖视图较多），先把内腔形状想象出来，再由内及外想象出包含内腔的外部形状。

7.3 习题与解答

7.3.1 由轴测图画零件图

7-1 根据图 7-1 所示轴的立体图绘制其零件图。键槽深度查表确定，可不注写公差。

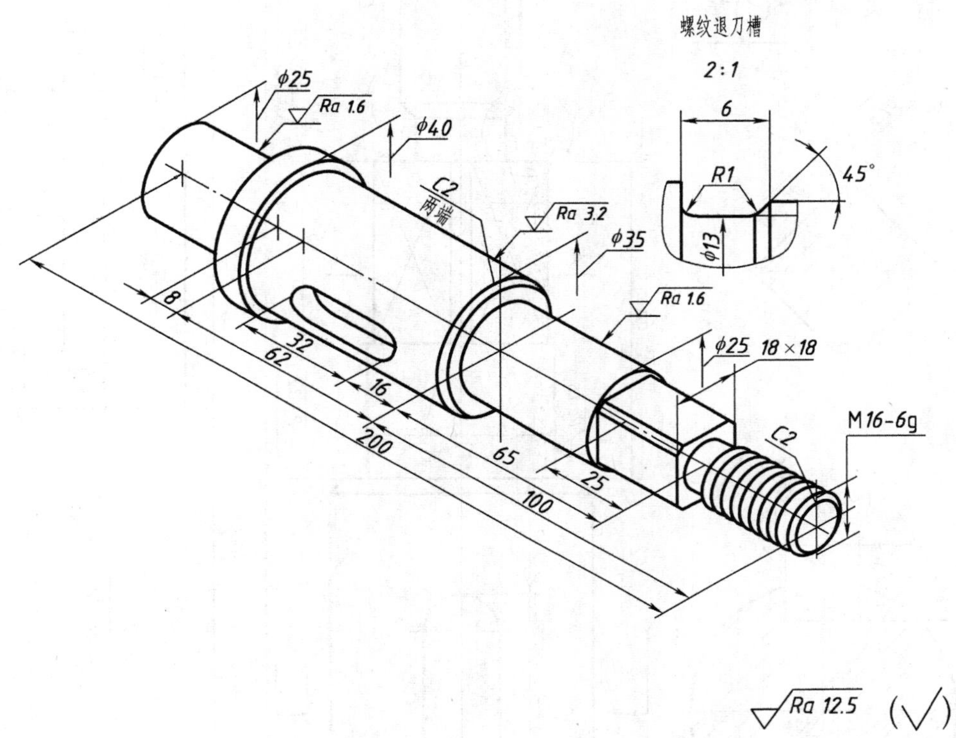

图 7-1

【解题分析】

表达零件的图样称为零件图。零件图的内容包括表达零件结构形状的一组视图，表示零件大小的全部尺寸，还有技术要求和标题栏。

图 7-1 所示的轴是由 7 个同轴圆柱体组成的，其中在 ϕ23mm 的圆柱上铣出方头 18mm×18mm，M16-6g 为粗牙普通螺纹，在 ϕ35mm 的圆柱上加工有平键槽。由于轴类零件加工位置明显，因此应根据加工位置选择主视图，即轴线水平放置。除主视图外，还需要采用两个断面图分别表达 18mm×18mm 方形结构和键槽的结构。

【作图步骤】

(1) 画主视图并标注尺寸，查表确定键槽尺寸。

(2) 画两个断面图和局部放大图，并标注尺寸。

(3) 标注表面粗糙度。作图结果如图 7-2 所示。

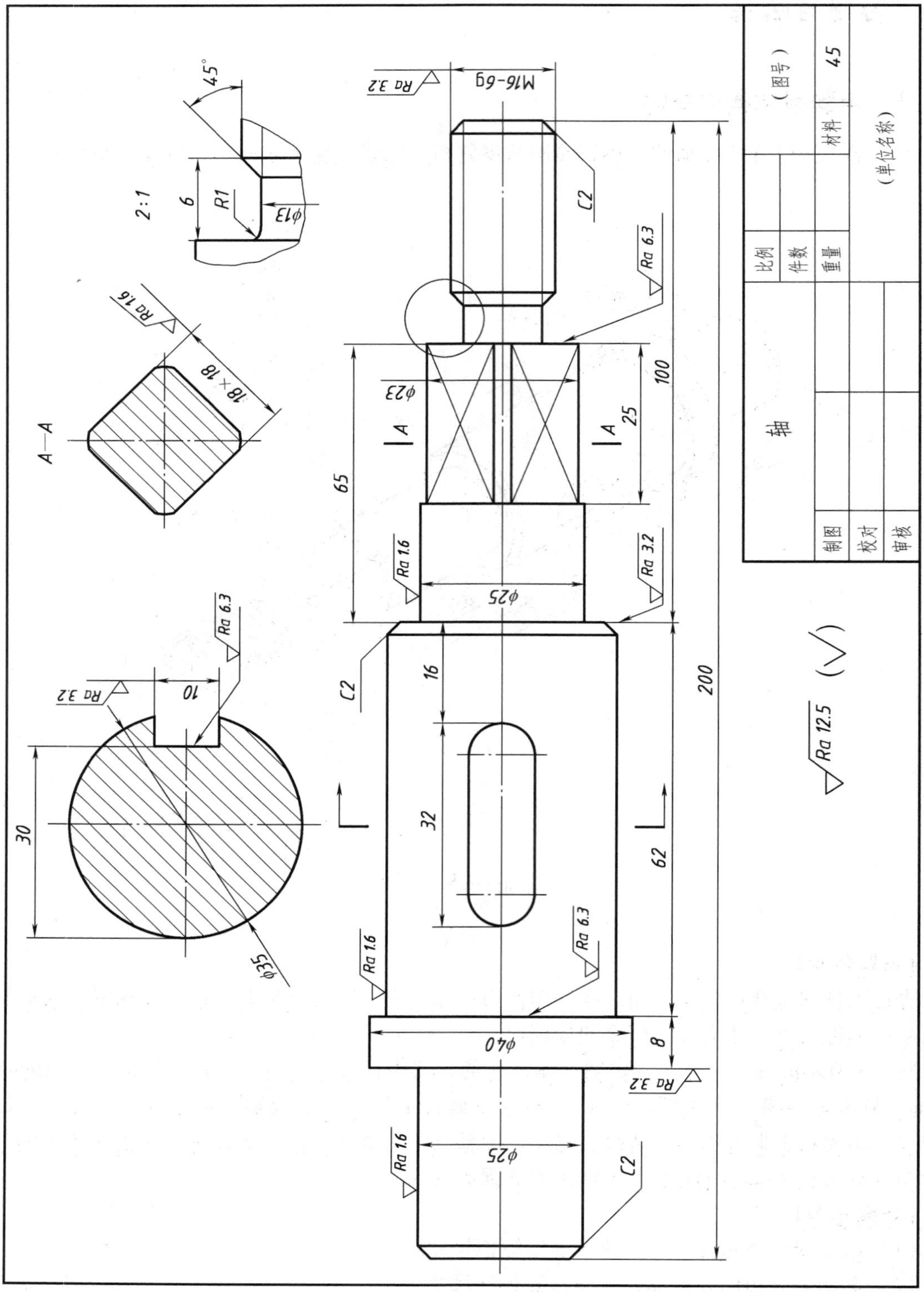

A—A

2:1

轴		比例		（图号）
		件数		
		重量		材料 45
制图				（单位名称）
校对				
审核				

Ra 12.5 (√)

图 7-2

7-2 根据图 7-3 所示的踏架轴测图画出它的零件图。材料为 HT200，未注圆角为 $R3 \sim R5$。

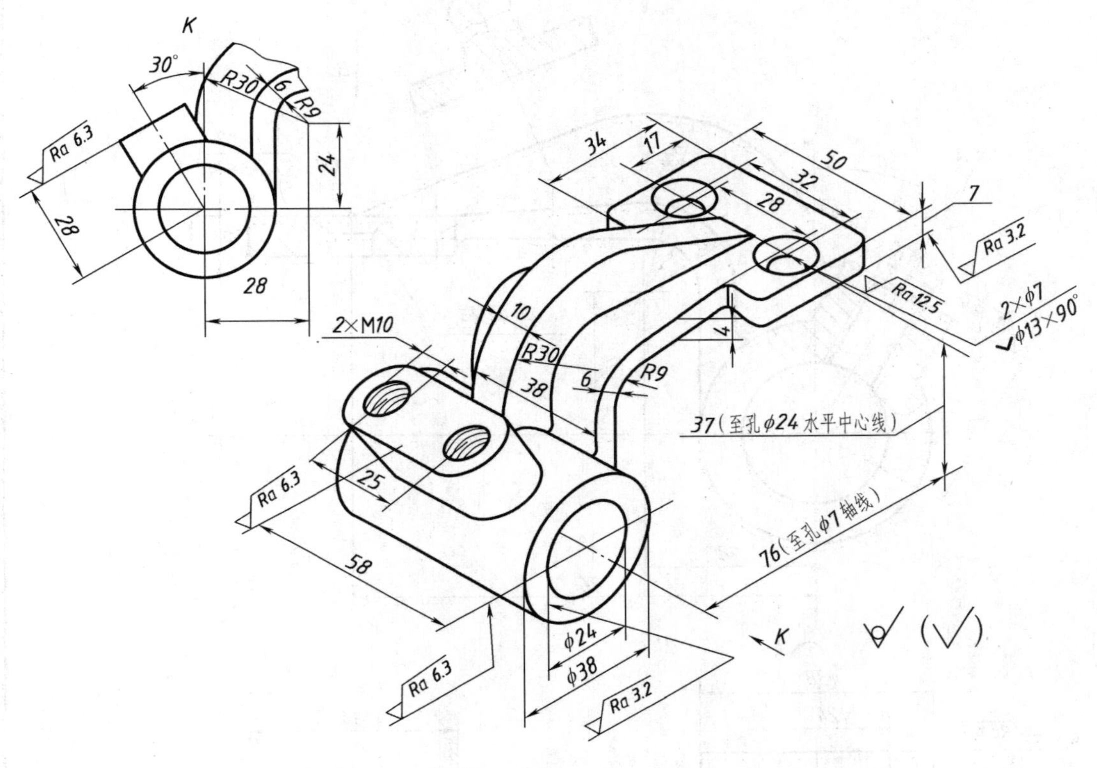

图 7-3

【解题分析】

（1）结构分析：踏架属于叉架类零件，主要由正垂圆柱筒和水平长方形板组成，其间由弧形丁字肋板连接。另外，在圆柱筒上还有腰形凸台，凸台上钻有两个螺孔，长方形板上有两个沉孔。

（2）表达方法：主视图采用局部剖视，既保留了外部形状，又表达了螺孔和沉孔的结构。俯视图采用 *A* 向旋转的斜视图（局部剖视），表达了凸台的实形；还用 *B* 向局部视图反映了长方形板的实形及沉孔位置，断面图则表达了肋板的断面形状。注意铸件应画铸造圆角。

（3）尺寸标注：高度和长度方向以圆柱筒的轴线为基准，宽度方向以前、后对称的正平面为基准。

【作图步骤】

（1）选择主视图，确定表达方案。

（2）画图并作出必要的标注。作图结果如图 7-4 所示。

7-3 根据图 7-5 所示阀体的轴测图画出零件图。材料为 HT200。

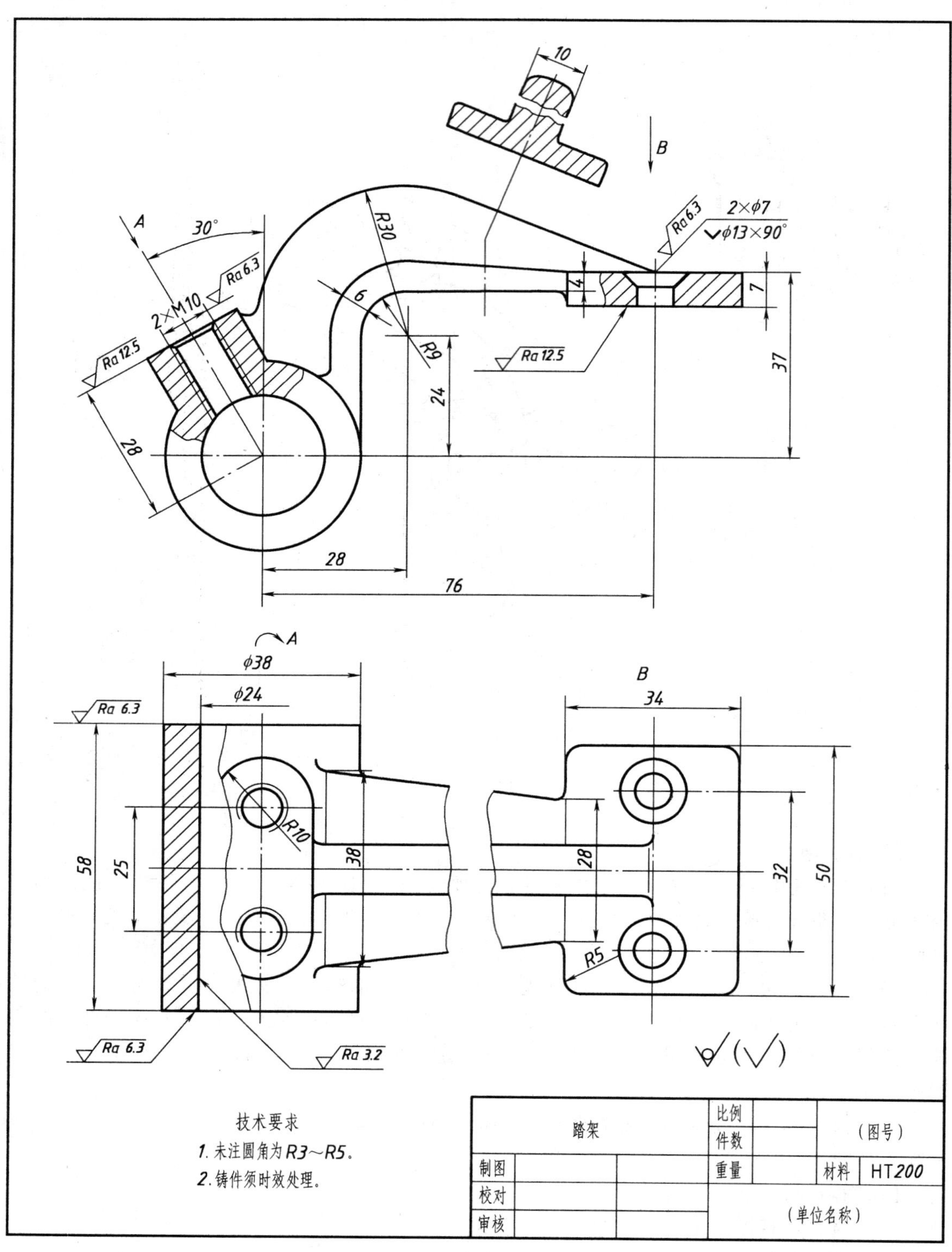
10
B
A
30°
R30
2×φ7
⌵φ13×90°
Ra 6.3
Ra 6.3
2×M10
6
4
7
Ra 12.5
R9
Ra 12.5
24
37
28
28
76
A
φ38
φ24
B
34
Ra 6.3
58
25
R10
38
28
32
50
R5
Ra 6.3
Ra 3.2
技术要求
1. 未注圆角为R3～R5。
2. 铸件须时效处理。
踏架
比例
件数
(图号)
制图
重量
材料
HT200
校对
审核
(单位名称)

图 7-4

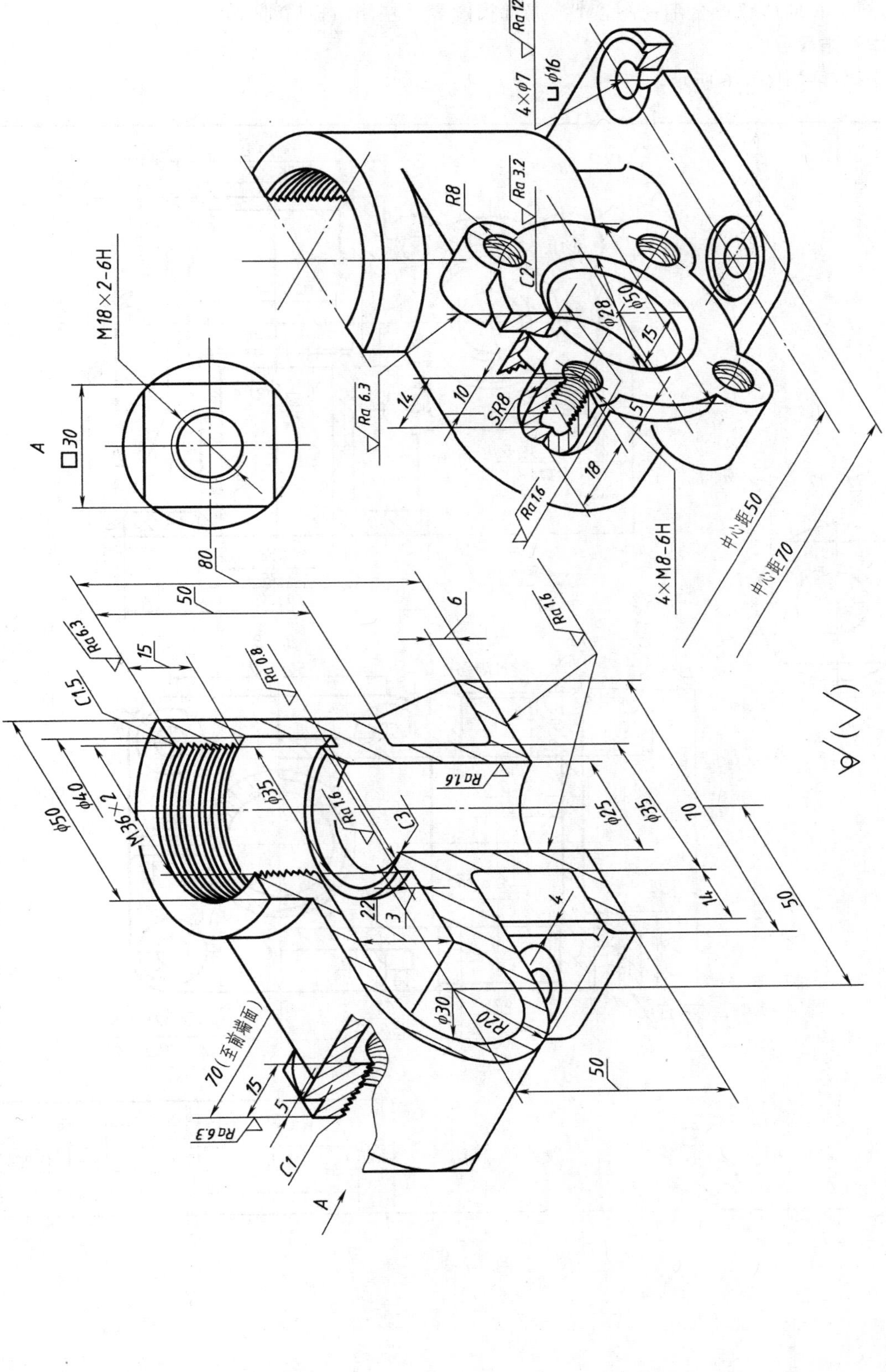

图 7-5

【解题分析】

阀体为壳体类零件，主视图采用局部剖视以保留凸板耳部外形，俯视图采用多个相交和平行的剖切面剖切获得全剖视图，*A* 向局部视图表示左侧凸板后部外形。

【作图结果】

作图结果如图 7-6 所示。

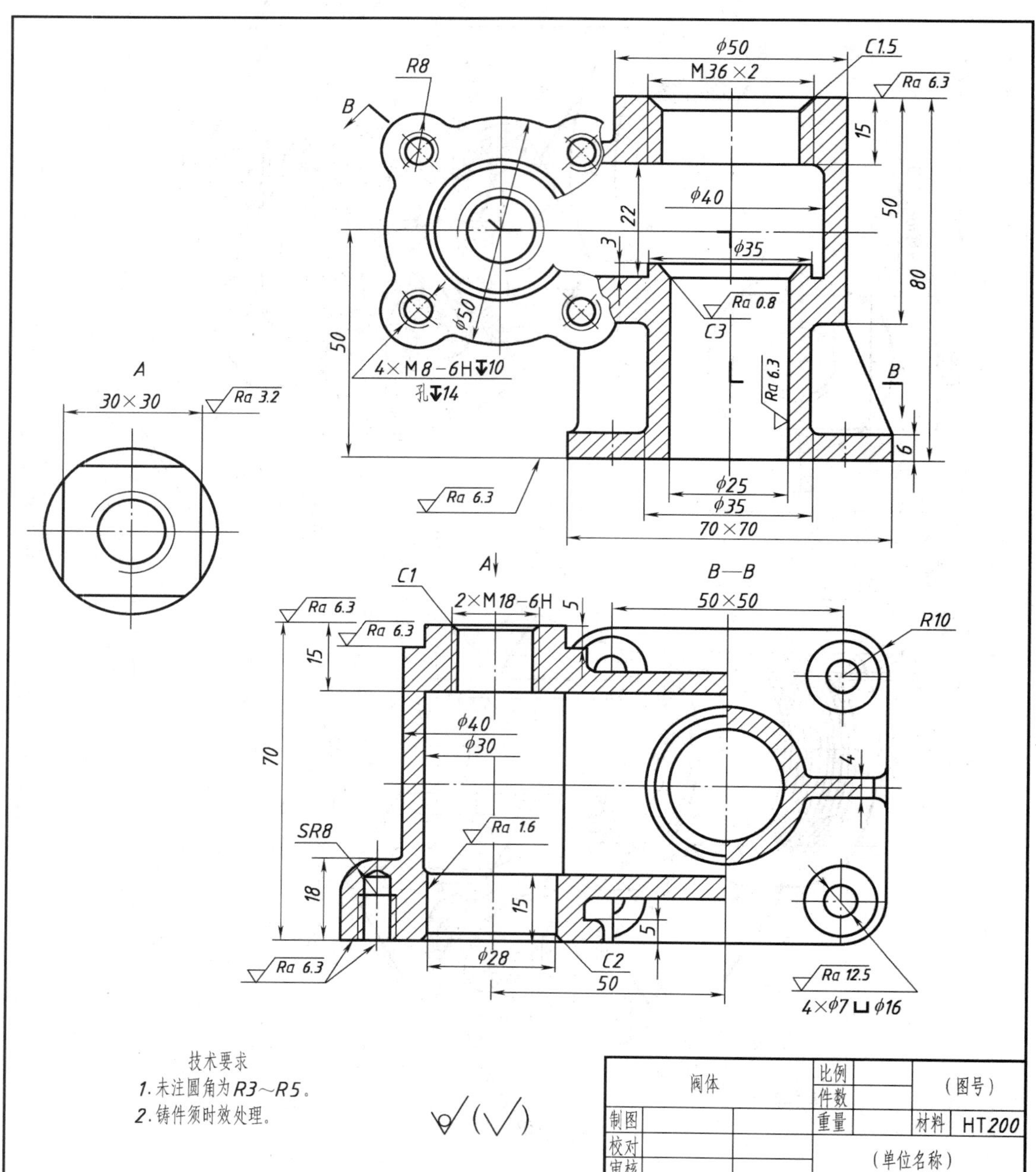

图 7-6

7.3.2 表面结构的表示法

7-4 将图 7-7 中指定的表面粗糙度用代号标注在图上。

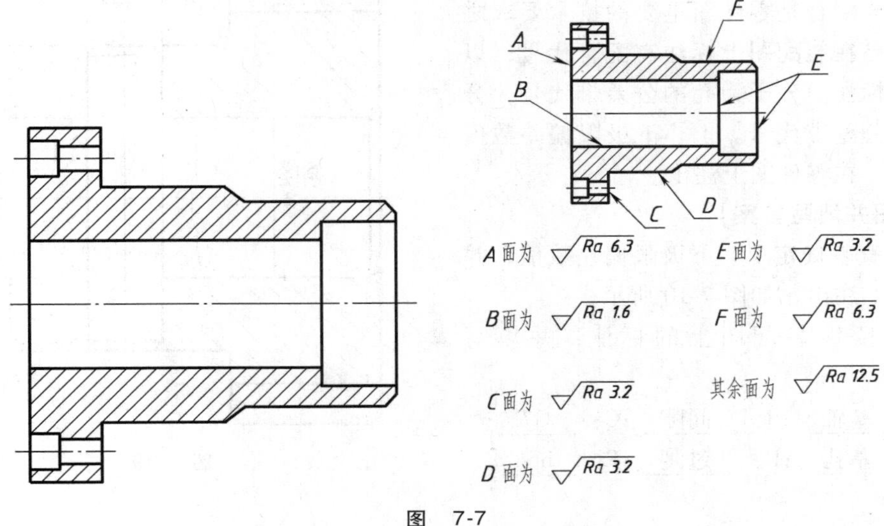

图 7-7

【解题分析】

表面粗糙度符号的尖端应从材料外指向被加工表面，数字的注写方向应与尺寸数字方向一致。

【作图结果】

作图结果如图 7-8 所示。

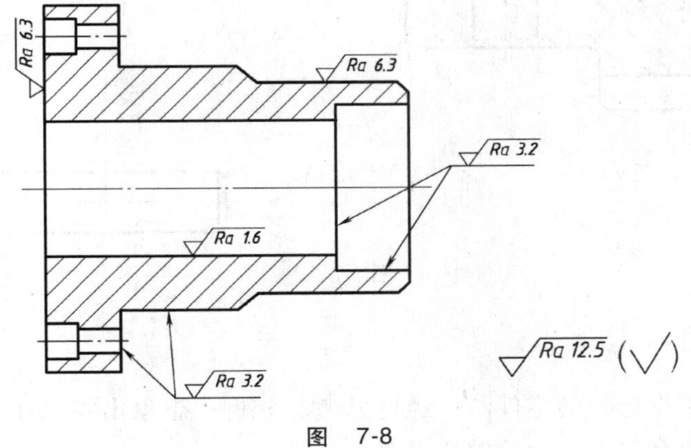

图 7-8

7.3.3 极限与配合

在机器装配中，将公称尺寸相同的、相互接合的孔和轴公差带之间的关系称为配合。配合种类有间隙配合、过盈配合和过渡配合。配合的基准制有基孔制和基轴制。

7-5 根据图 7-9 所示装配图的配合尺寸，在各零件图上注出公称尺寸和上、下极限偏差数值，并填空。

（1）齿轮和轴的配合采用___A___制，___B___配合，齿轮孔公差带代号___C___。

（2）销和轴的配合采用___D___制，___E___配合，销的公差带代号___F___。

【解题分析】

极限与配合是零件图重要的技术要求之一。本题已在装配图上标注有配合代号，以分数形式标注。分子为孔的公差带代号，分母为轴的公差带代号。上、下极限偏差数值查表确定，在零件图上注出。

【作图并填写答案】

（1）查表确定上、下极限偏差数值，并在零件图上注出，如图7-10所示。

（2）读懂装配图上的标注，并填写答案：

A：___基轴___；B：___间隙___；C：___G7___；

D：___基孔___；E：___过渡___；F：___n6___。

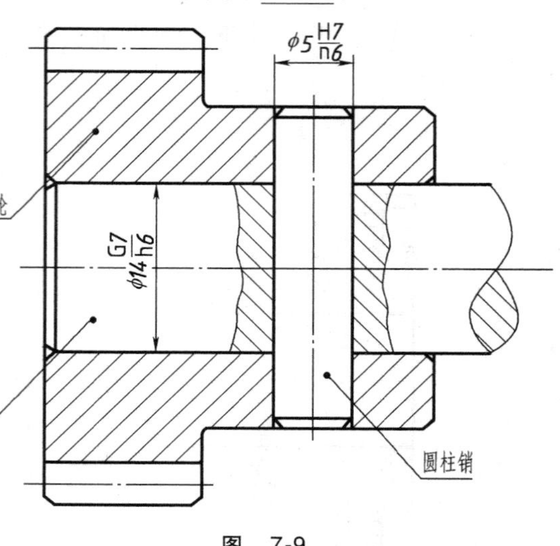

图 7-9

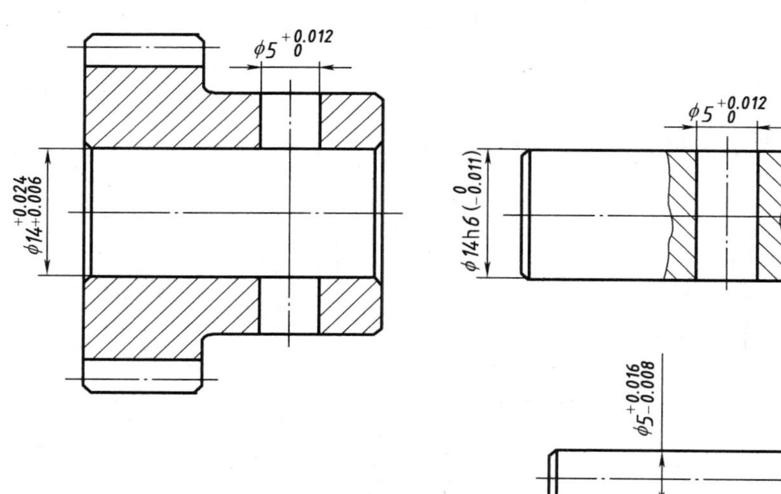

图 7-10

7.3.4 读零件图

读零件图就是根据已给的零件图，经过思考、分析，想象出零件图中所示的结构形状，弄清零件的尺寸大小和制造、检验的技术要求。

基准是指零件在机器中或在加工及测量时，用以确定其位置的一些面、线和点。

7-6 读图7-11所示的套筒零件图，在指定位置分别画出 *B* 向视图和移出断面图，并填空。

（1）该零件是___A___类零件，其主视图上轴线一般应___B___放置。

（2）图中的尺寸（8±0.1）mm的公差值为___C___。

（3）轴套左端面分布有___D___个螺孔，它们的定位尺寸是___E___。

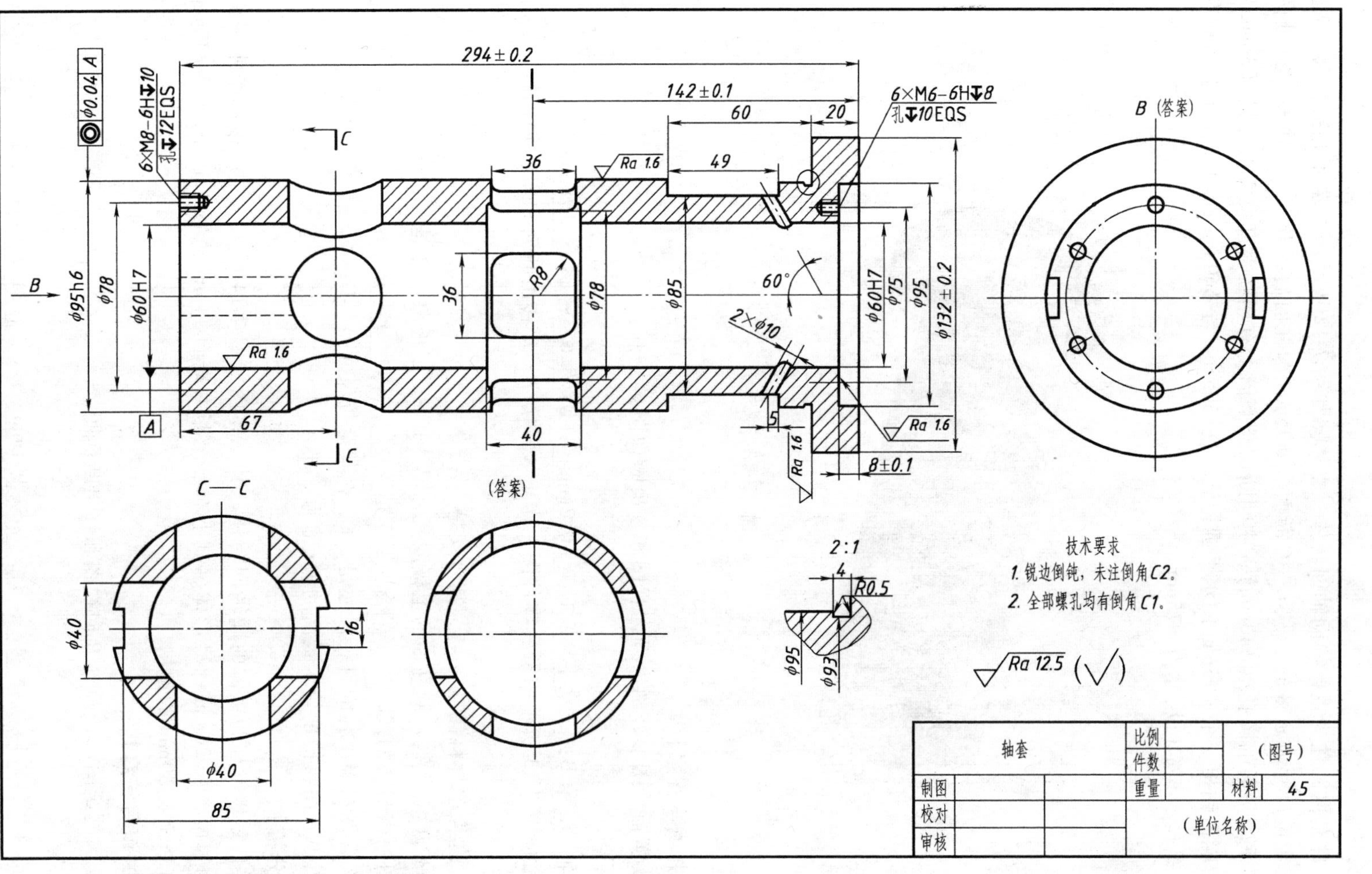
294±0.2
142±0.1
60
20
6×M6-6H↧8
孔↧10EQS
B (答案)
6×M8-6H↧10
孔↧12EQS
φ0.04 A
C
36
Ra 1.6
49
B
φ95h6
φ78
φ60H7
36
R8
φ78
φ85
60°
2×φ10
φ60H7
φ75
φ95
φ132±0.2
Ra 1.6
A
67
40
5
Ra 1.6
Ra 1.6
8±0.1
(答案)
C—C
φ40
16
φ40
85
2:1
4
R0.5
φ95
φ93
技术要求
1. 锐边倒钝，未注倒角C2。
2. 全部螺孔均有倒角C1。
Ra 12.5 (√)
轴套
比例
件数
(图号)
制图
重量
材料
45
校对
审核
(单位名称)

图 7-11

【解题分析】

套筒零件是以圆柱为主体的同轴回转体，立体图如图7-12所示。左端面上钻有六个M8的螺孔，其定位尺寸为ϕ78mm；从C—C断面看ϕ95mm圆柱前后各开了一个方槽，此处圆筒上有相互垂直贯通的圆孔（ϕ40mm）；中间断面是圆筒上有相互垂直贯通的方槽（36mm×36mm）；右端面钻出一个ϕ95mm的水平圆柱孔，在ϕ95mm与ϕ60mm孔的分界面上还钻有六个M6的螺孔，其定位尺寸为ϕ75mm。

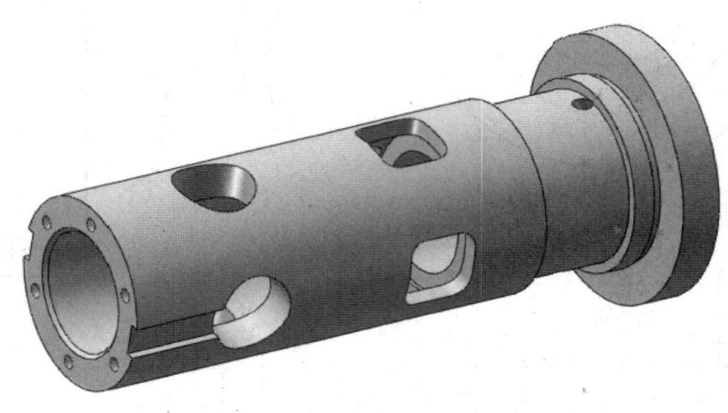

图 7-12

【作图并填写答案】

（1）读懂题给图形，画出B向视图和移出断面图。

（2）答案：

A：<u>轴套</u>；B：<u>水平</u>；C：<u>0.2mm</u>；D：<u>6</u>；E：<u>ϕ78mm</u>。

7-7　看懂图7-13所示的滑柱零件图，作出A—A、B—B移出断面和C向局部视图，并填空。

（1）标题栏中材料代号为45，其含义是___A___。

（2）$\phi 32g6\left(^{-0.009}_{-0.025}\right)$圆柱面的上极限尺寸是___B___，下极限尺寸是___C___。

（3）图中密封槽的尺寸3×2的含义：3是___D___，2是___E___。

（4）该零件左端小孔的直径尺寸是___F___，其定位尺寸是___G___。

（5）图中表面粗糙度要求最高的Ra值为___H___。

【解题分析】

滑柱零件是以圆柱为主体的同轴回转体，其立体图如图7-14所示。左端被两个水平面和侧平面切掉两个长26mm的弓形体，其上有一个距左端面11mm的ϕ12mm的孔，ϕ32mm圆柱左端有一个长39mm的键槽。

【作图并填写答案】

（1）读懂题给图形，画出B向视图和移出断面图。

（2）答案：

A：<u>滑柱零件材料为45钢</u>；B：<u>ϕ31.991mm</u>；C：<u>31.975mm</u>；D：<u>槽宽</u>；E：<u>槽深</u>；F：<u>ϕ12mm</u>；G：<u>11mm</u>；H：<u>0.8μm</u>。

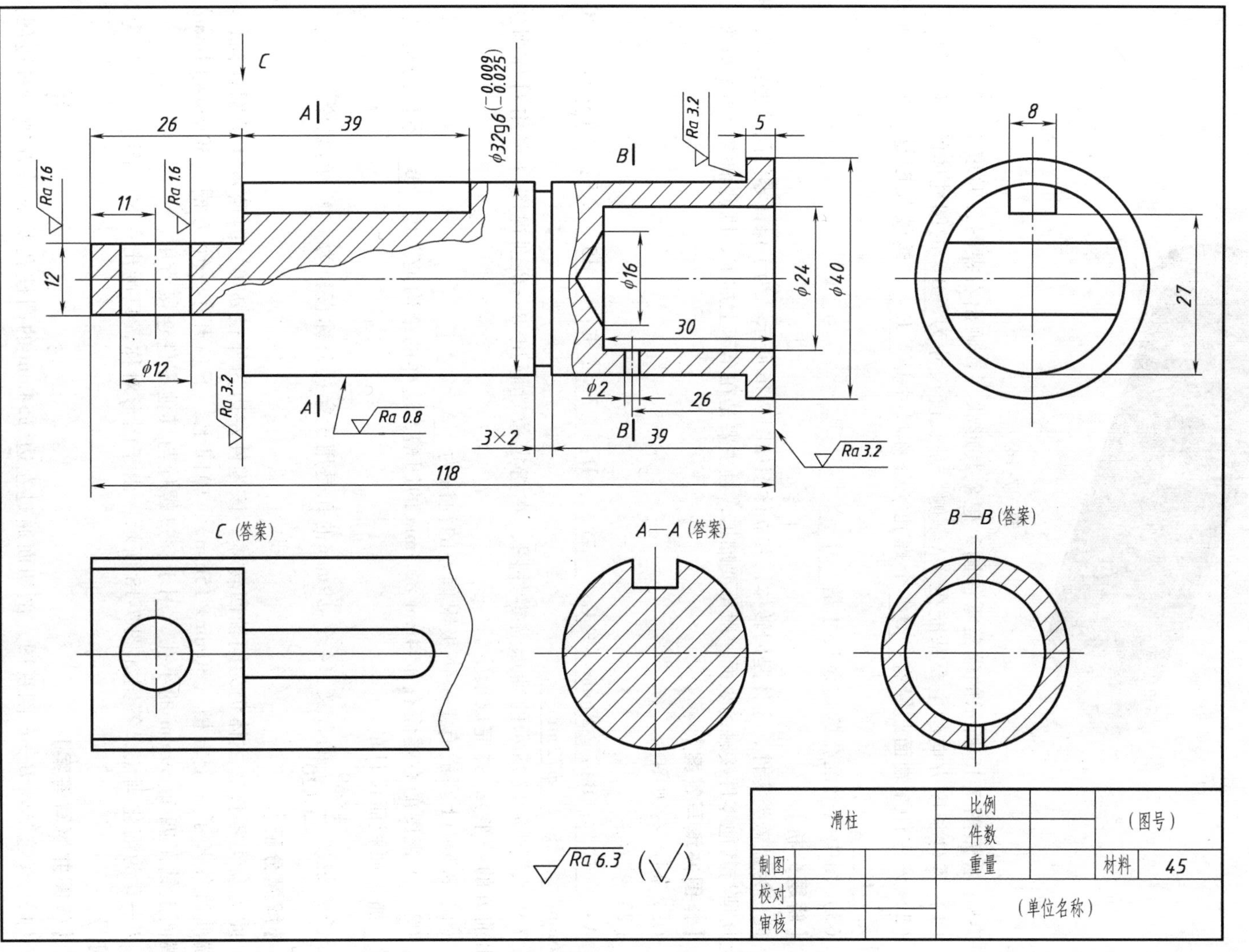

图 7-13

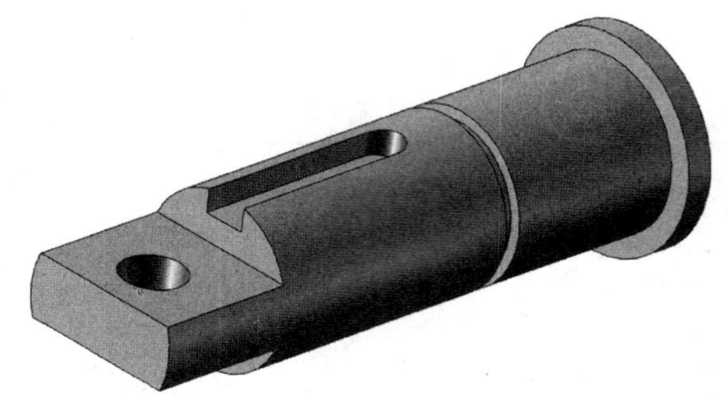

图 7-14

7-8 看懂图 7-15 所示的端盖零件图，想象其形状，补画出右视图，并填空。

（1）零件长度方向的主要基准在__A__侧，是长度尺寸为__B__的圆柱体的__C__侧。

（2）该零件左端面凸缘有__D__个螺孔，公称尺寸是__E__，螺纹长度是__F__，光孔尺寸是__G__。

（3）图中六个沉孔的定位尺寸是__H__。

【解题分析】

此仍为盘盖类零件，主体是回转体，其立体图如图 7-16 所示。为了保证零件间接触良好，零件上凡是与其他零件接触的表面一般都要加工，且主要是在车床上加工，因此轴线应水平放置。

【作图并填写答案】

（1）画出右视图。

（2）答案：

A：__右__；B：__20mm__；C：__右__；D：__3__；E：__M5__；F：__13mm__；G：__16mm__；H：__ϕ72mm__。

7-9 读图 7-17 所示的轴承盖零件图，在指定位置画出 *B—B* 剖视图（采用对称画法，画出前方的一半），并完成填空。

（1）ϕ70d11 写成有上、下极限偏差的注法为__A__。

（2）主视图的右端面有 ϕ54mm 深 3mm 的凹槽，这样的结构是考虑__B__零件的重量和__C__加工面积而设计的。

（3）说明$\dfrac{4\times\phi 9}{\sqcup\ \phi 20}$的含义：4 个 ϕ9mm 的孔是用于穿过公称直径为__D__的螺栓。

【解题分析】

此为盘类零件，主体仍为同轴回转体。该零件左边为外径 ϕ70，内径 ϕ54 的圆柱筒，其左端前后各开了一个方槽（30mm×15mm），中间上、下各开了一个方槽（30mm×14mm）；右端面上钻了四个 ϕ9mm 的小孔，用于穿过螺栓与其他零件连接所用。

B—B 为简化画法，答案如图 7-18 所示。由于图形对称，只画出一半，图中“=”为对称符号。

【作图并填写答案】

（1）该题要画 *B—B* 剖视图，剖切面通过左边 ϕ54mm 的圆柱孔及前后方槽，右边剖到 ϕ54mm 的圆柱孔和两个沉孔；还要画下方的方槽及圆柱的俯视图。

（2）答案：

A：__$\phi 70^{-0.1}_{-0.29}$__　B：__减轻__　C：__减少__　D：__M8__。

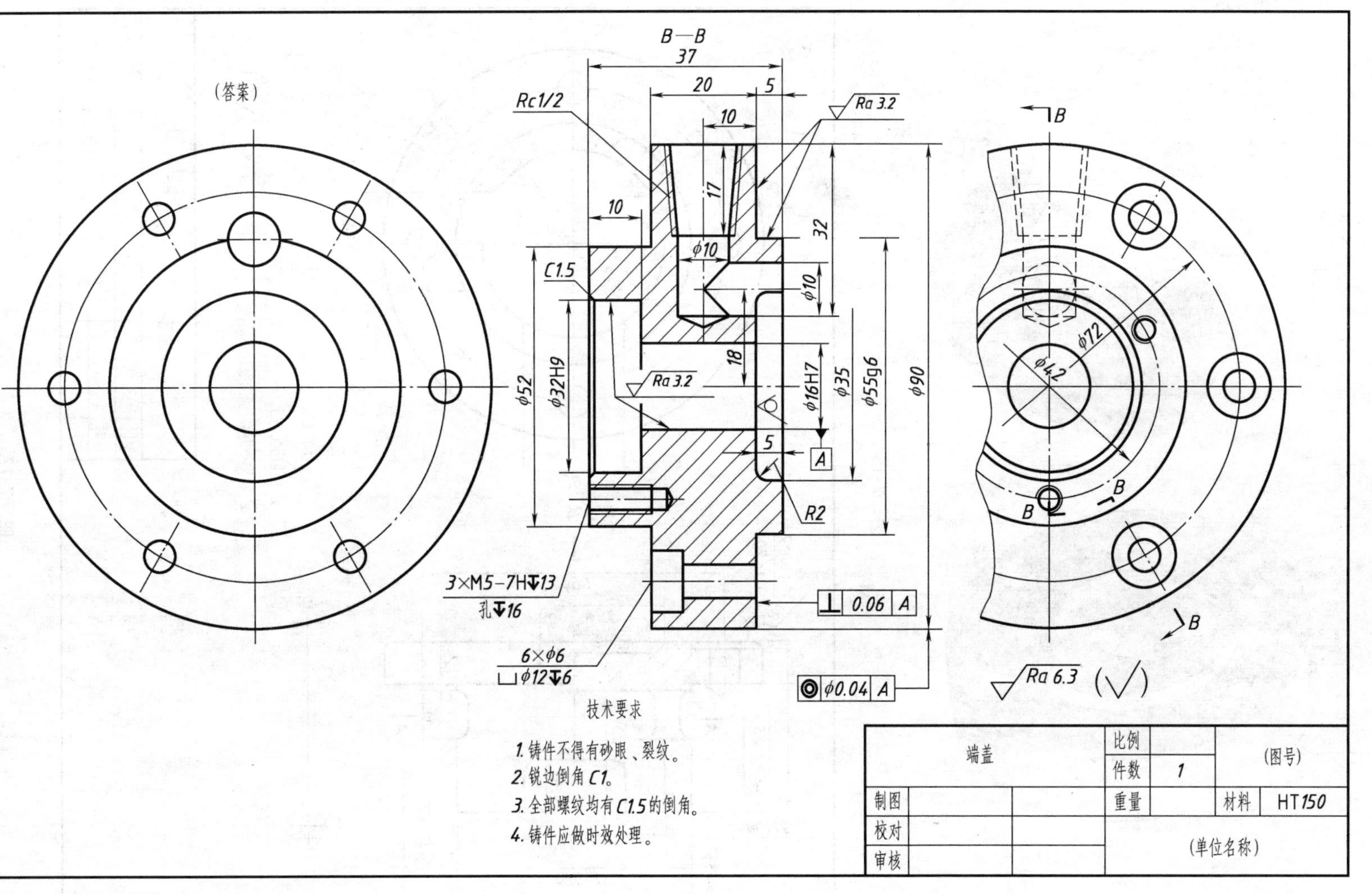
(答案)
B—B
技术要求
1. 铸件不得有砂眼、裂纹。
2. 锐边倒角 C1。
3. 全部螺纹均有 C1.5 的倒角。
4. 铸件应做时效处理。
端盖
比例
件数
1
重量
材料
HT150
(图号)
(单位名称)
制图
校对
审核

图 7-15

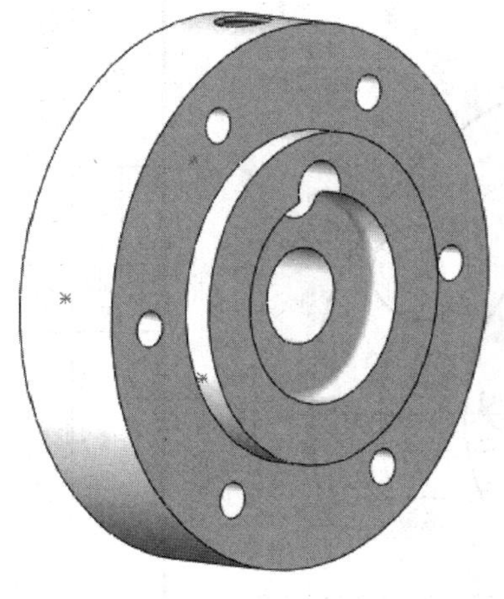

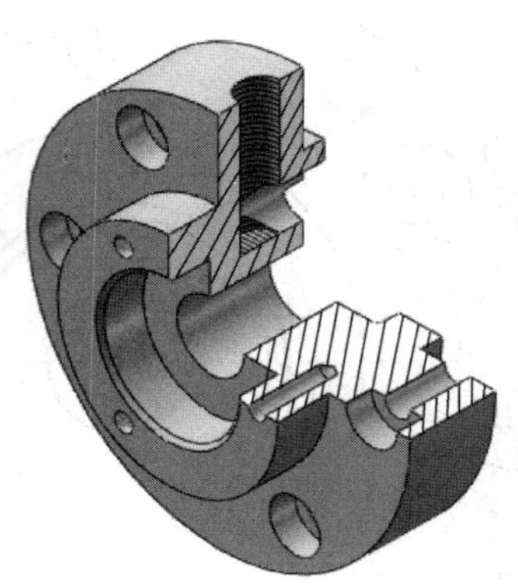

图 7-16

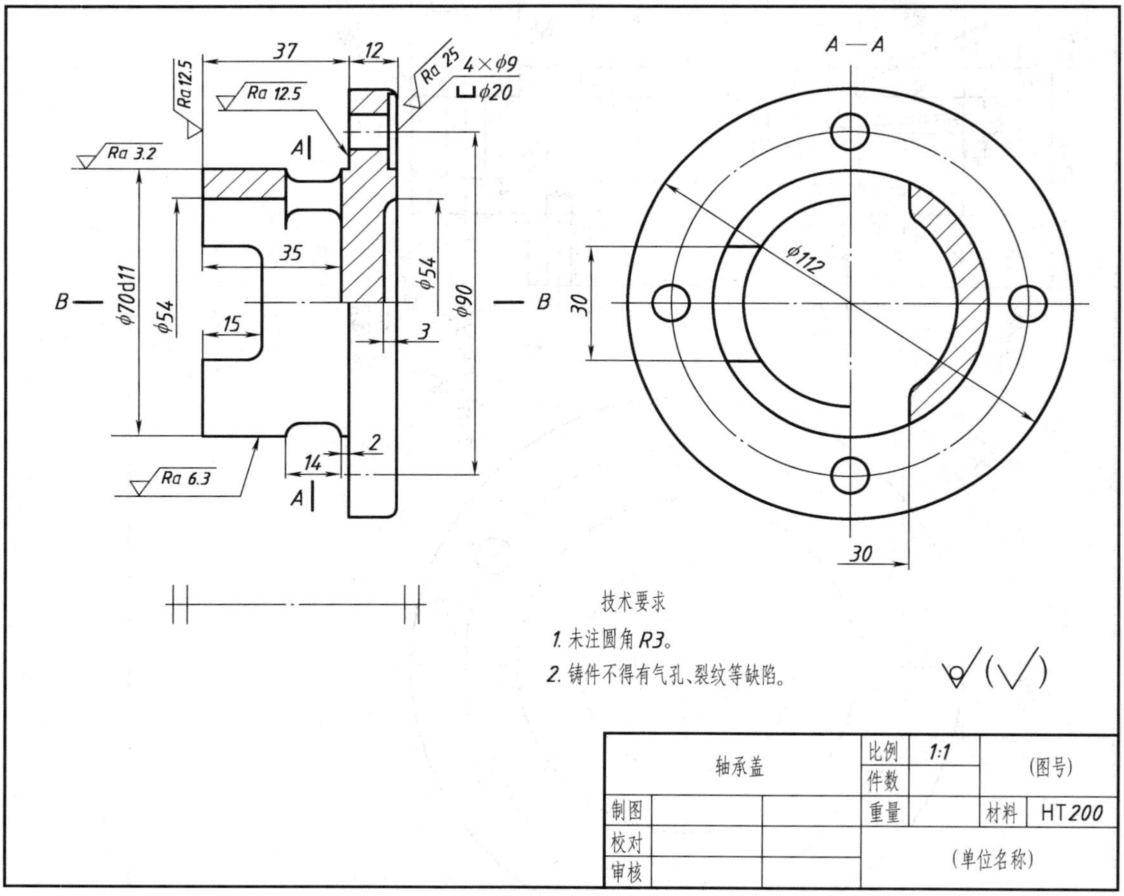

37
12
Ra 12.5
Ra 12.5
Ra 25
4×ϕ9
⌴ϕ20
Ra 3.2
A
35
ϕ70d11
ϕ54
ϕ54
ϕ90
15
3
2
14
Ra 6.3
B — — B
A—A
ϕ112
30
30
技术要求
1. 未注圆角R3。
2. 铸件不得有气孔、裂纹等缺陷。
轴承盖
比例 1:1
件数
(图号)
制图
重量
材料 HT200
校对
审核
(单位名称)

图 7-17

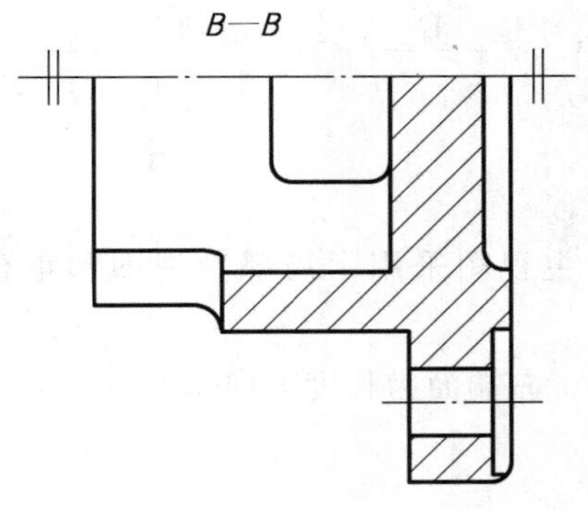

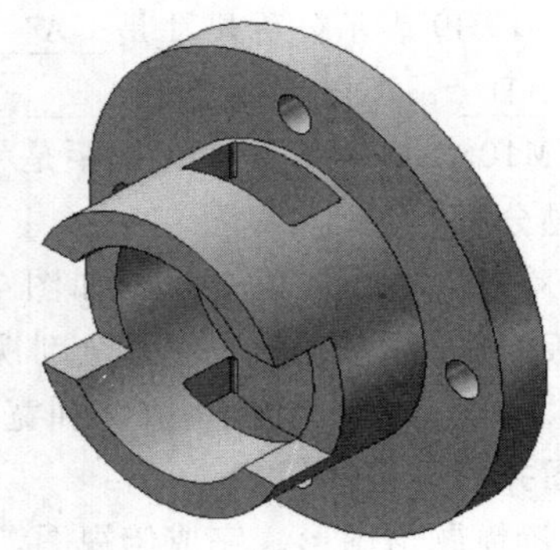

图　7-18

7-10　读图 7-19 所示的支架零件图，想象其形状，补画俯视图，并完成填空。

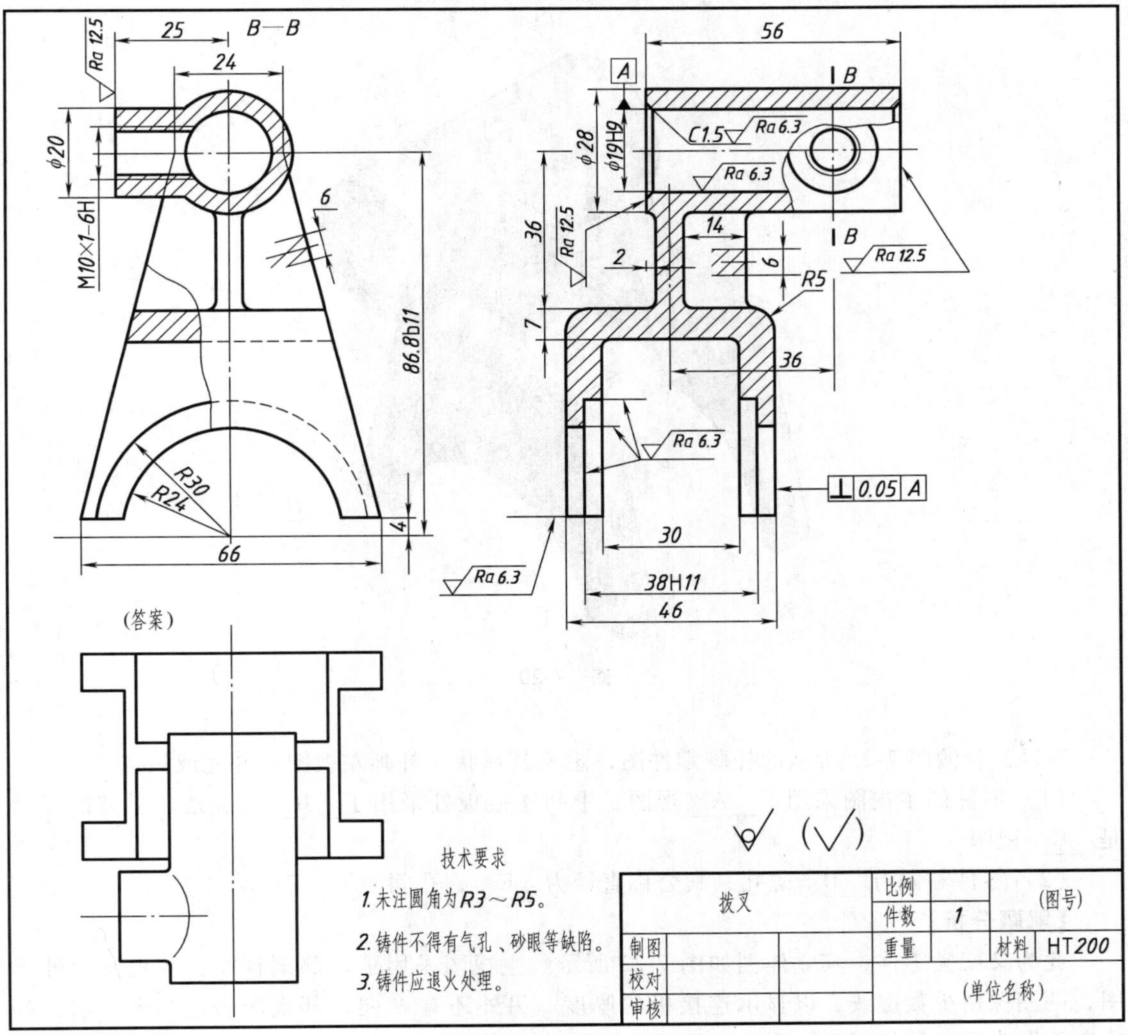

(答案)

技术要求

1. 未注圆角为 R3～R5。

2. 铸件不得有气孔、砂眼等缺陷。

3. 铸件应退火处理。

拨叉			比例		(图号)	
			件数	1		
制图			重量		材料	HT200
校对			(单位名称)			
审核						

图　7-19

（1）ϕ19H9 表示公称尺寸是__A__，公差带代号是__B__，公差等级为__C__，基本偏差代号为__D__，下极限偏差为__E__。

（2）M10×1-6H 是__F__，螺距是__G__。

【解题分析】

此为叉架类零件，其立体图如图 7-20 所示。主视图采用了局部剖视图和重合断面图（表达肋板厚度），左视图采用了全剖视图。

尺寸方面，ϕ18g8 轴线为高度和宽度方向基准，右端面为长度方向基准。

【作图并填写答案】

（1）读懂题给图形，完成俯视图。

（2）答案：

A：__ϕ19mm__；B：__H9__；C：__IT9__；D：__H__；E：__0__；F：__细牙普通螺纹__；G：__1mm__。

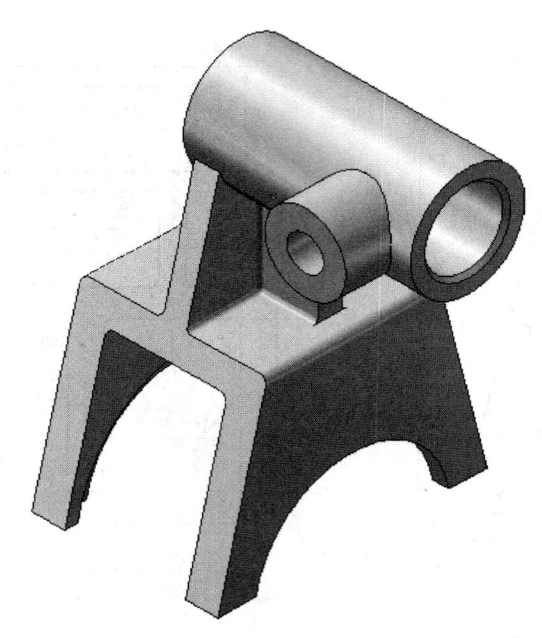

图 7-20

7-11 看懂图 7-21 所示的托脚零件图，想象其形状，补画左视图，并完成填空。

（1）零件的主视图采用了__A__视图，中间连接板处采用了__B__来表达，下方的图形是__C__视图。

（2）零件右侧有__D__螺孔，其公称直径为__E__，孔间距为__F__。

【解题分析】

此为叉架类零件，其立体图如图 7-22 所示。主视图采用了局部剖视图，俯视图为外形图，两图保留少数虚线，以显示连接板的厚度。另外还有 *B* 向局部视图表达凸台形状，移出断面图表示连接板正截面形状。补画左视图，可清楚看出各板的厚度，中部的截交线为椭圆弧。

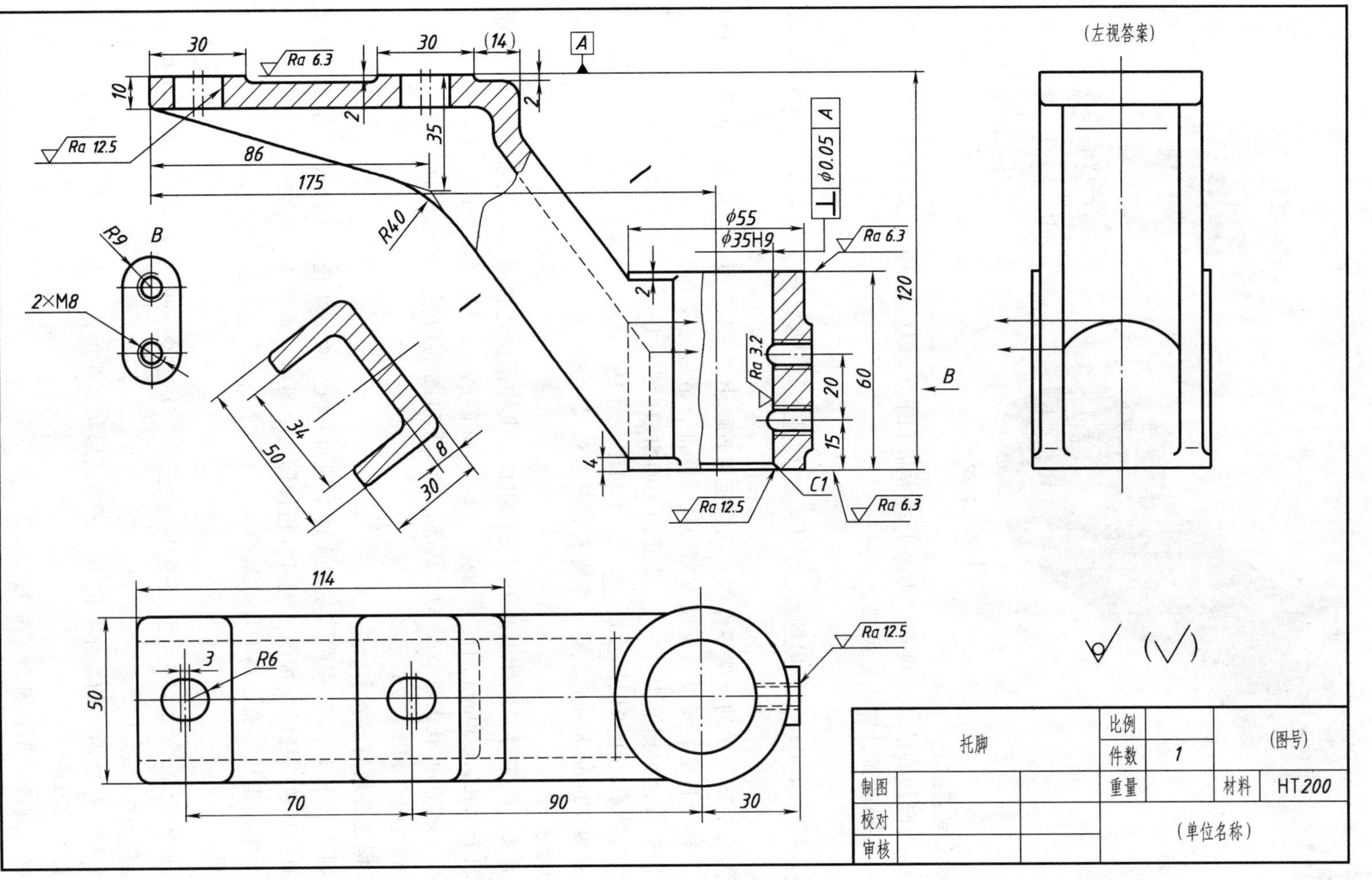

图 7-21

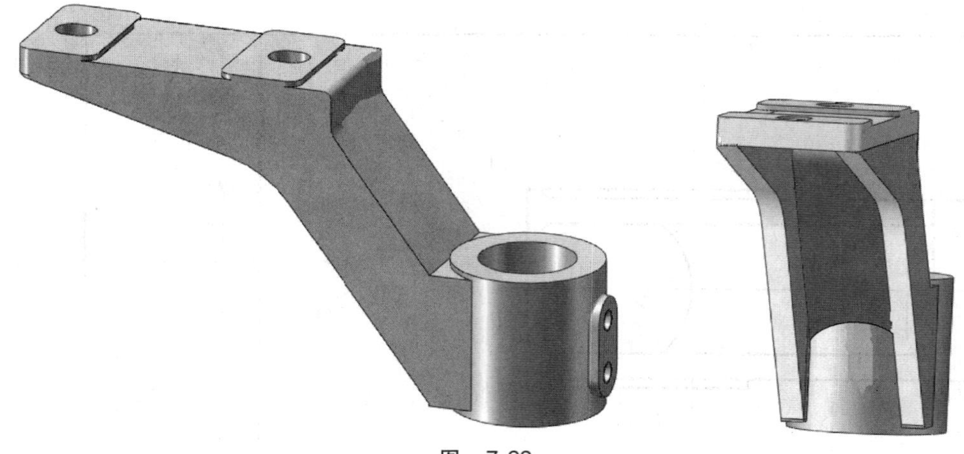

图 7-22

【作图并填写答案】

（1）先画点画线和前后连接板，再画上边方板和下边圆柱的外形，最后画连接板与圆柱的截交线——椭圆弧，完成左视图。

（2）答案：

A：<u>局部剖</u>；B：<u>移出断面</u>；C：<u>局部</u>；D：<u>两个</u>；E：<u>M8</u>；F：<u>20mm</u>。

7-12 读图 7-23 所示的支架零件图，在指定位置画出 *A—A* 剖视图，并在这张零件图中用符号“△”标出长度、宽度、高度方向的尺寸基准，最后完成填空。

（1）Ⅰ面的表面粗糙度为<u>A</u>，Ⅱ面的表面粗糙度为<u>B</u>。

（2）$\phi27^{+0.021}_{0}$孔的上极限尺寸是<u>C</u>，下极限尺寸是<u>D</u>，标准公差值是<u>E</u>。

（3）连接板 70mm×80mm 上有 4 个螺孔，其定位尺寸是<u>F</u>。

【解题分析】

该零件为叉架类零件，主体由两个圆柱体组成，其中间由连接板及肋板相连接。左端面方板上钻有四个螺孔，ϕ30mm 圆柱上钻有一个 ϕ5mm 的沉孔，其立体图如图 7-24 所示。

尺寸基准：ϕ27mm 孔的轴线是长度基准，宽度基准是前后对称的正平面，高度基准是 ϕ60mm 的底部端面，如图 7-23 所示。

【作图、标注并填写答案】

（1）该题要求作 *A—A* 剖视图，左边通过左端面方板上两个螺孔及连接板、肋板，右边由投影箭头确定竖放圆柱的俯视图。通过分析读懂题给图形，画出 *A—A* 剖视图。

（2）在图中标出长、宽、高的尺寸基准。

（3）答案：

A：<u>√（不去除材料）</u>；B：<u>√Ra 6.3</u>；C：<u>ϕ27.021mm</u>；D：<u>ϕ27mm</u>；E：<u>0.021mm</u>；F：<u>50mm、60mm</u>。

7-13 看懂图 7-25 所示的泵体零件图，想象其形状。要求：

（1）分析尺寸基准。

（2）画出主视图外形；补画 *C* 向视图。

（3）试述 G1/8 的含义。

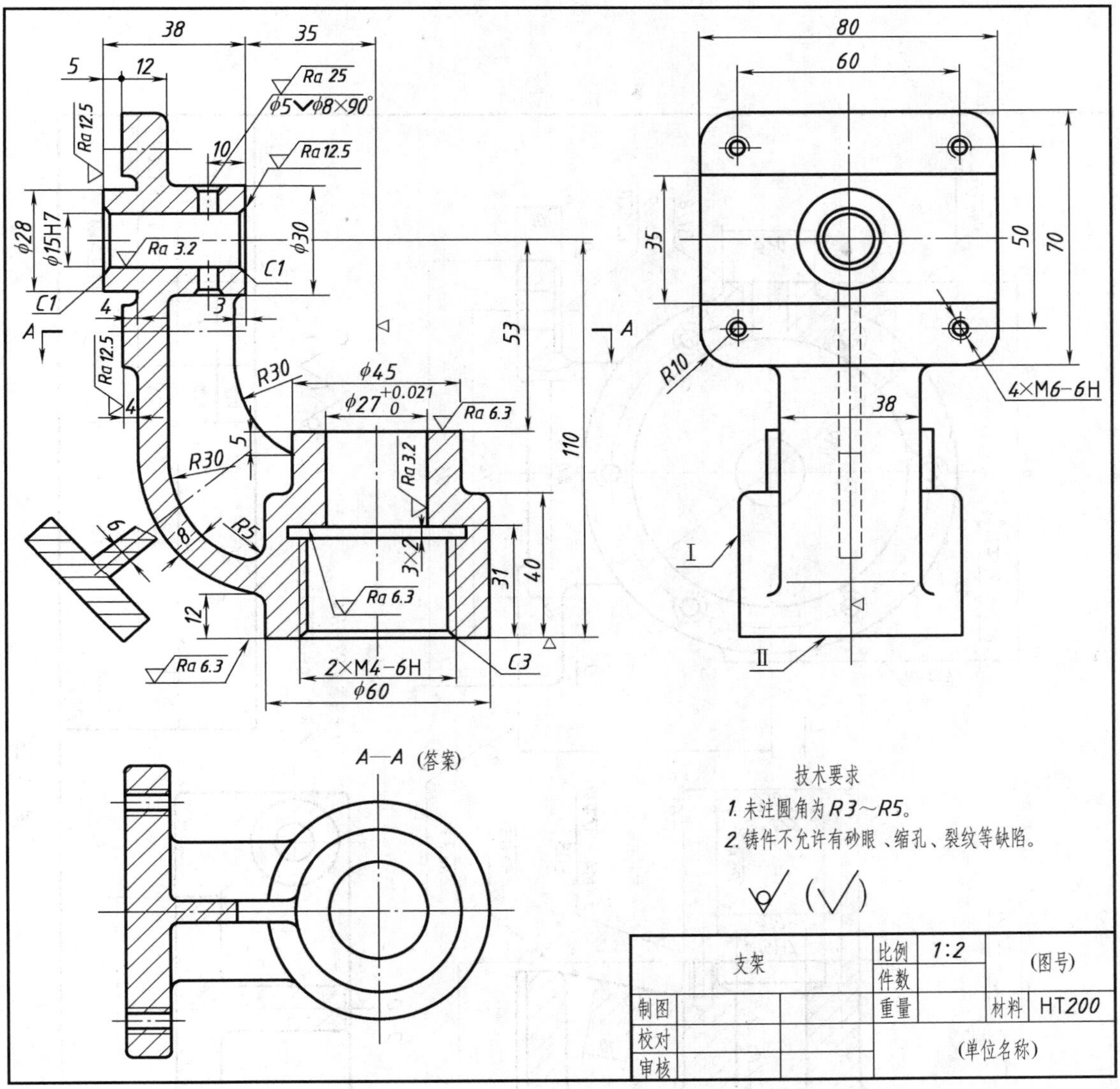

A—A (答案)

技术要求

1. 未注圆角为 R3～R5。
2. 铸件不允许有砂眼、缩孔、裂纹等缺陷。

$\sqrt{}$ ($\sqrt{}$)

支架			比例	1:2	(图号)	
			件数			
制图			重量		材料	HT200
校对			(单位名称)			
审核						

图 7-23

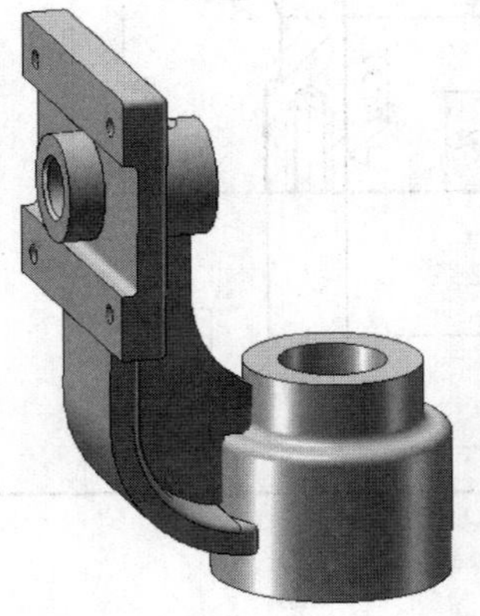

图 7-24

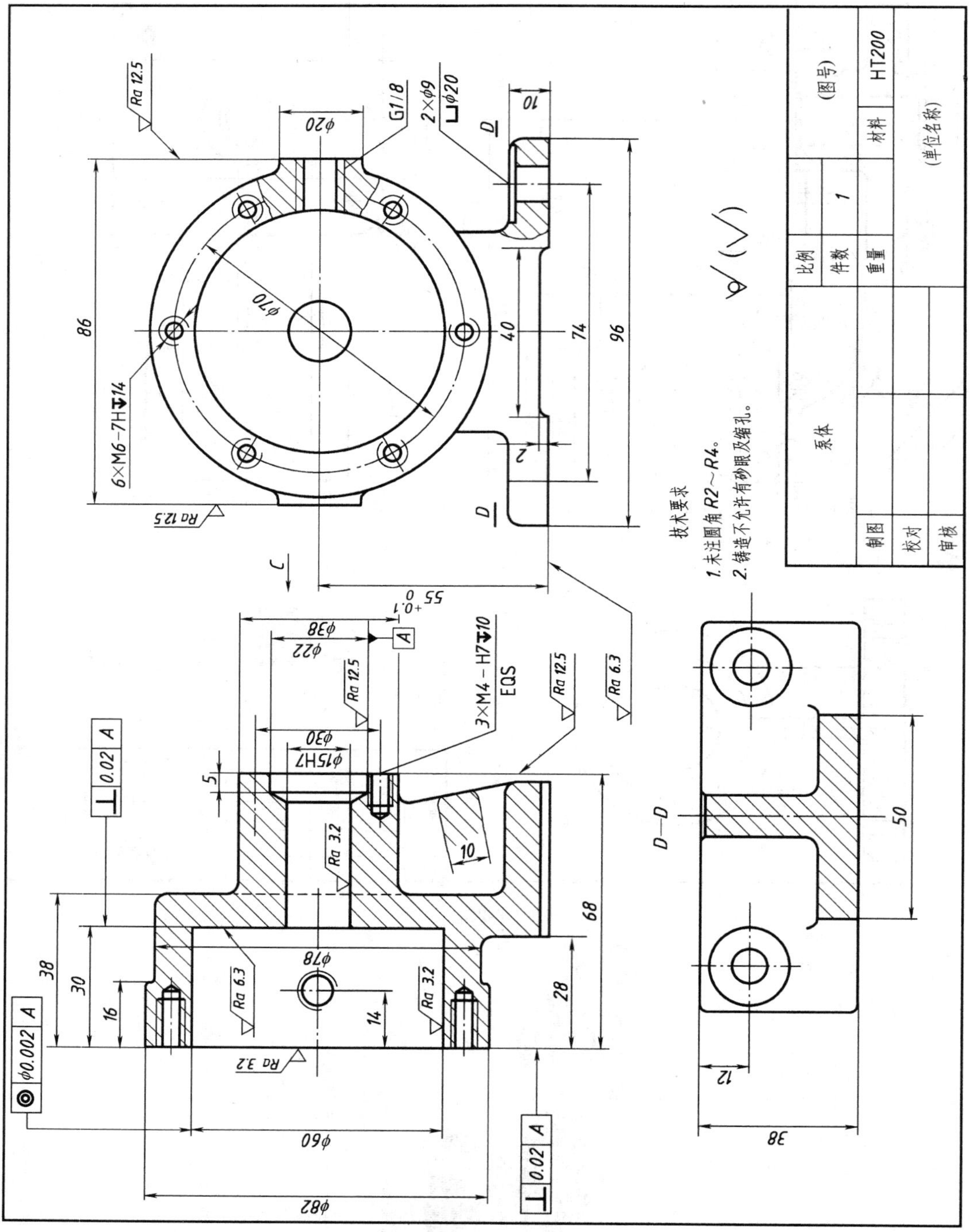

技术要求

1. 未注圆角 R2～R4。
2. 铸造不允许有砂眼及缩孔。

泵体		比例		(图号)	
		件数	1		
制图		重量		材料	HT200
校对		(单位名称)			
审核					

图 7-25

【解题分析】

这是一个壳体类零件，主体是内形为 ϕ60mm 和 ϕ15H7 的两圆柱形空腔，这一部分的外形基本与内形一致，左边圆柱端面有六个螺孔，右边圆柱端面有3个螺孔。底板是带有两个 ϕ9mm 安装孔的长方体，泵体的中部是T形连接板，其立体图如图7-27所示。

【作图并释义】

（1）尺寸基准：高度方向是 ϕ15H7 圆柱筒轴线；宽度方向是零件前后对称面；长度方向是右端面。

（2）读懂题给图形，完成泵体主视图外形（虚线不画）；画出 C 向视图，如图7-26所示。

（3）G1/8的含义：55°非螺纹密封管螺纹，尺寸代号为1/8。

（答案）

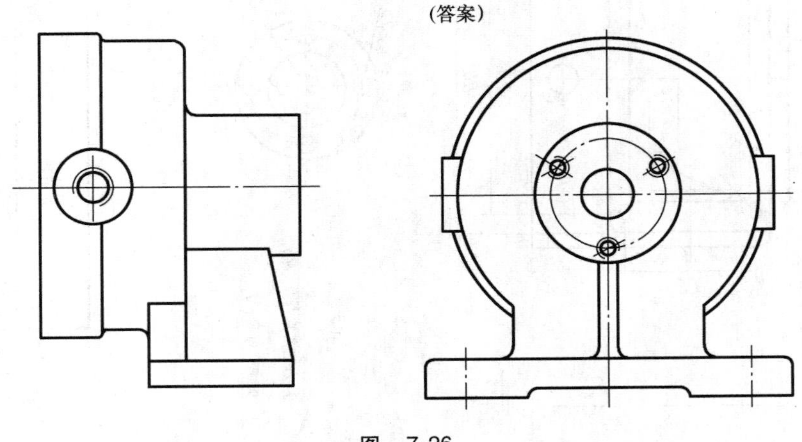

图 7-26

图 7-27

7-14 看懂图7-28所示的传动箱零件图，要求：补画 A—A 剖视图，完成填空题。

（1）该零件图采用的表达方法是__A__。

（2）分析图中尺寸 ϕ66H7：ϕ66 表示__B__，H7 是__C__代号，H 是指__D__，7 是指__E__。

（3）该零件左侧长方体端面有四个螺孔，其定位尺寸是__F__。

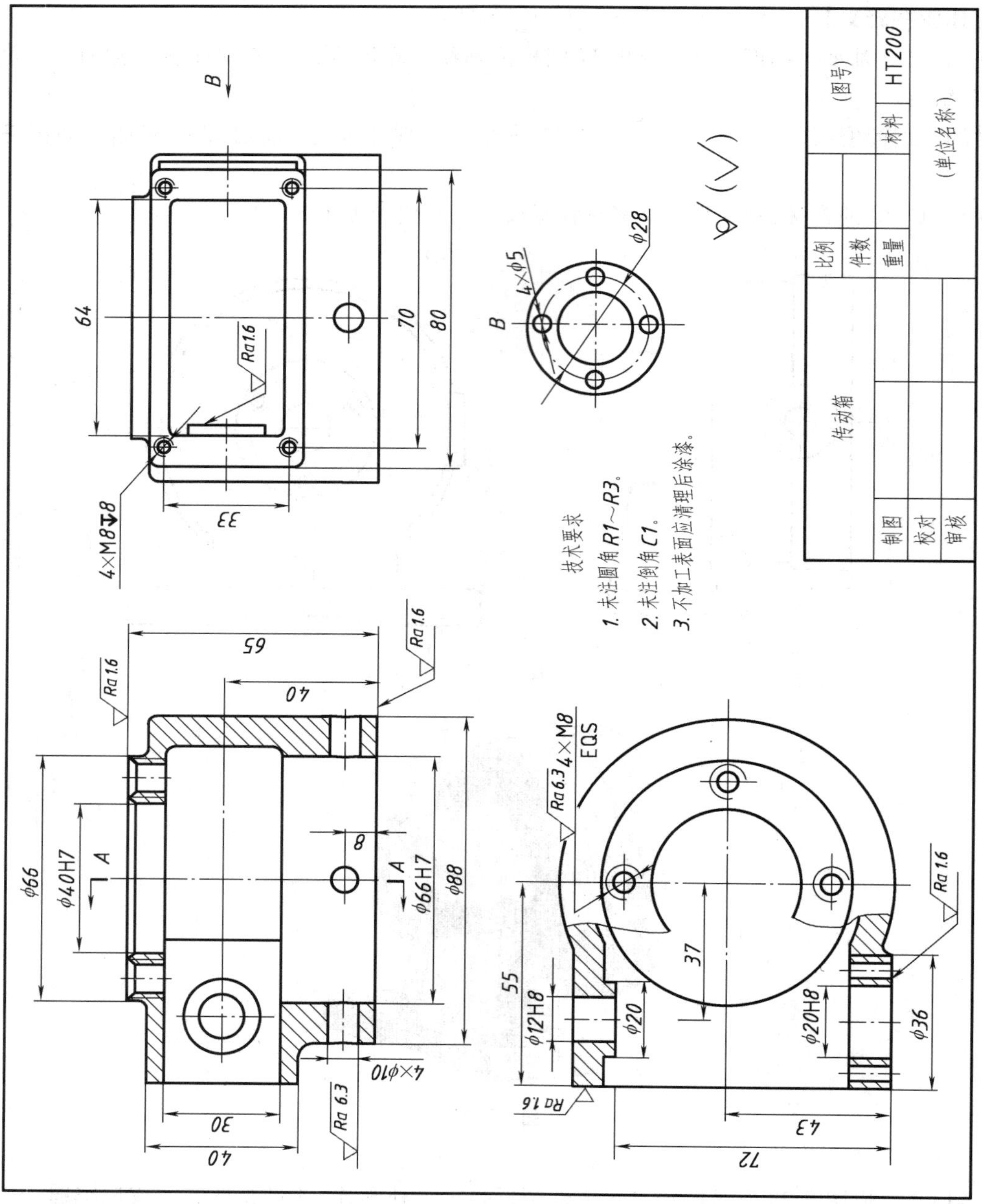

技术要求

1. 未注圆角 R1~R3。
2. 未注倒角 C1。
3. 不加工表面应清理后涂漆。

传动箱		比例		（图号）	
		件数			
制图		重量		材料	HT200
校对		（单位名称）			
审核					

图 7-28

【解题分析】

该箱体右边主体是圆柱形壳体，其上部有带有四个螺孔的圆柱形凸缘，下部有四个通孔。箱体的左上方内形是长方形壳体，其端面有四个螺孔，其立体图如图 7-30 所示。

【作图并填写答案】

（1）读懂题给图形，完成 *A*—*A* 剖视，如图 7-29 所示。

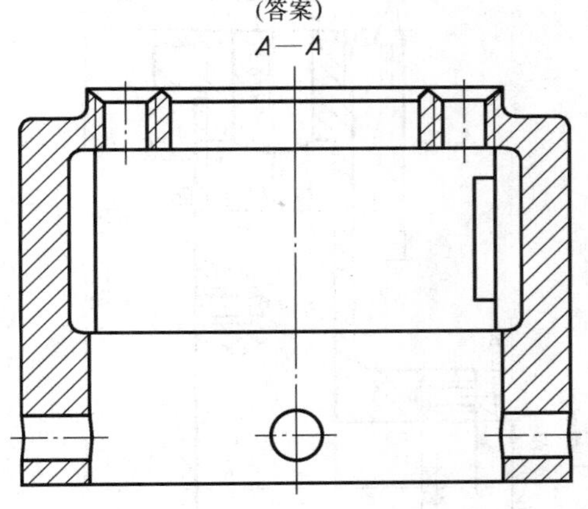

图 7-29

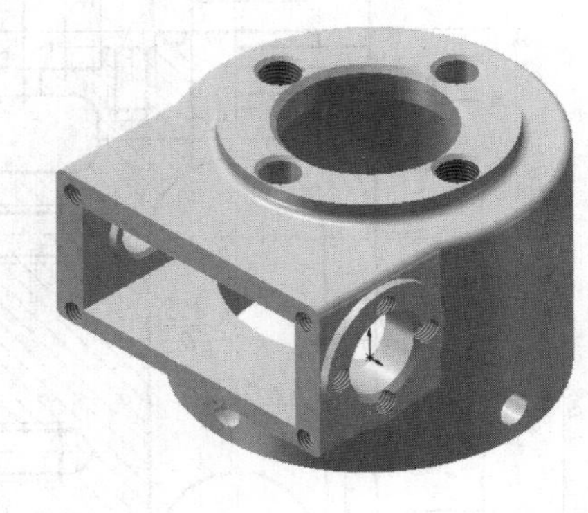

图 7-30

（2）答案：

A：主视图为全剖视图、俯视图为局部剖视图、左视图；B：公称尺寸；C：孔的公差带；D：基本偏差代号；E：公差等级；F：64mm、33mm。

7-15 看懂图 7-31 所示的底座零件图，包括剖视图的剖切位置及局部视图。要求：

（1）画出左视图外形。

（2）画出 *A*—*A* 断面图。

【解题分析】

此零件左右对称，上下、前后不对称，其立体图如图 7-33 所示。主视图采用单一剖切面的半剖视图，左视图采用全剖加局部剖，还有俯视图和局部视图（表达 *B*、*C* 方向的外形）。

此零件上部为不同直径的回转体和长方形板，其中 ϕ50mm 端面钻有三个 M6 的螺孔，50mm×76mm 板上钻有四个 M6 的螺孔，中间为腰形的壳体，左右腰形凸台钻有 M10 的螺孔；下部后方是圆筒，ϕ52mm 端面钻有四个 M4 螺孔，其定位尺寸为 ϕ40mm。

读者自行分析一下尺寸基准。

【作图步骤】

（1）读懂题给的图形，完成左视图外形（虚线不画），如图 7-32a 所示。

（2）画 *A*—*A* 断面图，剖切面通过 ϕ17mm 的孔和 M6 的两个螺孔，断面的外形为52mm×32mm。作图结果如图 7-32b 所示。

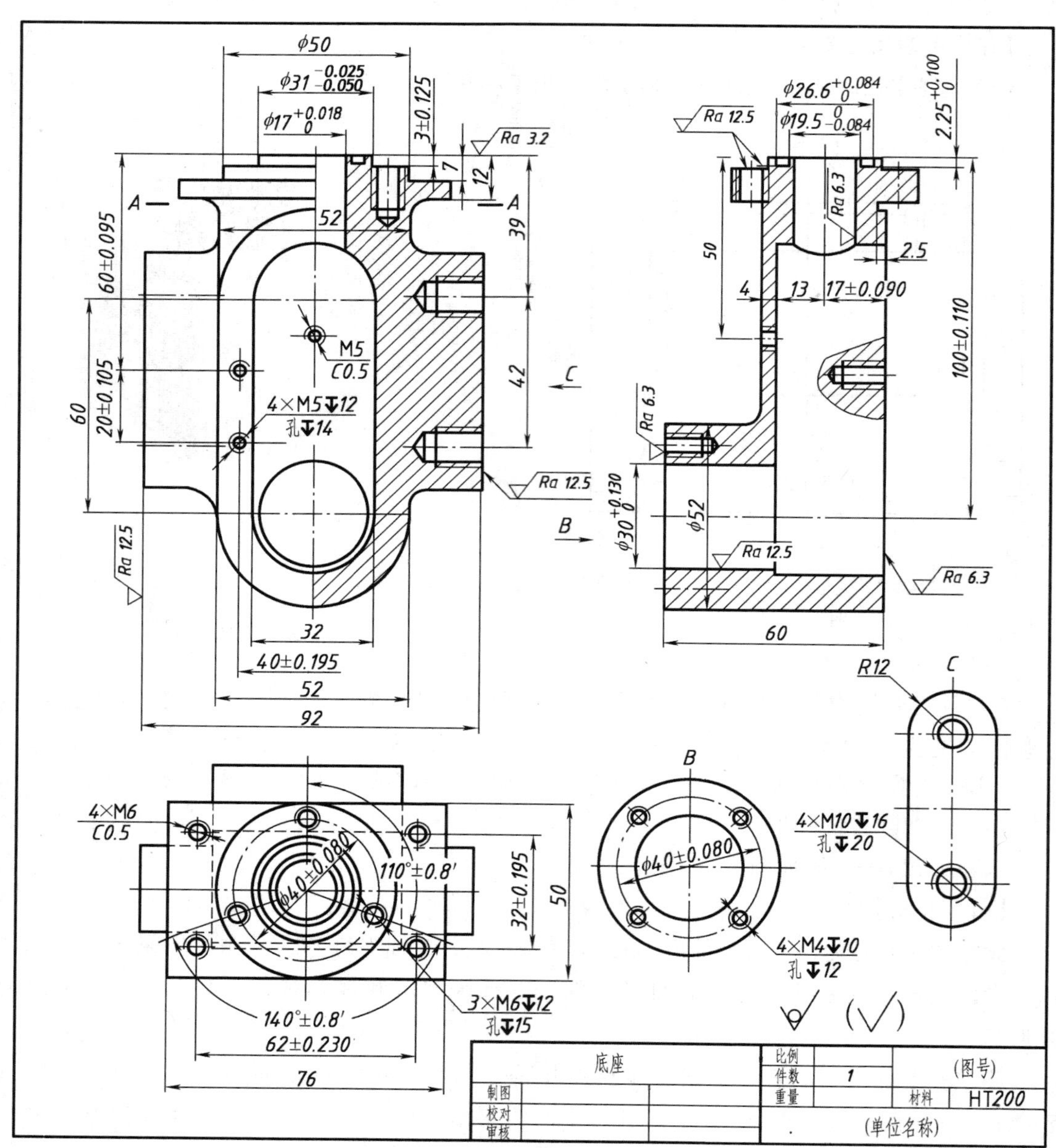

φ50
φ31 -0.025 -0.050
φ17 +0.018 0
3±0.125
Ra 3.2
7
12
A
52
39
60±0.095
M5
C0.5
42
C
20±0.105
60
4×M5↧12
孔↧14
Ra 12.5
B
32
40±0.195
52
92
φ26.6 +0.084 0
φ19.5 0 -0.084
2.25 +0.100 0
Ra 6.3
50
2.5
4
13
17±0.090
100±0.110
φ30 +0.130 0
φ52
60
R12
4×M10↧16
孔↧20
4×M6
C0.5
φ40±0.080
110°±0.8′
32±0.195
140°±0.8′
62±0.230
76
3×M6↧12
孔↧15
4×M4↧10
孔↧12
底座
比例
件数
1
(图号)
制图
校对
审核
重量
材料
HT200
(单位名称)

图 7-31

(答案)

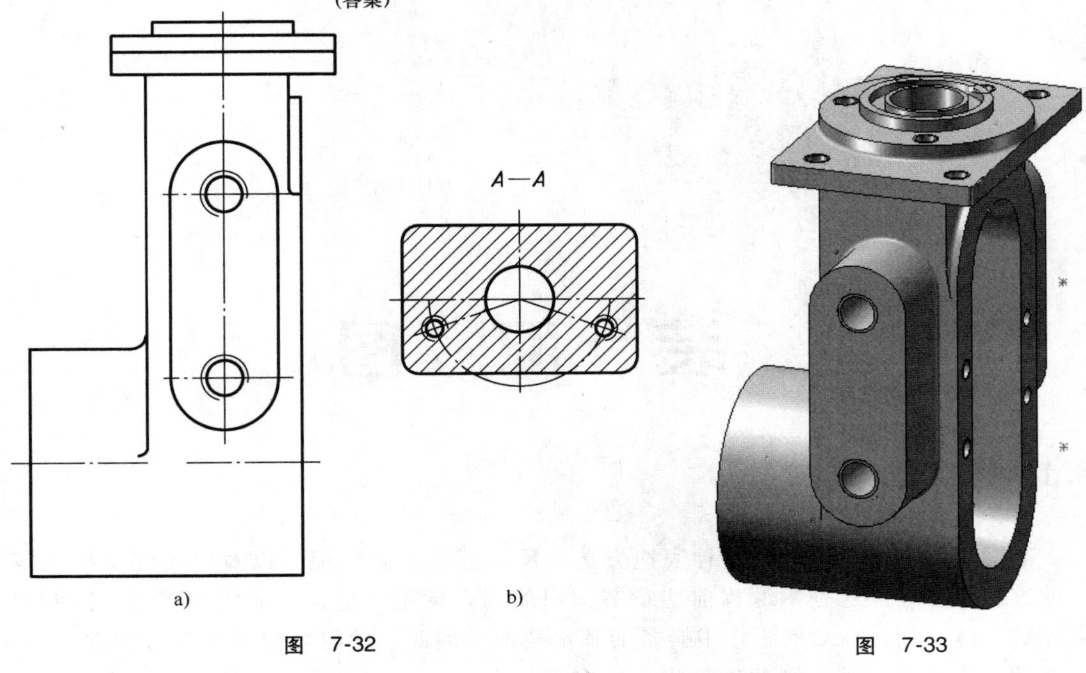

图 7-32

图 7-33

7.4 自测题

1. 零件图包括哪些内容？

2. 零件表达方案的选择应如何进行？选择主视图时应考虑哪些要素？

3. 简述图 7-31 中底座零件图采用的表达方法。

4. 合理标注零件尺寸的方法与步骤是什么？

5. 什么是尺寸公差？在尺寸 ϕ50H8 中，ϕ50 是什么尺寸？H8 的含义是什么？

6. 选择一种零件，先徒手绘制出该零件的草图，再用计算机绘制出该零件的零件图。要求完整地表达该零件的结构，合理地标注出零件的所有尺寸，提出技术要求并填写标题栏。

第 8 章

装　配　图

8.1 内容要点

本章着重介绍装配图的各种表达方法、尺寸标注、画装配图以及由装配图拆画零件图的方法与步骤。这是本课程前些章节知识的综合运用，是课程的实用部分，同时也是学习后继课程和在今后的工作中必备的基本技能。因此，学习装配图与学习零件图一样，要求学生应该从设计、制造原理出发，多看、多画、多想，以培养对图形的表达能力和设计能力。

（1）装配图的内容包括视图、尺寸、技术要求、明细栏和标题栏。

（2）装配图表达方法的重点是规定画法和特殊画法。

（3）装配图的尺寸标注主要有性能（规格）尺寸、配合尺寸、安装尺寸、外形尺寸和其他重要尺寸。要求标注的尺寸应正确、完整、清晰、合理。

（4）画装配图。

（5）读装配图。

8.2 解题要领

本章与第 7 章零件图的联系较为紧密。零件图侧重于表达零件的结构特点，而装配图侧重于表达多个零件的装配关系。学习本章的重点是要理解和掌握装配图需要表达的内容、装配图的画法和装配图的各种表达方法，特别是装配图的特殊表达方法，以及看装配图的方法和步骤、如何拆画零件图等。常见的题型可分为以下两大类：

（1）由零件图和装配示意图拼画装配图，或者由装配体实物测绘，画出各零件草图，再根据装配体的装配关系，由零件草图拼画出装配体的装配图（简称画装配图）。这类题目一般的解题步骤是，先根据装配体的工作原理和各零件的装配关系，结合装配图的作用，确定表达方案，然后在读懂零件图或零件草图的基础上，将各零件按规定的尺寸比例拼画到装配图的各个视图上。

（2）由装配图拆画零件图（简称拆图）。拆图必须在看懂装配图的基础上进行，从装配图上先分离出待拆零件的视图，想出其结构形状及在机器中的作用，再选择合理的表达方案。在结构形状上，一要添补被遮盖的结构的投影；二要添补省略简化结构的投影，如倒角、退刀槽等；三要确定未给出的零件结构。在尺寸上，要做好抄、查、量、算、估的工作，使尺寸标注完整、合理，并能根据功能确定其技术要求。值得注意的是，由装配图拆画出的零件图应完全符合第7章零件图中所述的要求。

8.3 习题与解答

8.3.1 由零件图拼画装配图

8-1 根据图8-1～图8-4所示的G1/2阀的立体图、装配示意图及零件图，用1∶1的比例拼画阀的装配图。

工作原理：阀是用来控制管道中液体、气体流量大小的开关；要全部打开阀门（即让管道进、出口全部接通），需要旋转阀杆，使阀杆上ϕ15mm的孔与阀体上ϕ15mm的孔完全对正；由两孔对正的程度，来控制管道中流量的大小。

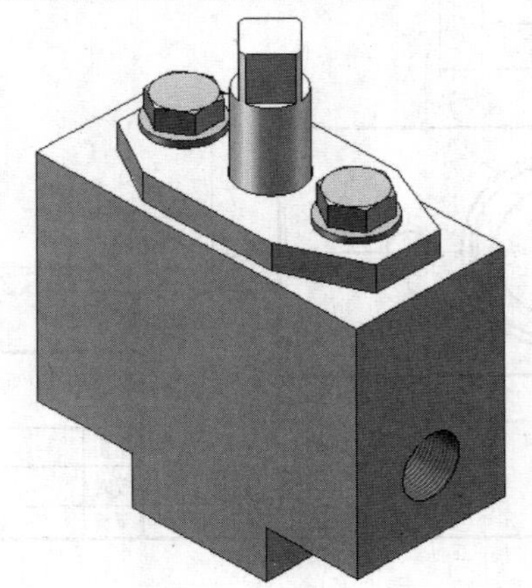

图8-1 G1/2阀的立体图

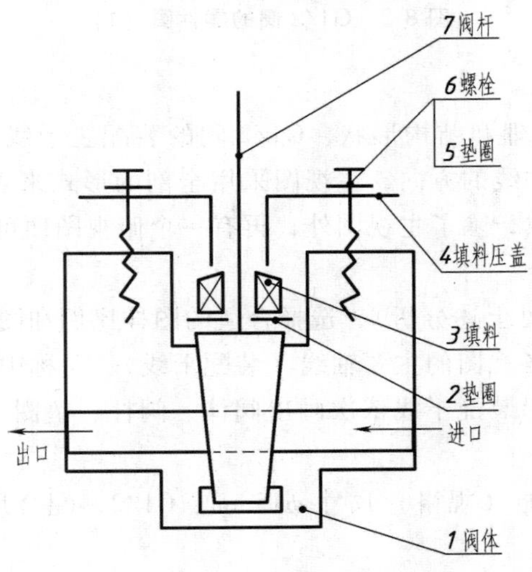

图8-2 G1/2阀的装配示意图

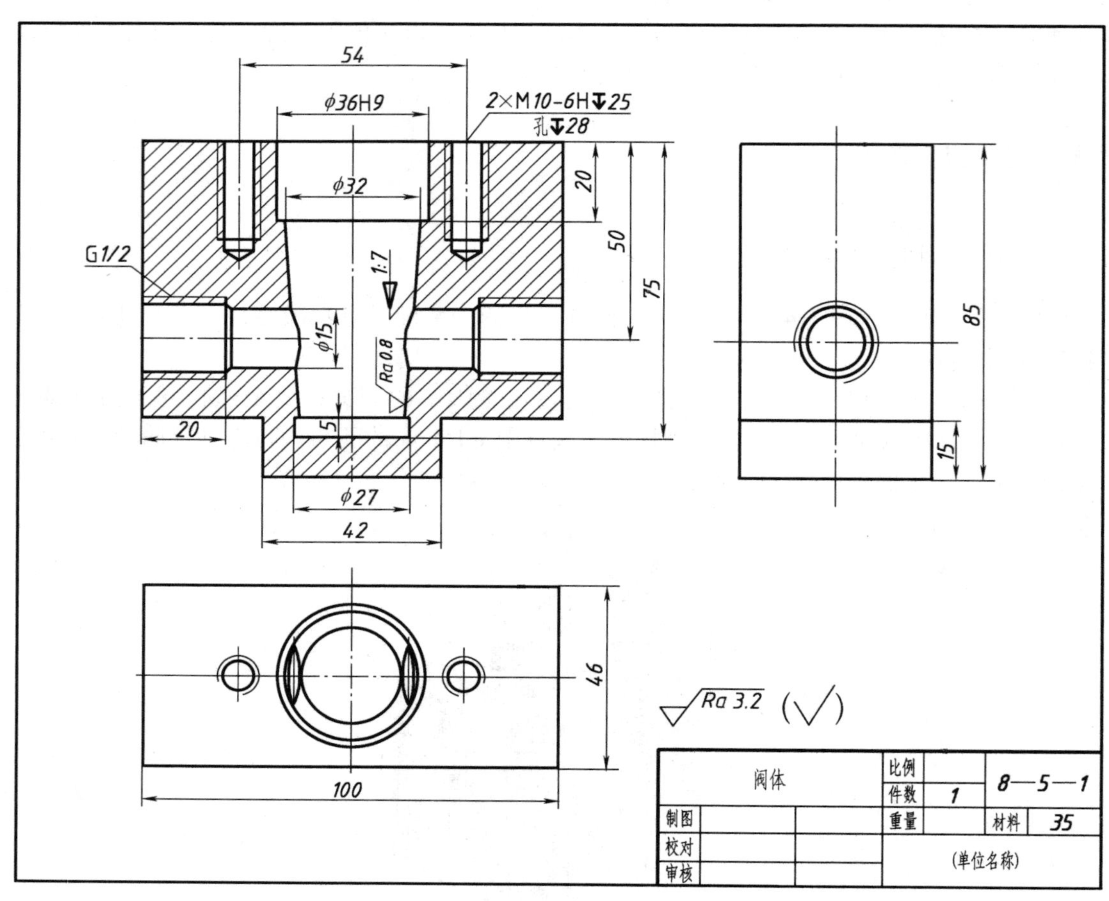

图 8-3　G1/2 阀的零件图（1）

【解题分析】

根据 G1/2 阀的工作原理和结构形状，G1/2 阀的装配主干线是阀杆，主视图的投射方向选择垂直于阀体的阀杆轴线的方向，主视图采用全剖的形式来表达 G1/2 阀的装配路线和配合形式。由于其结构简单，除了主视图外，再有一个俯视图便可以表达清楚了。

【作图步骤】

（1）确定表达方案（见上述分析），选择合适的图样比例和图幅。

（2）画底稿。先画出各视图的主要轴线（装配干线）、对称中心线和作图基准线，再按照“先主后次”的原则，沿装配干线依次画出阀体、阀杆、垫圈、填料、填料压盖、垫圈、螺栓零件。

（3）标注尺寸。如性能（规格）尺寸 ϕ15mm、G1/2，配合尺寸 ϕ36H9/f9，外形尺寸 100mm、46mm、131mm 等。

（4）编写零件序号、技术要求，填写明细栏和标题栏。

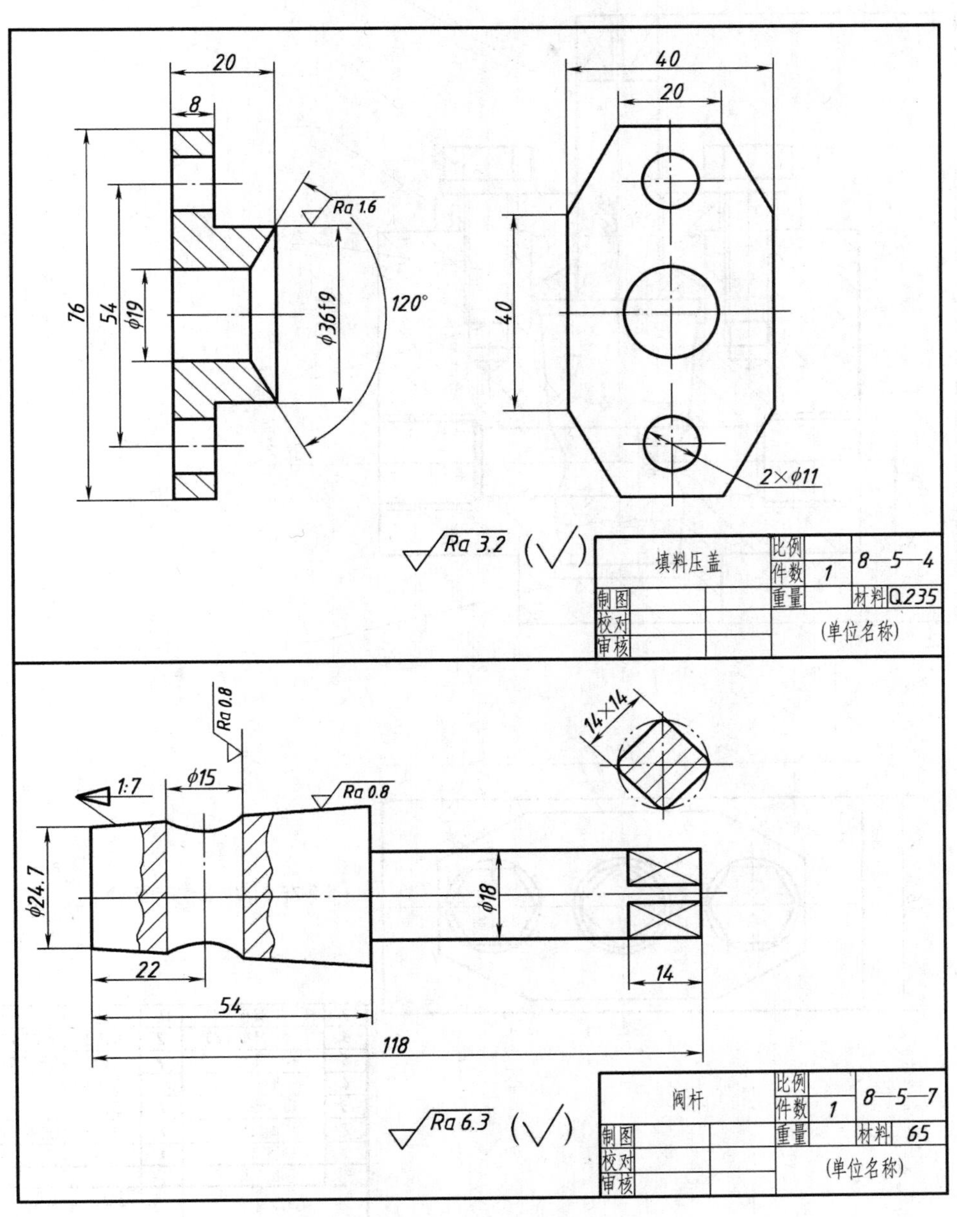

图 8-4　G1/2 阀的零件图（2）

（5）检查加深。检查、校核无误后，清洁图面，加深线条，完成全图，如图 8-5 所示。

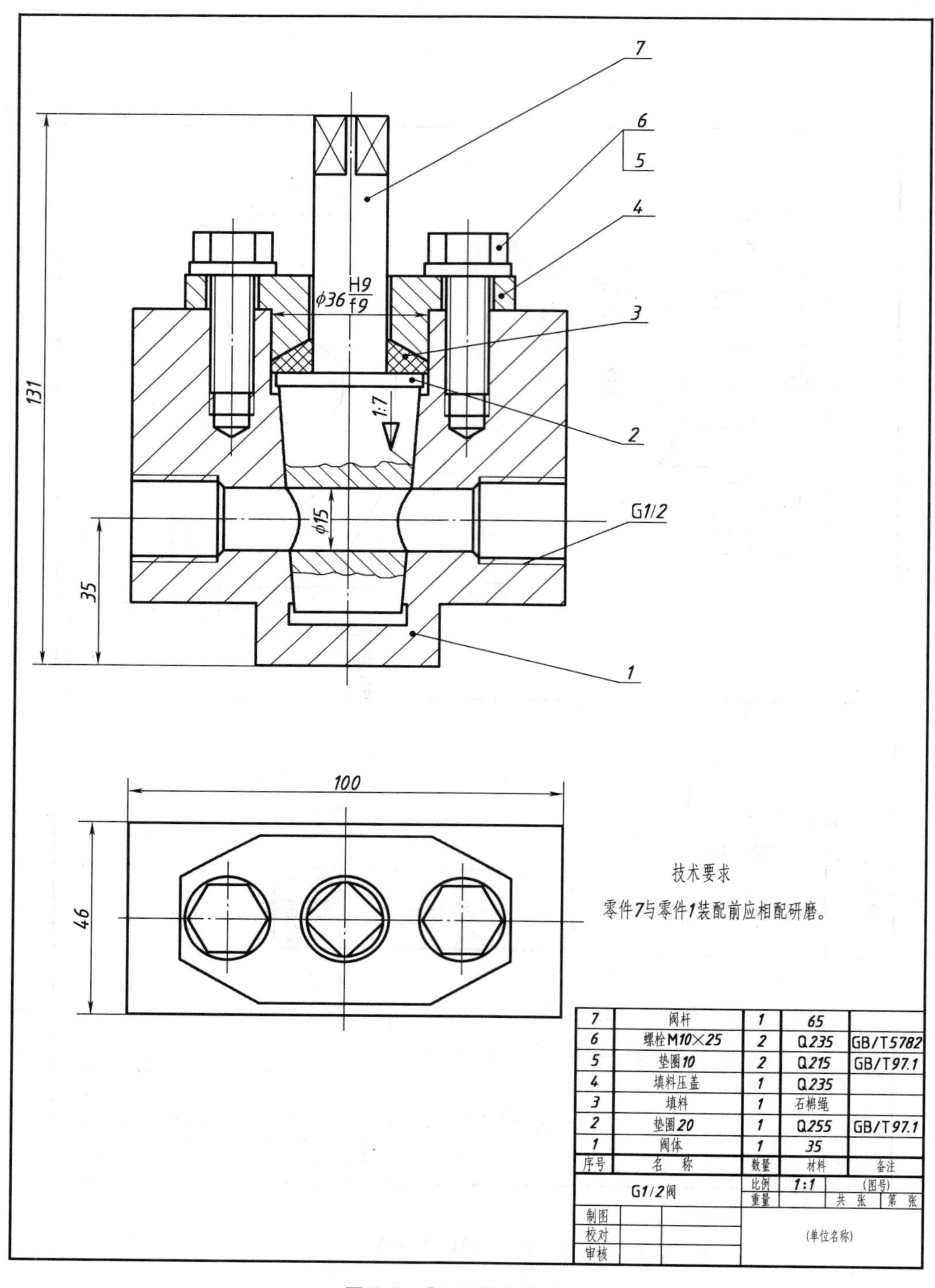

图 8-5　G1/2 阀的装配图

8-2　根据图 8-6～图 8-10 所示机用虎钳的立体图及零件图，用 1 : 1 的比例拼画其装配图。

工作原理：机用虎钳是一种在机床工作台上用来夹持工件，以便进行加工的夹具。它由钳座（6）、护口板（9）、活动钳口（11）、螺杆（5）和方块螺母（4）等组成。

当用扳手转动螺杆时，螺杆带动方块螺母，使活动钳口沿钳座做直线运动。方块螺母与活动钳口用螺钉（10）连成一体，这样使钳口闭合或开放，便于夹紧或卸下零件。两块护口板用沉头螺钉（8）紧固在钳座上，以便磨损后更换。

图 8-6 机用虎钳的立体图

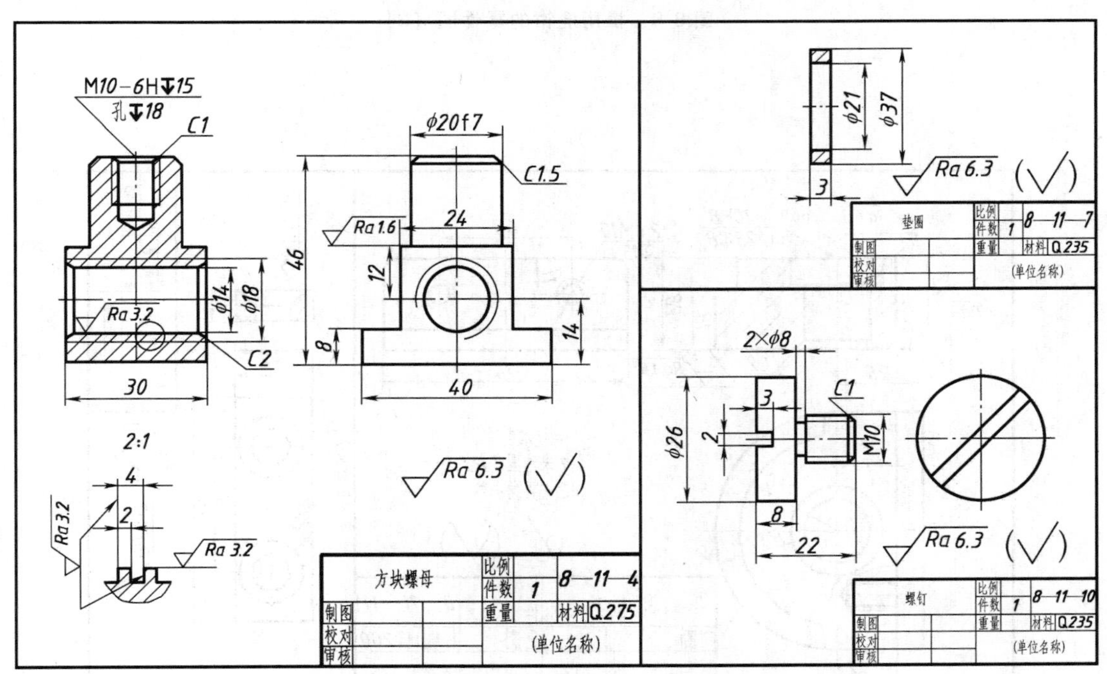

图 8-7 机用虎钳的零件图（1）

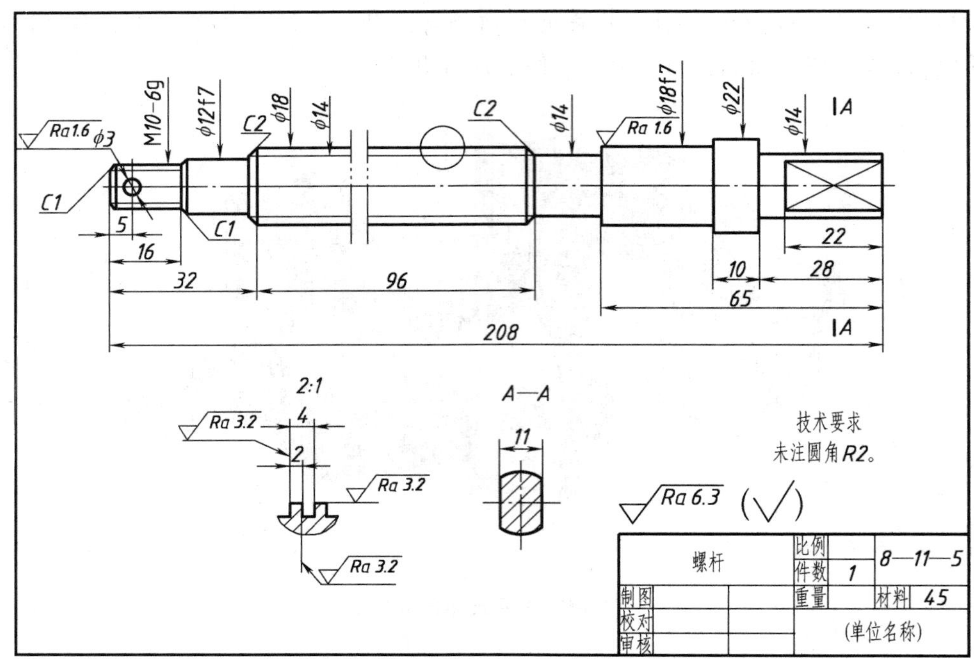

图 8-8　机用虎钳的零件图（2）

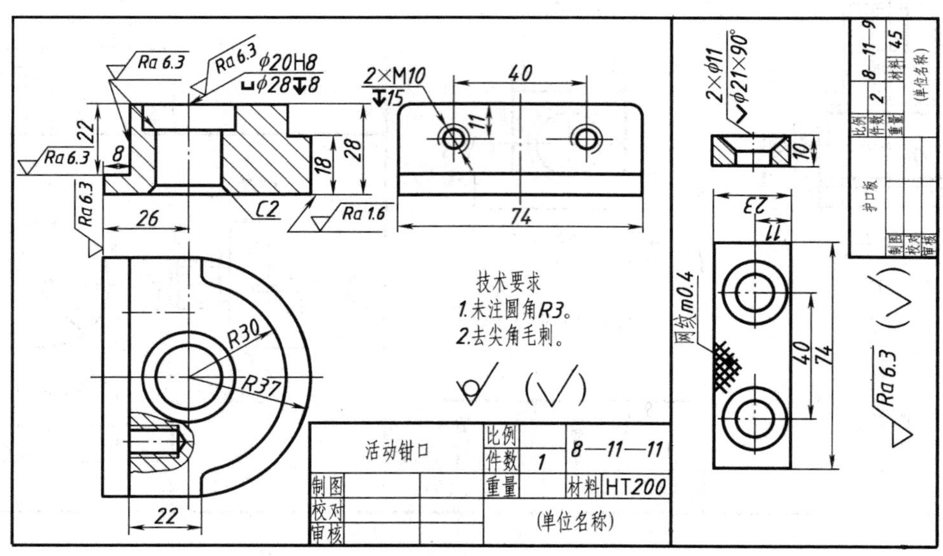

图 8-9　机用虎钳的零件图（3）

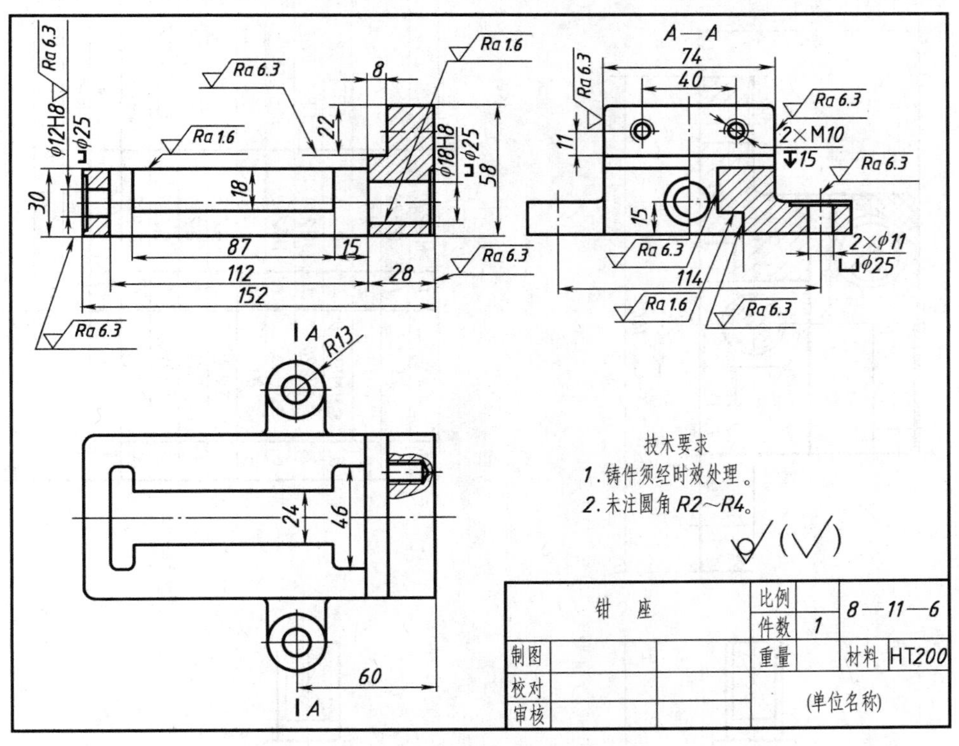

图 8-10　机用虎钳的零件图（4）

【解题分析】

由工作原理可知，机用虎钳的装配主干线是螺杆，为了清楚地表达机用虎钳内外部装配结构，应选图 8-6 所示的工作位置为主视图，由此确定了其他视图。其中主、左视图用全剖和半剖。另外，为表达螺钉（8）的连接情况和方块螺母与钳座的配合结构，这两处采用局部剖视较好。

【作图步骤】

（1）先充分了解装配体的工作原理，根据立体图掌握各零件间的装配关系，确定表达方案。见解题分析。

（2）画底稿。先画出各视图的主要轴线（装配干线）、对称中心线和作图基准线，再按照“先主后次”的原则，由里向外，依次画出螺杆、方块螺母、钳座、活动钳身等零件。

（3）标注尺寸。如性能（规格）尺寸 ϕ18mm、ϕ14mm、4mm、0～62mm，配合尺寸 ϕ20H8/f7、ϕ18H8/f7、ϕ12H8/f7，外形尺寸 208mm、140mm、59mm 等。

（4）编写零件序号、技术要求，填写明细栏和标题栏。

（5）检查加深。检查校核无误后，清洁图面，加深线条，完成全图，如图 8-11 所示。

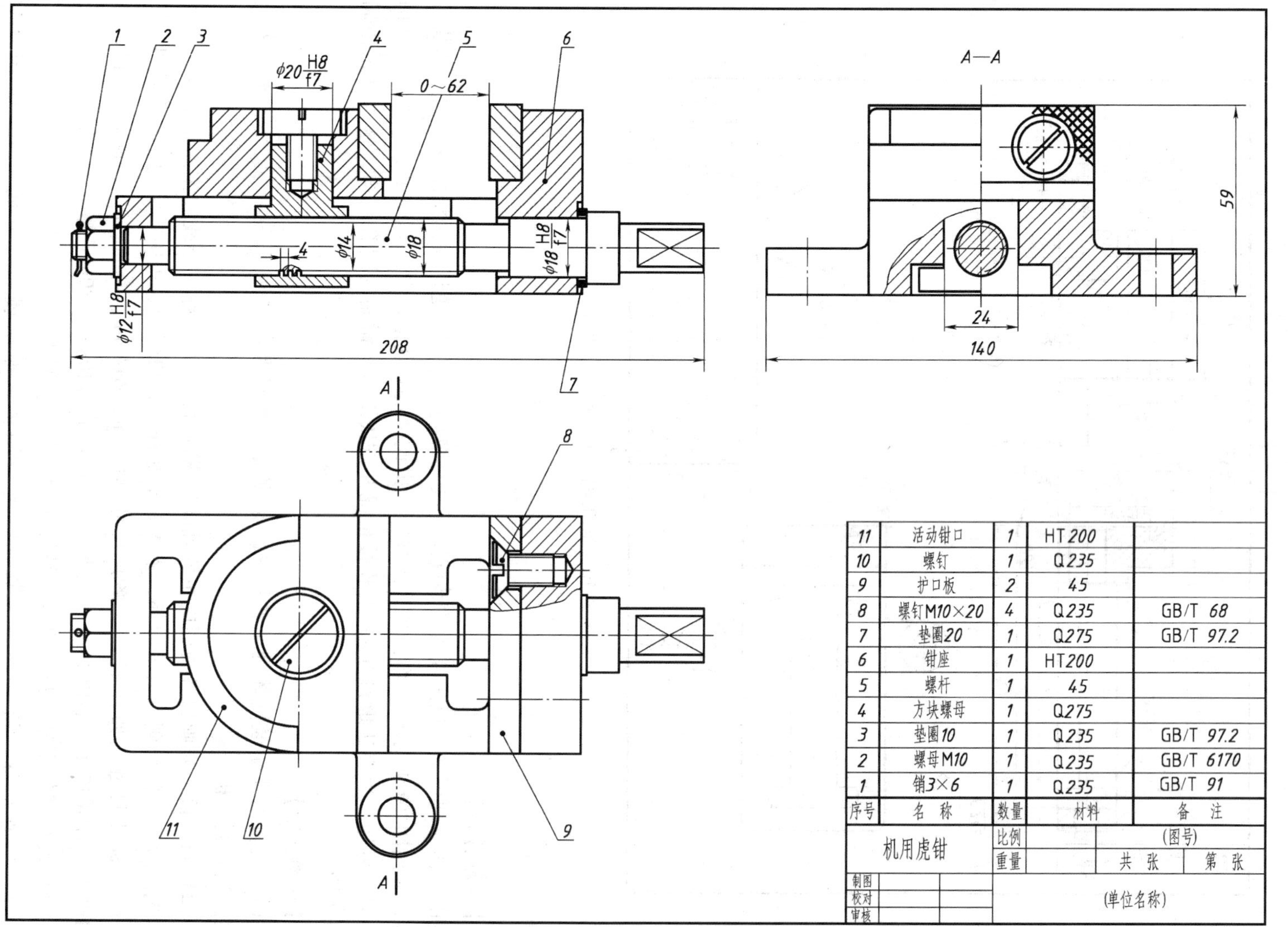

图 8-11　机用虎钳的装配图

8.3.2 由装配图拆画零件图

8-3 读懂图 8-12 所示定位器的装配图，解答问题。

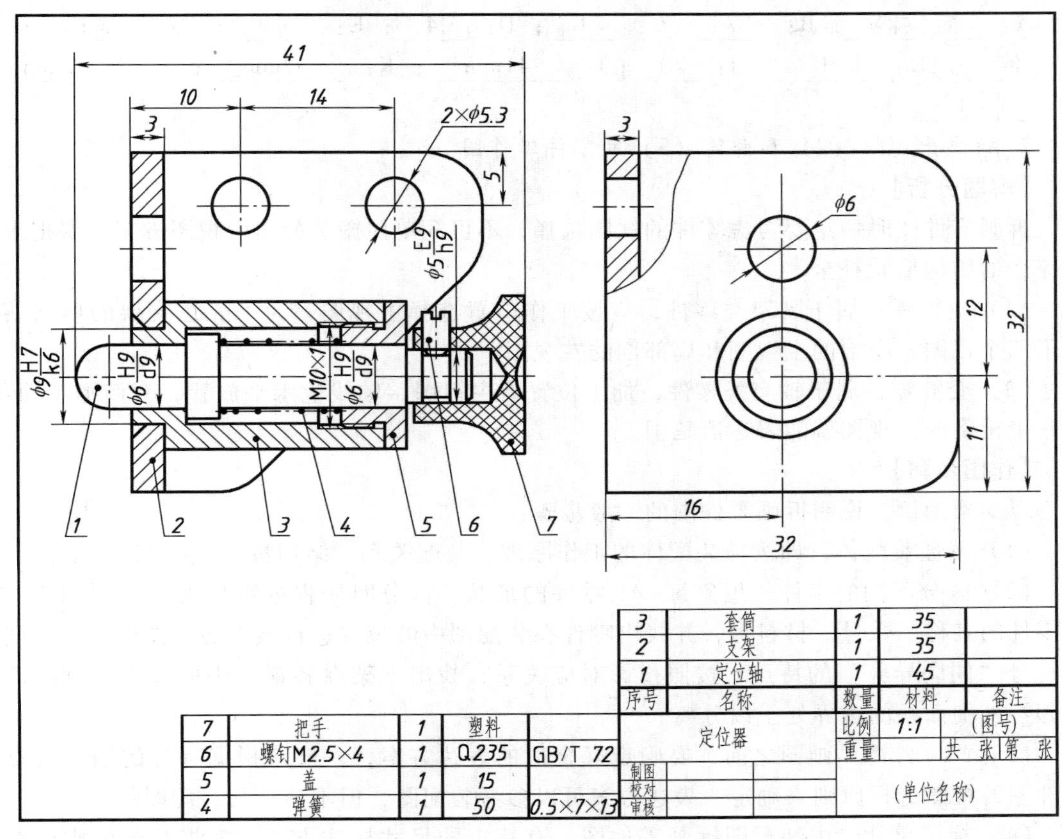

图 8-12 定位器的装配图

工作原理：定位器安装在仪器的机箱内壁上。工作时定位轴（1）的一端插入被固定零件的孔中，当该零件需要变换位置时，应拉动把手（7），将定位器从该零件的孔中拉出，松开把手后，弹簧（4）使定位轴恢复原位。

1. 填空

（1）该装配体的名称是__A__，共有__B__个零件组成，其中标准件有__C__个。

（2）该图中有__D__处有配合尺寸的要求，其中 φ9H7/k6 的公称尺寸是__E__，其配合为__F__制__G__配合，孔的公差带代号是__H__，其基本偏差是__I__。

（3）定位器的外形尺寸：总长是__J__，总宽是__K__，总高是__L__。

（4）该装配图所采用的绘图比例是__M__。

2. 拆画出支架（2）和套筒（3）的零件工作图

1. 填空

【解题分析】

从标题栏和明细栏中可知该装配体的名称、零件的数量和绘图比例等，分析装配体所标的尺寸，搞清图上各个尺寸的类型和作用，可找出配合尺寸和外形尺寸，便可完成填空题。填写答案：

A：定位器；B：7；C：1；D：4；E：ϕ9；F：基孔；G：过渡；H：H7；I：0；J：41mm；K：32mm；L：32mm；M：1∶1。

2. 拆画出支架（2）和套筒（3）的零件工作图

【解题分析】

拆画零件图时一定要考虑零件的视图选择，不可简单照搬装配图中视图方案，要把未表达完全的结构形状补全。

（1）支架零件属于叉架类零件，应按工作位置选择主视图，为了表达支架的形状共采用了两个视图，全剖的主视图和局部剖的左视图。

（2）套筒零件属于轴套类零件，加工位置为主视图，轴线应水平放置，套筒形状简单，用一个全剖的主视图就能表达清楚了。

【作图步骤】

以支架为例，说明拆画零件图的一般步骤：

（1）读懂装配体，即读懂装配体的工作原理、装配关系、结构特点等。

（2）区分不同的零件，想象每一个零件的形状。区分时先根据零件编号和明细栏，查出零件的名称、数量、材料等，并找出零件在装配图中的位置；再根据装配图中各零件间剖面符号“同同异异”的特点，按照投影对应关系，找出支架在各视图中的投影轮廓，即从相邻零件剖面线的边界处予以分离。

（3）画零件图。画图之前，要确定好合适的表达方案，一般应根据零件的结构特点及零件图的视图选择原则来确定，表达方案可以参考装配图，但不强求与装配图一致。

（4）标注尺寸。由装配图拆画零件图，有特定的尺寸标注方式：先把装配图中已有的尺寸照抄，如ϕ9H7、2×ϕ5.3mm、14mm、32mm，再从装配图中直接量取，按图中比例换算，填写其他部位尺寸。

（5）标注表面结构、极限与配合，编写技术要求。根据定位器的装配关系和各配合面的配合制度，确定各加工面的加工精度（表面结构）和尺寸公差。技术要求一般按照抄、类比以及设计确定的方法来注写。

（6）检查加深，完成支架的零件图，如图8-13所示。套筒的零件图如图8-14所示。

8-4　读懂图8-15所示蝴蝶阀的装配图，解答问题。

工作原理：蝴蝶阀是用于管道上截断气流或液流的闸门装置，它是由齿轮、齿条机构来实现截流的。当外力带动齿杆（13）左右移动时，与齿杆啮合的齿轮（10）就带动阀杆（3）转动，使阀门（2）开启或关闭。图示阀门为开启位置，齿杆向右移动时，即关闭。齿杆靠紧固螺钉（11）周向定位，只能左右移动，不能转动。阀门用锥头铆钉（4）固定在阀杆上，盖板（8）和阀盖（12）用三个螺钉（6）固定在阀体（1）上。

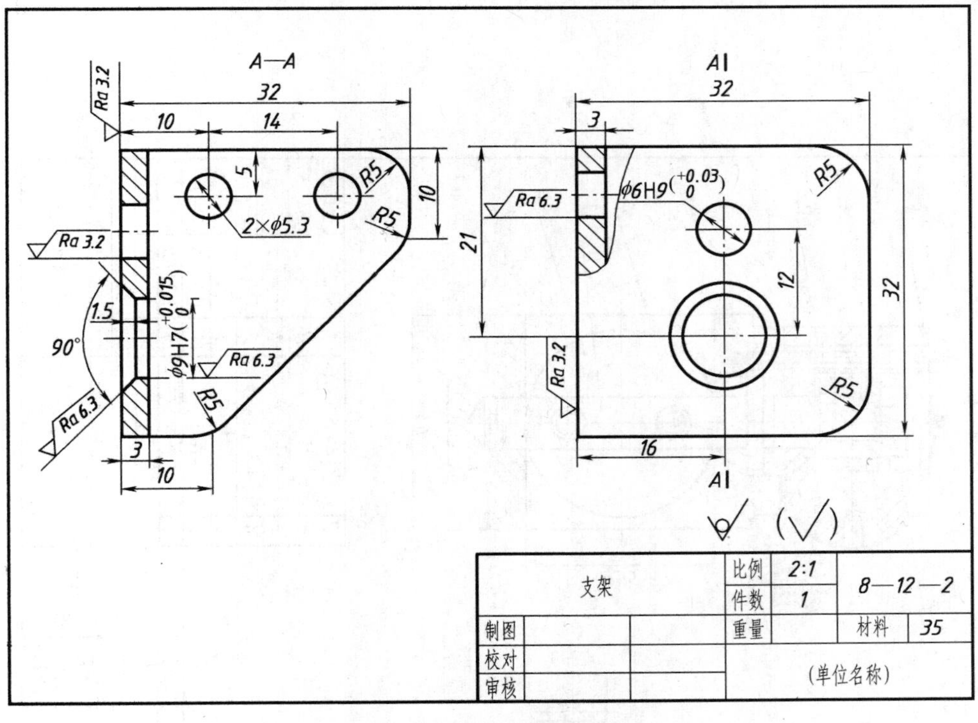

图 8-13　支架的零件图

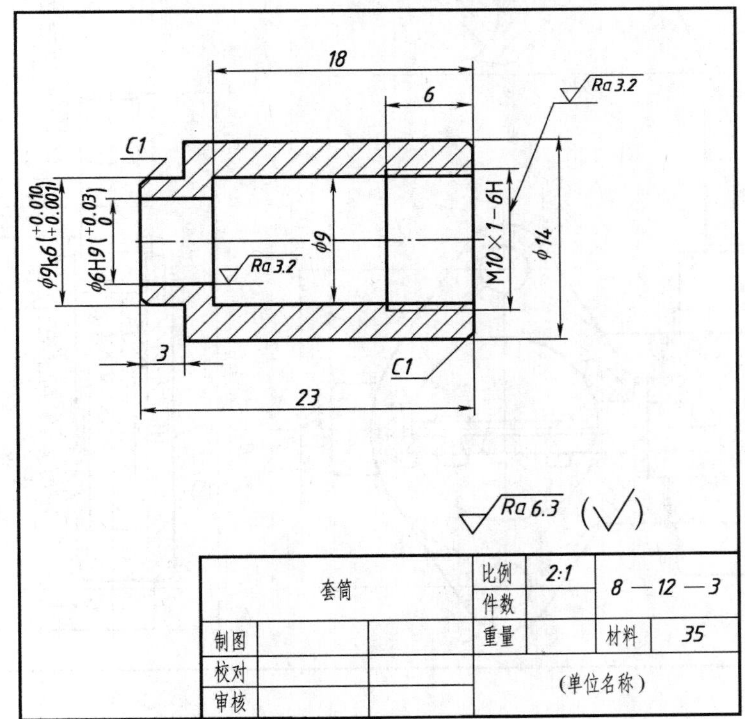

图 8-14　套筒的零件图

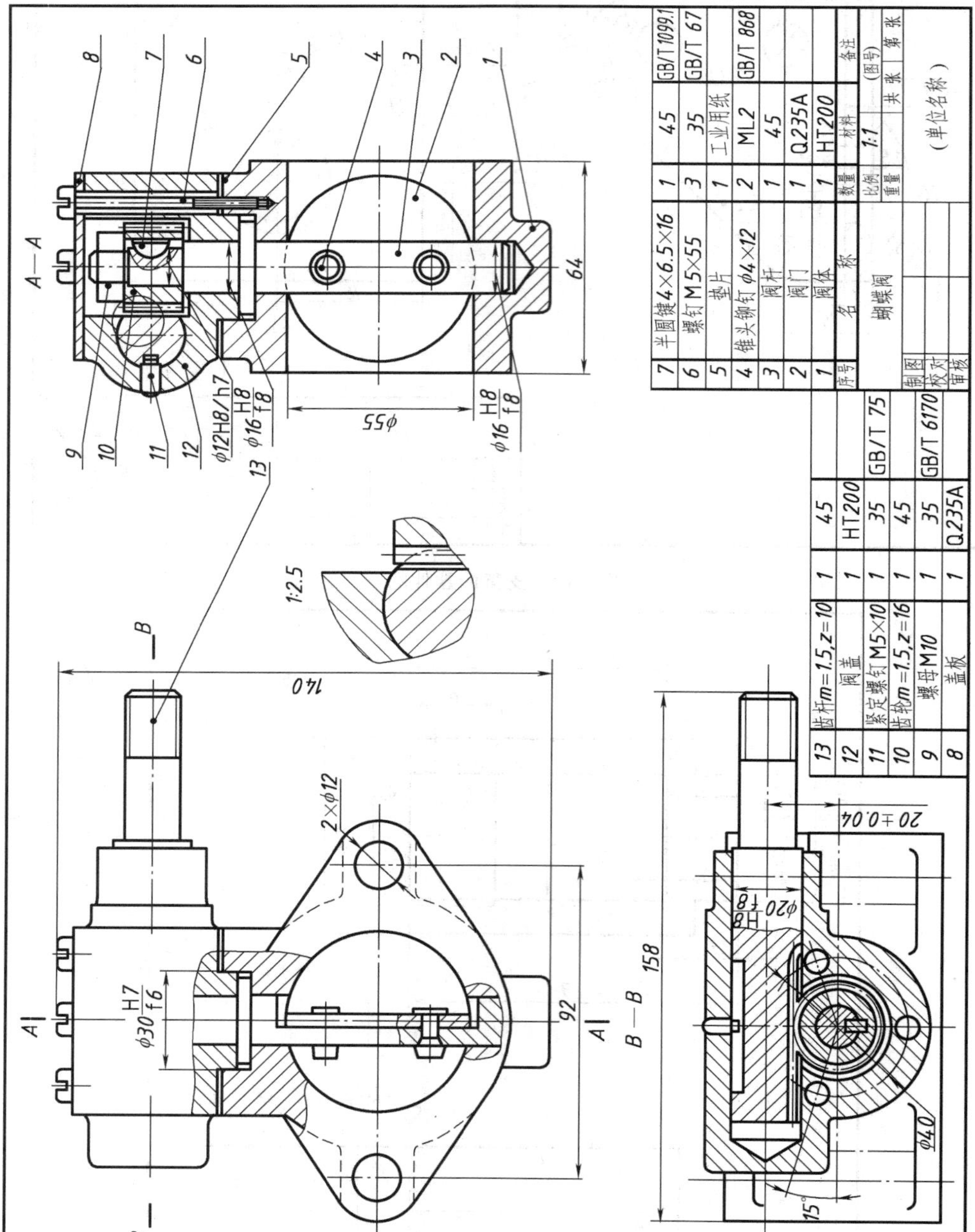

A—A
B—B
1:2.5
140
158
92
64
ϕ55
ϕ16 H8/f8
ϕ12H8/h7
ϕ30 H7/f6
2×ϕ12
ϕ20 H8/f8
20±0.04
ϕ40
15°
7 半圆键4×6.5×16 1 45 GB/T 1099.1
6 螺钉M5×55 3 35 GB/T 67
5 垫片 1 工业用纸
4 锥头铆钉ϕ4×12 2 ML2 GB/T 868
3 阀杆 1 45
2 阀门 1 Q235A
1 阀体 1 HT200
序号 名称 数量 材料 备注
蝴蝶阀 比例 1:1 (图号)
重量 共 张 第 张
制图
校对
审核
(单位名称)
13 齿杆m=1.5,z=10 1 45
12 阀盖 1 HT200
11 紧定螺钉M5×10 1 35 GB/T 75
10 齿轮m=1.5,z=16 1 45
9 螺母M10 1 35 GB/T 6170
8 盖板 1 Q235A

图 8-15 蝴蝶阀的装配图

1. 填空

（1）零件6的作用是__A__，零件11的作用是__B__。

（2）下列尺寸各属于装配图中的何种尺寸？

ϕ55属于__C__尺寸；ϕ30H7/h6属于__D__尺寸；158属于__E__尺寸；2×ϕ12属于__F__尺寸。

（3）说明ϕ16H8/f7的含义：该配合属于__G__制__H__配合，ϕ16是__I__尺寸，H8是__J__代号，f7是__K__代号。

2. 拆画出阀体（1）和阀盖（12）的零件工作图

1. 填空

【解题分析】

根据蝴蝶阀的装配图和工作原理，分析各零件的装配关系和各种尺寸类型，便可完成填空题。填写答案：

A：__把盖板（8）和阀盖（12）固定在阀体（1）上__；B：__限制齿杆只能左右移动，不能转动__；C：__规格__；D：__装配__；E：__外形__；F：__安装__；G：__基孔__；H：__间隙__；I：__公称__；J：__孔的公差带__；K：__轴的公差带__。

2. 拆画出阀体（1）和阀盖（12）的零件工作图

【解题分析】

根据蝴蝶阀的装配图和工作原理，分析各零件的装配关系和形状特征，由此确定表达方案。

（1）阀体是该装配体中的一个重要零件，它属于箱体类零件，其主体结构形状是一个带通道的ϕ55mm的圆筒体，大致形状为蝶形，可参见图8-16所示的立体图。按照工作位置原则和形状特征原则并参照装配图来确定表达方案。采用三个基本视图，其中主视图采用局部剖，主要反映端面外形；俯视图主要反映上部柱体的端面形状，采用局部剖剖开了ϕ12mm的通孔；左视图采用全剖，把主通道及装阀杆的竖孔表达清楚。

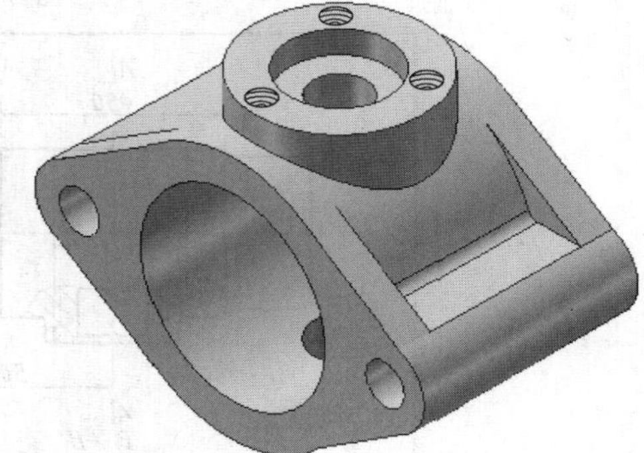

图8-16　阀体的立体图

（2）阀盖零件也属于箱体类零件，内腔主要容纳齿轮、齿杆和阀杆的上段，应选用工作位置为主视图。主视图采用局部剖，主要反映阀盖外形；俯视图采用全剖，主要表达ϕ20mm的孔和ϕ6mm三个孔的分布情况；左视图采用全剖，把ϕ16mm的通孔、M5的螺孔及装阀杆和齿轮的阶梯孔表达清楚。

【作图步骤】

作图步骤略。作图结果如图8-17和图8-18所示。

8-5　读懂图8-19所示柱塞泵的装配图，解答问题。

工作原理：柱塞泵是用于以一定的高压供油的部件。当柱塞（5）在外力作用下向右移动时，腔体由于体积增大而形成低压区，油箱中的油在大气压的作用下推开下阀瓣（14）进入腔体，而上阀瓣（10）被压紧关闭；当柱塞左移时，腔体由于体积减小而使油压升高，但不能顶开下阀瓣，只能顶开上阀瓣，而输出高压油。

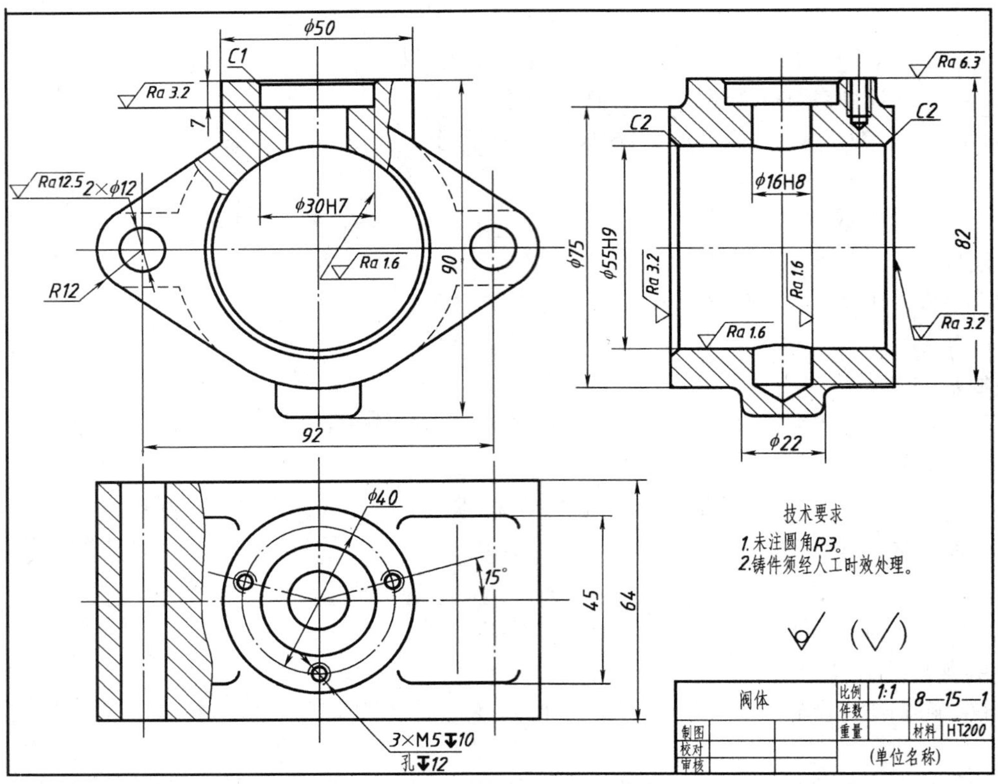

图 8-17　阀体的零件图

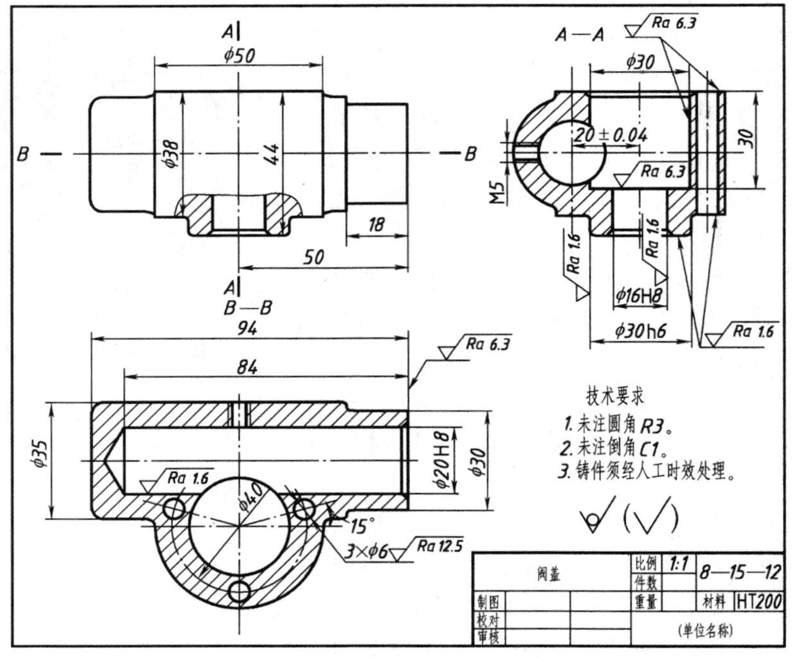

图 8-18　阀盖的零件图

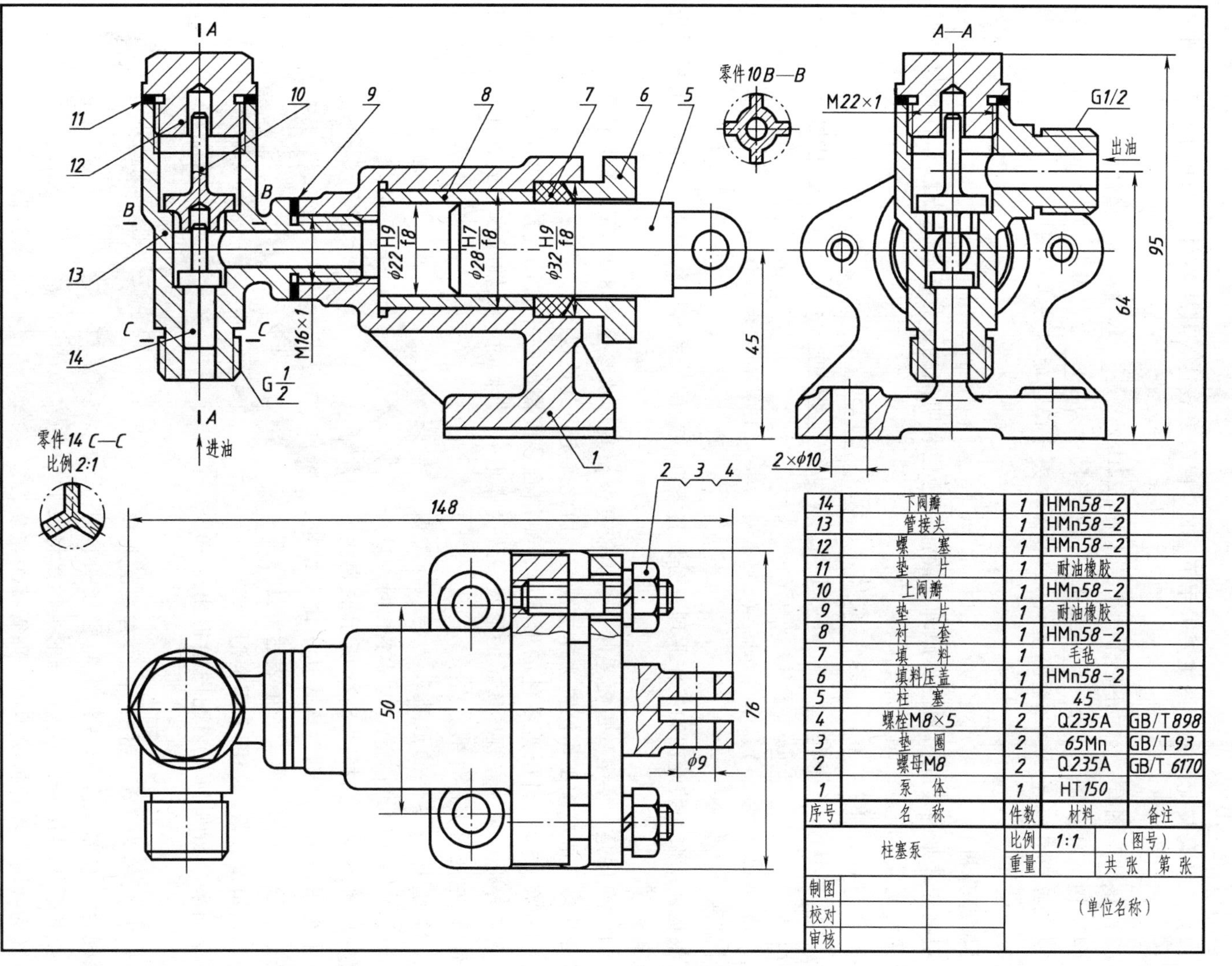

序号	名称	件数	材料	备注
14	下阀瓣	1	HMn58-2	
13	管接头	1	HMn58-2	
12	螺塞	1	HMn58-2	
11	垫片	1	耐油橡胶	
10	上阀瓣	1	HMn58-2	
9	垫片	1	耐油橡胶	
8	衬套	1	HMn58-2	
7	填料	1	毛毡	
6	填料压盖	1	HMn58-2	
5	柱塞	1	45	
4	螺栓M8×5	2	Q235A	GB/T 898
3	垫圈	2	65Mn	GB/T 93
2	螺母M8	2	Q235A	GB/T 6170
1	泵体	1	HT150	

柱塞泵	比例	1:1	（图号）	
	重量		共 张	第 张
制图			（单位名称）	
校对				
审核				

图 8-19 柱塞泵的装配图

1. 填空

（1）该装配体共由__A__种零件组成，有__B__个标准零件。其中，零件1的名称是__C__，材料是__D__。

（2）柱塞泵装配图主视图主要采用了__E__视图来表达，其中零件9采用了__F__画法来表达。

（3）该装配图有__G__处配合尺寸，其中 ϕ22H8/f8 是__H__制__I__配合。

（4）柱塞泵安装尺寸为__J__、__K__，外形尺寸为__L__、__M__、__N__。

2. 拆画出泵体（1）、填料压盖（6）和管接头（13）的零件工作图

1. 填空

【解题分析】

根据柱塞泵的装配图和工作原理，读懂标题栏和明细栏，分析表达方法和各种尺寸类型，便可完成填空题。填写答案：

A：__14__；B：__6__；C：__泵体__；D：__HT150__；E：__全剖__；F：__放大__；G：__3__；H：__基孔__；I：__间隙__；J：__50mm__；K：__2 × ϕ10mm__；L：__148mm__；M：__76mm__；N：__95mm__。

2. 拆画出泵体（1）、填料压盖（6）和管接头（13）的零件工作图

【解题分析】

根据柱塞泵的装配图和工作原理，分析各零件的装配关系和形状特征，由此确定视图表达方案。

（1）泵体是柱塞泵的重要零件，结构较复杂，其形状参见图8-20所示的立体图，加工位置变化多，故应按工作位置选择主视图，由此确定了其他视图。

（2）在分析填料压盖零件的形状时，要结合装配图的三个视图，按照投影对应关系，得出它的外形与泵体左视图所示的形状一致（蝶形）。拆画时，以轴线水平放置作为主视图（全剖），左视图表达外形。

（3）管接头零件的形状较为特殊，类似于三通管，由于管道内部结构基本相同，只是通管的位置不同，选择图8-23所示的表达方案，主视图采用局部剖，既表达了内部结构，又表达了管接头的外形；为了表达清楚内部结构的连通情况，故左视图采用全剖。

下面来分析如何从装配图中拆出这三个零件。

（1）泵体为1号零件，它的右端面与垫片相配合，内部从左到右依次与管接头、衬套、填料、填料压盖相邻。区分的关键是将泵体内部的各配合零件依次拆出，如管接头与泵体是以螺纹连接的，拆画时要先根据螺纹的规定画法，将泵体在该处画成内螺纹；再根据相邻零件剖面符号不同的特点，顺次拆出衬套、

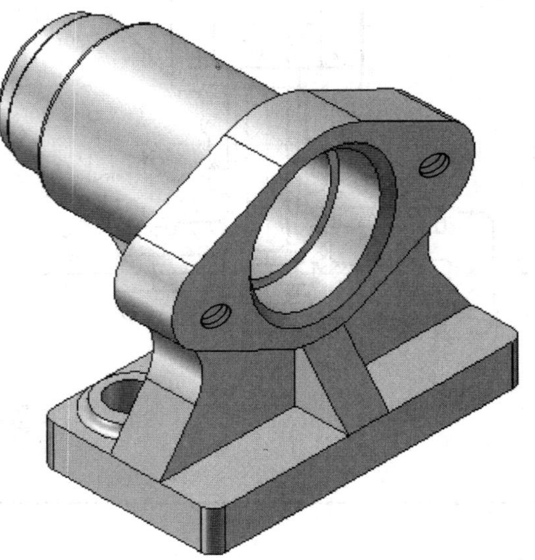

图8-20 泵体的立体图

填料、填料压盖等，注意补出泵体内部几个阶梯孔的投影和左右两端倒角的投影。

（2）填料压盖为 6 号零件，与之相邻的零件有填料和柱塞。注意它的左端有 120°的倒角，中部圆孔的直径比柱塞的直径稍大，为不接触表面。

（3）管接头为 13 号零件，它的上方内部与螺塞以螺纹连接，右方外部与泵体也以螺纹连接，因此，管接头在这两处应该分别是内螺纹和外螺纹；另外，管接头的内部又分别与上阀瓣和下阀瓣相配合，可以直接从剖面线的边界处予以分离。

【作图步骤】

作图步骤略。作图结果如图 8-21 ~ 图 8-23 所示。

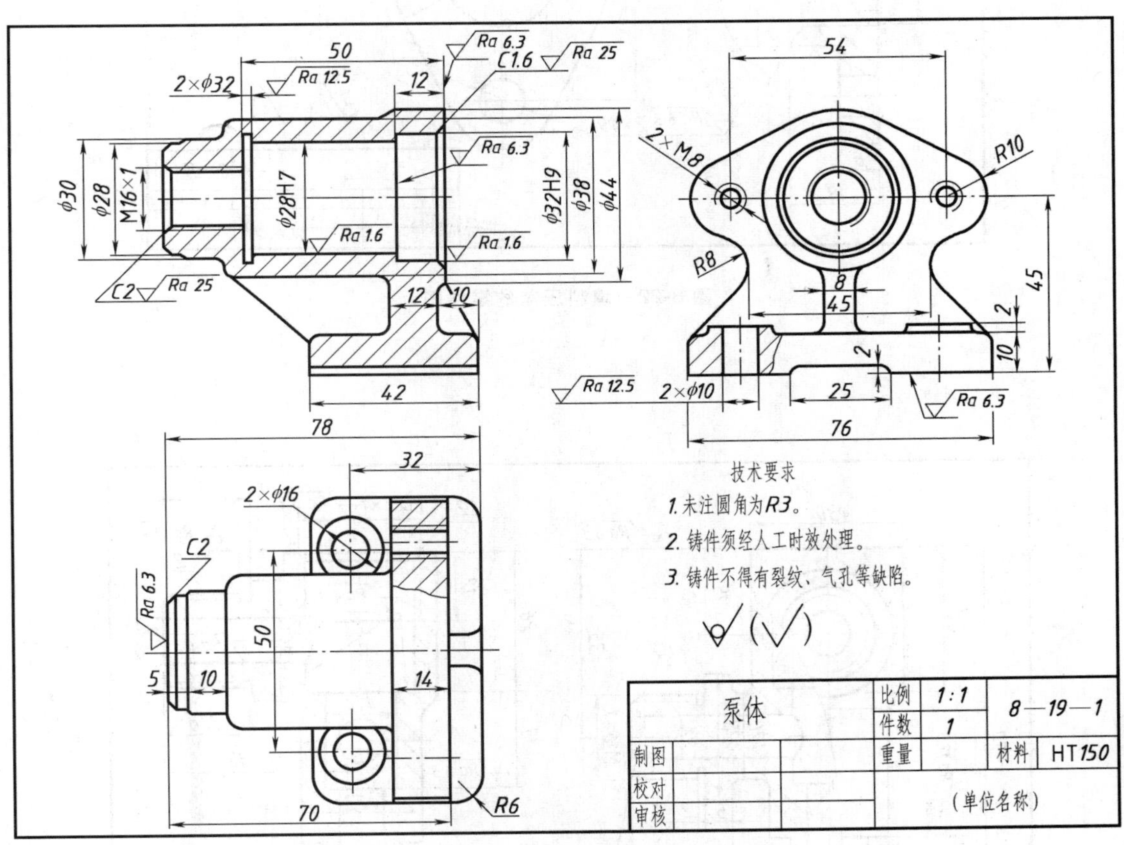

图 8-21　泵体的零件图

8-6　读懂图 8-24 所示仪表车床尾座的装配图，解答问题。

工作原理：该尾座是用于仪表车床上加工轴类零件时作为顶紧工件用的部件。其中顶尖（4）装在轴套（2）中，螺母（6）用两个螺钉与轴套连接，螺钉 M10×22 用于限制轴套只做轴向移动；当转动手轮（10）时，则带动螺杆（7）转动，并带动螺母、轴套及顶尖做轴向移动；当移动到需要的位置时，再旋转手柄（5）及螺杆（13），用光孔夹紧套（12）及螺孔夹紧套（14）将轴套锁紧，尾座用定位键（15）嵌入床身的 T 形槽中来定位，以纵向滑动来调节尾座与主轴箱的距离。调整好后，用螺栓固定在床身（图中未画出）上。

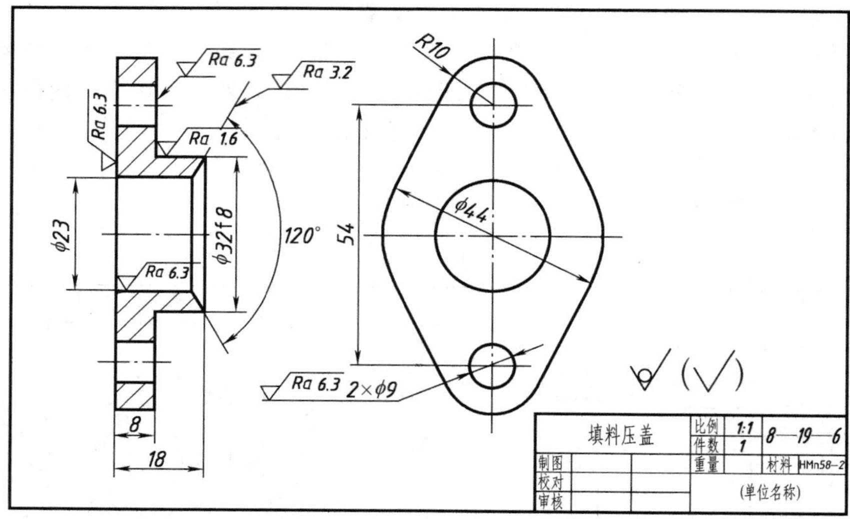

图 8-22　填料压盖的零件图

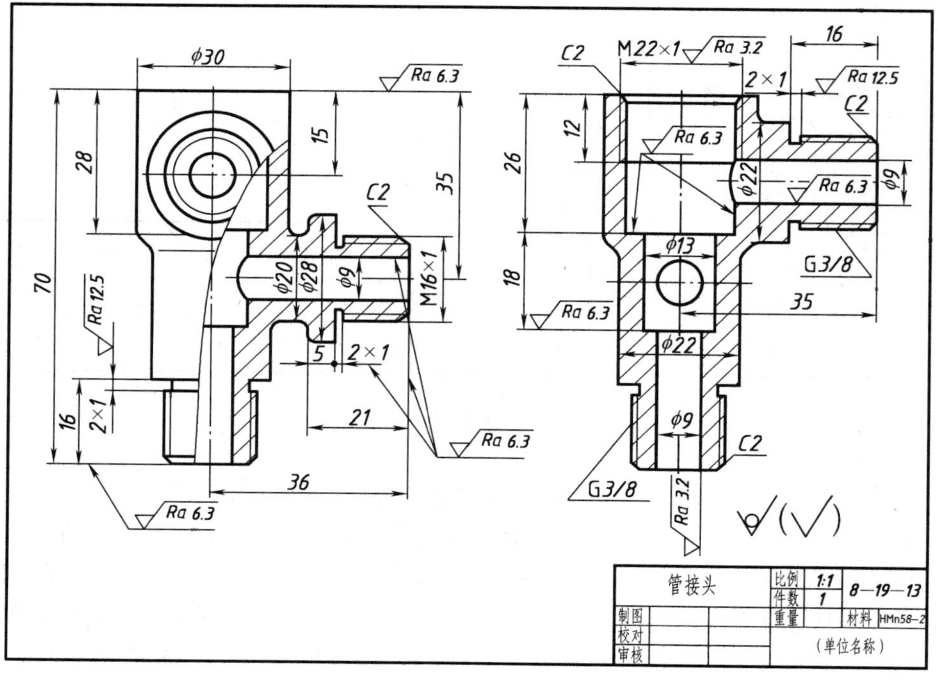

图 8-23　管接头的零件图

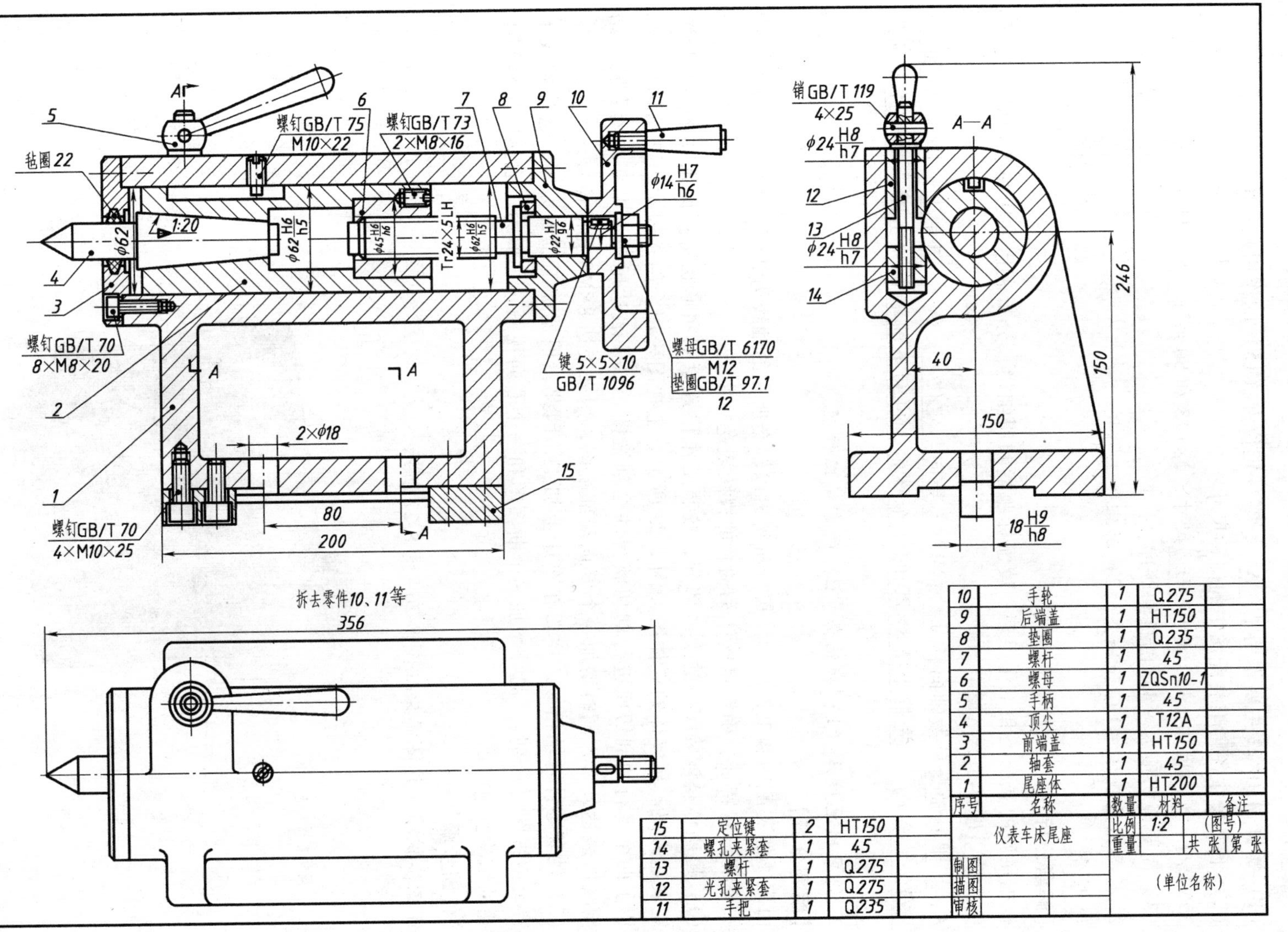

序号	名称	数量	材料	备注
15	定位键	2	HT150	
14	螺孔夹紧套	1	45	
13	螺杆	1	Q275	
12	光孔夹紧套	1	Q275	
11	手把	1	Q235	
10	手轮	1	Q275	
9	后端盖	1	HT150	
8	垫圈	1	Q235	
7	螺杆	1	45	
6	螺母	1	ZQSn10-1	
5	手柄	1	45	
4	顶尖	1	T12A	
3	前端盖	1	HT150	
2	轴套	1	45	
1	尾座体	1	HT200	

仪表车床尾座	比例	1:2	(图号)
	重量		共 张 第 张
制图			
描图		(单位名称)	
审核			

图 8-24　仪表车床尾座的装配图

1. 填空

（1）螺钉 M10×22 主要作用是___A___，零件定位键（15）的作用是___B___。

（2）下列尺寸各属于装配图中的何种尺寸？

356 属于___C___尺寸，150 属于___D___尺寸，2×ϕ18 和 80 属于___E___尺寸。

（3）简要说明顶尖（4）的拆卸顺序：___F___。

2. 拆画出尾座体（1）和轴套（2）的零件工作图

1. 填空

【解题分析】

根据尾座的装配图和工作原理，读懂标题栏和明细栏，分析表达方法和各种尺寸类型，便可完成填空题。填写答案：

A：__限制轴套只做轴向移动__；B：__导向与定位__；C：__外形__；D：__性能__；E：__安装__；F：__先拧下 M8×20 的 4 个螺钉，再卸下前端盖和毡圈，便可拆下顶尖（4）__。

2. 拆画出尾座体（1）和轴套（2）的零件工作图

【解题分析】

由尾座的装配图和工作原理，可分析得出以轴套所在的轴线为装配主干线，根据零件的装配关系和形状特征，确定尾座体和轴套的视图表达方案。

（1）尾座体是该装配体的主体部分，按照工作位置原则和形状特征原则并参照装配图来确定表达方案。尾座体的立体图如图 8-25 所示。主视图采用全剖，表达内部结构；左视图采用了两个平行的剖切面进行剖切获得的全剖视图，以便表达尾座体上部夹紧套孔的结构；俯视图表达外形，同时增加一个 *B* 向局部视图，用来表达 8×M8 孔的位置。

（2）轴套零件与轴相似，主要在车床上加工，因此，根据加工位置原则，选择轴线水平放置为主视图（全剖），另外增加一个断面图和一个右向视图，主要为了表达限位槽和半个螺孔的结构。

【作图步骤】

作图步骤略。作图结果如图 8-26～图 8-27 所示。

图 8-25　尾座体的立体图

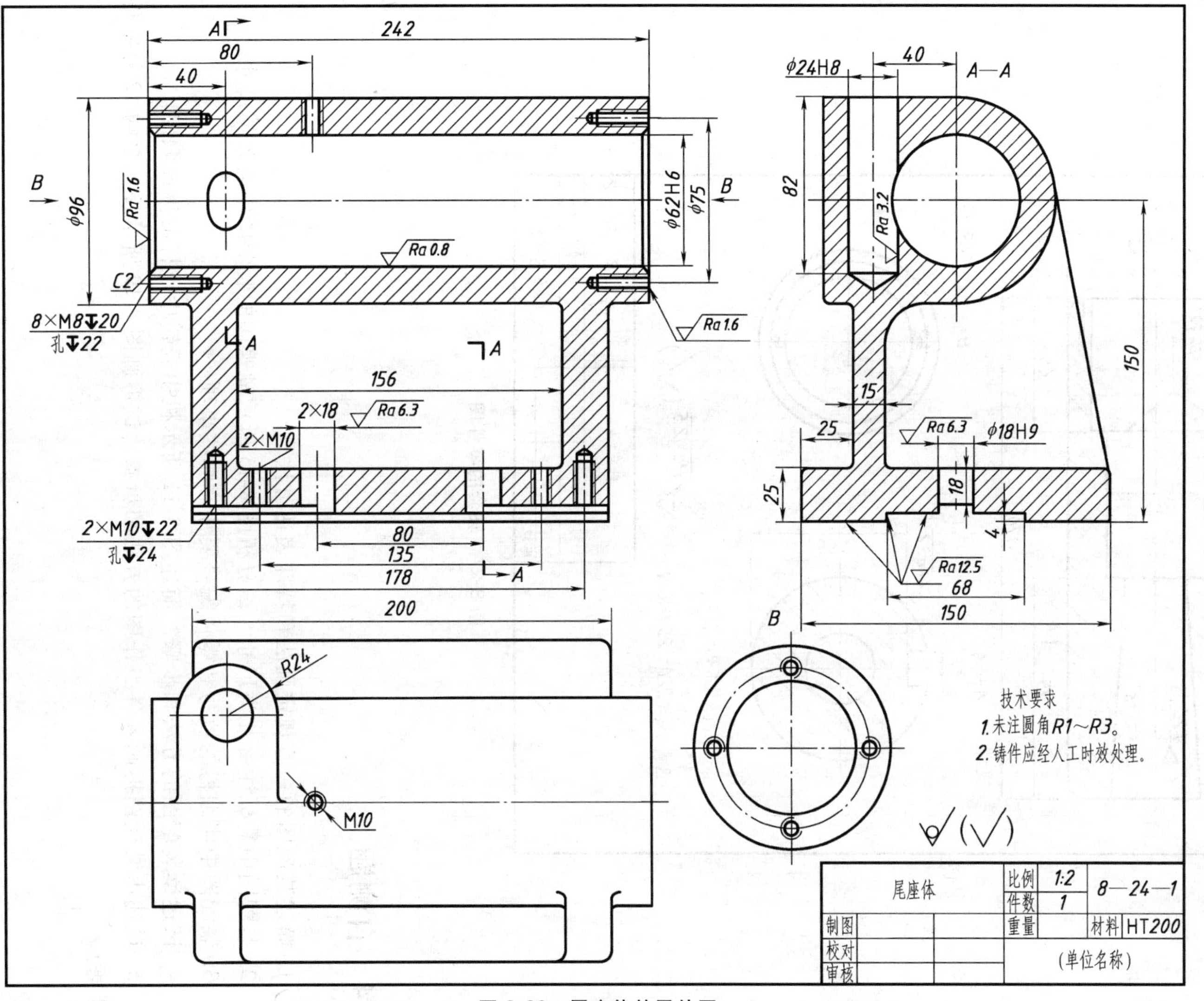

图 8-26 尾座体的零件图

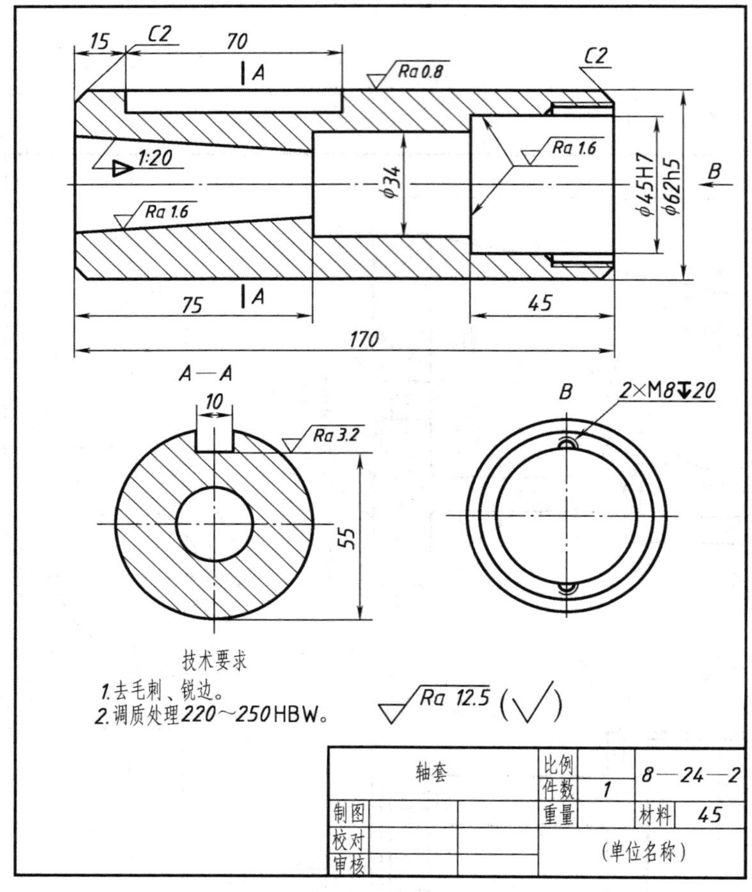

图 8-27　轴套的零件图

8.4　自测题

1. 简述装配图的一些规定画法和特殊表达方法。

2. 装配图中需标注哪几类尺寸？试分析图 8-15 所示蝴蝶阀的装配图中的各类尺寸。

3. 装配图中明细栏的填写和零件编号要注意哪些事项？

4. 试述读装配图的方法和步骤。简述图 8-11 所示机用虎钳中螺杆的拆卸顺序。

5. 试述由装配图拆画零件工作图的方法和步骤。试拆画图 8-19 所示柱塞泵的 12 号零件（螺塞）。

第9章

计算机绘图基础

9.1　内容要点

计算机绘图是利用计算机及其输入/输出设备，应用绘图软件完成工程图样的设计与绘制的一门学科。

从 20 世纪 70 年代到 90 年代，计算机图形学从理论到应用技术及设备等方面都得到了快速发展。进入 21 世纪，计算机图形学主要向着标准化、集成化、智能化和网络化方向发展。当前它在科研及生产实践中的主要应用可归结在以下几个方面：

（1）CAD-CG-CAM 的一体化和自动化。这是一个很令人感兴趣的应用领域，例如设计并生产一种产品，可以利用计算机帮助人们进行资料收集、方案比较和数据计算等，进行人-机交互式的设计（CAD）及绘图（CG），并进而由计算机控制加工（CAM），生产产品。

（2）科学计算、技术工程及事务管理。

（3）系统模拟及动画技术。

（4）计算机辅助教学（CAI）。

（5）在艺术及商业广告方面的应用。

（6）在办公室自动化方面的应用。

（7）在计算机用户界面上的应用。

（8）网上信息交流。

本章主要介绍如何使用计算机绘图软件绘制工程图样。

9.2　解题要领

计算机图形绘制的基本过程：信息输入→计算机处理信息并生成图形输出信息→输出图形或图形信息。

输入的信息可能包括设计思路、构思的草图、数据等，收集完信息后，就是要将这些信息正确地输入计算机，也就是如何使用软件将收集的信息传输给计算机进行处理。

软件包括系统软件和应用软件（绘图软件）。当前应用最为广泛的通用绘图软件是美国 Autodesk 公司于 20 世纪 80 年代推出的 AutoCAD 软件。该软件具有功能强大、人机界面友好、适应面广等优点，在众多的绘图软件中备受青睐。本章题目的求解所采用的软件即是基于 Windows 平台的 AutoCAD 2010 中文版。

工程图样主要是由一些基本对象（例如点、直线、圆、圆弧、多线、样条曲线及图案等）所组成的，AutoCAD 提供了一系列绘制这些基本对象的命令。并且，在绘图过程中，用户可能经常需要对整个图形或某些对象进行修改、重组及查看、调整信息特性等操作。这种操作通常称为图形编辑。AutoCAD 软件提供了强大的图形编辑功能，具有多条图形编辑命令。用户可以随时根据需要调用这些命令，进行图形绘制并进行编辑。对于这些命令的使用，主要要掌握以下三点：

（1）命令的功能。

（2）命令的位置，即激活命令的方法。

（3）命令的操作过程。

下面对图形绘制过程中经常用到的绘图命令和编辑命令进行简要介绍。

1. 绘图命令

绘图工具栏如图 9-1 所示。

1）POINT 命令——绘制点。可通过给定点的坐标或鼠标选取的方法得到点，并可指定点的样式。

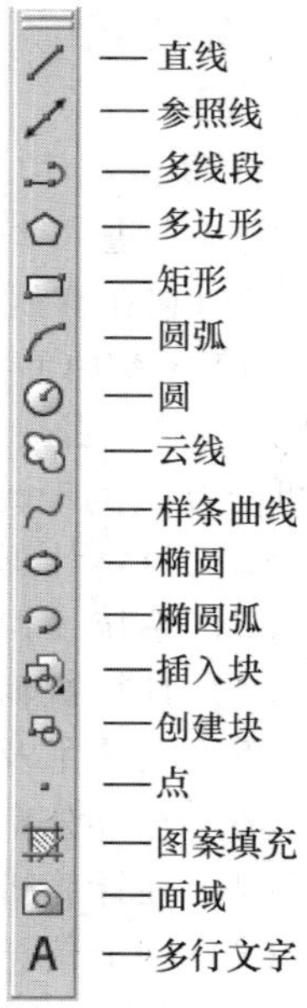

2）LINE 命令——绘制直线。可采取绝对坐标和相对坐标两种形式指定直线两端点坐标的方法绘制直线。

3）CIRCLE 命令——绘制圆。默认的绘制方法是通过指定圆的圆心和半径的方法绘制圆。还有其他几种方法。

4）ARC 命令——绘制圆弧。默认方法是指定三个点，即起点、第二点和端点。用这种方法绘制的圆弧将通过这些点。绘制圆弧的方法还有多种，用户可从下拉菜单“绘图”命令下的“圆弧”选择绘制圆弧的方式。

5）RECTANG 命令——绘制矩形。默认的绘制方法是指定矩形的对角点，所绘制的矩形平行于当前用户坐标系。

6）POLYGON 命令——绘制正多边形。在 AutoCAD 系统中，正多边形是由最少 3 条至最多 1024 条长度相等的边组成的封闭的多线段对象。绘制正多边形有两种方式，分别是内接于圆和外切于圆。AutoCAD 系统默认的方式是内接于圆。

图 9-1 绘图工具栏

7）MLINE 命令——绘制多线。多线是指多条平行线，其绘制方法与直线绘制方法相似，所不同的是，一条多线可以由一条或多条平行直线段组成。

8）PLINE 命令——绘制多线段。多线段是作为单个对象创建的相互连接的序列线段，可以创建直线段、弧线段或两者的组合线段。用户可以用任何线型样式绘制多线段，它可以是固定不变的宽度，也可以在其长度范围内任意改变绘制的宽度。

9）SPLINE 命令——绘制样条曲线。AutoCAD 使用“非一致有理 B 样条（NURBS）”曲线的特殊样条曲线类型，它在控制点间产生一条光滑的曲线。样条曲线可通过指定各控制点得到。

2. 编辑命令

编辑工具栏如图 9-2 所示。

1）ERASE 命令——删除对象。从图形中删除选择的对象。

2）OOPS 命令——恢复对象。当删除对象有误时，可用该命令恢复刚删除的对象。

3）MOVE 命令——移动对象。通过指定位移的方法移动选择对象，位移可由指定两点得到。

4）ROTATE 命令——旋转对象。使对象绕指定基点旋转。需要指定旋转基点和旋转角度。

5）COPY 命令——复制对象。将对象复制一个或多个副本，需指定基点和位移点。

6）MIRROR 命令——镜像对象。创建对象的镜像副本。在选择镜像对象后，指定镜像线的第一点和第二点，然后选择保留或删除原镜像对象。

7）OFFSET 命令——偏移对象。创建同心圆、平行线和等距曲线。先选择或输入偏移的距离，然后选择偏移对象，再指定偏移的方向。

8）ARRAY 命令——阵列对象。可以通过环形或矩形阵列复制对象。对于环形阵列，可以控制副本对象的数目和决定是否旋转对象；对于矩形阵列，可以控制行和列的数目以及它们之间的距离。

9）SCALE 命令——缩放对象。可在 X、Y 和 Z 三个方向放大或缩小对象。在选择缩放对象后，指定基点，然后输入比例因子。输入数值大于 1 时为放大对象，小于 1 时为缩小对象。

10）TRIM 命令——修剪对象。用其他对象定义的剪切边界修剪对象。修剪时，首先选择作为剪切边的对象或直接按<Enter>键选择所有对象作为剪切边，然后选择对象中要被修剪的部分。

— 删除
— 复制对象
— 镜像
— 偏移
— 阵列
— 移动
— 旋转
— 比例放大
— 拉伸
— 修剪
— 延伸
— 打断于点
— 打断
— 倒角
— 圆角
— 分解

图 9-2 编辑工具栏

11）EXTEND 命令——延伸对象。把指定的图形延伸到指定的边界。使用该命令时，首先指定要延伸到的边界，然后指定要延伸的对象。

12）BREAK 命令——打断对象。用来删除对象的一部分或将对象在给定的两点间打断，如果两个断点不重合则将删除对象的一部分，如果两个断点重合则将对象打开。

13）CHAMFER 命令——倒角。用于在两条相交的直线间绘制一个斜角。斜角的大小由给定的第一个和第二个倒角的距离确定。

14）FILLET 命令——圆角。使用一段指定半径的圆弧为两段圆弧、圆、椭圆弧、直线、多线段、射线、样条曲线加圆角。使用该命令时，首先应指定圆角的半径，然后选择需要圆角的对象。

9.3 习题与解答

9.3.1 工程图样的计算机绘制

9-1 绘制图 9-3 所示的图形。

【作图步骤】

（1）使用向导中的高级设置建立新图。

下拉菜单：文件→新建→向导→高级设置。

将测量精度设为 0.0；宽度设为 297，长度设为 210；其余默认。

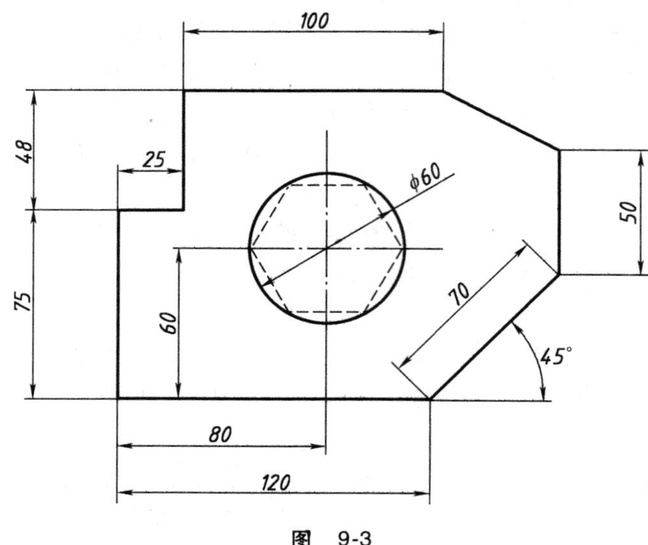

图 9-3

（2）用图层属性管理器对话框建立图层。

下拉菜单：格式→图层，建立粗实线、细实线、尺寸、点画线、虚线图层。

（3）将文件另存为样板文件。

下拉菜单：文件→另存为“样板 1.dwt”。

（4）绘图。

1）建立用户坐标系。

下拉菜单：新建 UCS→原点，在屏幕中间任取一点作为原点。

2）绘粗实线，将粗实线层作为当前层。下面是以图形的左下角点为坐标原点的参考作图命令。

命令：LINE↙

指定第一点：0，0↙

指定下一点或［放弃（u）］：120，0↙

指定下一点或［放弃（u）］：@70<45↙

指定下一点或［闭合（c）/放弃（u）］：@0，50↙

指定下一点或［闭合（c）/放弃（u）］↙

命令：↙

指定第一点：0，0↙

指定下一点或［放弃（u）］：0，75↙

指定下一点或［放弃（u）］：@25，48↙

指定下一点或［闭合（c）/放弃（u）］：@100，0↙

指定下一点或［闭合（c）/放弃（u）］：（用鼠标移动到长度为 50 的垂直线端点处单击，画出外轮廓的最后条线）↙

指定下一点或［闭合（c）/放弃（u）］↙

命令：CIRCLE↙
指定圆的圆心或［三点（3P）/两点（2P）/相切、相切、半径（T）］：80，60↙
指定圆的半径或［直径（D）］：30↙
将虚线层置为当前层，画正六边形：
命令：POLYGON↙
输入边的数目，<当前值>：6↙
指定多边形的中心或［边（E）］：80，60↙
输入选项［内接于圆（I）/ 外切于圆（C）］：I↙
指定圆的半径：30↙
将点画线层置为当前层，画圆的中心线
命令：LINE↙
指定第一点：50，60↙
指定下一点或［放弃（u）］：@60，0↙
指定下一点或［放弃（u）］：↙
命令：↙
指定第一点：80，30↙
指定下一点或［放弃（u）］：@0，60↙
指定下一点或［放弃（u）］：↙
完成全图。
（5）保存图形。
9-2 绘制图 9-4 所示的图形。

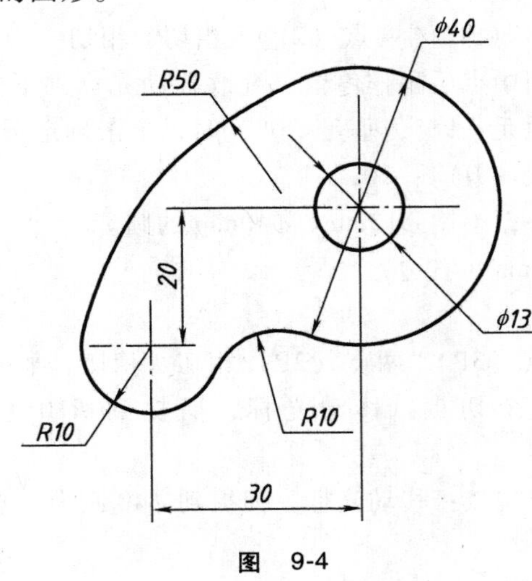

图 9-4

【作图步骤】

（1）使用样板建立新图。样板文件名为“样板 1”（如上题）。
下拉菜单：文件→新建→样板→样板 1。
（2）新建用户坐标系。

下拉菜单：工具→新建 UCS→原点。

在屏幕中间用鼠标任意定一点作为原点。

（3）设置对象捕捉模式。

下拉菜单：工具→草图设置→对象捕捉。

设置“中点、端点、交点、象限点”等捕捉方式。

（4）绘制中心线。将中心线层置为当前层，画出所有的中心线。先绘制左边两条中心线。

命令：LINE↙

指定第一点：单击确定点↙

指定下一点或［放弃（u）］：@40，0↙

指定下一点或［放弃（u）］：↙

用同样方法画铅垂方向的中心线。

命令：COPY↙

选择上述两条中心线↙

指定第一点：单击确定点↙

指定下一点或［放弃（u）］：@30，@20↙

指定下一点或［放弃（u）］：↙

绘出右边两条中心线。

（5）将粗实线层置为当前层，画出所有的粗实线。

1）绘制 ϕ13mm、ϕ40mm、R10mm（左边）。

命令：CIRCLE↙

指定圆的圆心或［三点（3P）/两点（2P）/相切、相切、半径（T）］：（先将光标移动到左边的轮廓线处，捕捉到中点后稍作停留，继续移动光标到下方的轮廓线处捕捉到中点，继续移动光标直到出现“垂足< 90°，垂足< 0°”时，单击确定圆心）↙

指定圆的半径或［直径（D）］：10↙

同理，捕捉右边的圆心，绘制 ϕ13mm、ϕ40mm 的圆。

2）绘制 ϕ50mm、R10mm（右边）。

命令：CIRCLE↙

指定圆的圆心或［三点（3P）/两点（2P）/相切、相切、半径（T）］：T↙

指定对象与圆的第一个切点：移动光标，捕捉到 R10（左边）圆上一点（切点附近）↙

指定对象与圆的第二个切点：移动光标，捕捉到 ϕ40 圆上一点（切点附近）↙

指定圆的半径：50↙

同理绘制 R10mm（右边）的圆。

3）修剪多余的线。

命令：TRIM↙

选择对象或<全部选择>：（移动光标，捕捉到 ϕ40 圆）↙

选择对象：（移动光标，捕捉到 R10 半圆）↙

选择对象：↙

选择要修剪的对象：(移动光标，捕捉到 $R50$ 半圆) ↙
选择要修剪的对象：↙
同理修剪其他多余的线段。
(6) 保存图形。

9.3.2 尺寸标注

9-3 绘制图 9-5 所示组合体的三视图，尺寸自定。

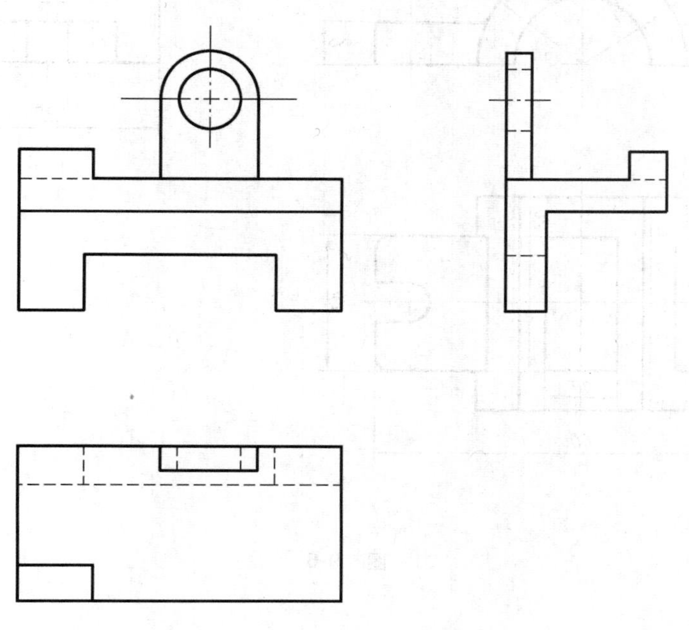

图 9-5

【作图步骤】

(1) 使用样板建立新图。

(2) 设置对象捕捉模式：设置“中点、端点、交点、垂足”等捕捉方式，打开对象追踪。

(3) 画主视图。

使用“直线”命令，任取一点作为主视图的左下角点，运用相对坐标在粗实线层画轮廓线和圆孔，在细虚线层和细点画线层画不可见轮廓线和中心线。

(4) 画左视图。

使用“直线”命令，运用对象追踪的方法，在粗实线层画轮廓线，在细虚线层和细点画线层画不可见轮廓线和中心线。

(5) 画俯视图。

使用“直线”命令，运用对象追踪的方法，在粗实线层画轮廓线，在细虚线层画不可见轮廓线。

（6）保存图形。

9-4 绘制图9-6所示组合体的三视图。

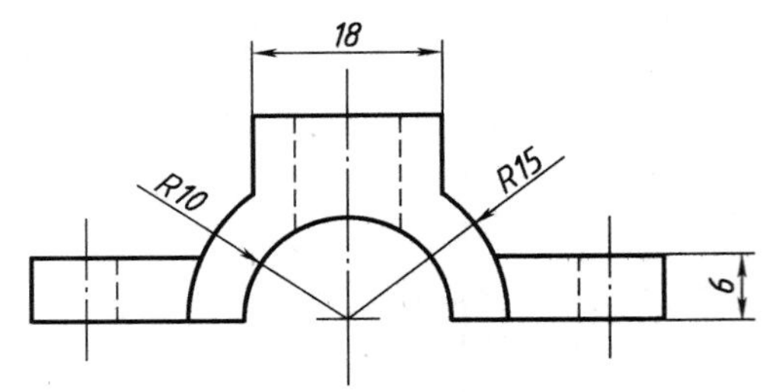

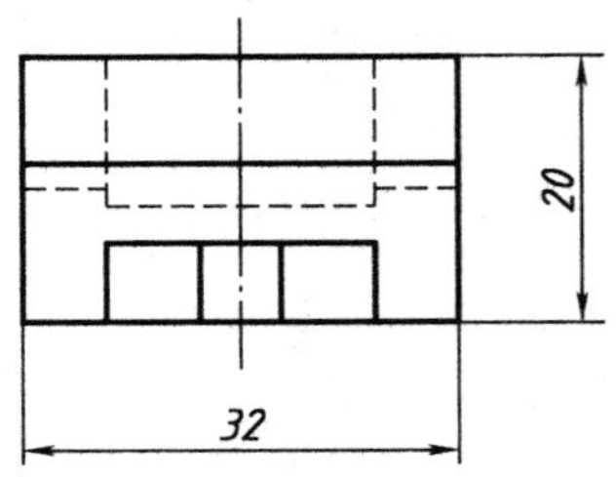

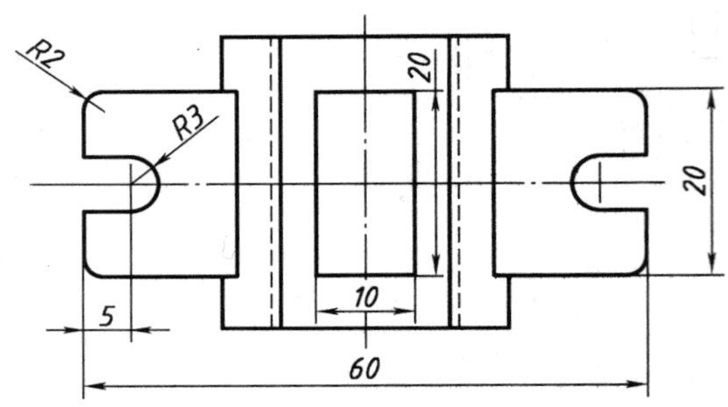

图 9-6

【作图步骤】

（1）使用样板建立新图。

（2）设置对象捕捉模式：设置“中点、端点、交点、垂足”等捕捉方式。打开对象追踪。

（3）画主视图。

1）使用“直线”命令，画对称中心线。

2）使用“圆弧”命令，画半圆。

3）使用“直线”命令，采用相对坐标画左侧轮廓线，然后镜像得到右侧轮廓线；圆上方轮廓线使用偏移中心线的方法得到。

（4）画俯视图。

1）使用“直线”命令，运用对象追踪，采用相对坐标画中间大矩形，然后通过“偏移”命令偏移矩形的边得到内部的线和小矩形。

2）使用“直线”命令，通过捕捉中点，画中心线；通过“偏移”和“修剪”命令得到两侧小矩形。

3）使用“偏移”“修剪”和“圆”命令，画两侧小矩形上挖去部分的轮廓线。

（5）画左视图。

1）使用“直线”命令，运用对象追踪和相对坐标画轮廓线。

2）使用“偏移”和“修剪”命令，运用对象追踪画内部轮廓线。

（6）保存图形。

9-5　绘制图 9-7 所示的螺栓连接，d =M20，$\delta_1=28$mm，$\delta_2=35$mm。

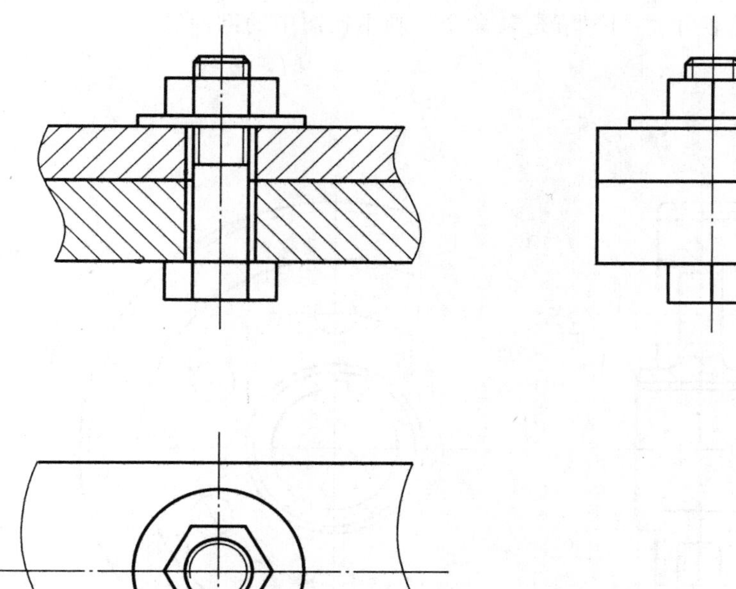

图　9-7

【作图步骤】

（1）使用样板建立新图。

（2）设置对象捕捉模式：设置“中点、端点、交点、垂足”等捕捉方式，打开对象追踪。

（3）画中心线。使用“直线”命令，在预定位置画三个视图的中心线。

（4）画轮廓线。使用“直线”和“圆”命令，画三个视图的轮廓线。

（5）画断裂边界线。使用“样条曲线”命令，画俯视图中断裂处的边界线。

（6）图案填充。使用“图案填充”命令，画主视图中的剖面线。

（7）保存图形。

9-6　补全图 9-8 所示的直齿圆柱齿轮的主、左两视图。齿轮的主要参数：模数 m = 3mm，齿数 $z=33$，轮毂 $D=24$mm。

【作图步骤】

（1）使用样板建立新图。

（2）设置对象捕捉模式：设置“中点、端点、交点、垂足”等捕捉方式，打开对象追踪。

（3）画中心线。使用“直线”命令，画主、左两个视图的中心线。

（4）画轮廓线。使用“直线”和“圆”命令，画两个视图的轮廓线。

（5）画断裂边界线。使用“样条曲线”命令，画左视图中断裂处的边界线。

（6）图案填充。使用“图案填充”命令，画主视图中的剖面线。

（7）保存图形。

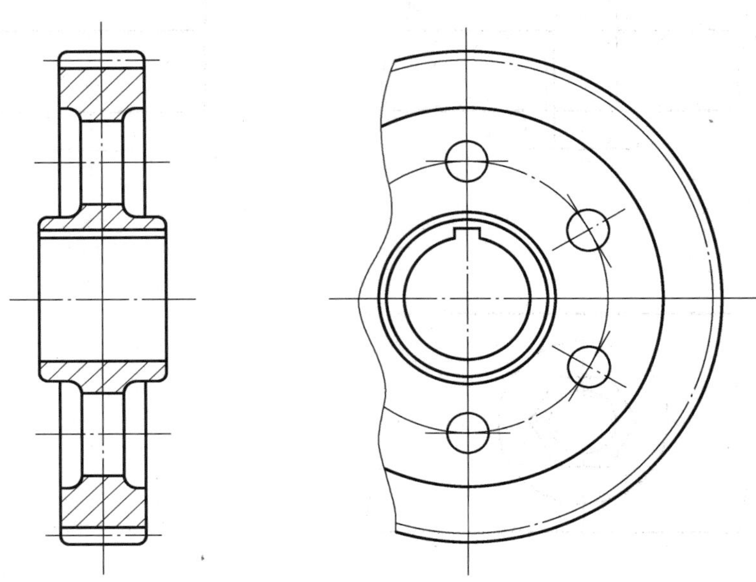

图 9-8

9.3.3 工程图样中的文本注释

9-7 绘制图 9-9 所示齿轮轴的零件图。

【作图步骤】

（1）建立图形文件，设置绘图环境。

1）在图形样板中选择“Gb-a4”作为图形样板。

2）新建图层并设置图层的相关特性。

3）设置对象追踪。

（2）绘制齿轮轴的主视图、局部视图和断面图。

1）绘制主视图。

① 首先在细点画线层使用“直线”命令画轴线，然后使用“偏移”命令，分别输入轴相对于轴线的相对位移，完成各段轮廓线的绘制，最后使用“修剪”命令修剪各段偏移线，得到各段轴的轮廓线。

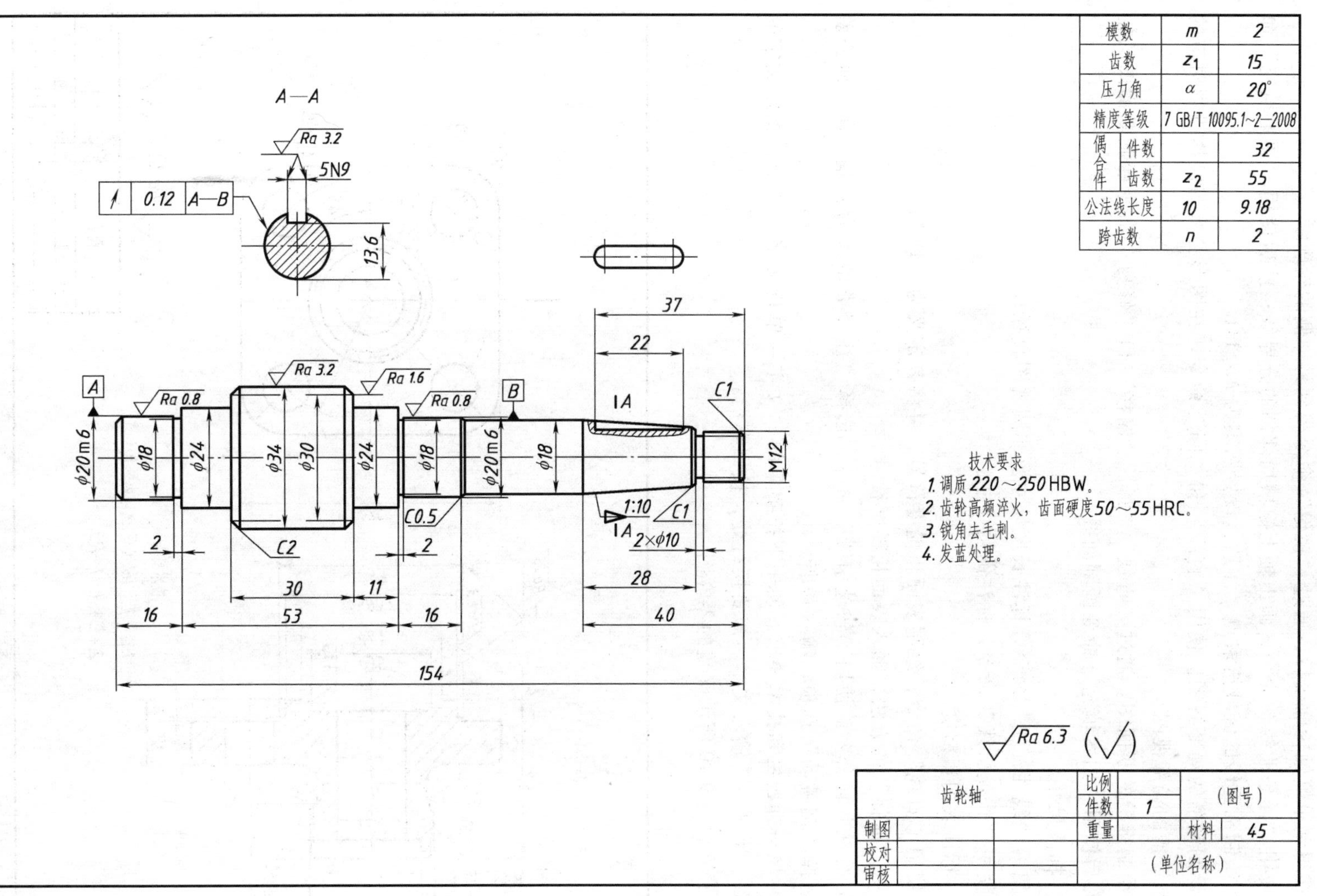
A—A
Ra 3.2
5N9
0.12 A—B
13.6
模数 m 2
齿数 z_1 15
压力角 α 20°
精度等级 7 GB/T 10095.1~2—2008
偶合件 件数 32
齿数 z_2 55
公法线长度 10 9.18
跨齿数 n 2
37
22
A
Ra 0.8
Ra 3.2
Ra 1.6
Ra 0.8
B
1A
C1
φ20m6
φ18
φ24
φ34
φ30
φ24
φ18
φ20m6
φ18
M12
1:10
C1
1A
2×φ10
C0.5
2
C2
2
28
30
11
16
53
16
40
154
技术要求
1. 调质 220~250HBW。
2. 齿轮高频淬火，齿面硬度50~55HRC。
3. 锐角去毛刺。
4. 发蓝处理。
Ra 6.3 (√)
齿轮轴
比例
件数 1
重量
材料 45
（图号）
制图
校对
审核
（单位名称）

图 9-9

② 在得到单侧轴轮廓线后，通过“镜像”命令得到另一侧的轮廓线。

③ 使用“样条曲线”命令，画出轴上键槽局部剖的分界线；然后使用“图案填充”命令，在预绘制剖面线的区域拾取点。注意，设置图案为ANSI31。

2）绘制键槽的局部视图。使用“直线”和“圆”命令，在图形上方与键槽投影对应的位置绘制键槽的局部视图。

3）绘制键槽的断面图。通过“直线”“圆”“偏移”和“修剪”命令绘制断面图的轮廓线，然后使用“图案填充”命令画剖面线。

（3）标注尺寸。

1）使用“线性标注”命令，标注长度尺寸及非圆视图直径尺寸。

2）使用“快速引线”命令，标注倒角尺寸。

（4）标注表面粗糙度。

1）使用“直线”命令，绘制表面粗糙度符号，并将其定义为“块”。

2）用“捕捉”的方法，插入表面粗糙度符号。

（5）标注几何公差。使用“快速引线”命令，选择“注释类型”为公差，在几何公差对话框选择“圆跳动”选项，输入基准。

（6）填写标题栏和技术要求。使用下拉菜单的“文字→单行文字”命令，指定文字的起始位置、字高后，输入文本。需要换行处，按回车键。

9-8　绘制图9-10所示阀盖的零件图。

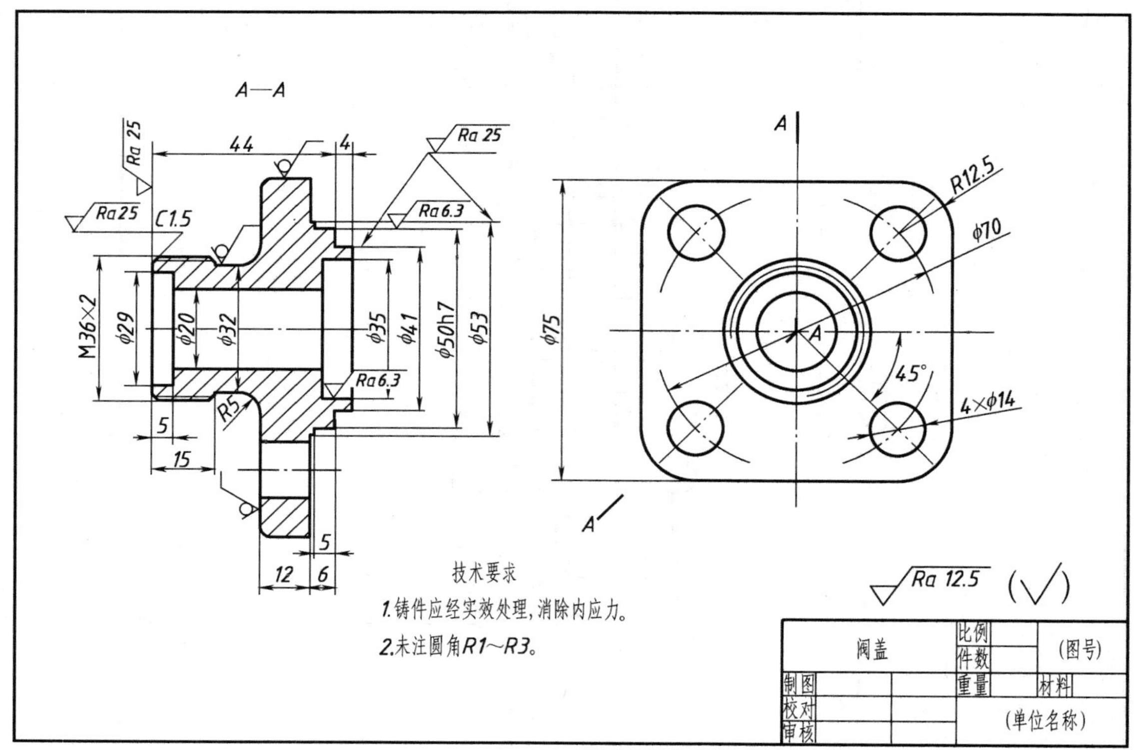

图　9-10

【作图步骤】

（1）建立图形文件，设置绘图环境。

1）在图形样板中选择“Gb-a4”作为图形样板。

2）新建图层并设置图层的相关特性。

3）设置对象追踪。

（2）绘制主视图、左视图。

1）绘制阀盖的主视图。

① 在细点画线层使用“直线”命令画轴线，并在粗实线层画垂直于轴线的直线段；然后使用“偏移”命令，分别输入阀盖各段轮廓线相对于中心线的相对位移，完成各段轮廓线的绘制；最后使用“修剪”命令修剪各段偏移线，得到轮廓线。在得到单侧轴轮廓线后，通过“镜像”命令得到另一侧的轮廓线。注意另一侧轮廓线增加了圆孔的轮廓。

②使用“圆角”命令，对需要倒圆角的部分绘制圆角。

③使用“图案填充”命令，在预绘制剖面线的区域拾取点，设置图案为ANSI31。

2）绘制阀盖的左视图。

①使用“直线”命令，绘制左视图的正方形轮廓线，使用“圆角”命令，对正方形的四个顶点倒圆角。使用“直线”命令，采用“对象捕捉”和“对象追踪”的方法在细点画线层绘制中心线。

②使用“圆”命令，捕捉到中心线的交点，绘制中心圆。

③使用“直线”和“圆”命令，采用相对坐标法，绘制正方形四个角小圆的中心线，然后使用“圆”命令，捕捉到圆心，画圆。

（3）标注尺寸。

1）使用“线性标注”命令，标注长度尺寸。

2）使用“直径标注”命令，标注圆视图直径尺寸；使用“半径标注”命令，标注圆角半径尺寸。

（4）标注表面粗糙度。

1）使用“直线”命令，绘制表面粗糙度符号，并将其定义为属性“块”。

2）利用插入块来标注表面粗糙度。

（5）填写标题栏和技术要求。使用下拉菜单的“文字→单行文字”命令，指定文字的起始位置、字高后，输入文本。需要换行处，按回车键。

9.4 自测题

1. 绘制图9-11所示的图形，尺寸按照图中直接量取。
2. 绘制图9-12所示组合体的三视图。
3. 绘制图9-13所示底座的零件图。

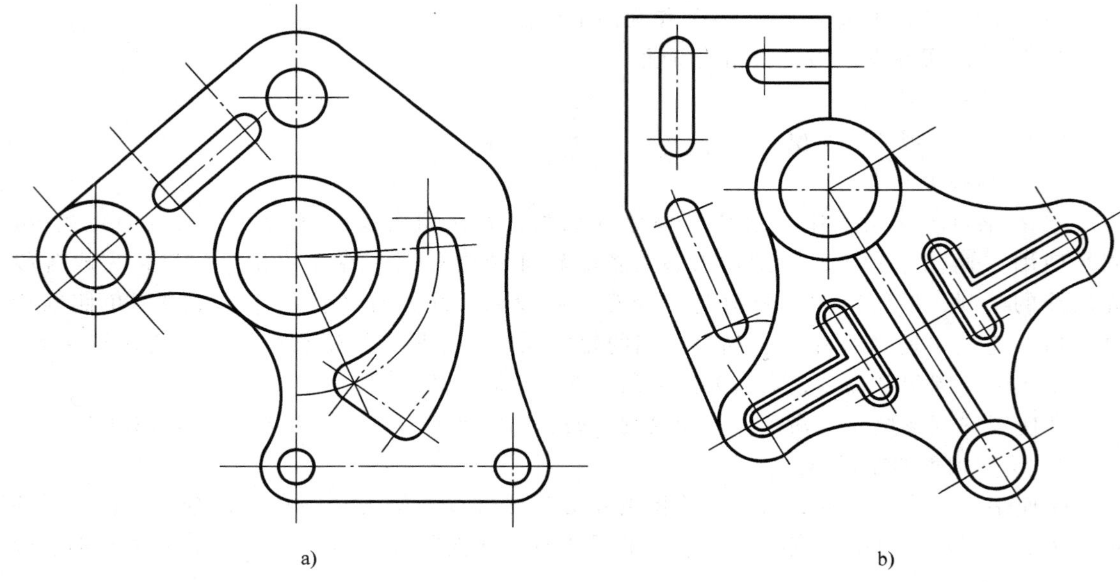

a)　　　　　　　　b)

图 9-11

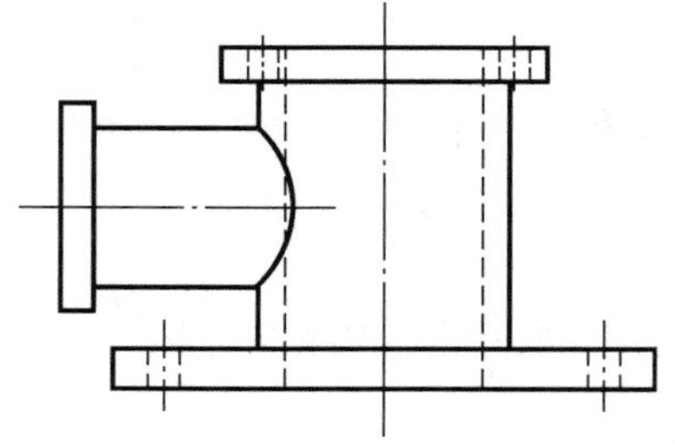

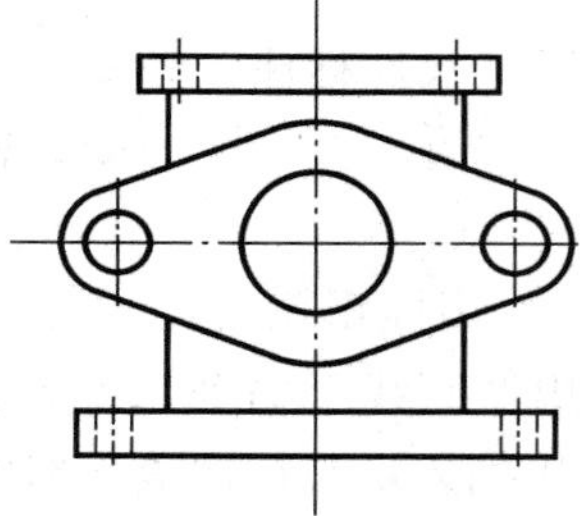

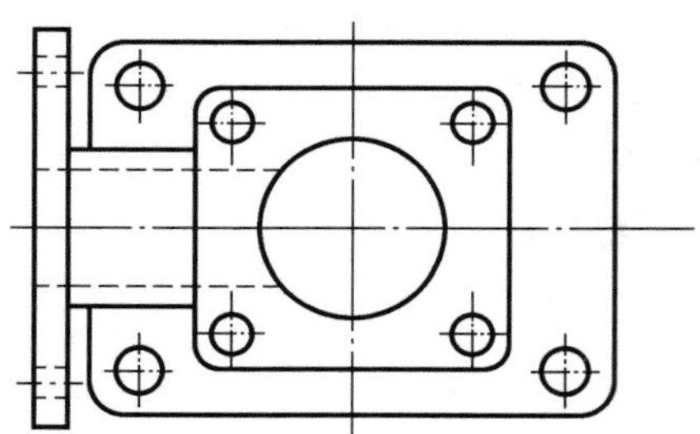

图 9-12

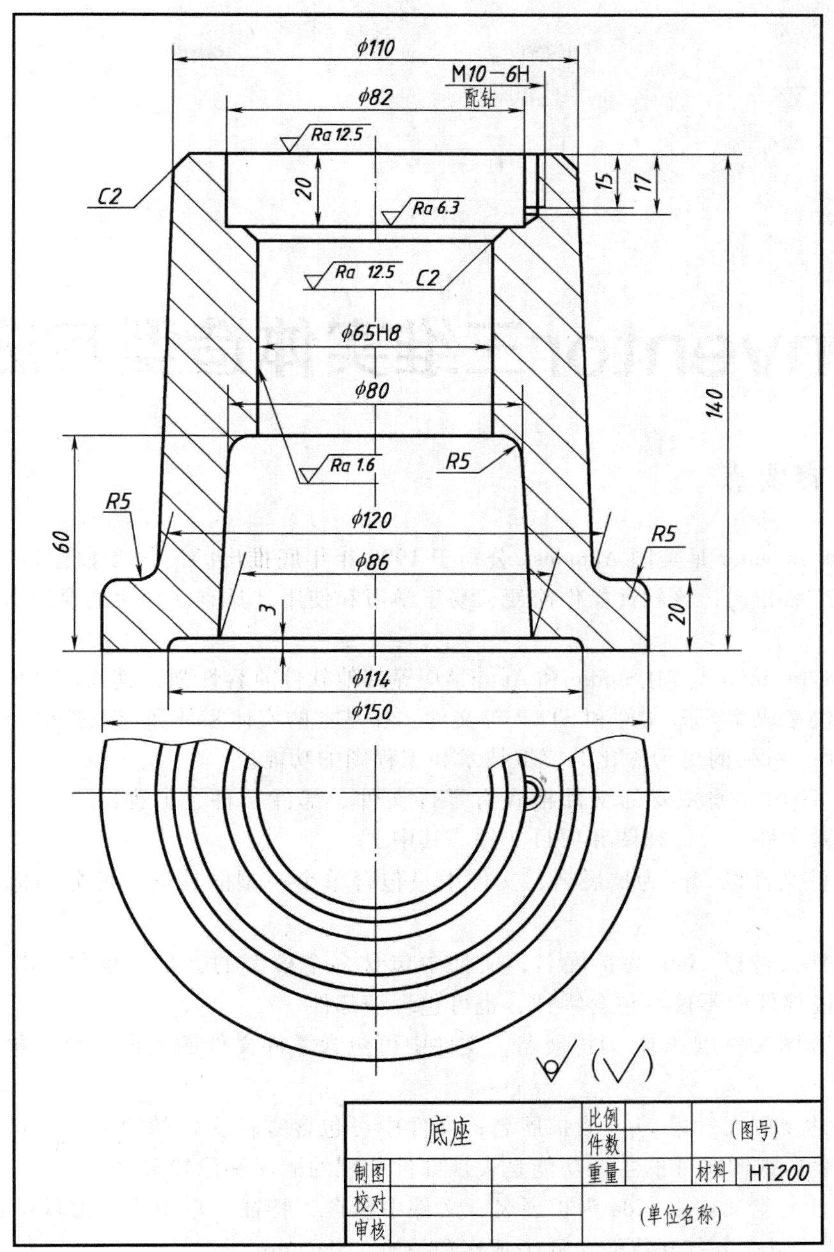
φ110
M10−6H
配钻
φ82
Ra 12.5
C2
20
Ra 6.3
15
17
Ra 12.5
C2
φ65H8
φ80
140
Ra 1.6
R5
60
R5
φ120
R5
φ86
3
20
φ114
φ150
(√)
底座
比例
件数
(图号)
制图
重量
材料
HT200
校对
审核
(单位名称)

图 9-13

第 10 章

Inventor三维实体造型方法

10.1 内容要点

Autodesk Inventor 是美国 Autodesk 公司于 1999 年年底推出的三维参数化特征设计软件。与其他同类产品相比，该软件操作简便，易于学习和使用，具有多样化的显示选项及强大的拖放功能。

Autodesk Inventor 与 3D Studio 和 AutoCAD 等其他软件兼容性强，其输出文件可直接或间接转化成为快速成型 STL 文件和 STEP 等文件。在基本的实体零件和装配模拟功能之上，Inventor 提供了一系列的更为深化的模拟技术和工程图的功能。

Inventor 2010 本身主要的文件格式有零件文件、部件文件、工程图文件、表达视图文件、设计元素文件、设计视图和项目文件。其中：

（1）零件文件以 . ipt 为扩展名，文件中只包含单个模型的数据，可分为标准零件和钣金零件。

（2）部件文件以 . iam 为扩展名，文件中包含多个模型的数据，也包含其他部件的数据，也就是说部件中不仅可包含零件，也可包含子部件。

（3）工程图文件以 . idw 为扩展名，文件中可包含零件文件的数据，也可包含部件文件的数据。

（4）表达视图文件以 . ipn 为扩展名，文件中可包含零件文件的数据，也可包含部件文件的数据，表达视图文件的主要功能是表现部件装配的顺序和位置关系。

（5）设计元素文件以 . ide 为扩展名，文件中包含了特征、草图或子部件中创建的“iFeature”信息，用户可打开特征文件来观察和编辑“iFeature”。

（6）设计视图以 . idv 为扩展名，文件中包含了零部件的各种特性，如可见性、选择状态、颜色和样式特性、缩放以及视角等信息。

（7）项目文件以 . ijp 为扩展名，文件中包含了项目的文件路径和文件之间的链接信息。

Inventor 在创建文件时，每一个新文件都是通过模板创建的。用户可根据自己具体设计需求选择对应的模板，如创建标准零件可选择标准零件模板（Standard. ipt），创建钣金零件可选择钣金零件模板（Sheet Metal. ipt）等。用户可修改任何预定义的模板，也可创建自己的模板。

与 Inventor 兼容的文件类型包括 AutoCAD 文件、Autodesk MDT 文件、STEP 文件、SAT 文件以及 IGES 文件等。

10.2 解题要领

Inventor 2010 有二维草图模块、特征模块、部件模块、工程图模块、表达视图模块、应力分析等多个功能模块，每一个模块都拥有自己独特的菜单栏、工具栏、工具面板和浏览器，并且由这些菜单、工具栏、工具面板和浏览器组成了自己独特的工作环境。用户最常接触的六种工作环境是草图环境（图 10-1）、零件（特征）环境（图 10-2）、钣金特征环境、部件（装配）环境（图 10-3）、工程图环境（图 10-4）和表达视图环境。

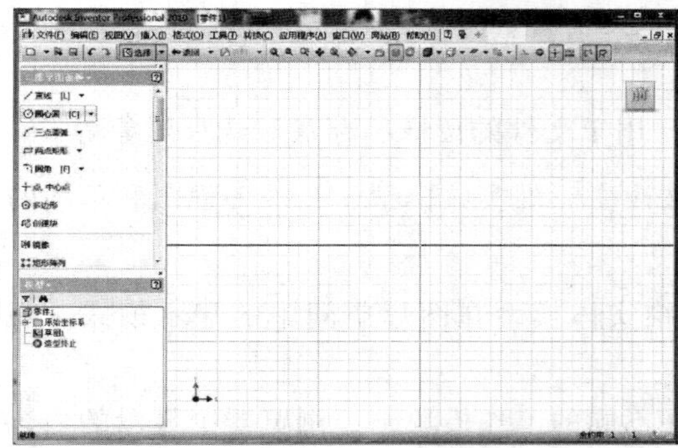

图 10-1 草图环境

图 10-2 零件特征环境

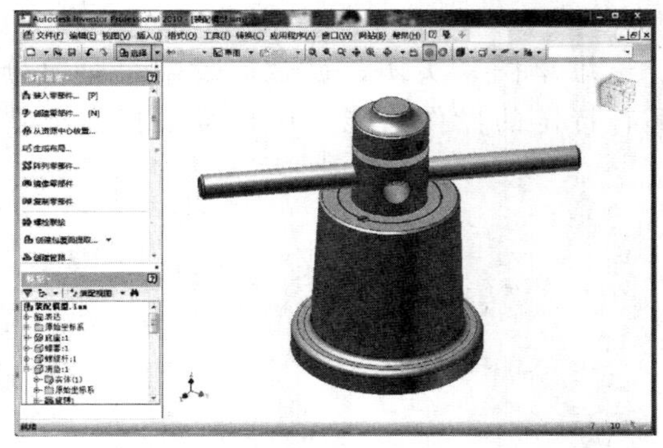

图 10-3 部件环境

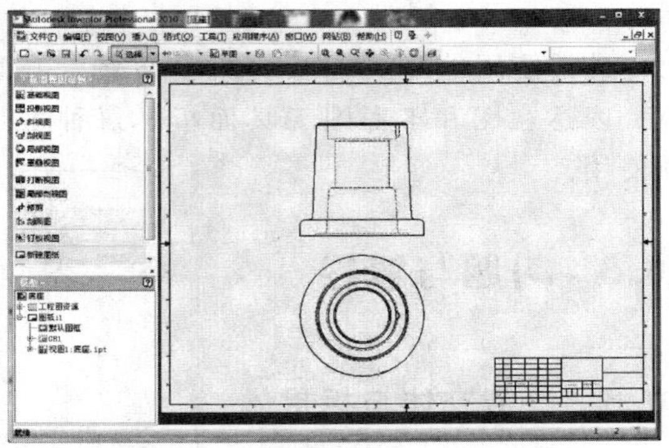

图 10-4 工程图环境

Inventor 中菜单栏的布局和设置具有 Windows 应用软件的标准格式，如图 10-5 所示。但菜单中的具体项目和内容随着绘图模块的变化而变化。其中，有些菜单的作用如下：

文件(F) 编辑(E) 视图(V) 插入(I) 格式(O) 工具(T) 转换(C) 应用程序(A) 窗口(W) 网站(B) 帮助(H)

图 10-5 Inventor 菜单栏

【视图】菜单：用来设置零部件及工程图的平移和缩放视图和窗口以及对象的可见性等。

【格式】菜单：通过样式编辑器把颜色、光源、材料特性应用到零部件中去。

【工具】菜单：提供了参数的测量、参数化造型和装配以及系统设置等功能。

Inventor具有强大的右键快捷菜单功能，在快捷菜单中包含了普通菜单中的大部分选项，很多快捷菜单还具有工具栏和菜单栏里不存在的命令选项，从而减少了用户多余的点击动作，提高了用户的工作效率。

Inventor在默认情况下，在工作界面上有显示的工具栏以及工具面板标准工具栏、浏览器和工作面板。如果用户的工作空间内没有显示对应的工具栏，可在工具栏上右击，在【打开】菜单的对应选项上勾选即可。

Inventor标准工具栏如图10-6所示，主要分为三部分。

图10-6 Inventor标准工具栏

（1）文件管理工具：用于文件的读取、存盘和选择对象等。

（2）视图显示工具：用来改变三维实体模型、二维工程图和草图的显示视角和显示范围。

（3）模型显示工具：用来改变三维实体模型在图形空间中的显示模式、观察模式和投影模式。

浏览器多用来显示零件或者部件的模型树，在不同的工作模块中，浏览器中显示的内容也不相同，如在零件环境中，浏览器主要记录、显示、隐藏所选的特征；而在部件环境中，浏览器主要用于表达装配层次显示和隐藏零部件、管理对零件的访问和对装配约束的编辑等。

最常使用的工具面板分别是草图、特征、三维草图、实体、钣金、装配、应力分析、表达视图和工程图工具面板。每种工具都有特定的操作功能，用户可根据需要选择使用。

10.3 习题与解答

10.3.1 截交体与相贯体

10-1 根据图10-7所示三视图，绘制对应的三维模型。

【解题分析】

根据图10-7所示三视图可知，对应立体为截切的正六棱柱。经分析可知，六棱柱可通过一次“拉伸”建立模型，截切同样可通过一次“拉伸”。需注意的是，截切拉伸需采用“差集”。

【作图步骤】

（1）建立正六边形草图，如图10-8a所示。

（2）拉伸，得到正六棱柱模型，如图10-8b所示。

（3）以正六棱柱前后对称面建立草图，如图10-8c所示。

（4）以建立的草图为截面轮廓，选择“差集”，拉伸范围选择“贯通”，拉伸方向选择“双向”，完成，得到立体模型，如图 10-8d 所示。

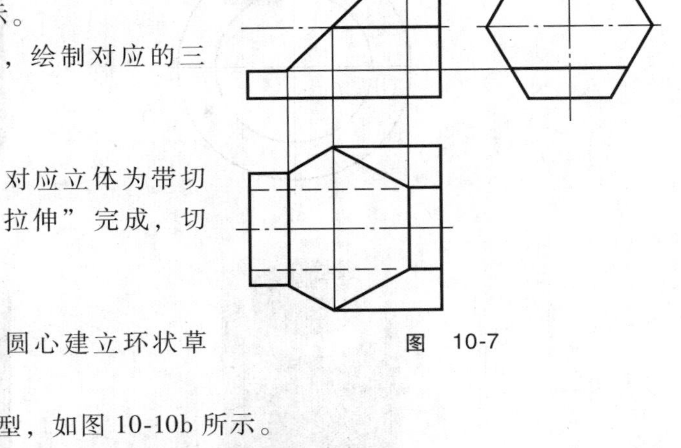
图　10-7

10-2　根据图 10-9 所示三视图，绘制对应的三维模型。

【解题分析】

根据图 10-9 所示三视图可知，对应立体为带切槽的圆柱筒，圆柱筒可通过一次“拉伸”完成，切槽也可以通过一次“拉伸”完成。

【作图步骤】

（1）以原始坐标系坐标原点为圆心建立环状草图，如图 10-10a 所示。

（2）拉伸，得到圆柱筒立体模型，如图 10-10b 所示。

（3）以原始坐标系 XZ 面或 YZ 面建立切槽草图，如图 10-10c 所示。

（4）拉伸，以新建立的草图为截面轮廓，选择“差集”，拉伸范围选择“贯通”，拉伸方向选择“双向”，完成，得到立体模型，如图 10-10d 所示。

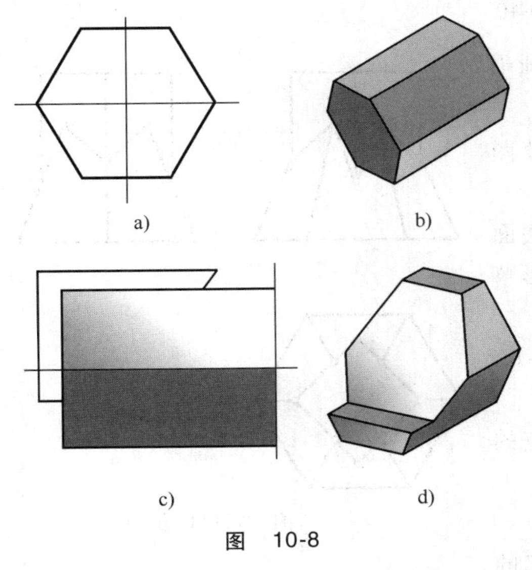
a)　b)　c)　d)
图　10-8

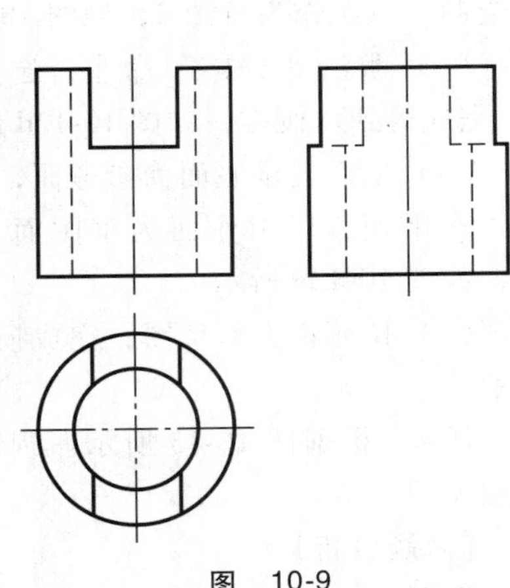
图　10-9

10-3　根据图 10-11 所示三视图，绘制对应的三维模型。

【解题分析】

两个相贯在一起的立体分别是六棱锥与四棱柱，同属于平面立体，其中四棱柱可以通过一次“拉伸”得到，六棱锥可以通过一次“放样”完成。

【作图步骤】

（1）以原始坐标系坐标原点为对称中心，在 XY 面建立正六边形草图，作为草图 1，如图 10-12a 所示。

（2）以 XY 面为参考面，建立平行于 XY 面的工作平面，如图 10-12b 所示。

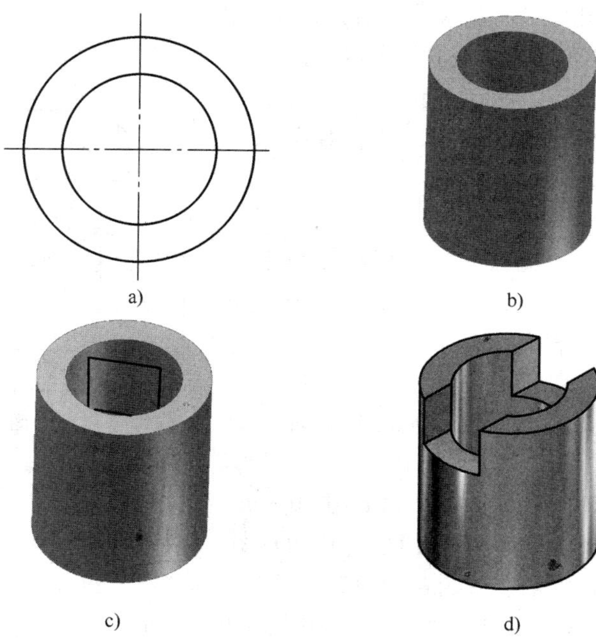

图 10-10

（3）以建立的工作平面为草图平面，在对称中心绘制一点，作为草图 2，如图 10-12c 所示。

（4）激活“放样”命令，选择草图 1 和草图 2，完成得到六棱锥，如图 10-12d 所示。

（5）以六棱锥底面为参考面，建立平行于底面的工作平面，以工作面为草图面，建立正方形草图，如图 10-12e 所示。

（6）拉伸正方形草图，完成模型，如图 10-12f 所示。

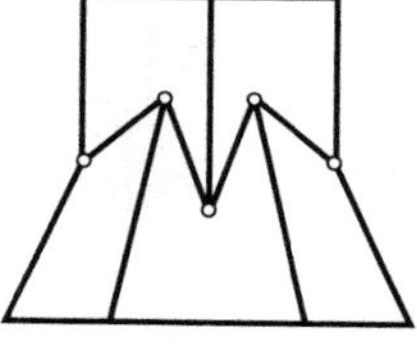

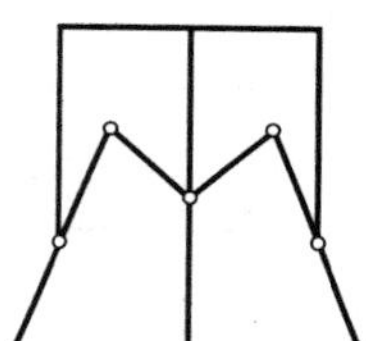

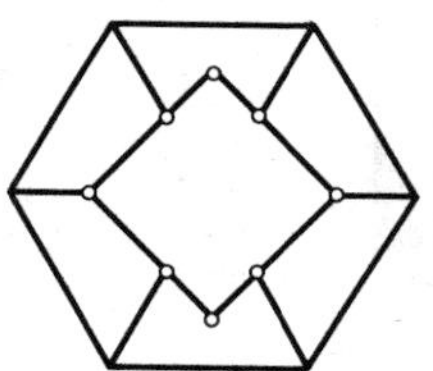

图 10-11

10-4 根据图 10-13 所示三视图，绘制对应的三维模型。

【解题分析】

根据图 10-13 所示三视图可知，相贯在一起的立体是两个圆柱筒，两立体的轴线垂直相交，并且两圆柱的外径相同。

【作图步骤】

（1）在 *XY* 面建立半圆环草图，如图 10-14a 所示。

（2）拉伸，选择双向拉伸，得到半圆柱筒模型，如图 10-14b 所示。

（3）以 *XY* 面为参考面，建立平行于 *XY* 面的工作平面，在工作平面上建立圆形草图，并通过“相切”几何约束使两圆柱直径相等，如图 10-14c 所示。

（4）拉伸，拉伸范围选择“到表面或平面”，如图 10-14d 所示。

（5）以竖直圆柱上表面为草图平面，建立圆形草图，如图 10-14e 所示。

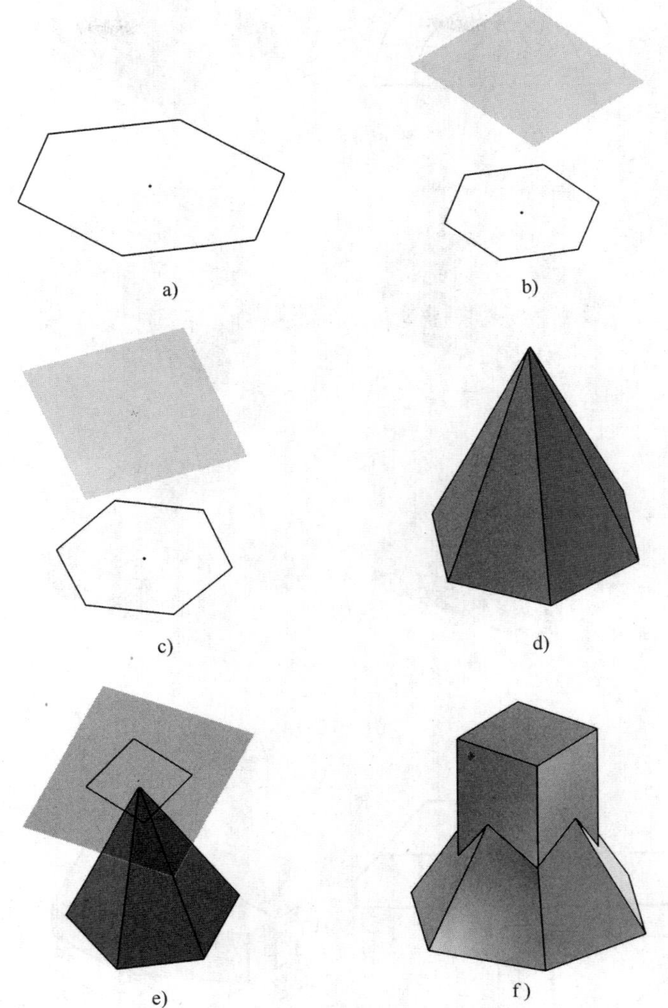

图 10-12

（6）拉伸，选择“差集”，拉伸范围选择“贯通”，得到最终模型，如图 10-14f 所示。

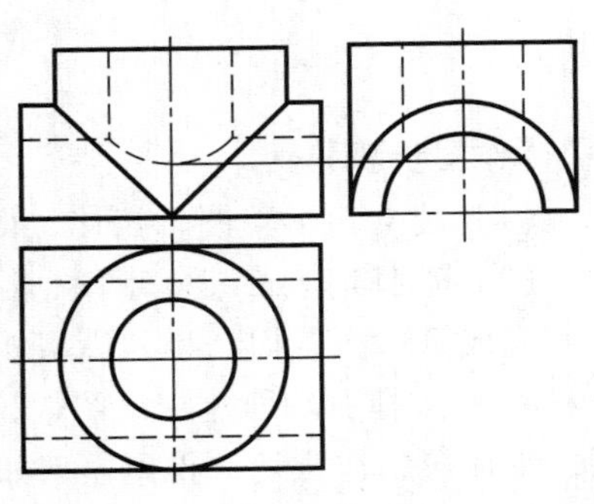
图 10-13

10.3.2 组合体模型

10-5 根据图 10-15a 所示三视图，绘制对应的三维模型，尺寸见立体图（图 10-15b）。

【解题分析】

根据图 10-15a 所示三视图可知，该组合体为切割形成的，原型是四棱柱，共进行了三次切割，从前往后被一水平面和侧平面截切，从上往下被一铅垂面截切，从左往右被一侧垂面截切，因此建立该组合体模型共需进行四次“拉伸”。

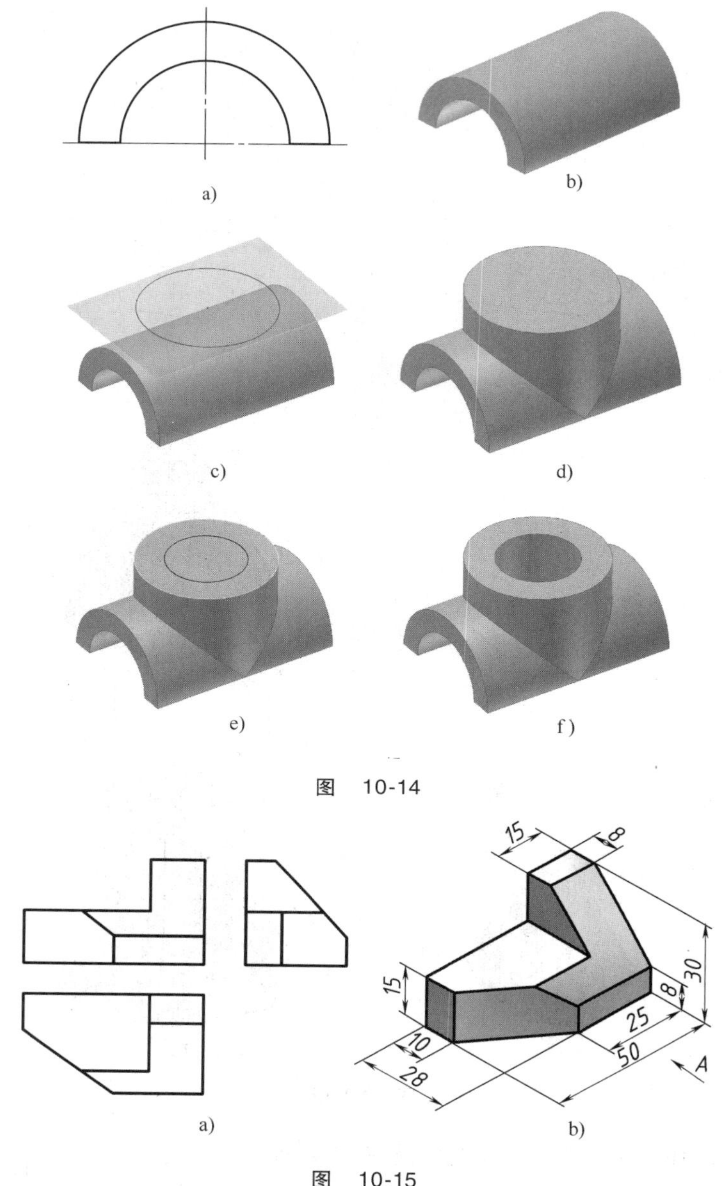

图 10-14

图 10-15

【作图步骤】

（1）建立矩形草图，拉伸，得到四棱柱原型，如图 10-16a 所示。

（2）选择前表面建立草图，拉伸，选择“差集”，拉伸范围选择“贯通”，从前向后截切，完成第一次截切，得到模型如图 10-16b 所示。

（3）选择右端面建立草图，拉伸，选择“差集”，拉伸范围选择“贯通”，从右向左截切，完成第二次截切，得到模型如图 10-16c 所示。

（4）选择底面建立草图，拉伸，选择“差集”，拉伸范围选择“贯通”，从下向上截切，完成第三次截切，得到最终模型，如图 10-16d 所示。

10-6　根据图 10-17a 所示三视图，绘制对应的三维模型，尺寸见立体图（图 10-17b）。

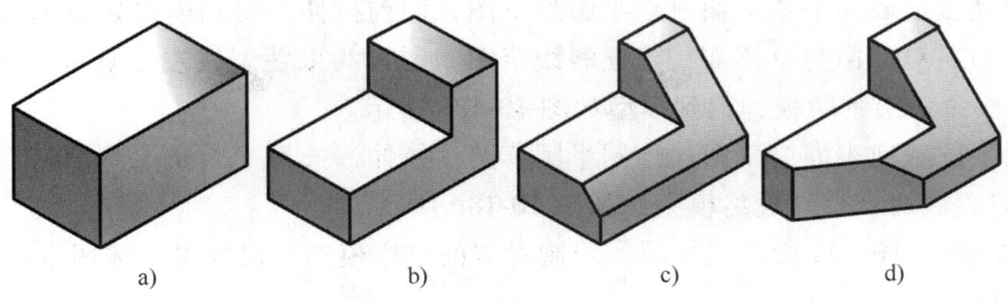

图　10-16

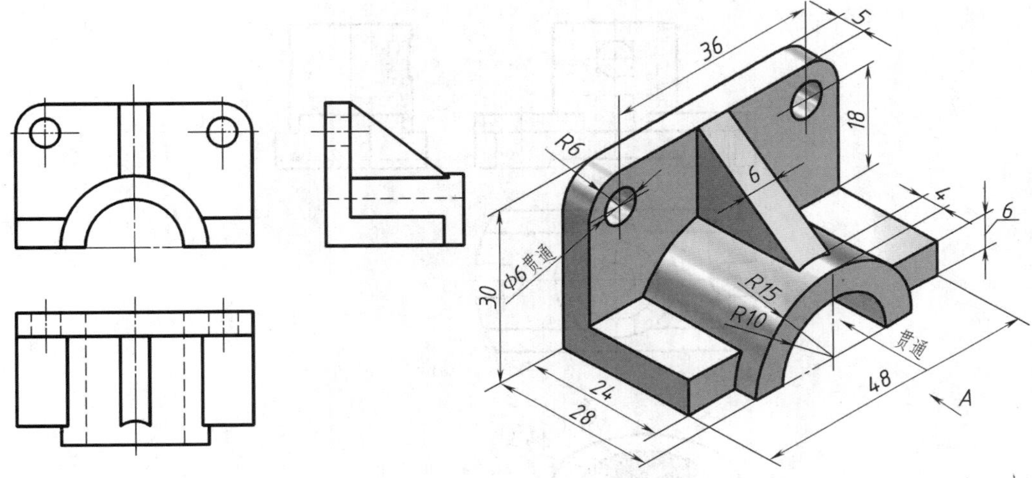

图　10-17

【解题分析】

根据图 10-17a 所示三视图可知，该组合体为叠加形成的，由三个部分组成，分别为半圆柱筒、带贯通孔的四棱柱和左右对称布置的带挖槽的四棱柱。每个组成部分均可以采用“拉伸”完成。

【作图步骤】

（1）建立“L" 形草图，拉伸，选择双向拉伸，得到 L 形板，然后通过竖板前表面建立草图画左右对称分布的圆，以圆为拉伸截面轮廓，差集、贯通，得到竖板上的两个圆孔，最后通过圆角命令倒圆角，结果如图 10-18a 所示。

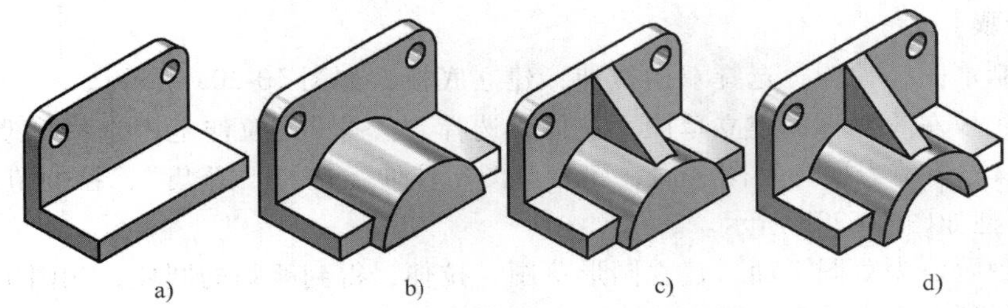

图　10-18

（2）以竖板前表面为草图面建立半圆形草图，向前拉伸，得到模型如图 10-18b 所示。

（3）以左右对称面为草图面，建立斜线草图，通过约束使斜线左上点位于竖板上边线，然后激活肋板命令绘制肋板，得到模型如图 10-18c 所示。

（4）以半圆柱前表面为草图面绘制半圆草图，拉伸，选择“差集”，拉伸范围选择“贯通”，从前向后截切，得到最终模型，如图 10-18d 所示。

10-7　根据图 10-19a 所示三视图，绘制对应的三维模型，尺寸见立体图（图 10-19b）。

【解题分析】

根据图 10-19a 所示三视图可知，该组合体主要由两部分叠加形成，下面是底板，上面是带阶梯状孔的圆柱筒。每个组成部分均可以采用“拉伸”完成。

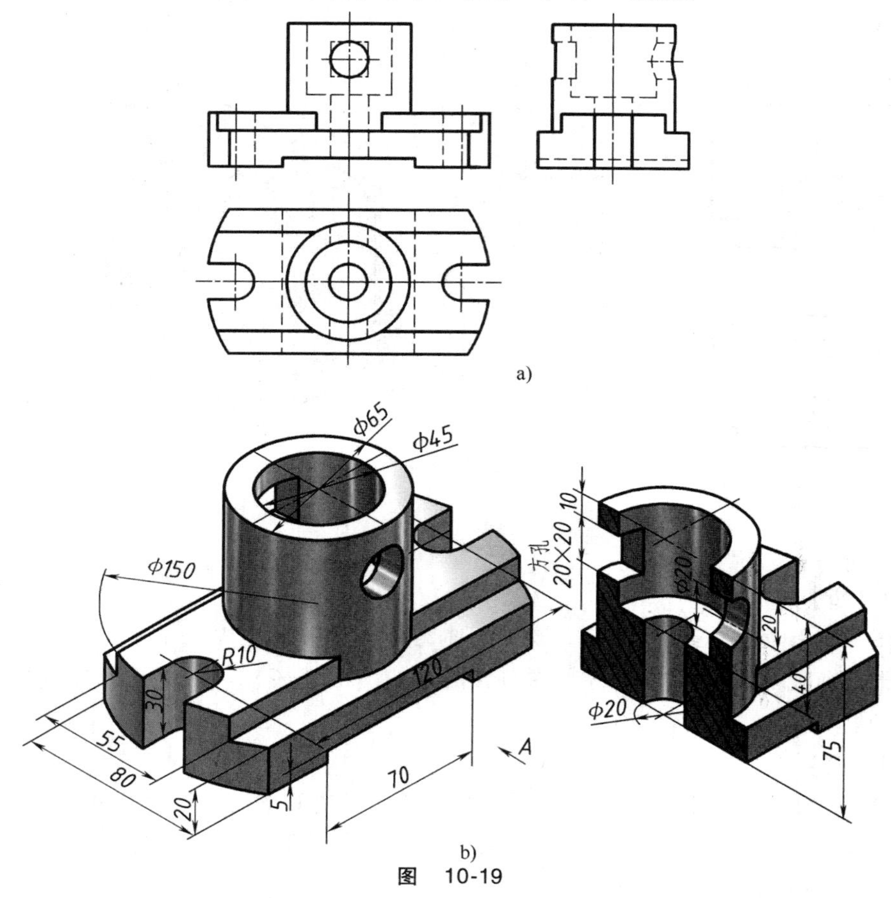

图　10-19

【作图步骤】

（1）绘制草图，拉伸，选择双向拉伸，建立底板，如图 10-20a 所示。

（2）以底板左右对称面建立草图，拉伸，选择“差集”，拉伸范围选择“贯通”，双向拉伸；然后以底板前表面为草图平面，建立草图，拉伸，选择“差集”，拉伸范围选择“贯通”，得到模型如图 10-20b 所示。

（3）以台阶面为草图平面，建立圆形草图，拉伸，得到叠加的圆柱，如图 10-20c 所示。

（4）以圆柱顶面为草图平面，建立圆形草图，拉伸，选择“差集”，拉伸范围选择“贯通”，得到模型如图 10-20d 所示。

（5）以前后对称面为草图面，分别建立圆形和矩形草图，分别拉伸，选择“差集”，拉伸范围选择“贯通”，得到最终模型如图 10-20e 所示。

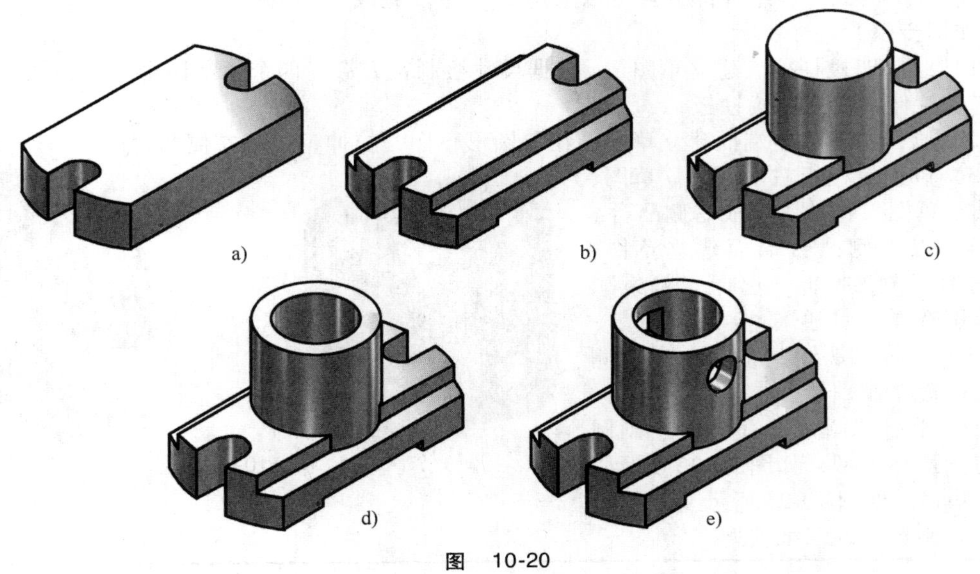

图 10-20

10.3.3 零件模型

10-8 根据图 10-21 所示阀盖的零件图，绘制对应的三维模型。

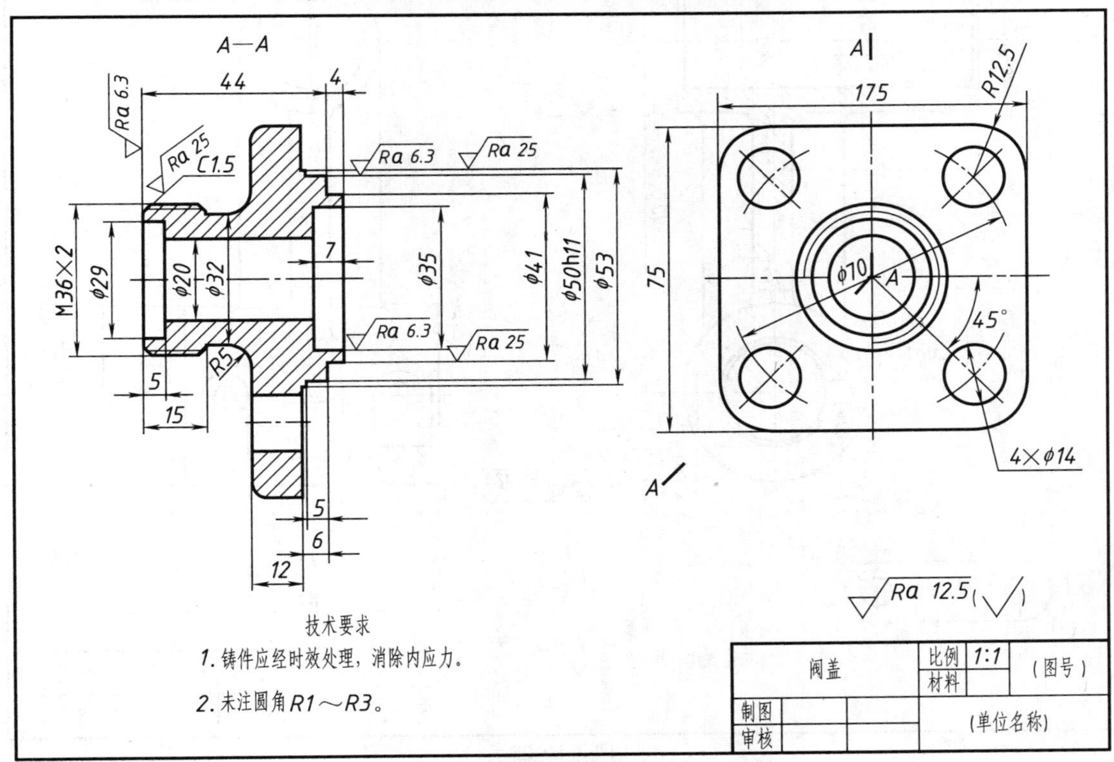

图 10-21

【解题分析】

根据图10-21所示零件图可知，该零件属于盘盖类零件，零件主要由四棱柱板和两侧的圆柱形凸台所构成，各组成部分均可以采用“拉伸”完成。

【作图步骤】

（1）绘制四棱柱板。建立草图1，根据尺寸绘制正方形、四个圆及四个圆角，然后退出草图选择拉伸，建立四棱柱板。

（2）以四棱柱板左端面建立草图，绘制圆形草图，拉伸，生成左侧凸台。

（3）以四棱柱板右端面建立草图，绘制圆形草图，拉伸，生成右侧凸台。

（4）以左侧凸台端面建立草图，建立圆形草图，拉伸，选择“差集”，拉伸范围选择“贯通”。

（5）激活“螺纹”命令，在左侧凸台外表面绘制螺纹。

（6）激活“圆角”命令，绘制圆角，得到最终模型，如图10-22所示。

图 10-22

10-9 根据图10-23所示支架的零件图，绘制对应的三维模型。

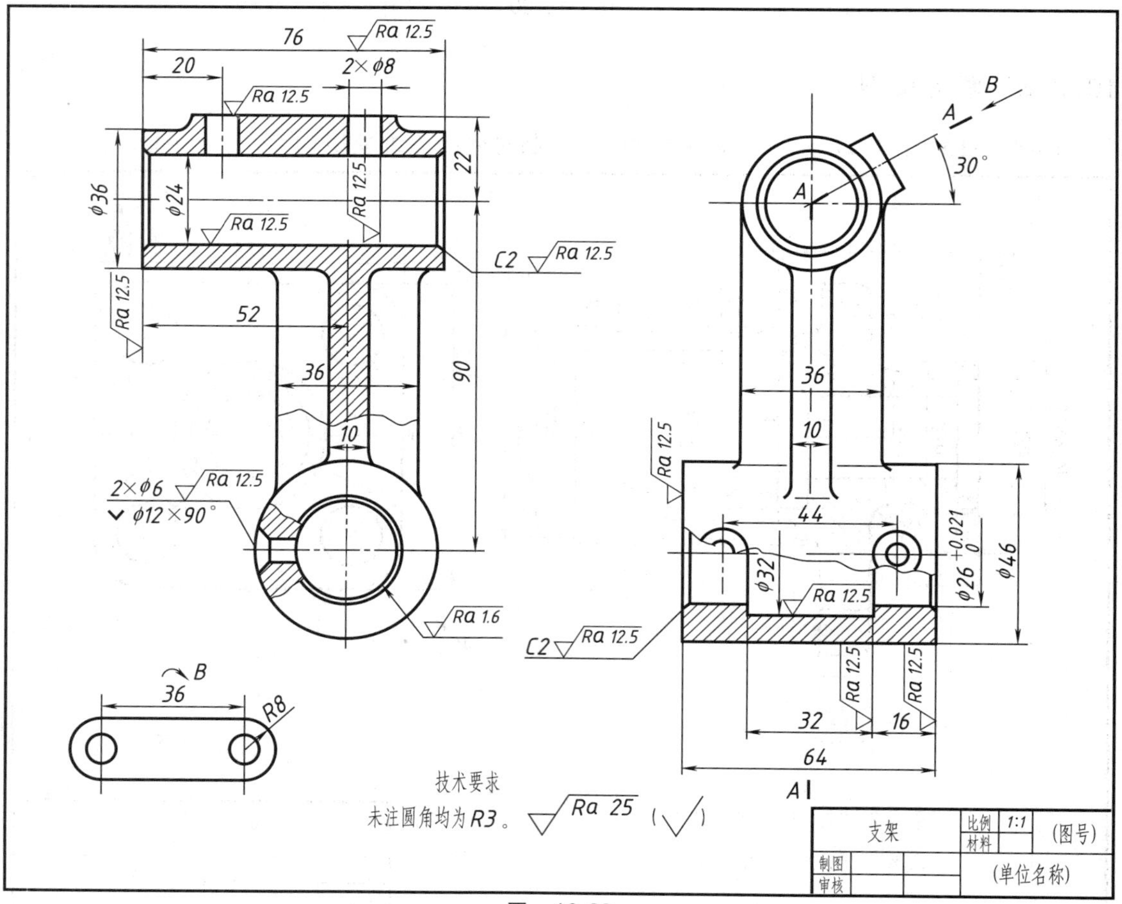

技术要求

未注圆角均为R3。 Ra 25（√）

支架	比例	1:1	（图号）
	材料		
制图			（单位名称）
审核			

图 10-23

【解题分析】

根据图 10-23 所示零件图，该零件属于支架类零件，主要由三个部分构成，分别为圆柱筒、圆柱筒和连接板。

【作图步骤】

作图步骤。作图结果如图 10-24 所示。

图 10-24

10.3.4 装配模型

10-10 根据图 10-25 所示行程开关的零件图及装配图示意图，完成零件模型及装配模型。

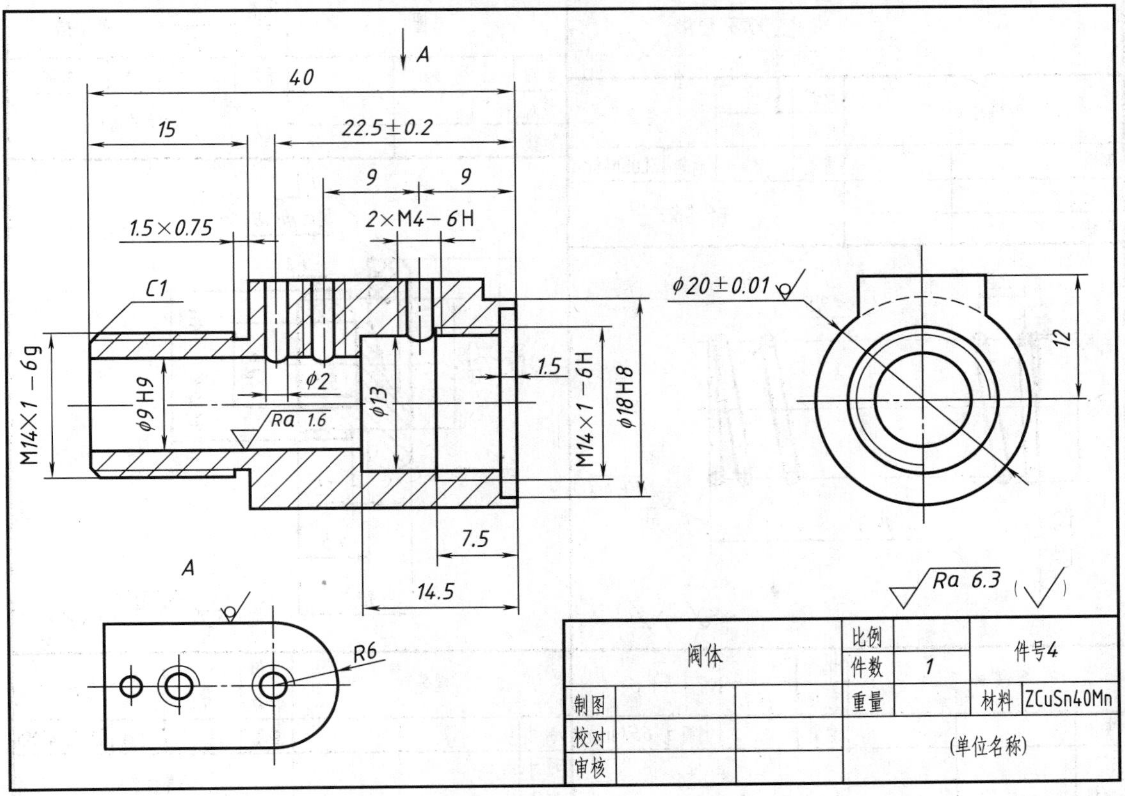

阀体		比例		件号4	
		件数	1		
制图		重量		材料	ZCuSn40Mn
校对		(单位名称)			
审核					

a)

图 10-25

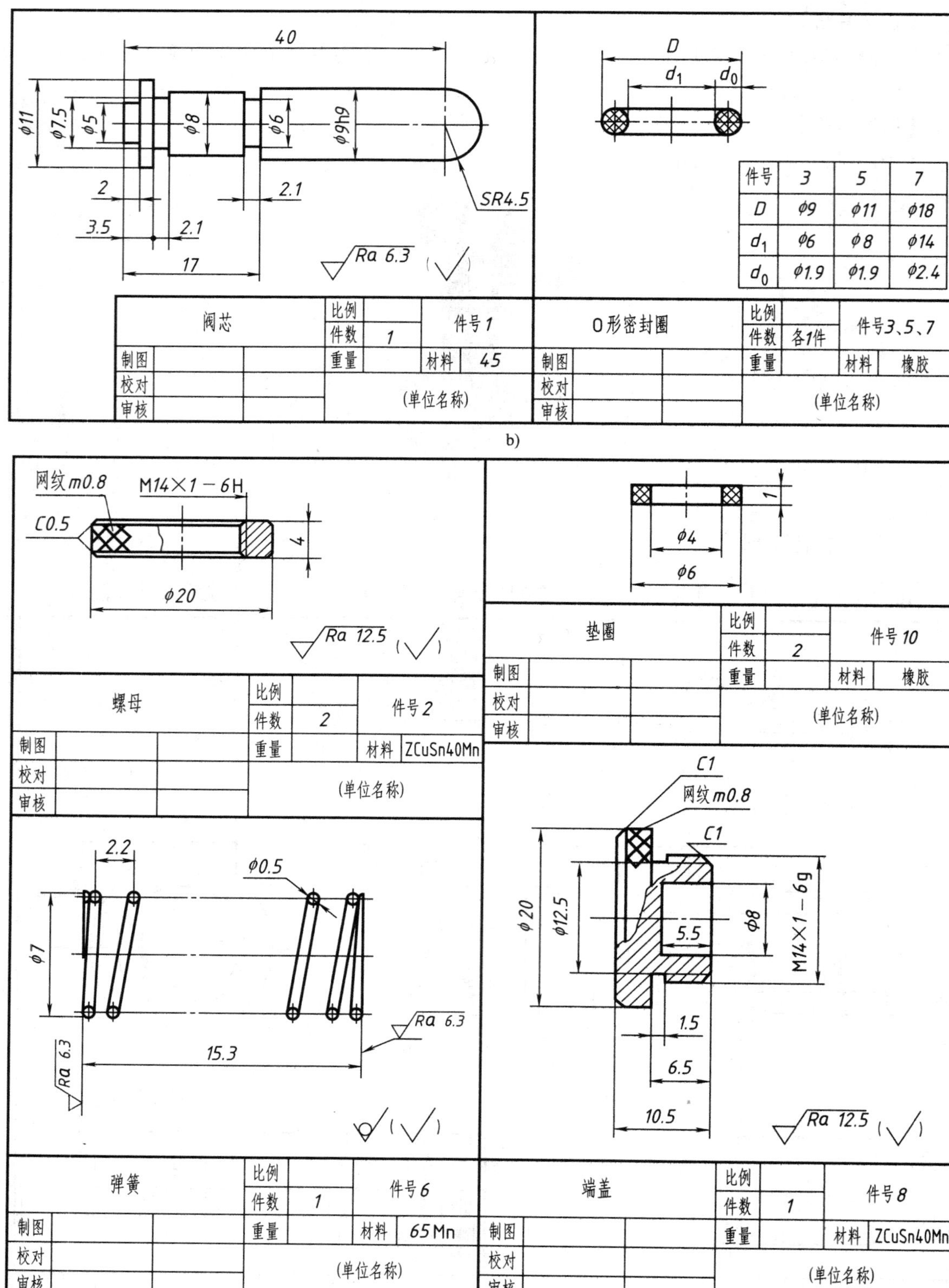

件号	3	5	7
D	φ9	φ11	φ18
d_1	φ6	φ8	φ14
d_0	φ1.9	φ1.9	φ2.4

b)

c)

图 10-25（续）

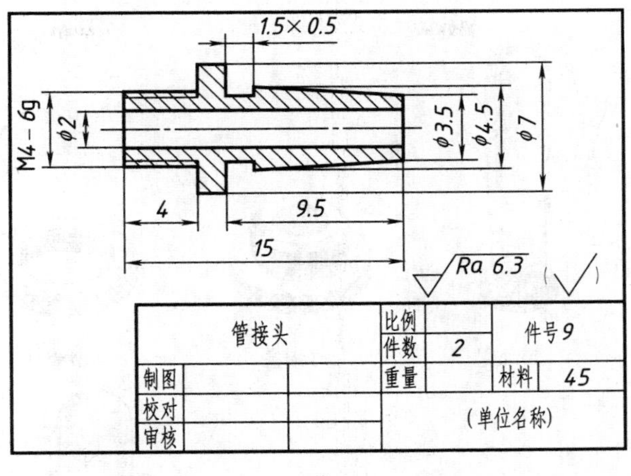

d)

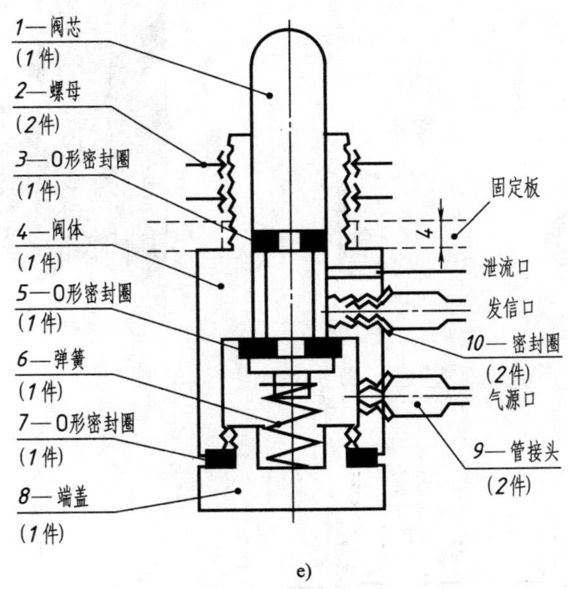

e)

图 10-25（续）

【解题分析】

行程开关是能将机械运动瞬时转变为气动控制信号，是气动控制系统中的位置检测元件。在非工作状态下，阀芯 1 在弹簧力的作用下，使发信口与气源口之间的通道封闭，而与泄流口接通；在工作状态下，阀芯在外力作用下，克服弹簧力的阻力下移，打开发信通道，封闭泄流口，有信号输出，外力消失时阀芯复位。

【作图步骤】

作图步骤略。作图结果如图 10-26 所示。

10.3.5 工程图和表达视图

10-11 将图 10-27 所示传动轴的零件图绘制对应的立体模型并生成零件图。

a) 阀体　b) 阀芯　c) 端盖　d) 螺母　e) 管接头

f) 各密封圈　g) 弹簧　h) 装配后

图　10-26

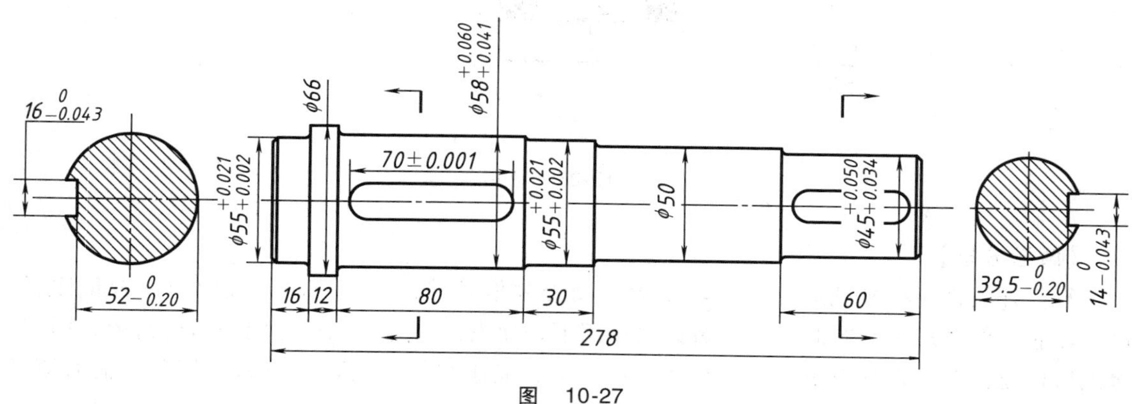

图　10-27

【解题分析】

Inventor 可以自动由三维零部件生成二维工程图，而且由实体生成的二维图也是参数化的。在 Inventor 中，可以通过自带的文件模板来快捷的创建工程图。

【作图步骤】

（1）选择菜单【文件】中的【新建】选项，在打开的【新建文件】对话框中，选择

【默认】选项卡中的【Standard. idw】选项来使用默认模板新建一个工程图文件。

（2）创建传动轴的基本视图。选择【工程图视图面板】上的【基础视图】工具按钮，则打开【工程视图】对话框，在【文件】选项中选择传动轴零件文件，在【方向】选项中选择【主视图】方向，当【工程视图】对话框中所有的参数都设定完毕以后，单击【确定】按钮完成基础视图的创建。

（3）创建剖视图，用于表达键槽的深度。选择【工程图视图面板】上的【剖视图】工具按钮，选择刚才创建的主视图，然后在键槽长度的大约一半处绘制一条竖直的直线以作为剖切线，接着绘制一条水平向右的直线作为投射方向线。右击，在打开的菜单中选择【继续】选项，此时打开【剖视图】对话框，设置视图名称、比例、显示方式等参数，并确定好视图位置以后，单击或者单击【剖视图】对话框中的【确定】按钮完成剖视图的创建。

（4）尺寸标注。通过【工程图标注面板】上的【通用尺寸】工具按钮，依次选择几何图元的组成要素标注长度、直径及半径等，若有需要编辑的尺寸，则双击该尺寸，弹出【编辑尺寸】对话框，修改精度及添加偏差值。

（5）技术要求标注。使用【工程图标】面板上的【表面粗糙度符号】工具来为零件表面添加表面粗糙度要求；使用【工程图标注】面板上的【几何公差符号】按钮创建几何公差；选择【工程图草图】面板上的工具按钮【文本】或【指引线文本】，然后在草图区域或者工程图区域双击打开【文本格式】对话框，设置好文本的特性、样式等参数后，在下面的文本框中输入要添加的文本。

（6）填写标题栏 使用【文本】工具进行标题栏的填写。

（7）保存文件，作图结果如图 10-28 所示。

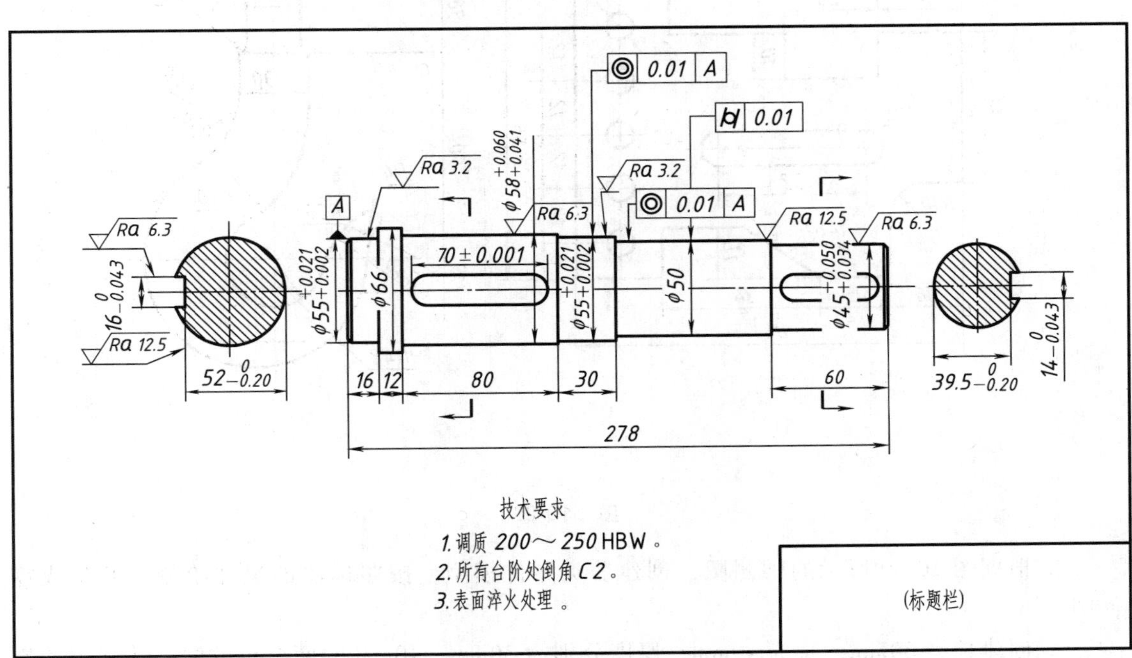

a)

图 10-28

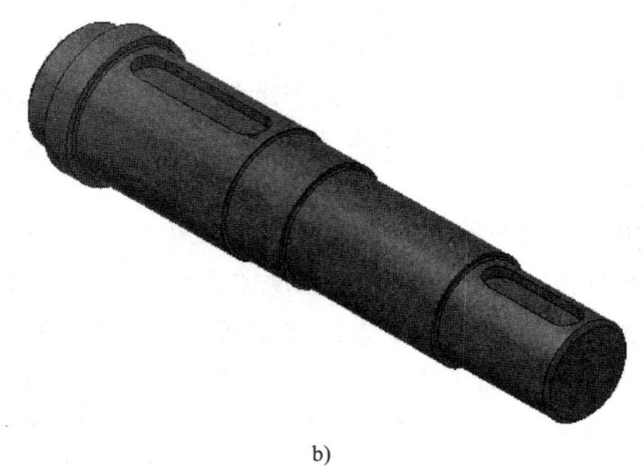

b)

图 10-28（续）

10.4 自测题

1. 在 Inventor 的草图环境下按照所给尺寸，绘制图 10-29 所示草图。

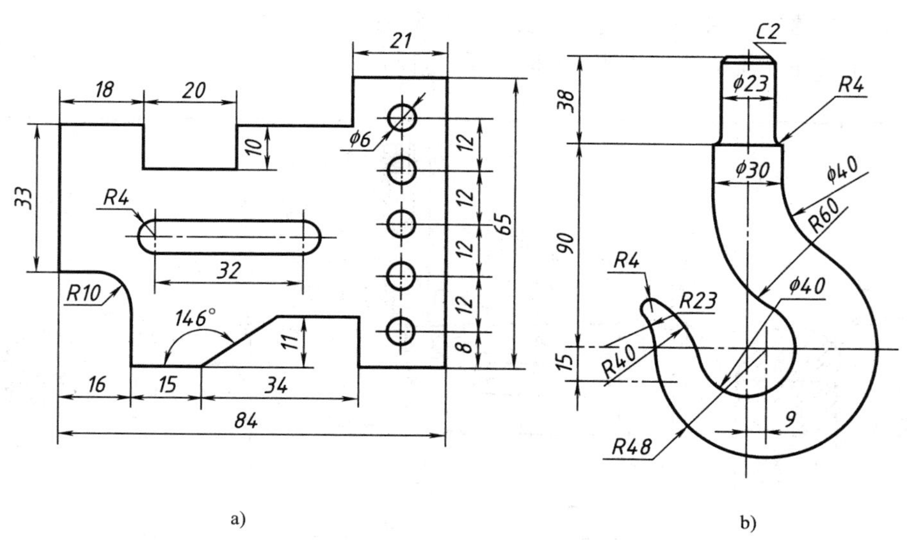

a)　　b)

图 10-29

2. 根据图 10-30 所示的轴测图，创建盖类零件模型，按照标注的尺寸绘制，并生成零件图。

3. 创建长为 60mm，宽为 40mm，厚度分别为 30mm、40mm 的两个长方体，并利用“螺栓 GB/T 5782—M20×100，螺母 GB/T 6170—M20，垫圈 GB/T 97.1—20”将其连接起来，将上述零件进行装配。

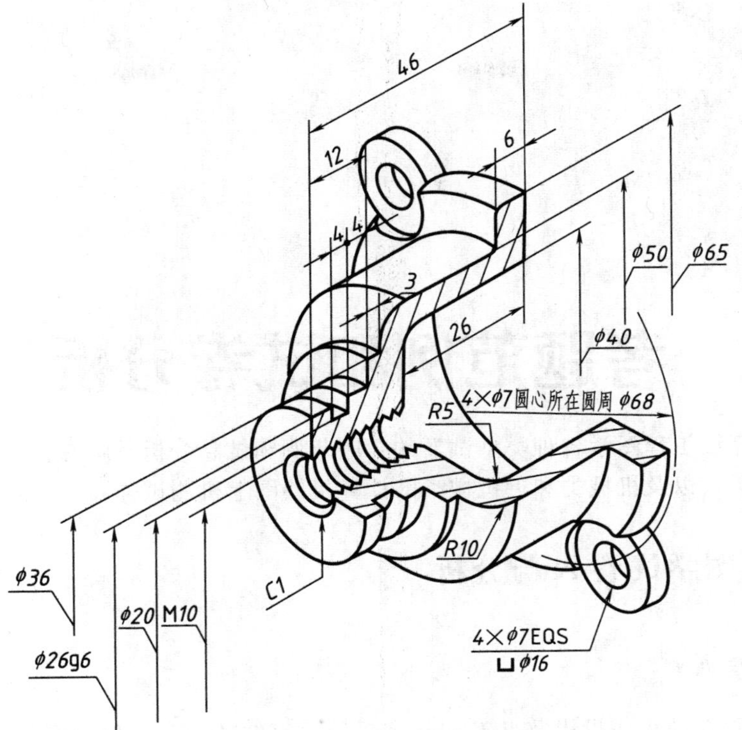
46
12
6
4
4
3
26
ϕ50
ϕ65
ϕ40
R5
4×ϕ7圆心所在圆周 ϕ68
R10
ϕ36
ϕ20
M10
ϕ26g6
C1
4×ϕ7EQS
⌴ϕ16

图 10-30

考题范例和试卷分析

本章主要介绍工程图学各种类型试卷的考题范例和试卷分析及解答，包括机械类、近机械类、非机械类，以及机械类和近机械类的计算机绘图上机测试样卷。

11.1 工程图学试卷 A 与分析

11.1.1 试卷 A

1. 已知△*EFG* 的正面投影及点 *E* 的水平投影，直线 *AB*、*CD* 分别平行△*EFG*，且 *EF*//*CD*，补全△*EFG* 的水平投影。（6 分）

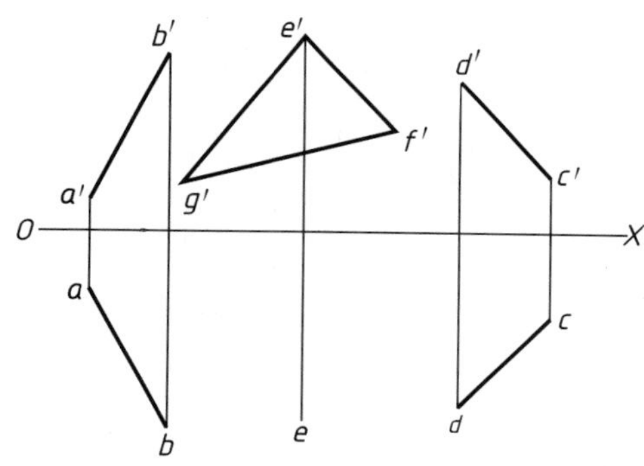

2. 已知 *AC* 为水平线，完成平面五边形 *ABCDE* 的投影。（8 分）

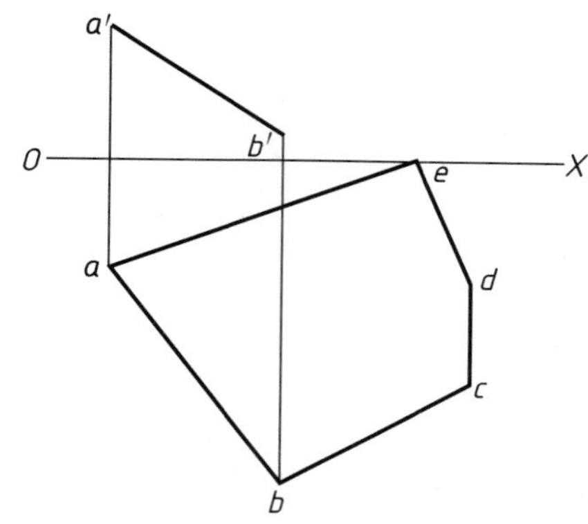

3. 求△*ABC* 与四边形 *DEFG* 的交线，并判别可见性。(8 分)

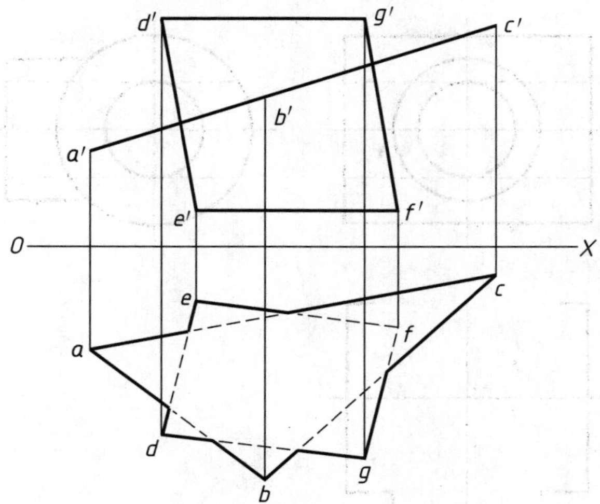

4. 等腰直角三角形△*ABC*，腰 *AB* 的投影已知，腰 *BC* 的 *C* 点在 *V* 面上，完成△*ABC* 的投影。(10 分)

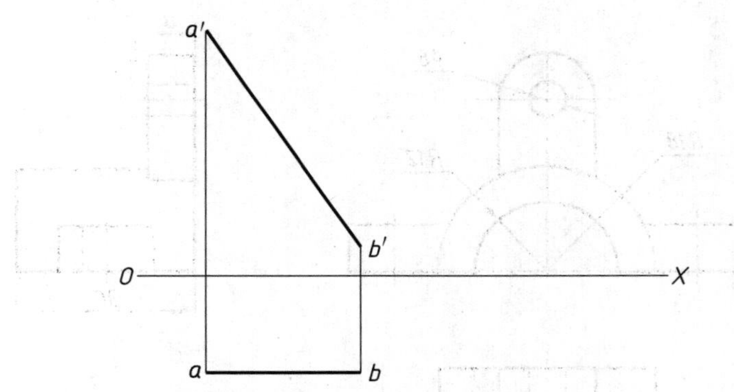

5. 完成立体截切后的水平投影。(10 分)

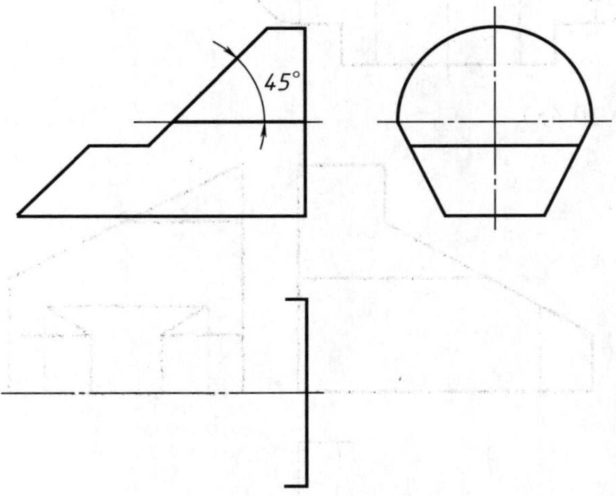

6. 完成相贯线的水平投影。(10 分)

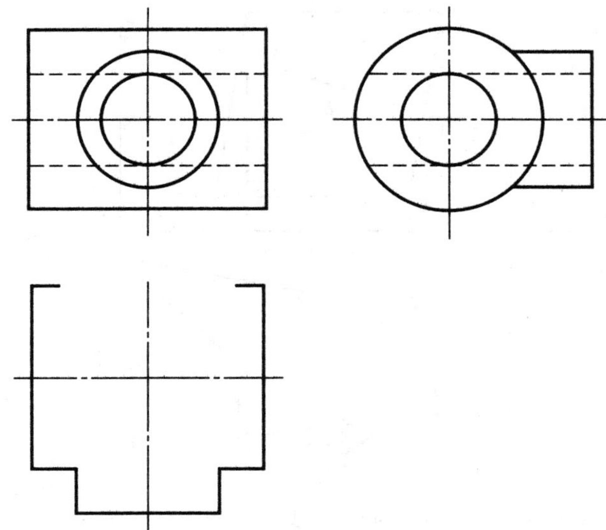

7. 补全三视图中所缺的图线和尺寸（尺寸数值从图中量，取整数）。(10 分)

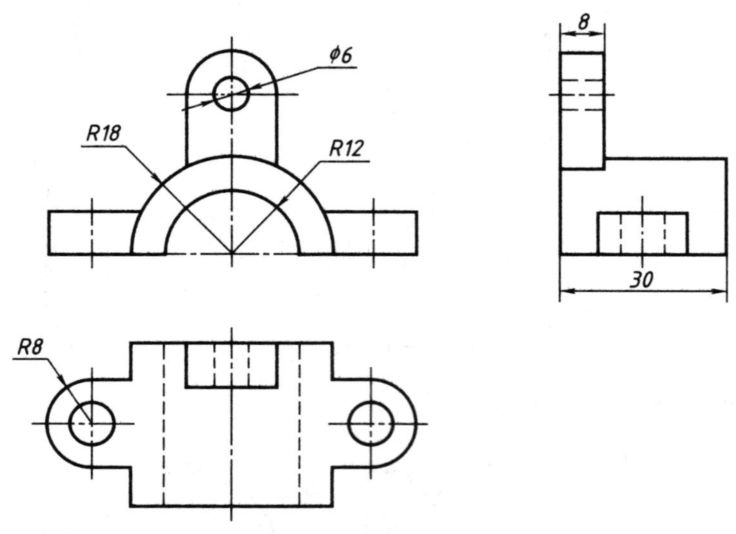

8. 补画俯视图。(10 分)

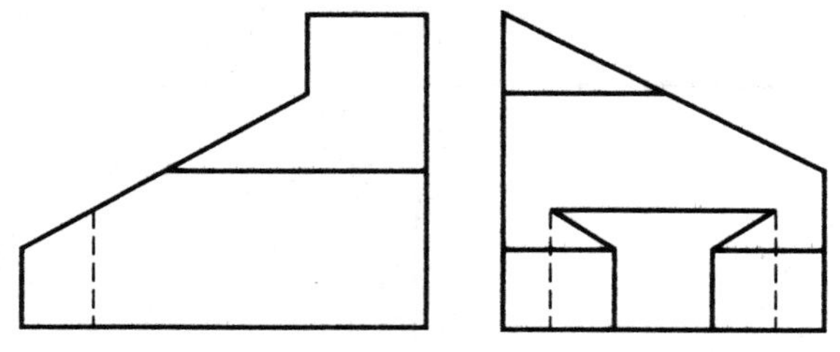

9. 补画左视图。（12 分）

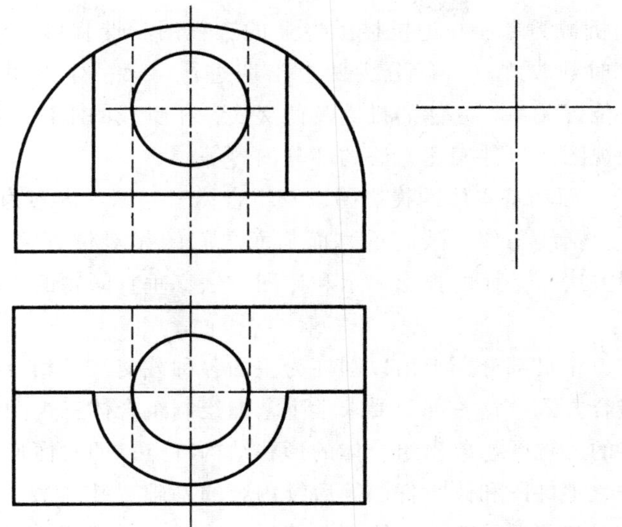

10. 已知主视图和俯视图，在指定位置将主视图画成半剖视图，并补画全剖的左视图。（16 分）

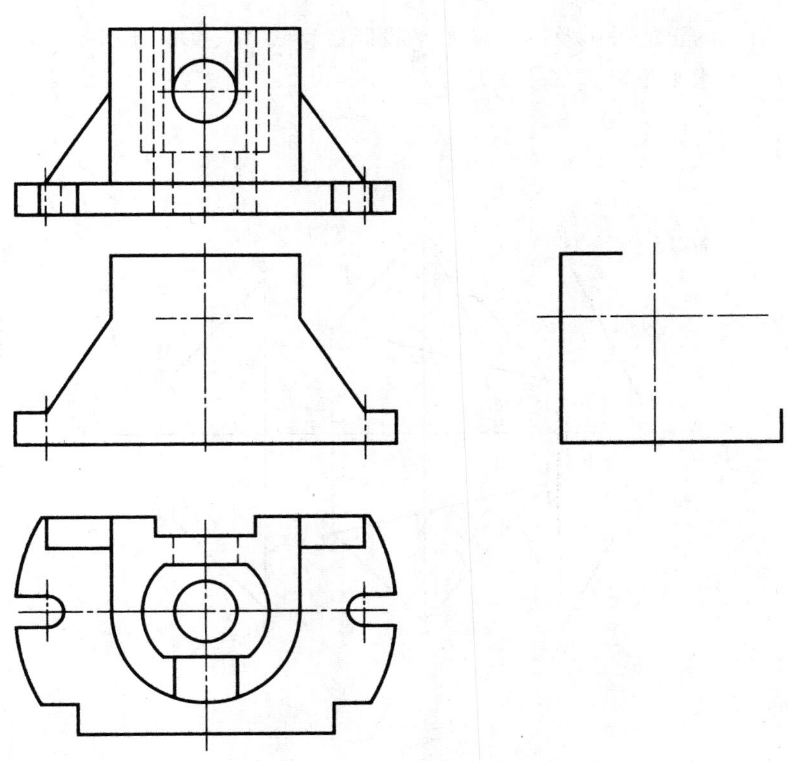

11.1.2 试卷A分析

试卷A主要面向机械类专业和近机械类专业的工程图学课程第一学期的考试，这些专业的工程图学课程学时数较多，一般分为两个学期进行。第一学期讲授的内容主要有点、线、面的投影及相对位置关系，立体的投影及截交线、相贯线的求法，机械制图国家标准基本规定，组合体的三视图，机件表达方法的部分内容等。

试卷A以点、线、面和基本体的投影图以及组合体三视图等内容为主。

点、线、面部分包括线与线、线与面、面与面之间的相对位置关系的解释，求线面交点、面面交线等作图方法，平面的投影表示和作图方法，垂直问题的投影表达和求解作图方法等。

基本立体的截交、相贯部分，突出以圆柱为主的各种截交线、相贯线的求法。组合体分为切割、叠加两种组合方式。这一部分要求学生掌握绘制组合体三视图的基本能力，反过来也要具有根据组合体的三视图想象出组合体的形状结构特点，即看懂形体的读图能力。这是学习机件的表达方法、零件图和读零件图等后续内容的基础。补画第三个视图或补画三视图中漏画的图线，是学习和掌握组合体的绘制、读懂组合体三视图最常用的练习题型。另外，三视图的尺寸标注，同样需要读懂组合体视图。

11.1.3 试卷A参考答案

1. 已知△*EFG*的正面投影及点*E*的水平投影，直线*AB*、*CD*分别平行△*EFG*，且*EF*//*CD*，补全△*EFG*的水平投影。(6分)

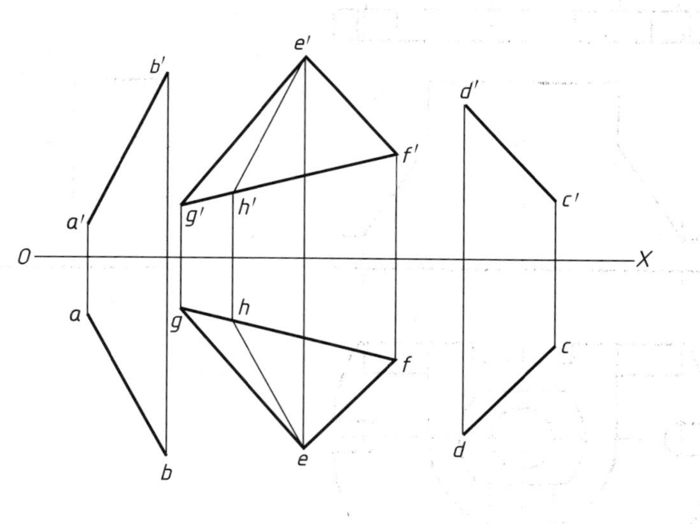

2. 已知*AC*为水平线，完成平面五边形*ABCDE*的投影。(8分)

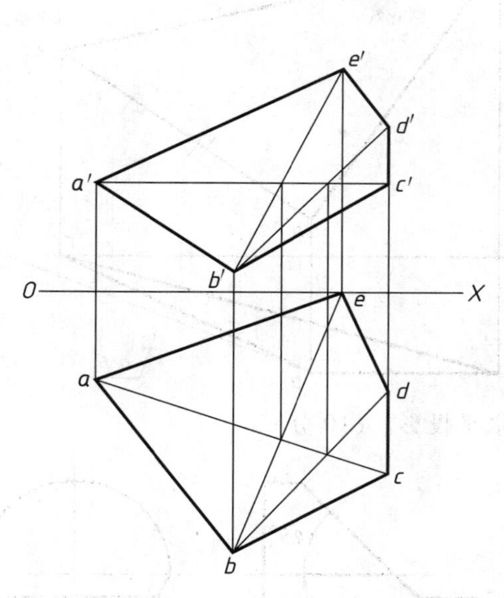

3. 求△*ABC* 与四边形 *DEFG* 的交线，并判别可见性。（8分）

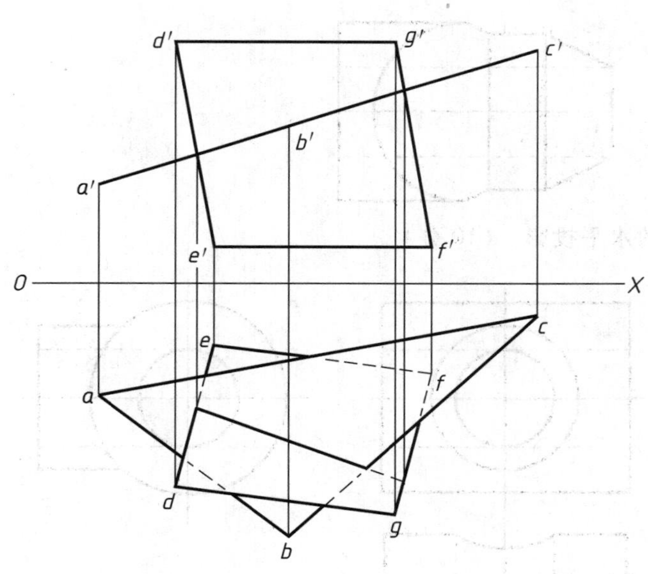

4. 等腰直角三角形 *ABC*，腰 *AB* 的投影已知，腰 *BC* 的 *C* 点在 *V* 面上，完成△*ABC* 的投影。（10分）

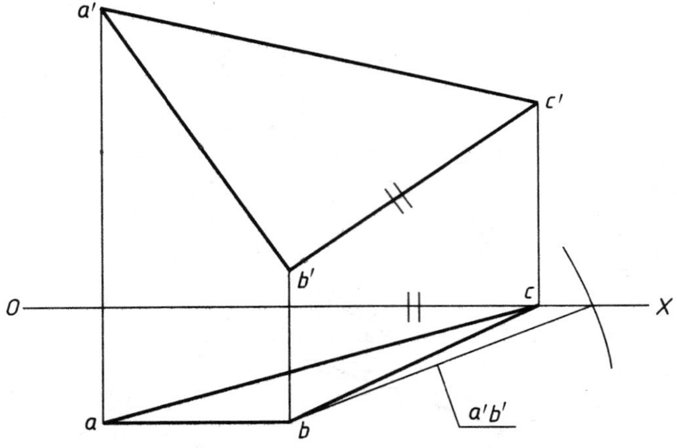

5. 完成立体截切后的水平投影。（10分）

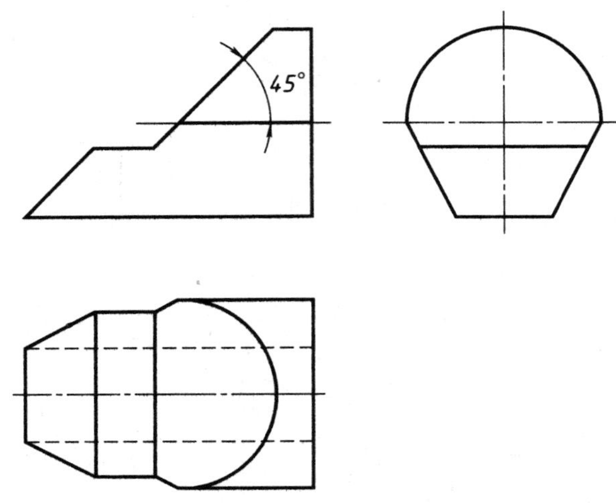

6. 完成相贯线的水平投影。（10分）

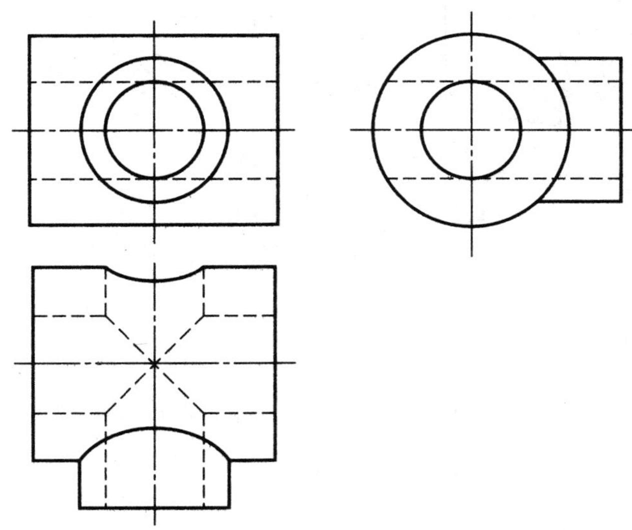

7. 补全三视图中所缺的图线和尺寸（尺寸数值从图中量，取整数）。（10 分）

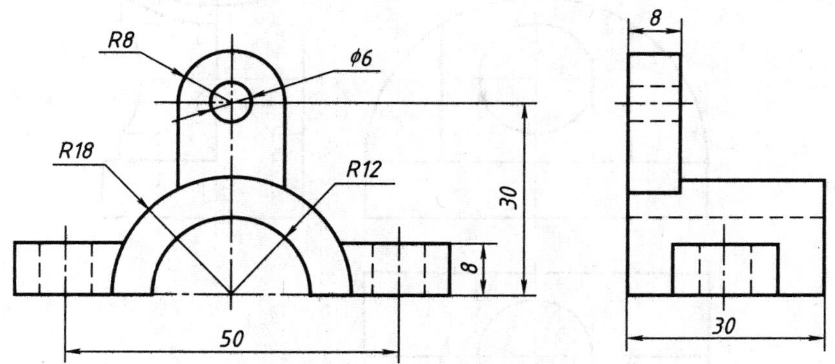

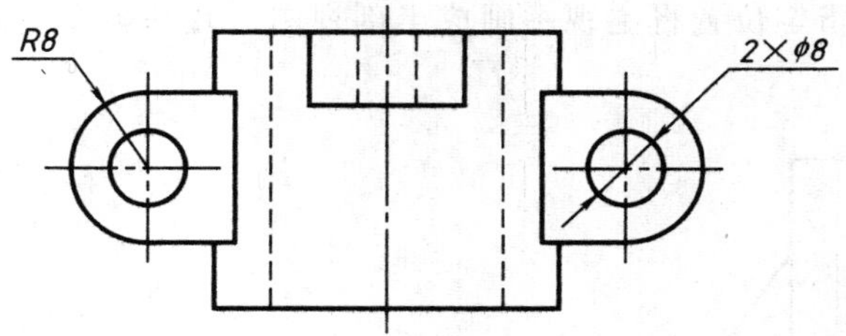

8. 补画俯视图。（10 分）

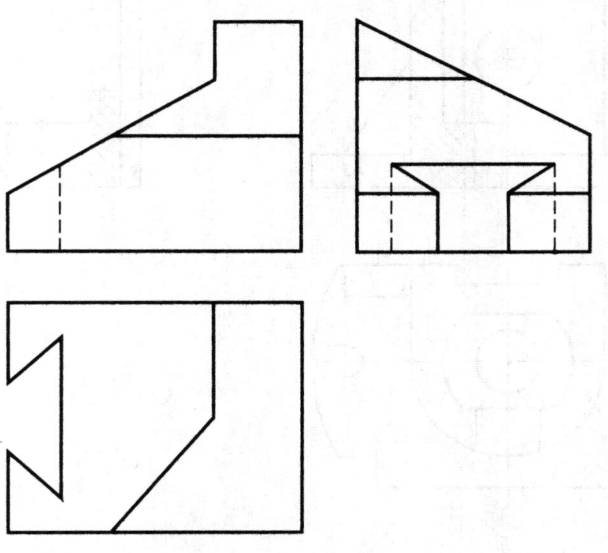

9. 补画左视图。(12 分)

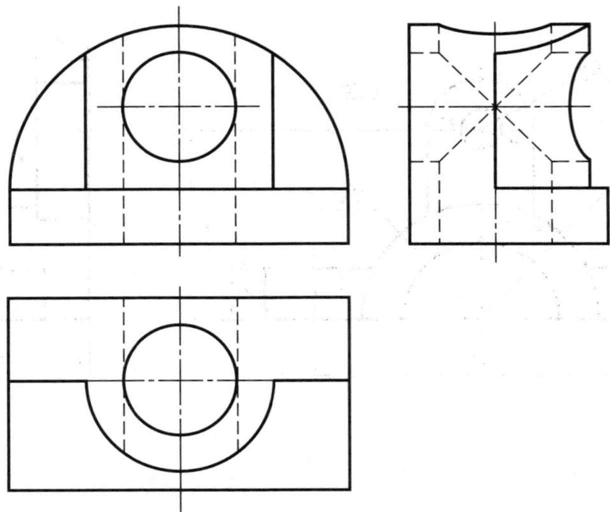

10. 已知主视图和俯视图，在指定位置将主视图画成半剖视图，并补画全剖的左视图。(16 分)

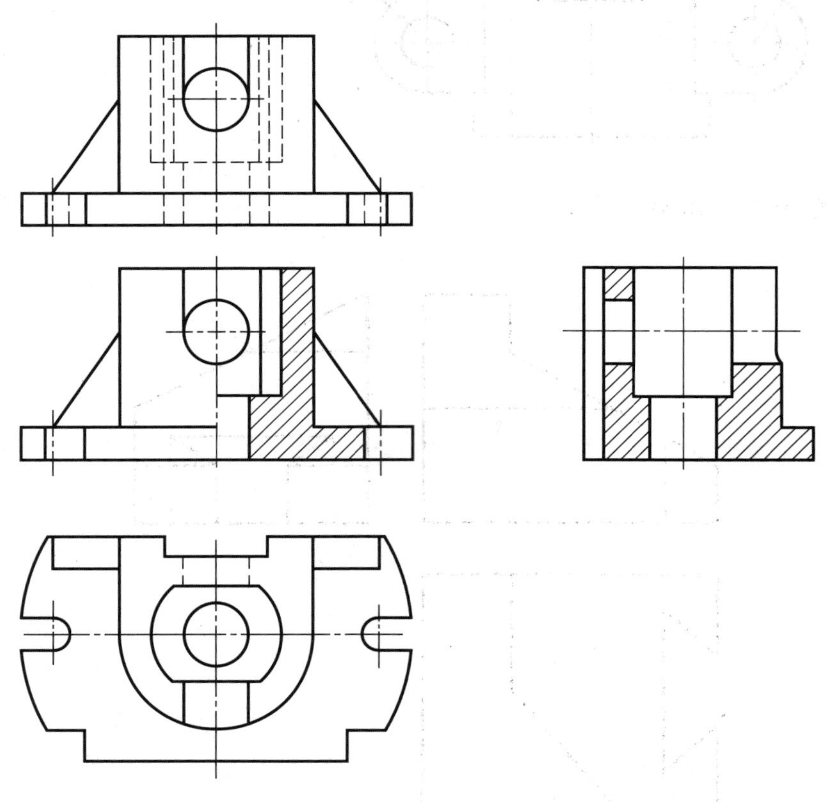

11.2 工程图学试卷 B 与分析

11.2.1 试卷 B

1. 将主视图画成两平行剖切平面剖切的全剖视图，并标注。(10 分)

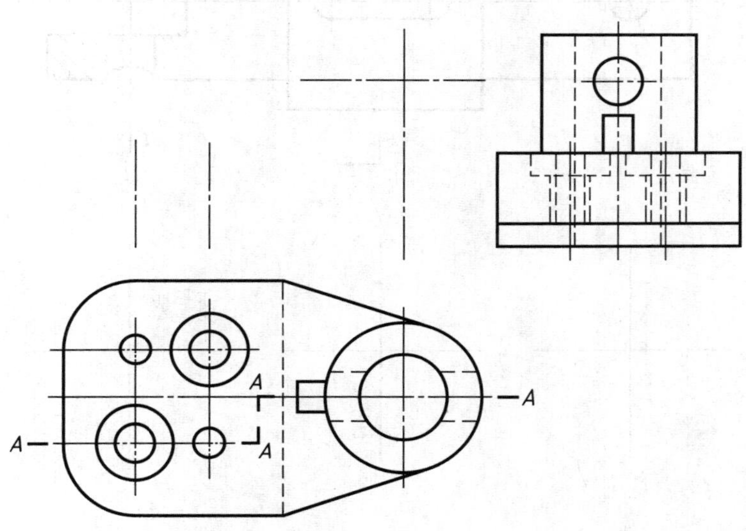

2. 完成两个相交剖切面剖切的全剖主视图，并标注。(10 分)

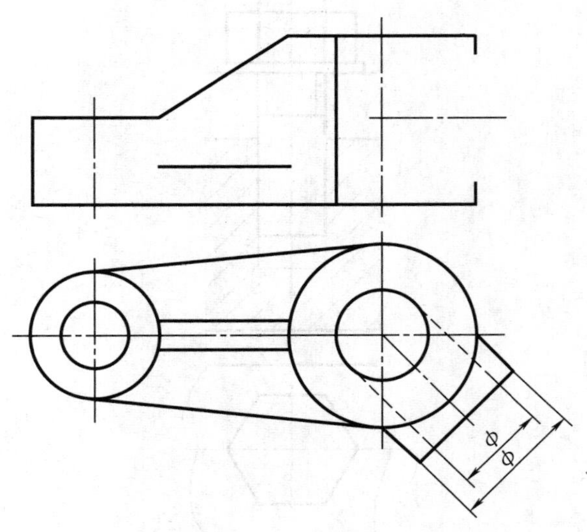

3. 在指定位置作 A—A、B—B、C—C 移出断面图。(12 分)

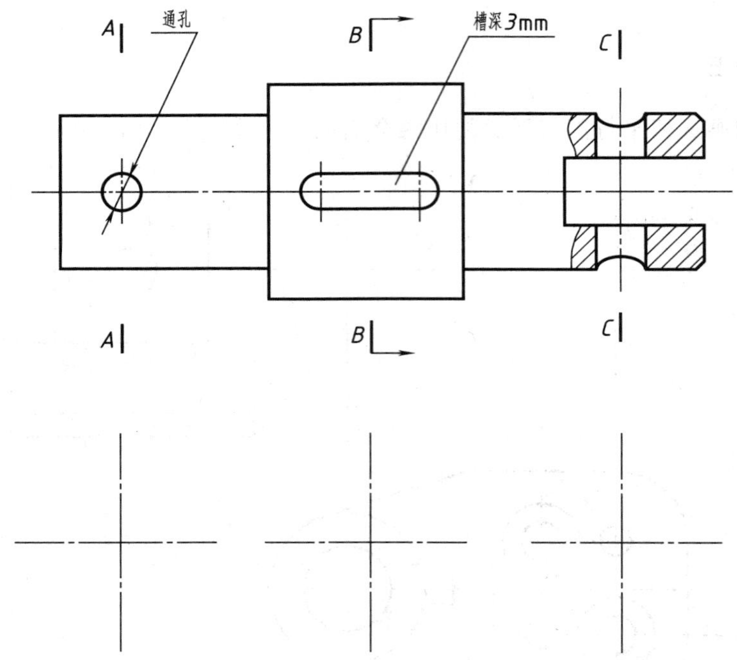

4. 补画完成双头螺柱连接装配图。(10 分)

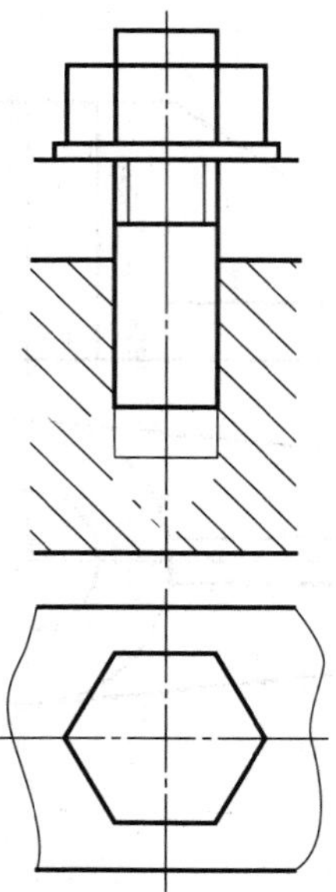

5. 完成键连接的左视图。(6 分)

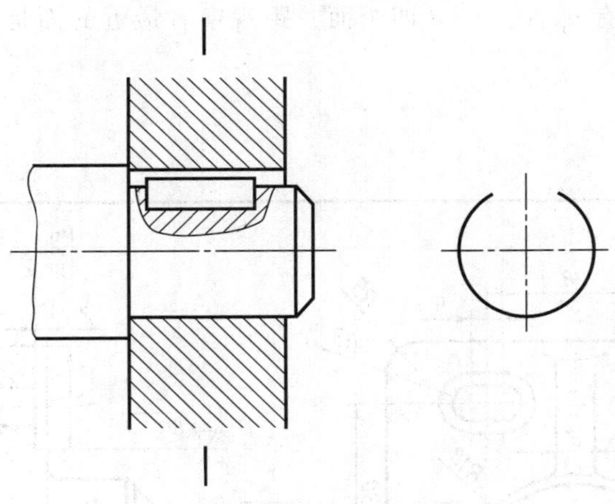

6. 补画完成一对啮合直齿圆柱齿轮两视图。(8 分)

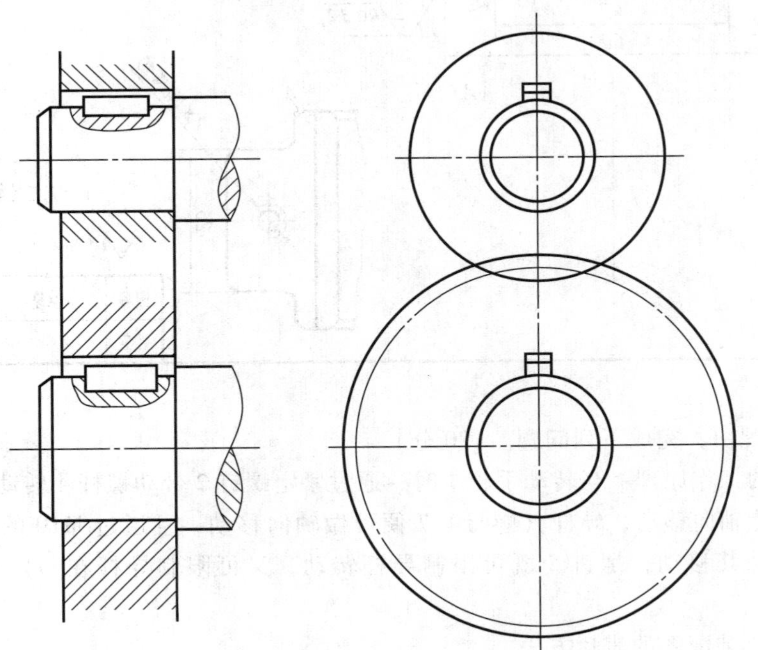

7. 看懂轴承座零件图，完成下列问题。(24 分)

(1) 零件图中标注为 2×M6↧10，其含义是________________。

(2) 图中 ϕ20 圆柱孔的上极限尺寸是________，下极限偏差是________，公差是________。

(3) 图中表面粗糙度要求最高的 Ra 值是______________，要求最低的代号是

____________________。

（4）图中 $R3$ 圆孔的定位尺寸有________、________。

（5）在主视图中标有 a、b、c、d 四个面，距观察者最近的面是________，距观察者最远的面是________。

（6）画出俯视图。

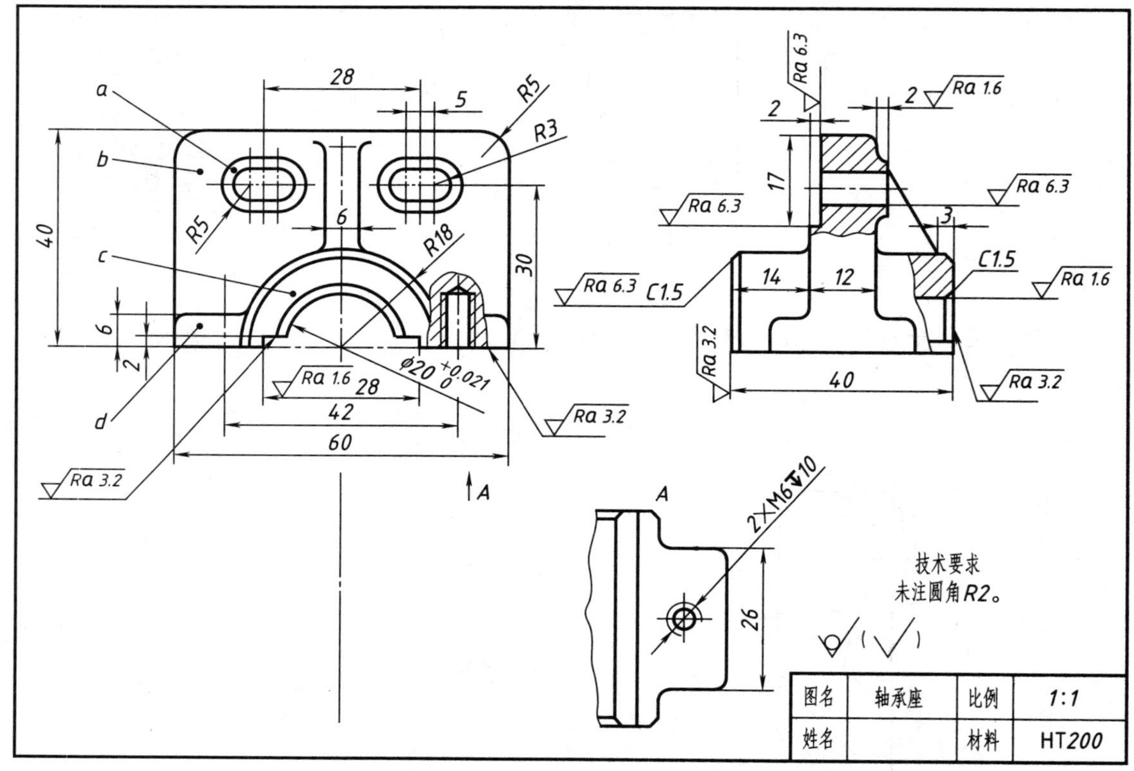

8. 看懂装配图，完成下列问题。(20 分)

微动机构的工作原理：当转动手轮 1 时，通过紧定螺钉 2 带动螺杆 4 转动，螺杆因受轴套 3 的限制不能轴向移动，导杆（螺母）7 便可做轴向移动，且通过 M10 的螺孔安装其他物体，同时带动其移动，螺钉 5 既可限制导杆转动，又可限制导杆在一定范围内沿轴向移动。

（1）简述该装配图的表达方法。

（2）零件 5 起什么作用?

（3）要安装该机器需要公称直径为多大的螺栓?

（4）写出拆卸零件 4 的步骤。

（5）ϕ26H8/f7 是基________制________配合。

（6）拆画零件 6 的零件图。(注意：尺寸从图上直接量取，零件图只标注装配图已有的尺寸，不标注表面粗糙度)

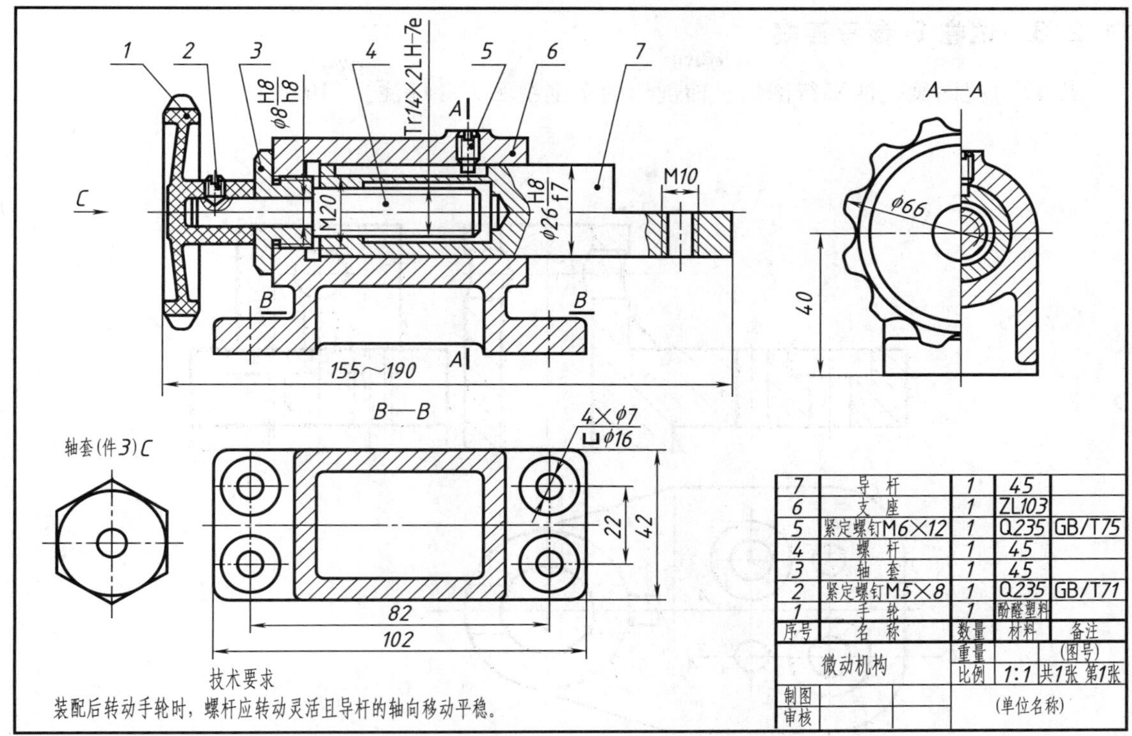

11.2.2 试卷 B 分析

试卷 B 主要面向机械类专业和近机械类专业的工程图学课程第二学期的考试，试卷 B 的内容主要有机件表达方法中单个、多个剖切面的剖切所得到的剖视图的画法、断面图画法以及规定画法和简化画法等；螺纹的规定画法及标记，螺纹紧固件的连接画法；键连接画法；销连接画法；齿轮参数的计算，单个齿轮的画法以及齿轮啮合画法；零件图的画法和识读；装配图的画法以及由装配图拆画零件图等。在零件图的读图中，要求能够想象出零件的形体，了解零件的结构特点，能找出尺寸基准和进行合理的尺寸标注，并注写表面粗糙度，同时根据题目的要求画出该零件的其他视图。在装配图的识读中，必须了解装配体的工作原理，各零件的装配关系和装拆顺序，装配图的表达方法尤其是特有的表达方法，以及各零件间的配合尺寸。在拆画零件图时，要能把零件从装配体中分离出来，并按照零件图的表达方法加以表达。标注零件图的尺寸时，要正确标上装配图中已有的以及与标准件相关的各种尺寸，装配图中没有的其他尺寸会从图中量取并经比例换算，取整标注。

试卷 B 主要是围绕国家标准规定的表达方法来出题，考题直截了当。除了要熟悉规定的画法、标注和有关概念之外，最主要的还是要能看得懂、想得出零件或装配体的形状，了解其结构特点。考试的重点、难点均在这里。作图时要能熟练地由视图想象出机件的形状，再根据题意做出相应的解答。平时学习和做课后作业时，要认真细致、独立完成作业，要多看、多想、多做，对作业中出现的错误，要及时纠正，避免考试中再次出现。考试是对大家学习态度、知识是否真正掌握等方面的综合检查，只有平时努力学习，考试时才能获得丰硕成果。

11.2.3 试卷 B 参考答案

1. 将主视图画成两平行剖切平面剖切的全剖视图，并标注。(10 分)

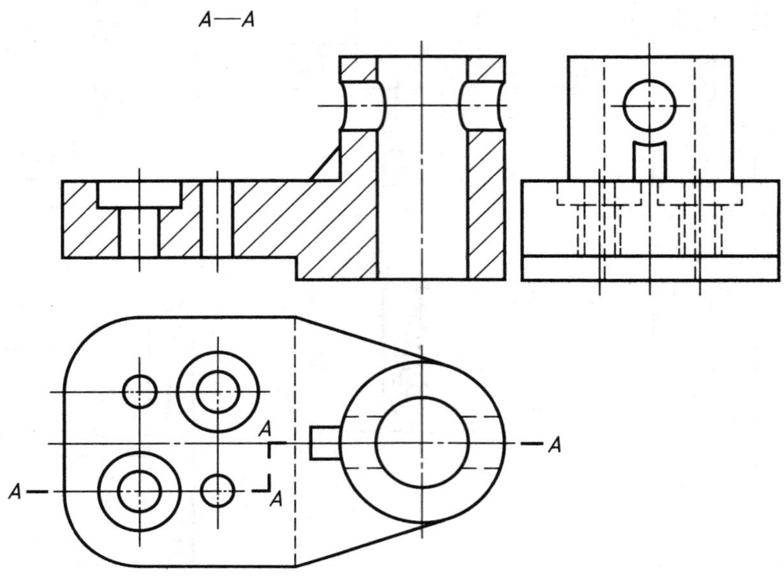

2. 完成两个相交剖切面剖切的全剖主视图，并标注。(10 分)

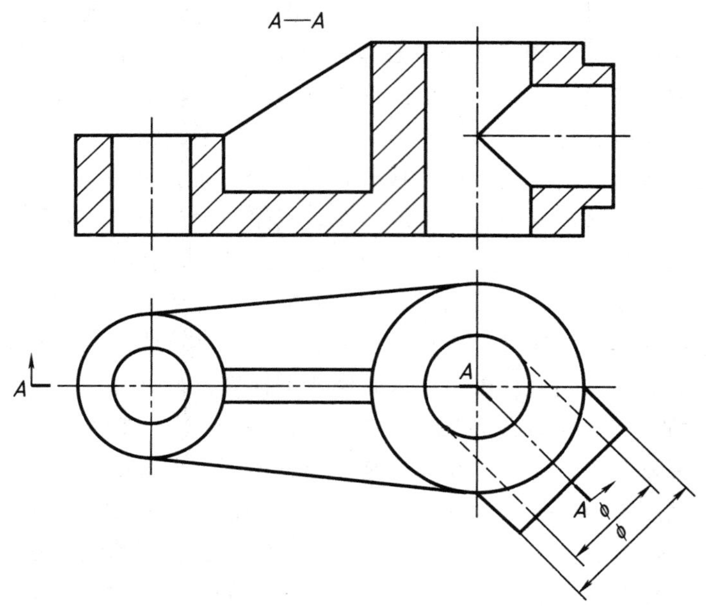

3. 在指定位置作 *A—A*、*B—B*、*C—C* 移出断面图。(12 分)

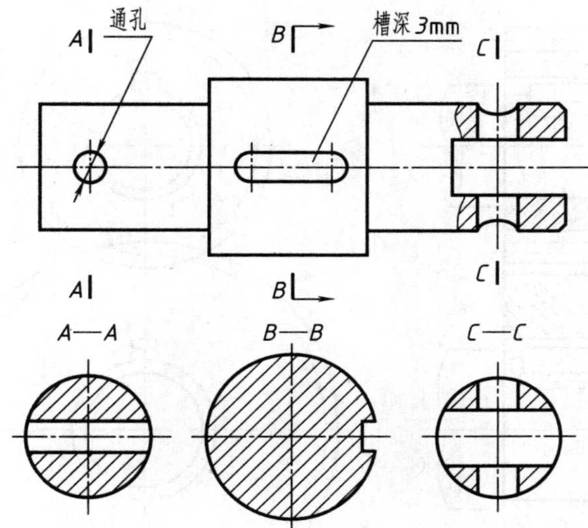

4. 补画完成双头螺柱连接装配图。(10 分)

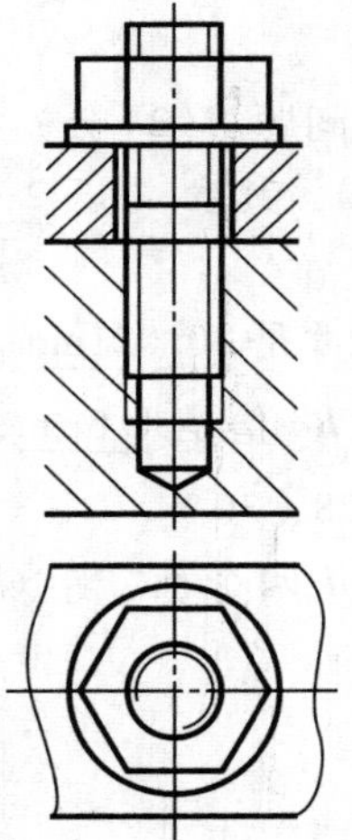

5. 完成键连接的左视图。(6 分)

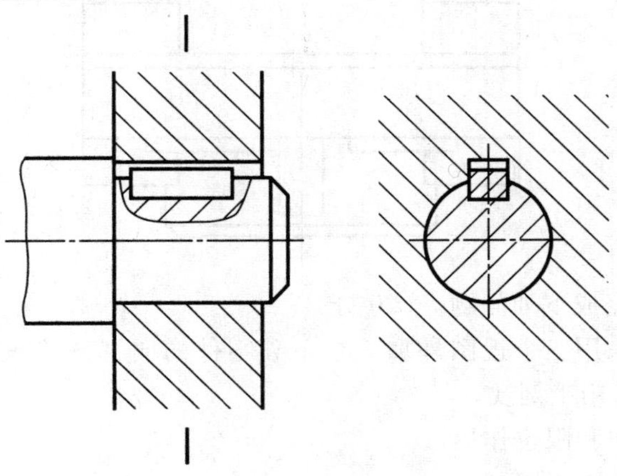

6. 补画完成一对啮合直齿圆柱齿轮两视图。（8分）

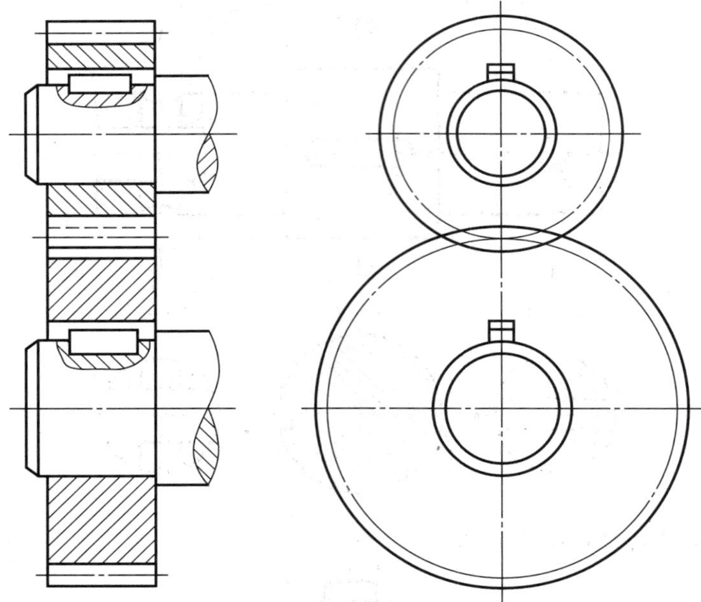

7. 看懂轴承座零件图，完成下列问题。（24分）

（1）零件图中标注为 2×M6↧10，其含义是 2个粗牙普通螺纹，公称直径为6mm，深10mm。

（2）图中 ϕ20 圆柱孔的上极限尺寸是 20.021mm，下极限偏差是 0，公差是 0.021mm。

（3）图中表面粗糙度要求最高的 *Ra* 值是 1.6μm，要求最低的代号是 ∀。

（4）图中 *R*3 圆孔的定位尺寸有 28、30。

（5）在主视图中标有 *a*、*b*、*c*、*d* 四个面，距观察者最近的面是 *c*，距观察者最远的面是 *b*。

（6）俯视图如下图所示。

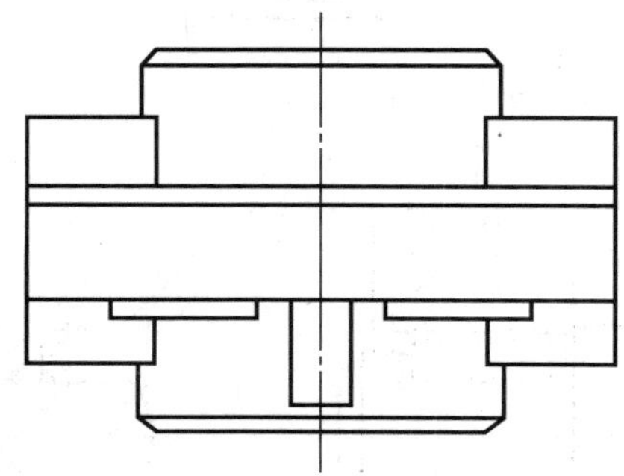

8. 看懂装配图，完成下列问题。（20分）

（1）该装配图是采用三个视图外加一个单独零件的向视图来表达的，其中主、俯视图采用全剖视，左视图采用半剖视。

（2）零件5起导向和限位作用。

（3）需要四个公称直径为 M6 的螺栓。

（4）2 →1 →3 →4。

（5）ϕ26H8/f7 是基孔制，间隙配合。

（6）零件 6 的零件图如下图所示。

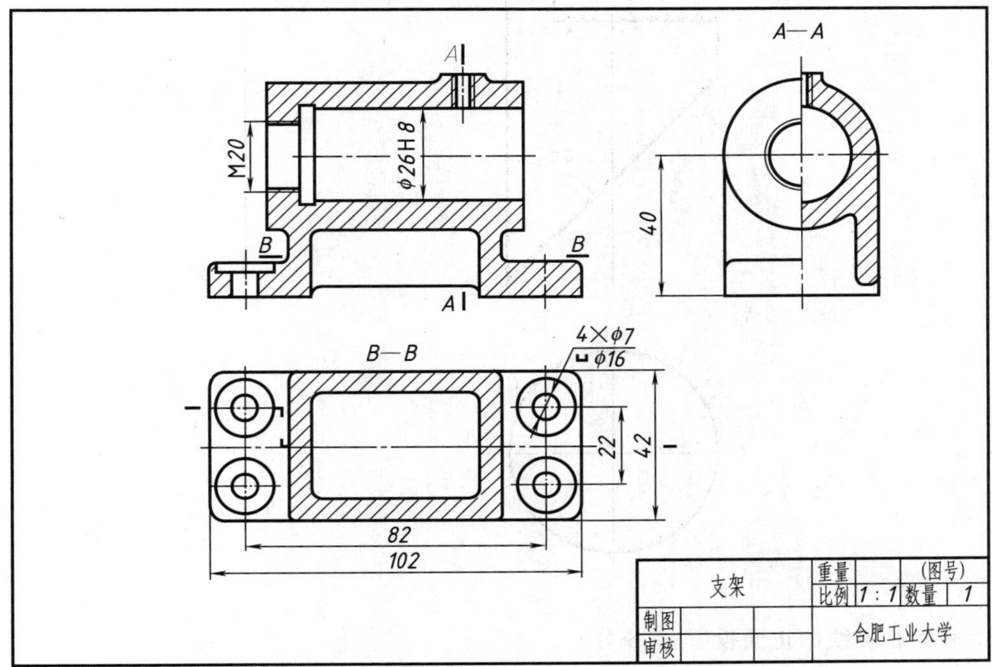

11.3 工程图学试卷 C 与分析

11.3.1 试卷 C

1. 完成四棱台的侧面投影并填空。(10 分)

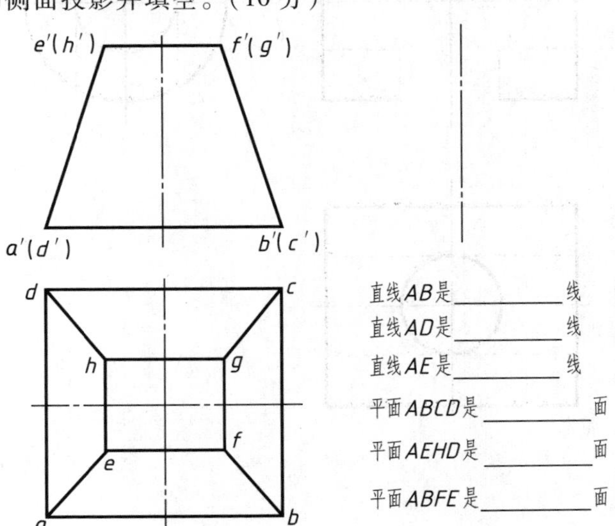

2. 完成圆柱切割后的水平投影和侧面投影。(8分)

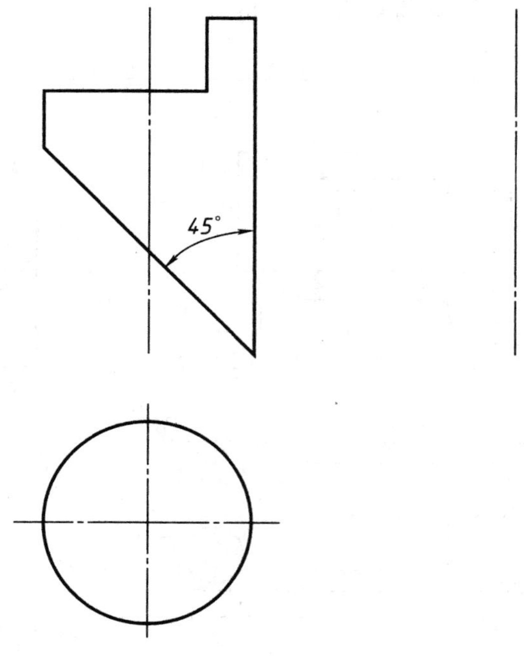

3. 补画相贯线的正面投影。(8分)

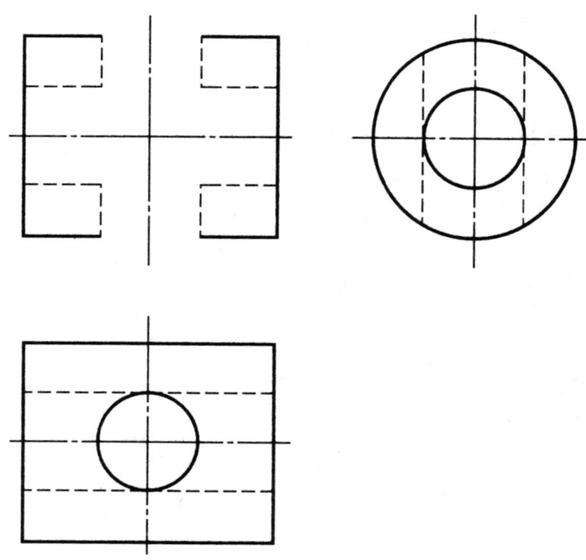

4. 补画完成俯视图、左视图。(12 分)

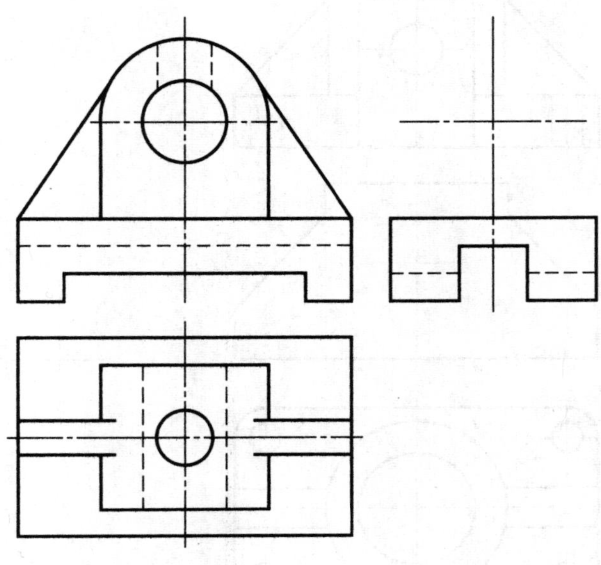

5. 补画主视图。(10 分)

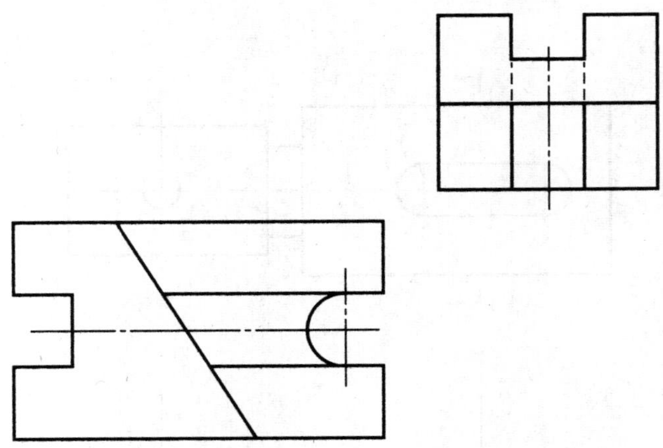

6. 将主视图改画成半剖视图(底板上小圆柱孔采用局剖),并补画全剖的左视图。(18 分)

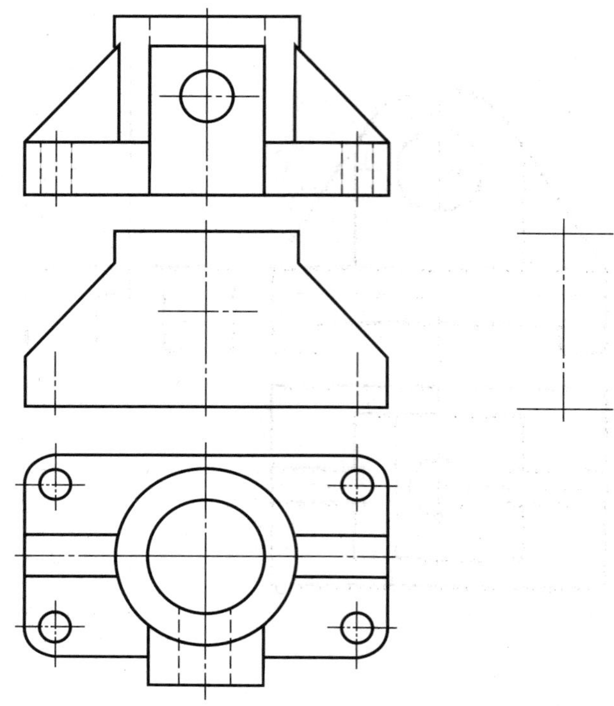

7. 按指定位置画出圆柱轴的移出断面图（左边槽深3mm，右边孔为通孔）。(6分)

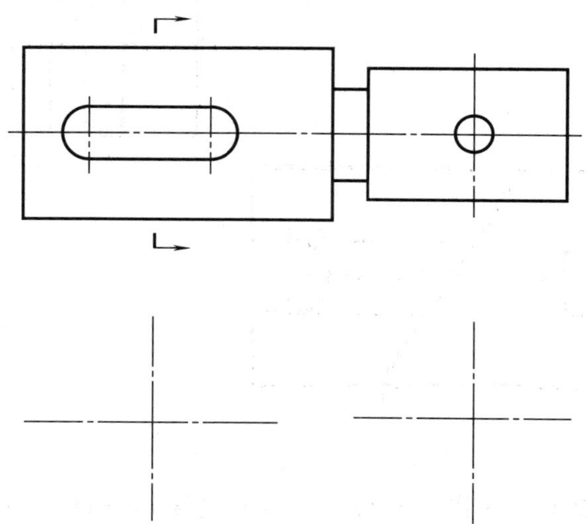

8. 补画完成螺钉连接图。(10分)

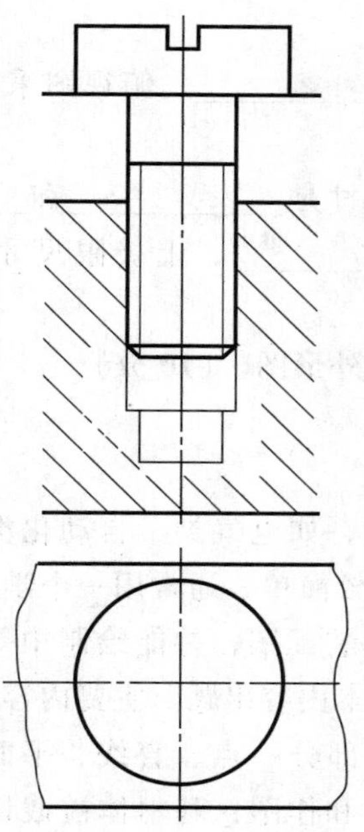

9. 读泵体的零件图。（18 分）

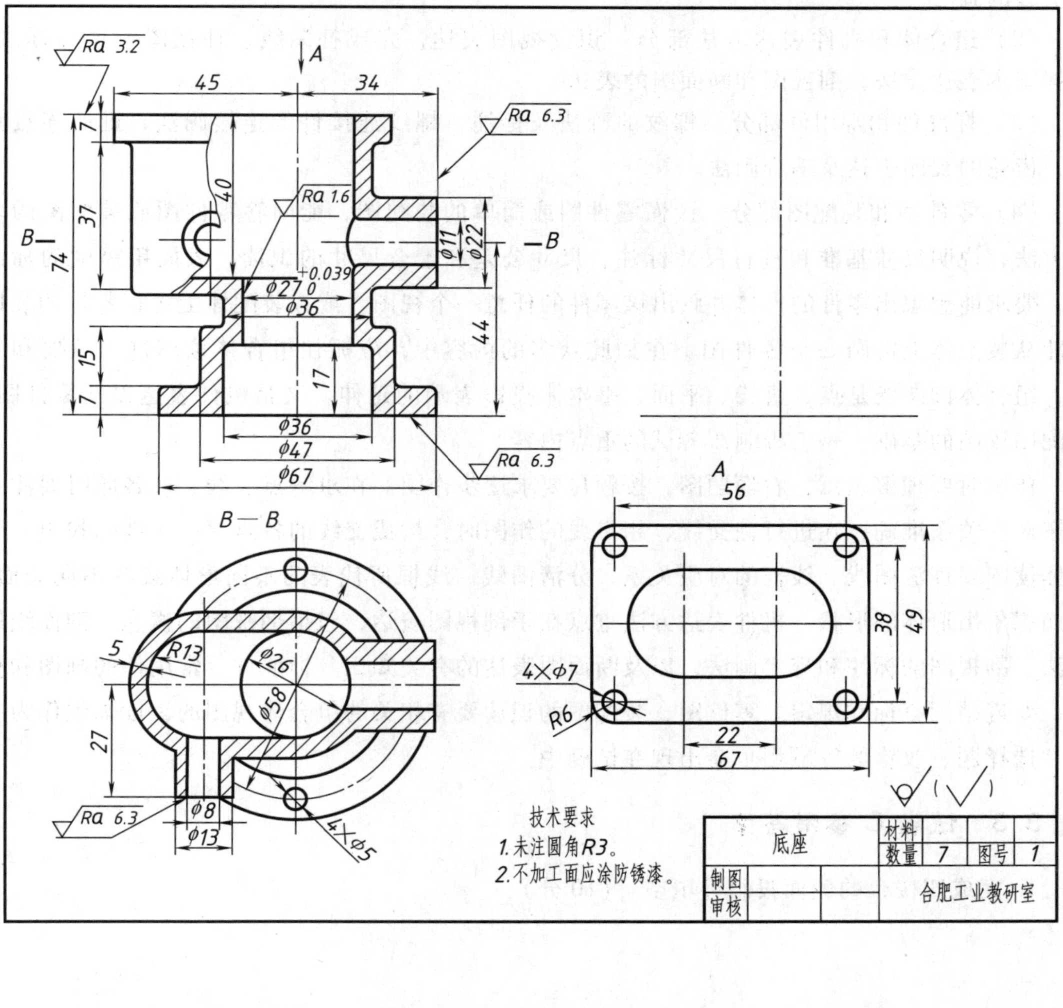

技术要求

1. 未注圆角 $R3$。
2. 不加工面应涂防锈漆。

底座		材料			
		数量	7	图号	1
制图		合肥工业教研室			
审核					

（1）填空。（8分）

1）该零件图主视图采用了____________，俯视图采用了____________，A为________视图。

2）该零件上$4\times\phi7$孔的定位尺寸是____________和____________。

3）$\phi27^{+0.039}_{0}$孔的公称尺寸是________，上极限尺寸是________，该孔的表面粗糙度是________。

（2）在指定的位置补画出左视外形图。（10分）

11.3.2 试卷C分析

试卷C主要面向非机械类专业，如电气类、自动化类专业的工程图学课程考试，这类专业的工程图学课程，内容相对比较简单，通常用一个学期完成。要求学生通过学习本门课程能读懂各类零件图和一些简单的装配图，并能绘制中等复杂的零件图。因此，涉及面较广，但都为基本内容，考试围绕基本内容出题。主要内容有：

（1）点、直线、平面和基本体部分　点、直线、平面、基本体的投影表示，直线、平面相对位置（相交、平行）的表示和作图，基本体被截切时的截交线和两回转体相贯时的相贯线的画法。

（2）组合体和机件表达方法部分　识读视图表达，完成补漏线、补视图及尺寸标注，掌握基本表达方法，剖视图和断面图的表达。

（3）标准件和常用件部分　螺纹的画法及标注，螺纹连接件的连接画法，键的连接画法，齿轮的视图表达及啮合画法。

（4）零件图和装配图部分　读懂零件图或简单的装配图，能回答零件图或装配图的表达方法，说明尺寸基准和进行尺寸标注，尺寸公差和配合尺寸的识读，表面粗糙度的标注等，要求能想象出零件的形体并画出该零件的任意一个视图，或在装配体上进行零件的装拆并能从装配体上拆画一个零件图。在如此众多的内容中，应抓住组合体读图这一重要和关键，组合体读图既是点、直线、平面、基本体投影表示的延伸，又是机件表达以及零件图、装配图读图的基础，是工程制图考试的重点内容。

作图时要理解题意，看懂题图，按题目要求逐步作图。在求解点、线、面各题时要注意投影对应关系准确；在进行截交线、相贯线的作图时，构成交线的各点要一一准确找出。组合体读图要理清图线、线框的对应关系，分清图线、线框所代表的不同形体或各不同表面，从而想象出形体的形状。机件表达方法重点在于剖视图表达，包括剖视图的概念、剖面线的画法、剖视图的标注和规定画法，以及断面图表达的有关知识。标准件、常用件的画图和标注，要遵循国家标准规定。零件图、装配图的识读要有相关的组合体视图的识读知识作为基础。选择题、改错题等题型也会出现在试题中。

11.3.3 试卷C参考答案

1. 完成四棱台的侧面投影并填空。（10分）

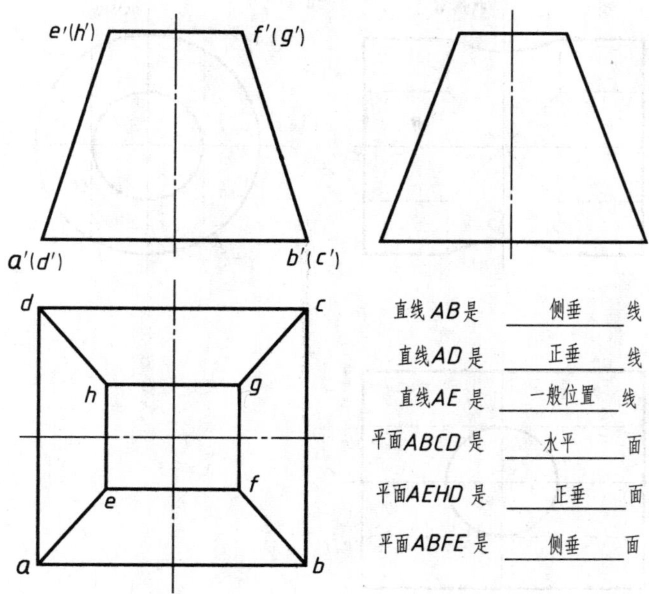

2. 完成圆柱切割后的水平投影和侧面投影。(8 分)

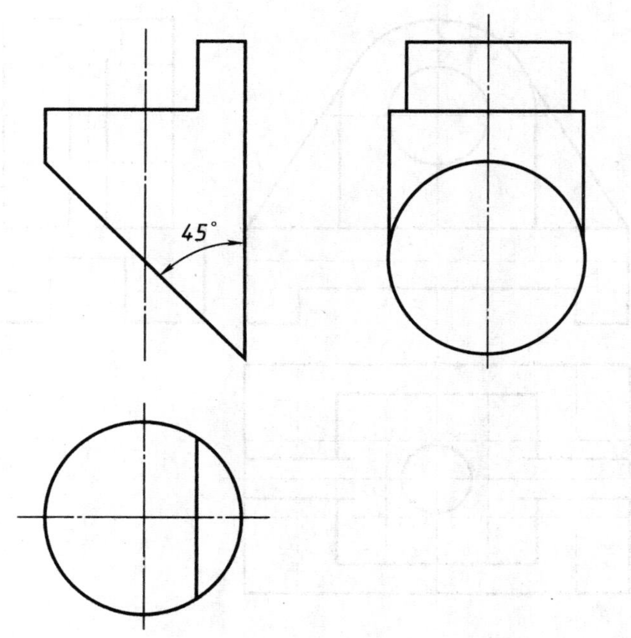

3. 补画相贯线的正面投影。(8 分)

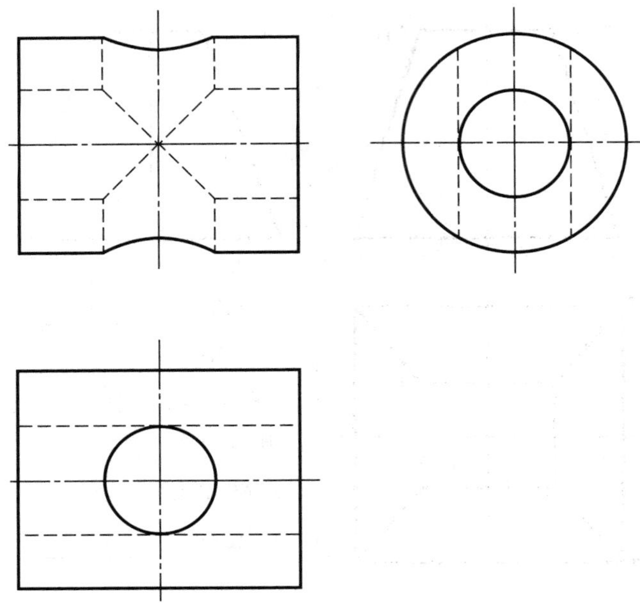

4. 补画完成俯视图、左视图。（12 分）

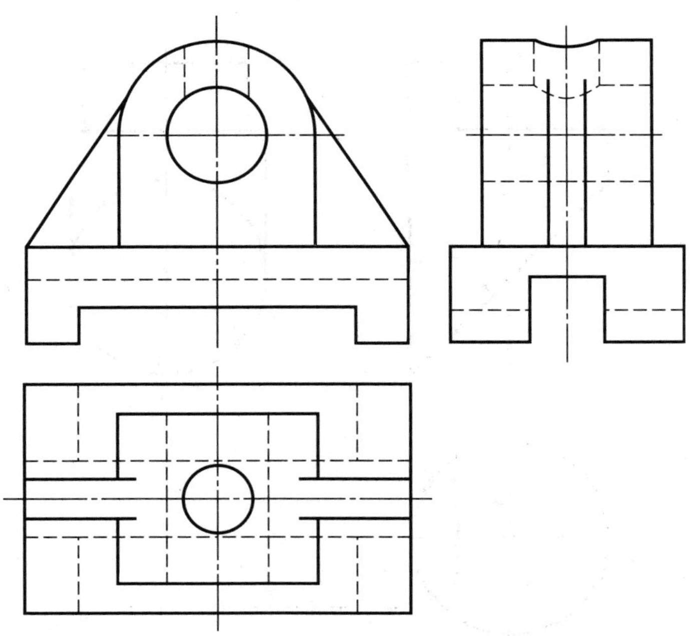

5. 补画主视图。（10 分）

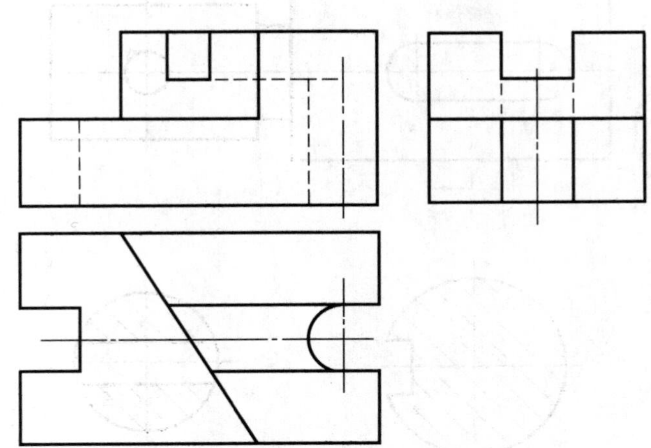

6. 将主视图改画成半剖视图（底板上小圆柱孔采用局剖），并补画全剖的左视图。（18 分）

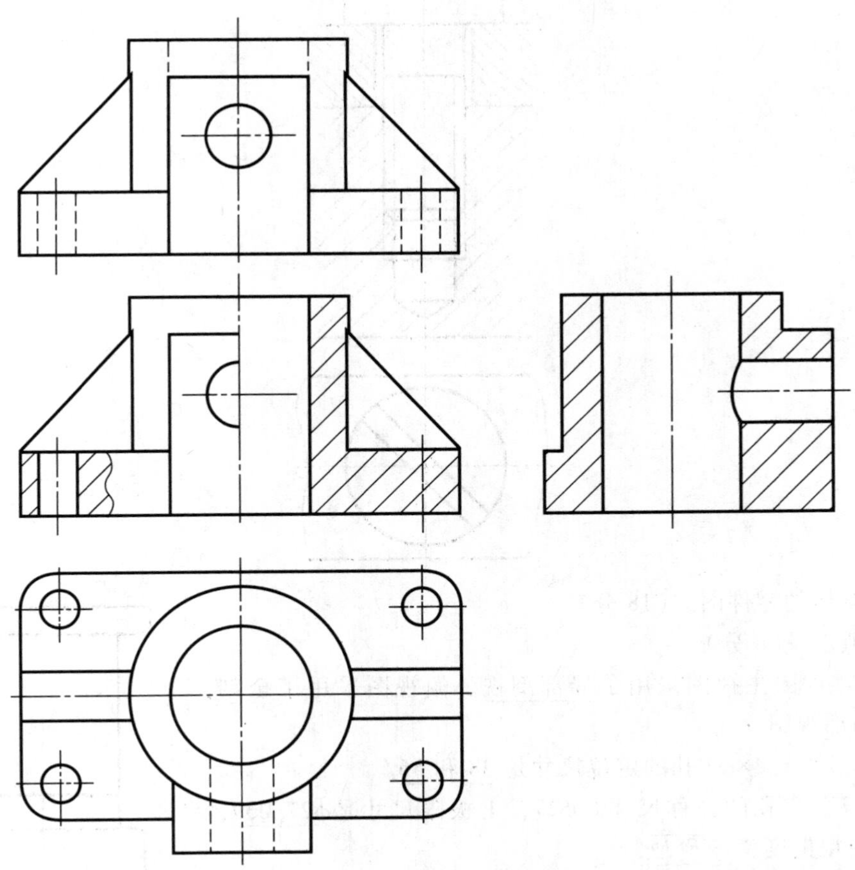

7. 按指定位置画出圆柱轴的移出断面图（左边槽深 3mm，右边孔为通孔）。（6 分）

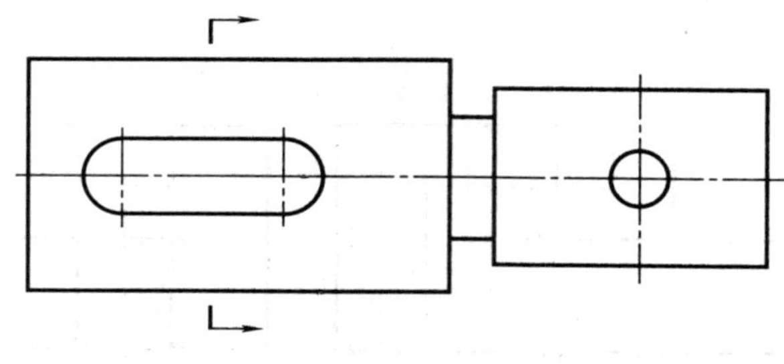

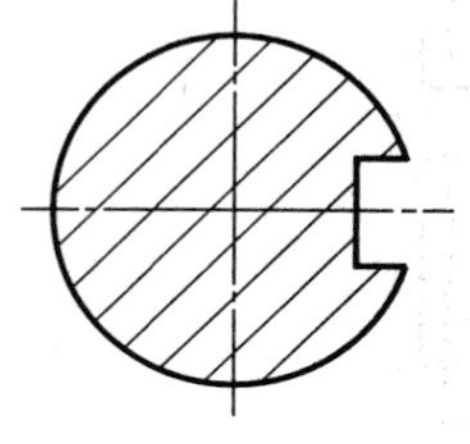

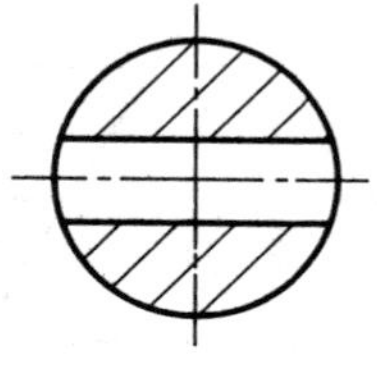

8. 补画完成螺钉连接图。（10 分）

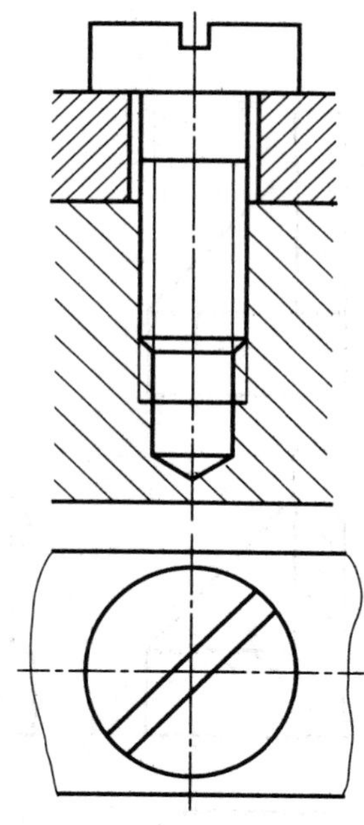

9. 读泵体的零件图。（18 分）

（1） 填空。（8 分）

1） 该零件图主视图采用了局部剖视，俯视图采用了全剖视，A 为局部视图。

2） 该零件上 4×ϕ7 孔的定位尺寸是 38 和 56。

3） $\phi27^{+0.039}_{0}$孔的公称尺寸是ϕ27，上极限尺寸是ϕ27.039，该孔的表面粗糙度是$\sqrt{Ra\ 1.6}$。

（2） 在指定的位置补画出左视外形图。（10 分）

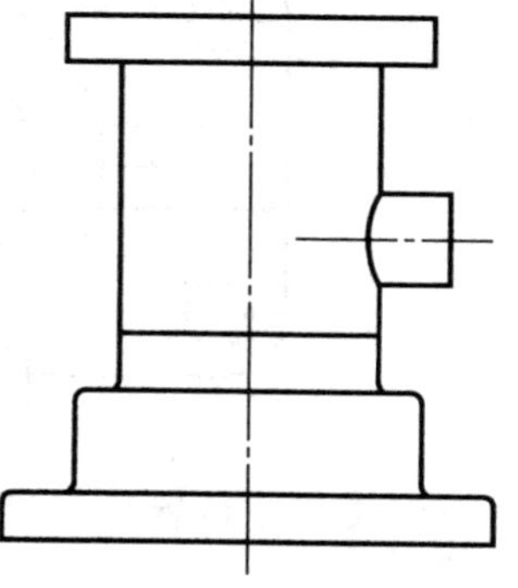

11.4 Inventor 上机测试样卷与分析

11.4.1 上机测试样卷

1. 三维建模：按照零件图中所注尺寸，生成 5 个零件的实体造型。（1 号件 30 分，2、3、4、5 号件各 10 分，总共 70 分）

2. 生成工程图：根据 1 号件轴架实体造型生成二维零件工程图。（20 分）

（1）生成与轴架零件图相同的工程图。（14 分）

（2）尺寸标注。（2 分）

（3）标注表面结构要求及技术要求。（2 分）

（4）填写标题栏。（2 分）

3. 参照给出的“带轮支承部件”装配图，建立其三维装配模型，其中标准件可从资源中心库中调用或按比例画法确定其尺寸。（10 分）

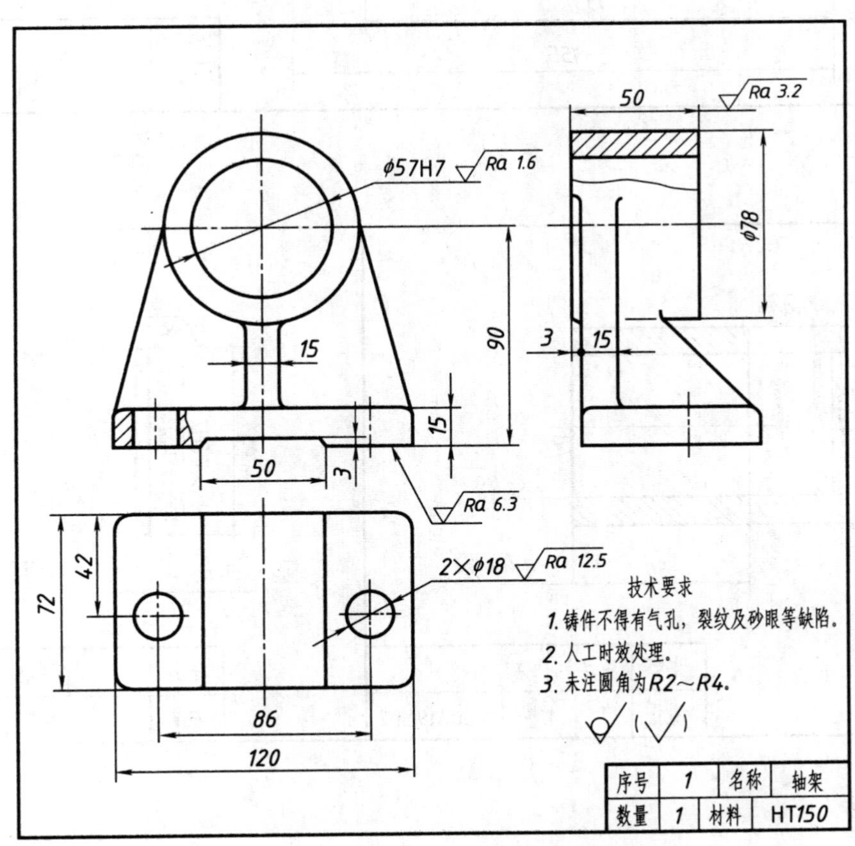

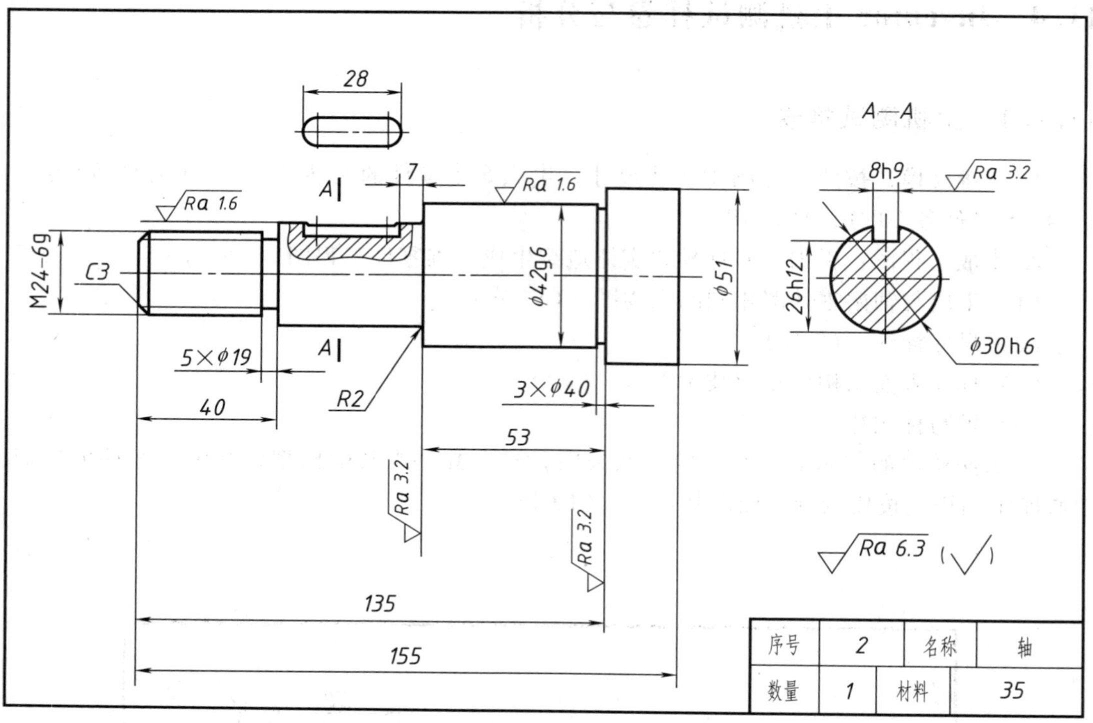

序号	2	名称	轴
数量	1	材料	35

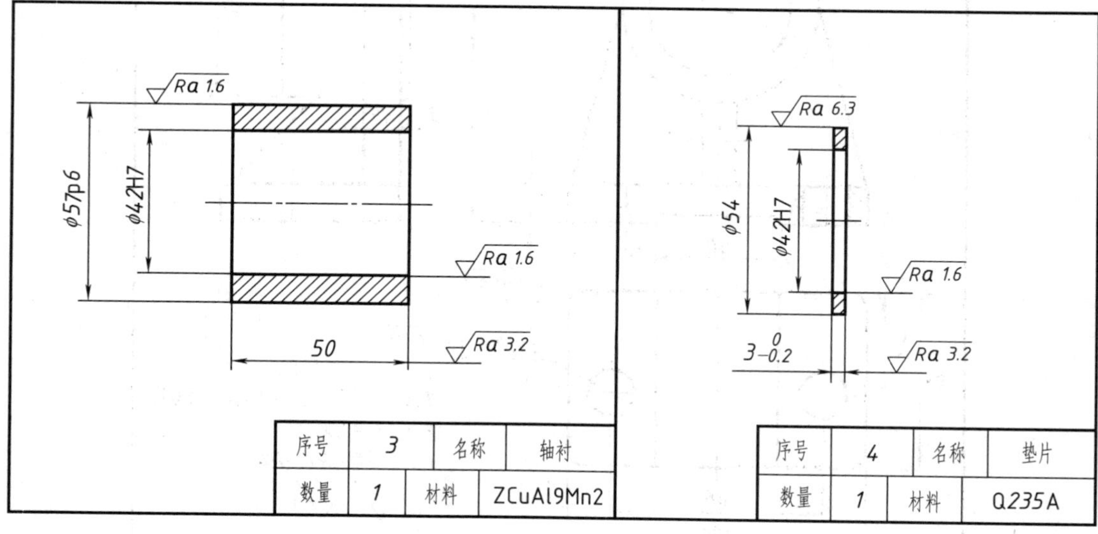

序号	3	名称	轴衬
数量	1	材料	ZCuAl9Mn2

序号	4	名称	垫片
数量	1	材料	Q235A

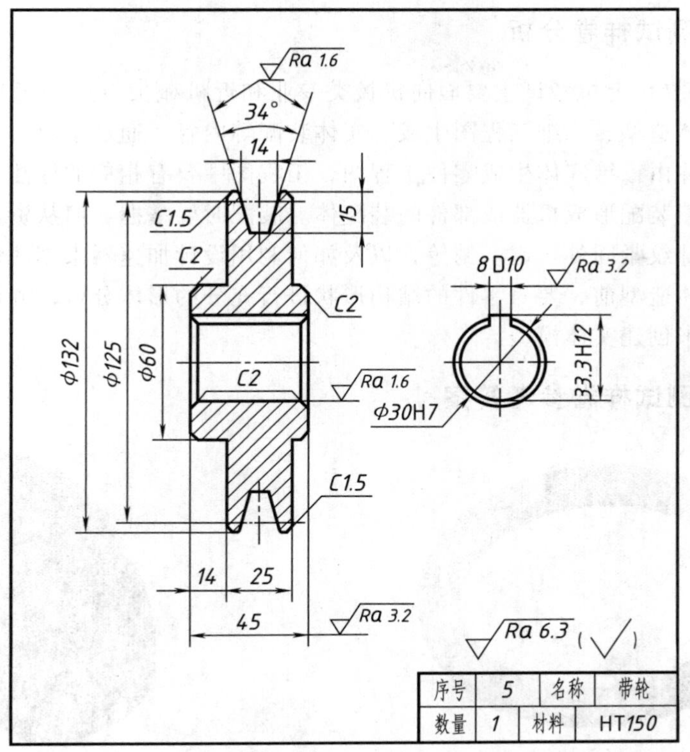

135
6 5 4 3
φ42H7/g6
φ57H7/p6
φ30H7/h6
7 8 2 90 1

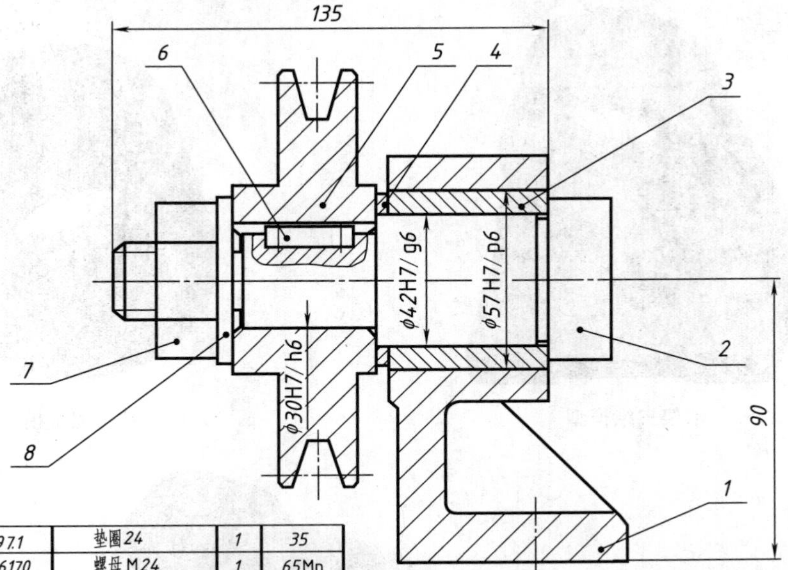

序号	代号	名称	数量	材料
8	GB/T 97.1	垫圈 24	1	35
7	GB/T 6170	螺母 M24	1	65Mn
6	GB/T 1096	键 8×7×28	1	45
5		带轮	1	HT150
4		垫片	1	Q235A
3		轴衬	1	ZCuAl9Mn2
2		轴	1	35
1		轴架	1	HT150

标记	处数	分区	更改文件号	签名	年月日				合肥工业大学
设计	(签名)	(年月日)	标准化	(签名)	(年月日)	阶段标记	重量	比例	带轮支承部件
制图									
审核									
工艺			批准			共 1 张	第 1 张		

11.4.2 上机测试样卷分析

Inventor 软件操作上机考试主要面向机械类专业和近机械类专业的工程图学课程中，涉及计算机三维实体造型、二维工程图生成、实体装配等内容。通过学习，要能够掌握零件三维实体的创建，并由三维实体生成零件工程图，工程图中要有相应的标注和填写，根据零件的三维实体造型，装配形成机器或部件的装配体。装配时要掌握如何从资源中心库中调用标准件的方法，如螺纹紧固件、键、销等，以及如何利用设计加速器来创建齿轮、弹簧等常用件。零件三维实体造型前，要对零件的结构形状进行充分的形体分析，弄清其结构特点，再运用相应的特征来创建实体模型。

11.4.3 上机测试样卷参考答案

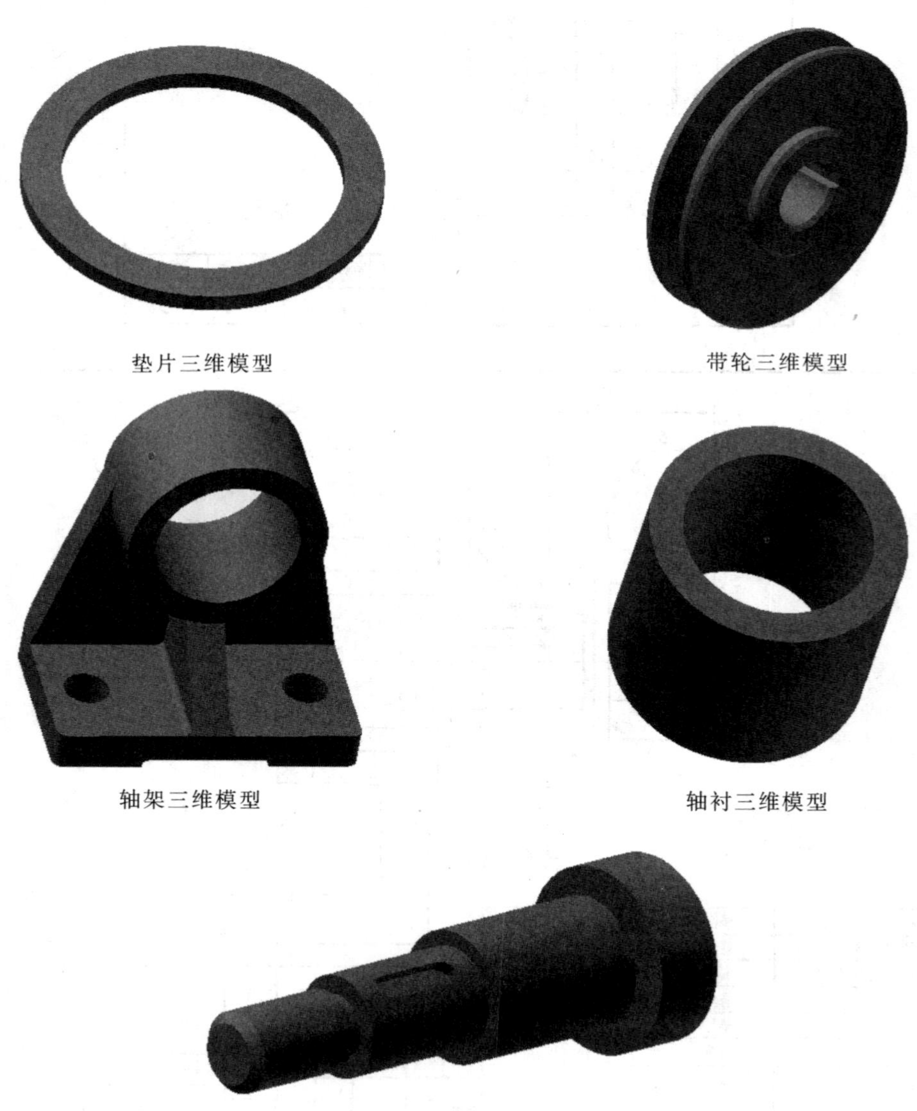

垫片三维模型　　带轮三维模型

轴架三维模型　　轴衬三维模型

轴三维模型

带轮支承部件三维模型

参 考 文 献

[1] 王永智，李学京．画法几何及机械制图解题指导［M］．北京：机械工业出版社，1998.

[2] 章毓文，刘虹，何秀娟．工程图学题解指导［M］．北京：机械工业出版社，2003.

[3] 黄皖苏，黄笑梅．工程图学解题指导［M］．合肥：中国科学技术大学出版社，2006.

[4] 焦永和，张京英，徐昌贵．工程制图习题集［M］．北京：高等教育出版社，2008.

[5] 王兰美，殷昌贵．画法几何及工程制图（机械类）［M］．3 版．北京：机械工业出版社，2014.

[6] 程久平．工程制图［M］．合肥：中国科学技术大学出版社，2010.

[7] 林启迪．简明工程图学［M］．合肥：中国科学技术大学出版社，2010.

[8] 大连理工大学工程图学教研室．机械制图［M］．7 版．北京：高等教育出版社，2013.

[9] 胡仁喜，等．Inventor 10 中文版机械设计高级应用实例［M］．2 版．北京：机械工业出版社，2006.

[10] 刘静华，唐科，杨民．计算机工程图学实训教程（Inventor 2008 版）［M］．北京：北京航空航天大学出版社，2008.

[11] Autodesk，Inc. Autodesk Inventor 2008—2009 培训教程［M］．北京：化学工业出版社，2009.

[12] 陈伯雄，董仁扬，张云飞．Autodesk Inventor Professional 2008 机械设计实战教程［M］．北京：化学工业出版社，2008.

《现代机械工程图学解题指导》（第2版）

刘虹　主编

读者信息反馈表

尊敬的老师：

您好！感谢您多年来对机械工业出版社的支持和厚爱！为了进一步提高我社教材的出版质量，更好地为我国高等教育发展服务，欢迎您对我社的教材多提宝贵意见和建议。另外，如果您在教学中选用了本书，欢迎您对本书提出修改建议和意见。

一、基本信息

姓名：＿＿＿＿＿＿　性别：＿＿＿　职称：＿＿＿　职务：＿＿＿＿＿＿＿＿＿＿

邮编：＿＿＿＿＿＿　地址：＿＿＿＿＿＿＿＿＿＿＿＿＿＿＿＿＿＿＿＿＿＿＿＿

工作单位：＿＿＿＿＿＿＿　校/院＿＿＿＿＿＿＿　系　任教课程：＿＿＿＿＿＿＿

学生层次、人数/年：＿＿＿＿＿＿　电话：＿＿—＿＿＿＿＿＿（H）＿＿＿＿＿＿（O）

电子邮件：＿＿＿＿＿＿＿＿＿＿＿＿＿＿＿＿＿＿＿　手机：＿＿＿＿＿＿＿＿＿＿

二、您对本书的意见和建议

（欢迎您指出本书的疏误之处）

三、您对我们的其他意见和建议

请与我们联系：

100037　北京百万庄大街22号·机械工业出版社·高等教育分社　舒恬　收

Tel：010-88379217（O）　　Fax：010-68997455

E-mail：shusugar@163.com